AF538110

Cloud Connector für SAP®

SAP PRESS ist eine gemeinschaftliche Initiative von SAP SE und der Rheinwerk Verlag GmbH. Unser Ziel ist es, Ihnen als Anwendern qualifiziertes SAP-Wissen zur Verfügung zu stellen. SAP PRESS vereint das Know-how der SAP und die verlegerische Kompetenz von Rheinwerk. Die Bücher bieten Ihnen Expertenwissen zu technischen wie auch zu betriebswirtschaftlichen SAP-Themen.

Damit Sie nach weiteren Titeln Ihres Interessengebiets nicht lange suchen müssen, haben wir eine kleine Auswahl zusammengestellt.

Martin Koch, Siegfried Zeilinger
SAP Business Technology Platform – Sicherheit und Berechtigungen
394 Seiten, 2021, geb.
ISBN 978-3-8362-8098-3
www.sap-press.de/5262

Holger Seubert
SAP Business Technology Platform. Einsatz, Services, Erfolgsfaktoren
371 Seiten, 2021
ISBN 978-3-8362-8594-0
www.sap-press.de/5384

Glavanovits, Koch, Krancz, Olzinger
Git und SAP. Versionsverwaltung und Transporte
340 Seiten, 2022
ISBN 978-3-8362-8850-7
www.sap-press.de/5482

Densborn et al.
Migration nach SAP S/4HANA
714 Seiten, 2023, geb.
ISBN 978-3-8362-9364-8
www.sap-press.de/5654

Martin Koch, Siegfried Zeilinger

Cloud Connector für SAP®

Liebe Leserin, lieber Leser,

vielen Dank, dass Sie sich für ein Buch von SAP PRESS entschieden haben.

Als es im Verlag darum ging, das Cover für dieses Buch zu gestalten, mussten wir nicht lange diskutieren. Das Ergebnis haben Sie sicherlich schon entdeckt: eine Brücke. Denn genau das ist der Cloud Connector von SAP im Grunde. Eine Brücke, die Ihr On-Premise-Systeme mit Ihren Cloud-Systemen verbindet. Anders als beim Bau einer echten Brücke müssen Sie beim Einsatz des Cloud Connectors zwar nicht jeden Stein einzeln aufeinanderlegen, damit am Ende ein solides Konstrukt entsteht. Es gibt aber dennoch einige Grundlagen, die es bei der Installation, der Konfiguration und im Betrieb zu beachten gilt, damit Ihre Cloud-Connector-Brücke stabil, langlebig und vor allem sicher ist.

In diesem Leitfaden führen die erfahrenen Autoren Martin Koch und Siegfried Zeilinger Sie durch die Installation, Einrichtung, Konfiguration und Wartung des Cloud Connectors. Ob Sie Administratorin, Entwickler, Architektin oder Sicherheitsexperte sind, hier finden Sie die Anleitungen und Informationen, die Sie für den erfolgreichen Einsatz des Cloud Connectors in Ihrer SAP-Landschaft benötigen. So schlagen Sie die Brücke zwischen Ihren Systemen!

Wir freuen uns stets über Lob, aber auch über kritische Anmerkungen, die uns helfen, unsere Bücher zu verbessern. Scheuen Sie sich nicht, sich bei mir zu melden; Ihr Feedback ist jederzeit willkommen.

Ihre Nicole Hohmann
Lektorat SAP PRESS

nicole.hohmann@rheinwerk-verlag.de
www.rheinwerk-verlag.de
Rheinwerk Verlag · Rheinwerkallee 4 · 53227 Bonn

Auf einen Blick

Wir hoffen, dass Sie Freude an diesem Buch haben und sich Ihre Erwartungen erfüllen. Ihre Anregungen und Kommentare sind uns jederzeit willkommen. Bitte bewerten Sie doch das Buch auf unserer Website unter **www.rheinwerk-verlag.de/feedback**.

An diesem Buch haben viele mitgewirkt, insbesondere:

Lektorat Nicole Hohmann
Korrektorat Anna Krepper, Rommerskirchen
Herstellung Stefanie Meyer
Typografie und Layout Vera Brauner
Einbandgestaltung Silke Braun
Coverbilder iStock: 1003629220 © Iakov Kalinin
Satz SatzPro, Krefeld
Druck Beltz Grafische Betriebe, Bad Langensalza

Dieses Buch wurde gesetzt aus der TheAntiquaB (9,35/13,7 pt) in FrameMaker.
Gedruckt wurde es mit mineralölfreien Farben auf chlorfrei gebleichtem, FSC®-zertifiziertem Offsetpapier (90 g/m²).
Hergestellt in Deutschland.

Bibliografische Information der Deutschen Nationalbibliothek:
Die Deutsche Nationalbibliothek verzeichnet diese Publikation in der Deutschen Nationalbibliografie; detaillierte bibliografische Daten sind im Internet über *http://dnb.dnb.de* abrufbar.

ISBN 978-3-8362-9707-3

1. Auflage 2024

Informationen zu unserem Verlag und Kontaktmöglichkeiten finden Sie auf unserer Verlagswebsite **www.rheinwerk-verlag.de**. Dort können Sie sich auch umfassend über unser aktuelles Programm informieren und unsere Bücher und E-Books bestellen.

Inhalt

11 Monitoring 323

12 Principal Propagation 345

Einleitung

Hybride und komplexe Architektur – willkommen in der Welt der Cloud. Im Laufe der Jahre haben sich integrierte Architekturen verändert. Zuerst wurden sie z. B. erweitert: Von Enterprise Resource Planning (ERP) zu ERP2 (mit Customer Relationship Management und anderen) haben diese Systeme dann viele Add-ons von verschiedenen Anbietern oder kundenspezifische Entwicklungen erhalten. Die Reise ging weiter mit der Umstellung auf In-Memory-Datenbanken wie SAP HANA und Schnittstellen auf Basis von Cloud-Protokollen wie OData.

Nun werden diese Systemlandschaften mit Cloud-Systemen verbunden. Diese neue Entwicklung bedeutet aber auch, dass Sie nicht mehr wissen, auf welchem Server Ihre Prozesse laufen. Sie müssen sicherstellen, dass Sie über Abonnements und Kontingente verfügen.

Der Cloud Connector ist zwar eine kleine Komponente, die Sie lediglich für die Verknüpfung von On-Premise- und Cloud-Welten verwenden, sie muss jedoch ordnungsgemäß installiert und gewartet werden. Sie ist der Schlüssel zur Verbindung beider Welten und gleichzeitig ein Gateway, das Geschäftsdaten über das Internet überträgt. Aus diesem Grund ist es sinnvoll, dass eine solche Komponente korrekt und sicher einrichten und etwas Zeit in die notwendige Planung investieren.

Mit diesem Buch möchten wir Ihnen die Werkzeuge an die Hand geben, um eine Cloud-Connector-Installation zu planen und die dafür notwendigen Entscheidungen zu treffen. Dabei stellen wir Ihnen Best Practices vor und beschreiben die Dos und Don’ts bei der Umsetzung.

Mit Hinblick auf den Betrieb möchten wir die Bedeutung des Monitorings und der Dokumentation hervorheben. Bei SAP BTP angemeldete Cloud-Connector-Instanzen sollten regelmäßig überwacht werden. Ein Connector kann bei der Anmeldung auf beide Netzwerke zugreifen – Ihr On-Premise- und Ihr Cloud-Netzwerk – und ist daher sicherheitskritisch. In der Dokumentation sollten deshalb alle Verantwortlichkeiten und alle von Ihnen eingerichteten Verbindungen aufgeführt sein.

Wir hoffen, dass Ihnen die Informationen in diesem Buch dabei helfen werden, erfolgreiche Cloud-Implementierungsprojekte durchzuführen.

Zielgruppe

Systemadministratorinnen und -administratoren, Entwicklerinnen und Entwickler, Softwarearchitektinnen und Softwarearchitekten sowie Sicherheitspersonal werden dieses Buch interessant finden. Für die Administratorinnen und Administratoren stellen wir verschiedene Details zu Cloud-Connector-Konfigurationen sowie Best-Practice-Ideen zur Verfügung. Entwicklerinnen und Entwickler finden Hinweise zum Hosten einer Cloud-Connector-Instanz auf dem eigenen Computer sowie zur Bedienung der Benutzeroberfläche einer gehosteten Cloud Connector-Instanz. Außerdem werden wir aufzeigen, was bei der Integration von On-Premise-Systemen in SAP-BTP-Anwendungen zu beachten ist. Für Architektinnen und Sicherheitsexperten werden sicherlich die Prozesse zur Pflege von Verbindungen und Zertifikaten, das Verbindungsmodell und die allgemeinen Sicherheitsthemen von Interesse sein.

Darüber hinaus richtet sich das Buch an alle Menschen, die sich für die Verbindung von Cloud- und On-Premise-Welten mit dem SAP-Ökosystem interessieren.

Hinweise zum Lesen des Buchs

Die Kapitel bauen aufeinander auf und wir haben eine Struktur gewählt, der Sie folgen können. Wann immer es ein Kapitel oder einen Abschnitt zur SAP BTP- und Neo-Umgebung gibt, haben wir auch einen Abschnitt zur Cloud-Foundry-Umgebung hinzugefügt. Hier besteht die Idee darin, sich nur über die von Ihnen verwendete Umgebung zu informieren und die andere Umgebung zu überspringen. Wenn Sie der Meinung sind, dass Sie mit dem Inhalt eines Kapitels bereits vertraut sind, können Sie die Zusammenfassung lesen, um dies herauszufinden.

Die Übungen müssen nicht der Reihe nach absolviert werden. Es gelten einige Ausnahmen, die wir neben der Übung erwähnt haben.

Zur Veranschaulichung der Anleitung werden durchgehend Screenshots verwendet.

In hervorgehobenen Informationskästen sind in diesem Buch Inhalte zu finden, die wissenswert und hilfreich sind, aber etwas außerhalb der eigentlichen Erläuterung stehen. Damit Sie die Informationen in den Kästen sofort einordnen können, haben wir die Kästen mit Symbolen gekennzeichnet:

[»] In Kästen, die mit diesem Symbol gekennzeichnet sind, finden Sie Informationen zu *weiterführenden Themen* oder wichtigen Inhalten, die Sie sich merken sollten.

[!] Dieses Symbol weist Sie auf *Besonderheiten* hin, die Sie beachten sollten. Es *warnt* Sie außerdem vor häufig gemachten Fehlern oder Problemen, die auftreten können.

[+] Mit diesem Symbol sind *Tipps* und *Hinweise* aus der Berufspraxis markiert, die praktische Empfehlungen geben, die Ihnen die Arbeit erleichtern können.

[zB] Die durch dieses Symbol kenntlich gemachten *Beispiele* weisen auf Szenarien aus der Praxis hin und veranschaulichen die dargestellten Funktionen.

Aufbau des Buches

Dieses Buch ist eine umfassende Anleitung zur Konfiguration und Ausführung des Cloud Connectors. Es ist in drei Teile gegliedert. Es führt Sie zunächst in die Grundlagen ein, die Sie für die Arbeit mit dem Cloud Connector benötigen, und leitet Sie dann Schritt für Schritt durch die Installations- und Konfigurationsschritte. Schließlich erfahren Sie, wie Sie den Cloud Connector für bestimmte, häufig vorkommende Anwendungsfälle konfigurieren. Das Buch schließt mit einem Überblick über Administrations- und Wartungsaufgaben.

In **Teil I**, »Grundlagen und Einrichtung«, werden Ihnen die allgemeinen Grundlagen vermittelt, die Sie kennen müssen, um den Cloud Connector effektiv einzurichten und zu verwenden. Außerdem werden die Installation des Cloud Connectors und die Erstkonfiguration Schritt für Schritt beschrieben.

Kapitel 1, »Einführung in die SAP Business Technology Platform«, gibt Ihnen einen Überblick über SAP BTP und seine Umgebungen. Außerdem wird auf die Geschichte von SAP BTP eingegangen.

Um den Cloud Connector ordnungsgemäß konfigurieren und verwenden zu können, ist ein grundlegendes Verständnis von sicherer Kommunikation und Authentifizierung erforderlich. **Kapitel 2**, »Sicherheitsgrundlagen«, beginnt mit einer Einführung in die für SAP BTP relevanten Kommunikationsprotokolle. Darüber hinaus werden in diesem Kapitel verschiedene Methoden der Benutzerauthentifizierung erläutert, die häufig in Cloud-Anwendungen verwendet werden.

Kapitel 3, »Einrichtung des Cloud Connectors«, führt Sie in die Installation und Konfiguration des Cloud Connectors ein. Das Kapitel beginnt mit Planungsüberlegungen, wie z. B. der Hardwaredimensionierung. Als Nächstes werden Sie Schritt für Schritt durch den Installationsprozess geführt. Sie werden sehen, dass die Installation des Cloud Connectors im Großen und Ganzen einfach ist. Die eigentliche Herausforderung liegt in der Konfiguration, auf die wir in diesem Kapitel ausführlich eingehen. Das Kapitel endet mit dem Thema Hochverfügbarkeit.

Kapitel 4, »Connectivity mit SAP Business Technology Platform«, stellt Ihnen den SAP-Connectivity-Service vor, der SAP BTP und seine Services bei der Kommunikation mit externen Systemen sowohl on-premise als auch in der Cloud unterstützt. Die von SAP bereitgestellten Connectivity APIs werden ebenfalls besprochen. Einige Teile dieses Kapitels beziehen sich speziell auf die Neo- oder Cloud-Foundry-Umgebung.

In **Teil II**, »Arbeiten mit dem Cloud Connector«, führt Sie durch typische Anwendungsfälle des Cloud Connectors und zeigt, wie der Cloud Connector verwendet werden kann, um SAP BTP und seine Dienste mit anderen SAP-Produkten zu verknüpfen.

In **Kapitel 5**, »SAP Web IDE«, wird erklärt, wie Sie mit dem Cloud Connector eine Verbindung zwischen der Entwicklungsumgebung SAP Web IDE und On-Premise-SAP-Systemen herstellen. Wir haben uns entschieden, an dieser Stelle Git-Repositorys zu berücksichtigen, da Git häufig als Source Management Service verwendet wird.

Kapitel 6, »SAP Business Application Studio«, beschreibt, wie der Cloud Connector verwendet wird, um Verbindungen zwischen dem SAP Business Application Studio und On-Premise-SAP-Systemen herzustellen. Die Anforderungen und Szenarien sind die gleichen wie für SAP Web IDE, aber der Konfigurationsprozess unterscheidet sich. Außerdem wird auch die Git-Repository-Integration für das SAP Business Application Studio erläutert.

In **Kapitel 7**, »SAP Integration Suite«, lernen Sie, wie Sie den Cloud-Connector verwenden, um eine Verbindung zwischen der Cloud-Integration-Komponente der SAP Integration Suite und On-Premise-SAP-Systemen herzustellen. Dabei gehen wir auf die Protokolle OData, SOAP und IDoc ein.

In **Kapitel 8**, »SAP Build Work Zone, Standard Edition«, wird erläutert, wie Sie den Cloud Connector verwenden, um lokale SAP-Fiori-Anwendungen und andere SAP-BTP-Dienste mit SAP Build Work Zone zu integrieren.

In **Teil III**, »Administration und Betrieb«, werden weiterführende Themen zu Konfiguration, Administration und Betrieb behandelt.

Für den sicheren Betrieb des Cloud Connectors sind bestimmte Konfigurationen erforderlich. **Kapitel 9**, »Sichere Konfiguration«, führt Sie Schritt für Schritt durch diese Konfigurationen. Dazu gehören Zertifikate und sichere Kommunikationsprotokolle für Backend-Systeme.

In **Kapitel 10**, »Administration«, wird erläutert, wie Sie den Cloud Connector verwalten. Sie erfahren, wie der Cloud Connector im Fehlerfall wiederhergestellt und aktualisiert werden kann und vieles mehr.

In **Kapitel 11**, »Monitoring«, lernen Sie, wie Sie die Funktionalität des Cloud Connectors überwachen. Außerdem erfahren Sie, wie Sie automatische Warnmeldungen einrichten und auf Prüfprotokolle zugreifen.

Bei der Verwendung des Cloud Connectors müssen Benutzeridentitäten (sogenannte Principals) von der Cloud-Anwendung an das On-Premise-Backend-System übergeben werden. Dieser Prozess wird als Principal Propagation bezeichnet. In **Kapitel 12**, »Principal Propagation«, wird erläutert, wie Sie die Principal Propagation für den Cloud Connector einrichten und sicher konfigurieren.

Zusammenfassung

Bei der Programmierung und Konfiguration von Cloud-Anwendungen werden Sie mit einer Vielzahl von Techniken und Methoden konfrontiert. Um sich hier zurechtzufinden, benötigen Sie eine solide Wissensbasis. Der Cloud Connector spielt als Komponente von Cloud-Systemen eine integrale und wichtige Rolle in SAP-BTP-Cloud-Szenarien. Mit diesem Buch möchten wir Ihnen daher zeigen, wie Sie den Cloud Connector von SAP für Ihre Unternehmensanforderungen nutzbar machen.

Martin Koch und **Siegfried Zeilinger**

TEIL I
Grundlagen und Einrichtung

Kapitel 1
Einführung in die SAP Business Technology Platform

SAP Business Technology Platform spielt eine zentrale Rolle in der Strategie von SAP. Sie wird für Erweiterungen, Integrationen und innovative Technologien in hybriden Systemlandschaftsumgebungen eingesetzt. Daher ist der Einsatz dieser Plattform an vielen Stellen erforderlich.

SAP Business Technology Platform (SAP BTP) ist das *Platform-as-a-Service-Angebot* (PaaS) von SAP. Es wurde erstmals 2012 unter dem Namen SAP NetWeaver Cloud veröffentlicht. Im Jahr 2013 wurde es in *SAP HANA Cloud Platform* umbenannt und im Laufe der Zeit um immer mehr Dienste erweitert. Im Jahr 2017 verabschiedete sich SAP vom HANA-Teil des Namens: Bis Januar 2021 lautet der offizielle Produktname *SAP Cloud Platform*.

In diesem Kapitel soll zunächst die Positionierung von SAP BTP innerhalb des umfassenden SAP-Portfolios in Abschnitt 1.1, »Positionierung von SAP BTP«, erläutert werden. Dabei ist besonders das Thema der Innovation von zentraler Bedeutung. Die Plattform stellt ein effizientes Werkzeug dar, um neue Ideen zeitnah und auf dem neuesten Stand der Technik umzusetzen, was sowohl SAP-Kunden als auch -Partnern zugutekommt. Neben dieser wichtigen Funktion agiert die Plattform auch als Erweiterungsumgebung für die Software-as-a-Service-Angebote (SaaS) von SAP und ermöglicht darüber hinaus als Integrationsplattform eine reibungslose Kommunikation zwischen bestehenden Systemen und innovativen Neu- und Weiterentwicklungen. Konkret können mit SAP BTP SaaS-Anwendungen nahtlos in On-Premise-Systeme integriert werden, um durchgängige Prozesse zu schaffen.

SAP BTP wird in verschiedenen geografischen Regionen, sowohl in SAP-eigenen Rechenzentren als auch in Rechenzentren von renommierten Hyperscaler-Anbietern wie Amazon Web Services (AWS), Google Cloud, Microsoft Azure und Alibaba Cloud, bereitgestellt. Von besonderem strategischen Interesse für SAP ist dabei die Nutzung der Infrastrukturen dieser Hyperscaler zur Bereitstellung von SAP BTP. Dank dieser Ausrichtung kann SAP mit SAP BTP rascher und effizienter in neue Regionen expandieren. Die Hyperscaler verfügen über viele weltweit verteilte Rechenzentren, die SAP als Infrastrukturen nutzen kann. Damit entfällt für SAP die Notwendigkeit, eigene neue Rechenzentren aufzubauen, um in neue geografische Regionen zu expandieren. Trotz der Vielzahl an Rechenzentren, die von den genannten Anbietern bereitgestellt werden, greift SAP lediglich auf sorgfältig ausgewählte Rechenzentren zurück.

Seit einiger Zeit bietet SAP eine zusätzliche Option namens EU Access für den Betrieb ihrer Rechenzentren an. Im Rahmen dieser Option greift SAP ausschließlich auf europäische Subunternehmer zurück, um Supportleistungen zu erbringen, die den Zugriff auf personenbezogene Daten im Cloud-Service erfordern. SAP übermittelt keine personenbezogenen Daten in Länder außerhalb des Europäischen Wirtschaftsraums (EWR) oder der Schweiz, es sei denn, der Kunde hat dem im Einzelfall ausdrücklich schriftlich zugestimmt. Bitte beachten Sie, dass die Option EU Access in der Regel mit erhöhten Lizenzkosten verbunden ist und im Bestellformular für die SAP-BTP-Services angegeben werden muss.

Eine Reihe von Laufzeitumgebungen steht für SAP BTP zur Verfügung, darunter die von SAP selbst entwickelte Neo-Umgebung und die Multi-Cloud-Foundation für SAP BTP. Letztere bietet Unterstützung für die Cloud-Foundry-Umgebung von SAP BTP, die ABAP-Umgebung von SAP BTP und die Kyma-Laufzeit von SAP BTP. Die Cloud-Foundry-Umgebung basiert auf Open-Source-Technologien und ist derzeit die am weitesten verbreitete Umgebung. Die Kyma-Laufzeitumgebung, die seit der zweiten Hälfte des Jahres 2020 zur Verfügung steht, befindet sich jedoch noch in den Kinderschuhen. Die ABAP-Umgebung von SAP BTP spielt eine wichtige Rolle bei der Erweiterung von ABAP-basierten Produkten. In Abschnitt 1.2, »Umgebungen«, werden diese verschiedenen Umgebungen sowie die darauf aufbauenden Dienste eingehend vorgestellt.

Im Anschluss an die Einführung in die Einsatzgebiete und verschiedenen Umgebungen von SAP BTP geht Abschnitt 1.3, »Architektur«, auf das Kontenmodell für die Nutzung der Plattform ein. Hierbei werden wichtige Aspekte erläutert, die bei der Wahl einer geeigneten Umgebung zu berücksichtigen sind. Zudem werden die verfügbaren kommerziellen Nutzungsmodelle vorgestellt und deren jeweilige Vor- und Nachteile erläutert.

1.1 Positionierung von SAP BTP

SAP BTP deckt die Anwendungsfälle Innovation, Erweiterung und Integration vollständig ab. Es ist ein zentraler Baustein der intelligenten Unternehmensstrategie von SAP. SAP definiert das intelligente Unternehmen wie folgt: »Intelligente Unternehmen beschleunigen die datengesteuerte Neuausrichtung und Prozessautomatisierung, etablieren moderne Geschäftsmodelle, bieten außergewöhnliche Benutzererfahrungen und vieles mehr. Sie nutzen die neuesten Technologien, um Erkenntnisse unternehmensweit und in Echtzeit in Maßnahmen umzusetzen. Ein intelligentes Unternehmen verbindet Benutzererlebnisse mit dem operativen Geschäft, indem es Lösungen für das Erlebnismanagement (XM-Software), eine unternehmensweite Technologieplattform und eine Reihe von passenden Anwendungen einsetzt.«

SAP BTP unterstützt Kunden dabei, durch Integration, Wertschöpfung aus Daten und Erweiterbarkeit von SAP- und Drittanbieteranwendungen Agilität, Geschäftswert und kontinuierliche Innovation zu erzielen. Die Plattform verbindet den Zugang zur Technologie mit Benutzerfreundlichkeit und Harmonisierung. Der Schwerpunkt liegt auf der schnellen Geschäftsinnovation.

SAP BTP kombiniert bestehende Lösungen. Dazu gehören die Datenbank *SAP HANA Cloud* sowie die Lösungen *SAP Analytics Cloud*, *SAP Integration Suite* und *SAP Extension Suite*. Darüber hinaus werden sowohl Entwicklungsdienste als auch *Low-Code/No-Code-* und Marktplatzfunktionen an einem zentralen Ort angeboten. Die Plattform bietet zudem grundlegende Funktionen zur Unterstützung von On-Premise-, Hybrid- und Cloud-Szenarien. Sie bietet Ihnen Flexibilität und die Wahlmöglichkeiten, um die Agilität und Geschwindigkeit zu erhöhen. Da SAP BTP die technologische Komplexität abstrahiert, können Sie sich auf die Lösung spezifischer Probleme konzentrieren und auf bestehenden Kernprozessen aufbauen. Die Funktionen von SAP BTP sind in viele der Cloud-Lösungen von SAP integriert. Diese Integration reicht von eingebetteten Analyse-Dashboards bis hin zu sofort einsatzbereiten Integrationspaketen. Kunden und Partner können auf dieser Grundlage mit SAP-BTP-Funktionen in vier Hauptkategorien weiter aufbauen:

- **Datenbanken und Datenmanagement**
  Sie können Lösungen wie SAP HANA Cloud, SAP Data Intelligence Cloud und SAP Datasphere nutzen, um alle Arten von Daten aus SAP- und Nicht-SAP-Lösungen zu speichern, darauf zuzugreifen, sie zu verbinden und zu interpretieren.
- **Analysen**
  Nutzen Sie SAP Analytics Cloud, um Ihr Unternehmen auf den neuesten Stand zu bringen. Die Software umfasst Planungs- und Prognosefunktionen, die neben der Transaktionskonsistenz auch eine schnelle Entscheidungsfindung ermöglichen.
- **Anwendungsentwicklung und -integration**
  Nutzen Sie die SAP Integration Suite und die SAP Extension Suite, um schnell Anwendungen für die gesamte Wertschöpfungskette zu entwickeln. So können Sie

Systeme und Geschäftsprozesse flexibel, schnell und intuitiv miteinander verbinden.

- **Intelligente Technologien**
  Nutzen Sie Innovationen mit *künstlicher Intelligenz* (KI), *maschinellem Lernen* (ML) und intelligenten Technologien, und setzen Sie die *robotergestützte Prozessautomatisierung* (engl. Robotic Process Automation, RPA) ein, um einen Wettbewerbsvorteil zu erzielen.

SAP BTP bietet auch *Sicherheitsservices* an, d. h. SAP-BTP-Dienste, die Sicherheitsfunktionen bereitstellen. Sie umfassen wesentliche Querschnittsfunktionen, die von allen anderen Services genutzt werden. Dabei handelt es sich um die SAP Cloud Identity Services. Im Folgenden zeigen wir Ihnen die Hauptanwendungsgebiete von SAP BTP. Wir beginnen in Abschnitt 1.1.1, »Innovation: Entwicklung neuer Cloud-Lösungen«, mit dem Thema Innovation. Dort sehen Sie, wie SAP BTP Sie bei der Entwicklung neuer, innovativer Anwendungen mithilfe der bereitgestellten Services und Werkzeuge unterstützen kann. Anschließend sehen Sie in Abschnitt 1.1.2, »Erweiterung: Erweiterung von SAP-Cloud-Lösungen«, wie SAP BTP als Basis für die Erweiterung der SaaS-Produkte von SAP genutzt werden kann. In hybriden Systemlandschaften spielt die Integration eine wichtige und entscheidende Rolle. Hierauf gehen wir in Abschnitt 1.1.3, »Integration: Cloud-Lösungen und On-Premise-Systeme«, ein.

1.1.1 Innovation: Entwicklung neuer Cloud-Lösungen

Die Entwicklung von neuartigen und innovativen Cloud-Anwendungen kann mit SAP BTP effektiv unterstützt werden. Die Plattform verfügt über ein umfangreiches Angebot an Funktionen und Technologien, die nahezu jede Anforderung im Kontext der Cloud-Entwicklung abdecken können. Sowohl SAP-Kunden als auch -Partner profitieren von diesem breiten Leistungsspektrum.

Für die Entwicklung neuer Anwendungen wird es in Zukunft erforderlich sein, auf das *SAP Cloud Application Programming Model* zurückzugreifen. Das Framework bietet eine umfassende Zusammenstellung von Sprachen, Bibliotheken und Werkzeugen, die speziell für die Entwicklung von Geschäftsanwendungen konzipiert wurden. Es beruht auf einer Kombination aus etablierten und weit verbreiteten Open-Source-Technologien und von SAP entwickelten Technologien (siehe Abbildung 1.1).

Ein bemerkenswertes Merkmal des SAP Cloud Application Programming Model ist die Verwendung von bekannten Programmiersprachen wie *JavaScript* und *Java* sowie von Frameworks wie *Node.js*, *Express* und *Spring*. Obwohl diese Technologien vielen SAP-Kunden noch nicht geläufig sind, haben sie sich auf dem Markt für die effektive Entwicklung von skalierbaren und sicheren Cloud-Anwendungen bereits etabliert. SAP BTP bietet sowohl eine Laufzeitumgebung für Anwendungen, die mit diesen Sprachen und Frameworks entwickelt wurden, als auch Services, die von diesen Anwendungen genutzt werden können.

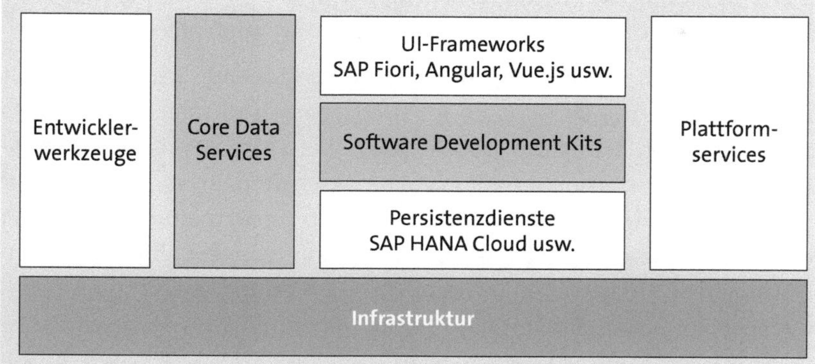

Abbildung 1.1 SAP Cloud Application Programming Model

SAP setzt auch auf Technologien, die sich in den letzten Jahren bei SAP-Kunden bewährt haben. Dazu gehören die Benutzeroberfläche *SAP Fiori*, die In-Memory-Plattform *SAP HANA*, die Datenmodellierungssprache *Core Data Services* (CDS), und das Protokoll *OData*. Für Bestandskunden bedeutet dies, dass das Wissen aus dem Betrieb von SAP-On-Premise-Lösungen auch im Hybrid- und Cloud-Betrieb weiter genutzt werden kann. Dadurch werden auch Investitionen in die Aus- und Weiterbildung der Mitarbeitenden geschützt.

Die Plattform ist aber auch offen für andere Technologien, die nicht unbedingt von SAP stammen. Damit sollen Kunden und Entwicklungsteams angesprochen werden, die noch keine SAP-Bestandskunden sind. Im Bereich der *UI-Frameworks* werden neben SAP Fiori auch Technologien wie *AngularJS*, *Vue.js* oder *React* unterstützt. Neben den Datenbanken SAP HANA und SAP HANA Cloud werden auch andere Datenbanken wie z. B. *SQLite* unterstützt.

Unserer Erfahrung nach ist die Programmierung nach dem SAP Cloud Application Programming Model schnell zu erlernen. Damit Sie das SAP Cloud Application Programming Model effizient nutzen können, erfolgt eine saubere Datenmodellierung auf Basis von Core Data Services (CDS), der SAP-eigenen *Domain Specific Language* (DSL). Damit lassen sich Datenmodelle vollständig beschreiben. Basierend auf diesen Datenmodellen kann ein *OData-Service* erstellt werden, der das Datenmodell für den externen Zugriff über das Protokoll *HTTP* bereitstellt. Dieser OData-Service kann wiederum sehr einfach in SAP-Fiori-Apps konsumiert werden.

Auch für Cloud-Anwendungen sind wesentliche Funktionen wie die Mandantenfähigkeit im Standard enthalten. Bei Cloud-Anwendungen, die nicht mit dem SAP Cloud Application Programming Model entwickelt werden, ist die manuelle Implementierung der Mandantenfähigkeit jedoch – anders als in der ABAP-Welt – sehr zeitaufwendig. Diese Aufgabe wird vom Framework übernommen. Die Integration von Services von SAP BTP und Drittanbietern über *Application Programming Interfaces* (APIs) ist mit dem Framework ebenfalls mit geringem Aufwand möglich.

Nach der Einführung von SAP BTP sah es so aus, als ob bestehende SAP-Kunden mit jahrzehntelang aufgebautem ABAP-Wissen im Stich gelassen würden. Daher gab es zunächst von vielen Seiten Kritik und Skepsis gegenüber SAP BTP. Als Reaktion darauf hat SAP mit einer Innovation die Möglichkeit geschaffen, den ABAP-Stack für SAP BTP zu nutzen. Diese Innovation ist auch unter dem Projektnamen Steampunk bekannt. Der offizielle Name lautet *SAP BTP, ABAP Environment* (die ABAP-Umgebung). Sie ermöglicht Kunden und Partnern die Entwicklung von Cloud-Anwendungen und lose gekoppelten *Side-by-Side-Erweiterungen* für SAPs Flaggschiff *SAP S/4HANA* und *SAP S/4HANA Cloud*. Der Ansatz für die SAP S/4HANA Cloud, ABAP-Umgebung (von einigen informell als *Embedded Steampunk* bezeichnet, abgeleitet vom ursprünglichen Codenamen der ABAP-Umgebung), also die nächste Evolutionsstufe, kann verwendet werden, um eng gekoppelte Erweiterungen zu erstellen, die direkt auf dem Technologie-Stack von SAP S/4HANA Cloud laufen und die öffentlichen lokalen APIs nutzen, welche von SAP-S/4HANA-Geschäftsobjekten angeboten werden. Der Vorteil dieser Erweiterungen ist die Upgrade-Sicherheit. So vermeiden Sie den typischen Anpassungsaufwand bei Upgrades, der bei klassischen ABAP-Entwicklungen auftreten kann.

1.1.2 Erweiterung: Erweiterung von SAP-Cloud-Lösungen

Ein weiterer zentraler Anwendungsfall von SAP BTP ist die Erweiterung von SAPs SaaS-Anwendungen. Zu diesem Zweck wird die *SAP Extension Suite* als Teil von SAP BTP angeboten. Sie ermöglicht die schnelle Erweiterung von bestehenden Anwendungen und umfasst Werkzeuge und Technologien für die Erweiterung von Geschäftsprozessen und die Automatisierung von sich wiederholenden Aufgaben.

Die *Erweiterung* von SaaS-Anwendungen ist ereignisgesteuert. Wenn im SaaS-Produkt ein Ereignis eintritt, z. B. eine neue Bewerbung in SAP SuccessFactors erfasst oder ein neuer Lead in SAP Sales Cloud angelegt wird, kann darauf in einer Erweiterung reagiert werden.

Die Idee dahinter ist trivial und wird seit vielen Jahren in einer Vielzahl von Integrationsszenarien eingesetzt. Das Auslösen eines Ereignisses führt zum Senden einer Nachricht an die *SAP Integration Suite, advanced event mesh*, die dann für die asynchrone Nachrichtenvermittlung zuständig ist. Die Erweiterungen in SAP BTP greifen diese Nachricht auf und können auf sie reagieren. Die Nachricht selbst enthält nicht den vollständigen betroffenen Datensatz der SaaS-Anwendung, sondern nur eine ID.

Die Erweiterung verwendet diese ID, um die benötigten Daten über eine API von der SaaS-Anwendung abzurufen.

Die Kommunikation mit der SaaS-Anwendung erfolgt ausschließlich über APIs, unabhängig davon, ob Daten nur gelesen oder auch manipuliert werden. Erweiterungen des Datenmodells und die Speicherung der Daten finden in jeder Erweiterung statt. Dies bedeutet, dass die SaaS-Anwendung nicht geändert werden muss, was bedeutet, dass SAP SaaS-Anwendungen aktualisieren kann, ohne die Erweiterungen zu beeinflussen.

SAP definiert eine Erweiterung wie folgt (*http://s-prs.de/v970700*):

> *Eine Erweiterung ermöglicht es, lose gekoppelte Geschäftslogik zu entwickeln, die schnell instanziiert und automatisch skaliert werden kann. Die durch die Geschäftslogik dargestellten Funktionen verarbeiten, transformieren und speichern Daten in der Cloud. Erweiterungen können Funktionen verwenden, um Ereignisse in SAP BTP und externen Ereignisquellen zu empfangen und darauf zu reagieren, um Daten zu validieren, Daten zu verarbeiten und Benachrichtigungen zu senden. Zusätzlich zu diesen Funktionen können Auslöser erstellt werden, die verwandte Funktionen aufrufen, z. B. kann ein zeitbasierter Auslöser wiederkehrende Aktivitäten wie Berichte und Bereinigungsaufträge planen.*

Erweiterungen werden in einer serverlosen Umgebung wie der Laufzeitumgebung *Kyma* ausgeführt. Sie ermöglicht Anwendungen, den sogenannten digitalen Kern zu erweitern – d. h. die Kerngeschäftsanwendung, sodass diese Erweiterungen in der SAP Extension Suite erstellt, verwaltet und ausgeführt werden können. Serverlose Architekturen haben sich bereits seit Jahren in verschiedenen Sprachassistenten wie Amazon Alexa oder Apple Siri bewährt.

Serverlose Architekturen bestehen aus Servern, die jedoch vollständig vom Cloud-Anbieter verwaltet werden. Dies gilt auch für die Bereitstellung und Skalierung. In serverlosen Architekturen wird das Prinzip *Pay-per-Use* angewandt, d. h., der Kunde zahlt nur für die verwendeten Ressourcen. Während der Cloud-Anbieter also für die automatische Skalierung, die Verwaltung und den Betrieb der Infrastruktur verantwortlich ist, kann sich der Kunde bzw. sein Entwicklungsteam auf die Entwicklung und Architektur der Anwendung konzentrieren.

1.1.3 Integration: Cloud-Lösungen und On-Premise-Systeme

Der dritte Anwendungsbereich von SAP BTP ist die *Integration*, ein wichtiger Faktor für das intelligente Unternehmen und eine zunehmende Priorität für Unternehmen. Da digitale Interaktionen zur Norm geworden sind, werden vernetzte, kontextbezogene und durchgängige digitale Erlebnisse zum neuen Standard. Wenn Sie Ihr Unternehmen für die Zukunft rüsten wollen, sollten Sie Integrationen nutzen, um die Kundenerfahrung Ihrer Produkte und Ihrer Mitarbeitenden sowie ihre Markenwahrnehmung zu verbessern.

Der zentrale Dienst der Integration ist die *SAP Integration Suite*. Sie besitzt verschiedene sogenannte Capabilitys. Die bekannteste davon ist *Cloud Integration* (ehemals SAP Cloud Platform Integration), eine Middleware, die die Engine *Apache Camel* als technologische Basis nutzt. Sie ermöglicht synchrone und asynchrone Kommunikation und unterstützt eine breite Palette von Protokollen und Technologien. Dazu gehören z. B. Hypertext Transfer Protocol Secure (HTTPS), Simple Object Access Protocol (SOAP), Java Database Connectivity (JDBC), Representational State Transfer (REST), Java Messaging Service (JMS), und SSH File Transfer Protocol oder Secure File Transfer Protokol (SFTP). Außerdem gibt es mehrere Adapter für die Anbindung von SaaS-Lösungen wie SAP SuccessFactors und SAP Ariba. SAP Cloud Integration eignet sich für die Umsetzung von Integrationsszenarien in den Bereichen Application-to-Application (A2A), Business-to-Business (B2B) und Business-to-Governance (B2G).

Cloud Integration ermöglicht außerdem die Verwendung vordefinierter Inhalte (sogenannter *Prepackaged Content*). Dabei handelt es sich um Integrationen, die von SAP oder seinen Partnern für verschiedene Szenarien erstellt wurden. Der Vorteil von vorgefertigtem Content ist, dass Sie fertige Integrationslösungen erhalten, in denen alle Aspekte der Integration zwischen bestimmten Systemen bereits vollständig abgebildet sind. Um diesen Content zu nutzen, müssen Sie in der Regel nur die Konnektivität auf der Sender- und Empfängerseite Ihrer spezifischen Systeme konfigurieren.

Datenübermittlung an Steuerbehörden

Ein sehr anschauliches Beispiel für solche vorgefertigten Inhalte ist *SAP Document Compliance* (eDocument-Lösung). In vielen Ländern gibt es eine gesetzliche Verpflichtung für Unternehmen, bestimmte Daten aus B2B-Transaktionen innerhalb eines bestimmten Zeitraums an die Steuerbehörden zu übermitteln. Möchten SAP-Kunden diese Schnittstellen selbst implementieren, müssen sie sich zunächst um die Ermittlung und Bereitstellung der Daten aus dem betroffenen SAP-System, typischerweise SAP Business Suite oder SAP S/4HANA, kümmern. Im nächsten Schritt müssen sie die Schnittstellen der beteiligten Finanzbehörde analysieren und die Daten aus dem SAP-System über ein Mapping in das gewünschte Format bringen. Danach müssen die Kunden sich um die Verschlüsselung und Signatur der gesendeten Daten kümmern. Schließlich müssen die Authentifizierung und die technische Anbindung an die Finanzbehörde eingerichtet werden. Natürlich darf auch ein adäquates Fehlerhandling nicht vergessen werden. Und auch der Bearbeitungsstand auf Seiten der Finanzbehörde sollte wieder im SAP-System vermerkt werden.

Der Implementierungsaufwand für diese Anforderungen liegt in der Regel im zweistelligen Bereich von Manntagen. Wenn man nun noch bedenkt, dass ein multinationaler Konzern diese Anforderung in zehn oder mehr Ländern umsetzen muss, kann man ein Entwicklungs- und Integrationsteam lange Zeit mit dieser Umsetzung beschäftigen. Das ist meist nicht im Interesse der SAP-Kunden. Deshalb liefert SAP für dieses Szenario vorgefertigte Inhalte in Form von sogenannten Integration Flows (iFlows), die alle Aspekte der Integration abdecken. In der SAP-On-Premise-Landschaft installieren Kunden ein passendes Add-on für die Integration mit der Finanzbuchhaltung. Die Kunden sind lediglich für die Konfiguration der Konnektivität und die laufende Überwachung der Schnittstellen verantwortlich, was den Implementierungsaufwand massiv reduziert. Bei Änderungen an den von den Behörden bereitgestellten Schnittstellen aktualisiert SAP die betroffenen *iFlows*, und die Kunden können direkt auf die neueste Version in der Cloud-Integration-Capability der SAP Integration Suite wechseln.

Neben der Cloud Integration umfasst das Integrationsportfolio auch viele andere Capabilitys, unter dem Deckmantel der SAP Integration Suite. Eine weitere interessante Capability der SAP Integration Suite ist das *API Management*. Damit lassen sich die eigenen SOAP-, REST- und OData-APIs strukturiert dokumentieren, internen und externen Entwicklungsteams zur Verfügung stellen und kommerziell verwerten. Zur Laufzeit kann das API-Management z. B. dafür sorgen, dass nur eine bestimmte Anzahl von Anfragen erlaubt ist oder dass immer wieder verwendete Daten gepuffert werden und nicht permanent aus dem Quellsystem geladen werden müssen. Das API-Management hilft Unternehmen auch dabei, einen Gesamtüberblick über den Zustand ihrer APIs zu behalten und Fehler und Probleme bei deren Nutzung sofort zu erkennen.

Um sicherzustellen, dass Kunden und Partner nicht von der Vielzahl der Lösungen überwältigt werden, empfiehlt SAP einen strategischen Ansatz für die Integration. Zu diesem Zweck wurde die *SAP Integration Solution Advisory Methodology*, auch als *ISAM* bekannt, eingeführt. Die Methodik bietet ein umfassendes Rahmenwerk, das die Einführung und Verwendung von hybriden Integrationsplattformen beschleunigt, Integrationsprojekte auf der Grundlage von SAP Best Practices absichert und agile Integrationspraktiken ermöglicht. Durch den Einsatz der SAP Integration Solution Advisory Methodology können Sie die folgenden Ziele erreichen:

- Dokumentation der Integrationsarchitektur, um die Kommunikation zwischen Projektteams und Systemintegratoren zu verbessern
- Integration als anerkannte Disziplin innerhalb eines Unternehmens etablieren und als Wettbewerbsvorteil nutzen
- Erstellung von Integrationsrichtlinien mit Entwürfen für die Lösungsarchitektur und anderen bewährten Verfahren, wie z. B. Integration Governance
- Einbettung in die allgemeine Unternehmenskultur

1.2 Umgebungen

Ursprünglich wurde SAP BTP ausschließlich in den SAP-eigenen Rechenzentren und in dem proprietären *SAP BTP, Neo Environment* (die Neo-Umgebung) betrieben. Parallel zu SAP haben sich auch andere Cloud-Anbieter mit eigenen Angeboten auf dem Markt etabliert, wie AWS, Microsoft Azure, Google Cloud und Alibaba Cloud. Um den Betrieb und die Bereitstellung von Services in der Cloud anbieterübergreifend zu standardisieren, haben sich namhafte Cloud-Anbieter unter dem Dach der *Cloud Foundry Foundation* zusammengeschlossen, um einen einheitlichen Standard zu definieren (siehe *https://www.cloudfoundry.org/*).

SAP setzt die Cloud-Foundry-Architektur nicht nur in SAP BTP, sondern auch in anderen Produkten ein. Zu diesen Produkten gehören z. B. *SAP HANA Extended Application Services, Advanced Model* (SAP HANA XSA), eine in SAP HANA integrierte Laufzeit- und Entwicklungsumgebung.

Die Plattform bietet eine Reihe von Funktionen. Dazu gehören verschiedene technische Komponenten wie Services, Werkzeuge, APIs und Anwendungen. Innerhalb von SAP BTP lässt SAP den Kunden aktuell noch die Wahl, ob sie die Services in der Neo- oder in der Cloud-Foundry-Umgebung nutzen möchte. An dieser Stelle sei erwähnt, dass SAP strategisch auf die sognannte *Multi-Cloud Foundation für SAP BTP* setzt, und Cloud Foundry ein Teil davon ist. Die SAP-BTP-Services ermöglichen, erleichtern oder beschleunigen die Entwicklung von Geschäftsanwendungen und anderen Plattformdiensten auf SAP BTP. SAP unterteilt Services in die folgenden Typen:

- **Business Services**
  Dies sind Dienste, die die Entwicklung von Geschäftsprozesskomponenten ermöglichen, erleichtern oder beschleunigen oder branchenspezifische Funktionen oder Inhalte innerhalb einer Geschäftsanwendung bereitstellen.
- **Technische Services**
  Hierbei handelt es sich um Dienste, die die Entwicklung generischer oder bereichsunabhängiger Inhalte innerhalb einer Geschäftsanwendung ermöglichen, erleichtern oder beschleunigen, unabhängig vom Geschäftsprozess oder der Aufgabe der Anwendung.

[+]

Verfügbare Services

Nicht alle Services werden in allen Regionen und Umgebungen angeboten. Einen Überblick über die verfügbaren Services finden Sie im SAP Discovery Center (*https://discovery-center.cloud.sap*) unter den jeweiligen Kategorien, wie in Abbildung 1.2 dargestellt.

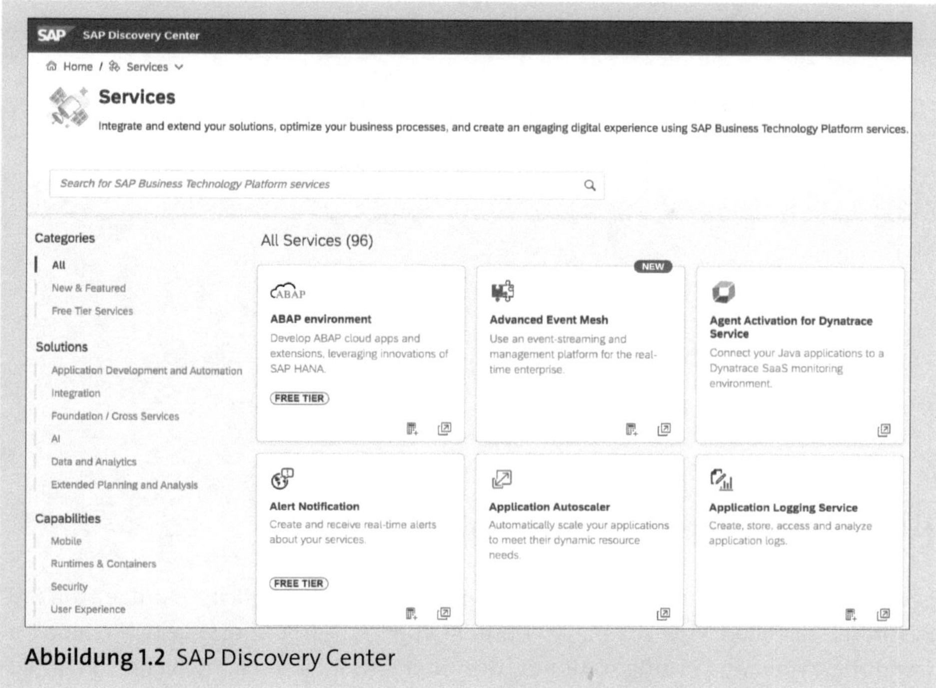

Abbildung 1.2 SAP Discovery Center

Aus kommerzieller Sicht macht es keinen Unterschied, ob Sie einen Service in der Neo-Umgebung, der Cloud-Foundry-Umgebung oder in beiden Umgebungen in Anspruch nehmen. In allen Fällen schließen Sie einen Vertrag mit SAP ab und nicht mit dem *Infrastructure-as-a-Service-Anbieter* (IaaS). Die Abrechnung erfolgt daher immer über SAP.

1.2.1 Neo-Umgebung

Das SAP BTP, Neo Environment ist ein PaaS-Angebot von SAP, das umfassende Dienste und Funktionen für die Anwendungsentwicklung bietet. Mit diesen Services können Sie Geschäftsanwendungen in der Cloud erstellen, erweitern und integrieren. Bei der Neo-Umgebung handelt es sich nicht um ein eigenständiges Produkt, das lizenziert wird, sondern um eine Sammlung verschiedener Lösungen, die in SAP-eigenen Rechenzentren bereitgestellt werden. Abbildung 1.3 gibt einen Überblick über alle Rechenzentren, in denen die Neo-Umgebung betrieben wird.

Mithilfe der Neo-Umgebung haben Sie die Möglichkeit, benutzerdefinierte Anwendungen auf Basis von HTML5, Java und SAP HANA Extended Application Services, Classic Model (SAP HANA XS) zu entwickeln und bereitzustellen. Darüber hinaus können Sie mit SAPUI5 modernste Benutzeroberflächen für webbasierte Geschäftsanwendungen entwickeln.

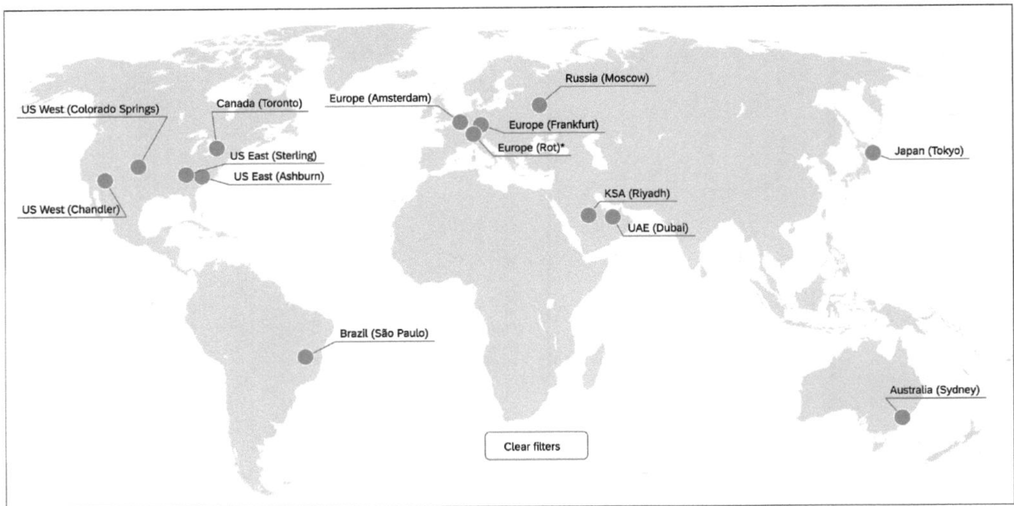

Abbildung 1.3 Rechenzentren für die Neo-Umgebung

Durch die Implementierung in der Neo-Umgebung ist es möglich, Lösungen auf SAP BTP bereitzustellen. Eine Lösung im Kontext von SAP BTP umfasst verschiedene Anwendungstypen und Konfigurationen, die unter Einsatz unterschiedlicher Technologien realisiert wurden, um ein spezifisches Szenario oder einen bestimmten Arbeitsablauf umzusetzen. Die Bereitstellung von Lösungen kann über das *erweiterte Change and Transport System* (CTS+), den Konsolen-Client oder das SAP BTP Cockpit erfolgen. Letzteres wird auch zur Überwachung der Lösungen genutzt.

Das Modell für *Multitarget-Applications* (MTA), das in der Neo-Umgebung verwendet wird, umfasst und beschreibt Anwendungsmodule, Abhängigkeiten und Schnittstellen auf eine Art und Weise, die eine einfache Validierung, Orchestrierung, Wartung und Automatisierung von Anwendungen während ihres gesamten Lebenszyklus ermöglicht.

Neben der Möglichkeit, eigene Anwendungen zu entwickeln, bietet die Neo-Umgebung eine breite Palette von Diensten, die weitere, im SAP-Umfeld gängige Szenarien realisierbar machen. Einige dieser Dienste werden nachfolgend kurz vorgestellt:

- **SAP Web IDE**
  SAP Web IDE ist die integrierte Entwicklungsumgebung (engl. Integrated Development Environment, IDE) der Neo-Umgebung und für viele Entwicklerinnen und Entwickler der erste Berührungspunkt mit SAP BTP, da sie für die Entwicklung und Erweiterung von SAP-Fiori-Apps verwendet wird. Darüber hinaus kann sie für die Entwicklung von Workflows und bestimmten anderen Arten von mobilen Anwendungen verwendet werden. SAP Web IDE kann über selbst entwickelte Plug-ins oder solche von Drittanbietern erweitert werden.

- **SAP Cloud Integration**
  Wie in Abschnitt 1.1.3, »Integration: Cloud-Lösungen und On-Premise-Systeme«, vorgestellt, ist SAP Cloud Integration der zentrale Service für die Integration verschiedener SaaS-Lösungen oder die Integration von SaaS-Lösungen mit On-Premise-Systemen. Für verschiedene Integrationsszenarien gibt es vordefinierte Inhalte, die von SAP und seinen Partnern zur sofortigen Nutzung bereitgestellt werden.
- **SAP Mobile Services**
  SAP Mobile Services werden verwendet, wenn mobile Anwendungen im SAP-Kontext erstellt werden und sicher auf Daten in On-Premise- und SaaS-Anwendungen zugreifen müssen. Es können native, hybride und metadatengesteuerte Anwendungen erstellt werden. Darüber hinaus werden Push-Benachrichtigungen und Offline-Funktionen standardmäßig bereitgestellt.
- **SAP Cloud Portal Service**
  Ein typischer Anwendungsfall für SAP Cloud Portal Service ist das Anbieten von Katalogen und Kacheln, die Endbenutzern den Zugang zu bestimmten Funktionalitäten ermöglichen. Sie können z. B. Links zu Mitarbeiterservices, Bewertungen oder Buchungsfunktionen bereitstellen. Der Vorteil dieses Cloud-Services ist, dass die beteiligten Backend-Systeme nicht direkt aus dem Internet erreichbar sein müssen und SAP BTP eine zusätzliche Sicherheitsebene bietet, die sich z. B. um Denial-of-Service-Angriffe (DoS), Malware-Erkennung oder Virenscans kümmert.
- **SAP Translation Hub**
  SAP Translation Hub unterstützt SAP-Kunden bei der weitgehend automatisierten Übersetzung von SAP-Fiori-Apps und mobilen Apps in verschiedene Sprachen. Neben dem SAP-eigenen multilingualen Text Repository (MLTR) können Sie Ihre eigenen Repositorys nutzen und so domänenspezifische Übersetzungen oder zusätzliche Sprachen bereitstellen.

Wenn eine Anforderung nicht durch die angebotenen Standardservices abgedeckt wird, ermöglicht SAP die Nutzung von virtuellen Maschinen in der Neo-Umgebung. Damit können Sie Ihre eigenen Anwendungen installieren und betreiben.

1.2.2 Multi-Cloud Foundation für SAP BTP

In der Multi-Cloud Foundation für SAP BTP werden die Dienste über die IaaS-Partner von SAP bereitgestellt:

- AWS
- Microsoft Azure
- Google Cloud
- Alibaba Cloud

Die IaaS-Partner betreiben die Infrastrukturebenen der jeweiligen Regionen, während SAP die Plattformebenen und die Laufzeitumgebungen betreibt. Als Kunde haben Sie nur Zugriff auf die Plattformschicht und nicht auf die Infrastrukturschicht. In der Multi-Cloud Foundation werden Laufzeiten für Cloud Foundry, Kyma und ABAP angeboten.

Cloud-Foundry-Umgebung

Die Cloud Foundry Foundation ist ein gemeinnütziges Open-Source-Projekt. SAP BTP ist eine zertifizierte Cloud-Foundry-Distribution. Das SAP BTP, Cloud-Foundry-Environment (die Cloud-Foundry-Umgebung) ermöglicht die Entwicklung und den Betrieb von Cloud-Anwendungen in verschiedenen Programmiersprachen. Cloud-Foundry-Anwendungen können auf SAP BTP in verschiedenen Regionen eingesetzt werden. Jede Region bildet den Standort eines eigenen Rechenzentrums. Eine visuelle Darstellung aller Rechenzentren (Stand Mai 2023) sehen Sie in Abbildung 1.4.

Abbildung 1.4 Rechenzentren für die Cloud-Foundry-Umgebung

[+]

Verfügbare Rechenzentren

Eine Liste aller verfügbaren Rechenzentren finden Sie zusätzlich im SAP Discovery Center unter der URL *http://s-prs.de/v970701*.

Die Cloud-Foundry-Umgebung basiert auf der Open-Source-Anwendungsplattform, die von der Cloud Foundry Foundation verwaltet wird. SAP-Anwenderinnen und -Anwender und ihre Entwicklungsteams können auf eine Vielzahl von *Buildpacks* zugreifen. Mit einem Buildpack können Anwendungen eines bestimmten Typs kompiliert und so verpackt werden, dass sie in gebündelter Form (typischerweise als Archiv) zur Verfügung stehen und in andere Cloud-Instanzen deployed oder transportiert werden können.

Die folgenden Buildpacks werden offiziell von SAP sowohl in der Cloud-Foundry-Umgebung als auch in SAP HANA XSA unterstützt:

- `sap_java_buildpack`
- `sap_nodejs_buildpack`
- `sap_python_buildpack`

Zusätzlich zu den von SAP bereitgestellten Buildpacks können Sie auch *Community-Buildpacks* verwenden, d. h. solche, die von der Entwickler-Community bereitgestellt werden. Eine Übersicht über die verfügbaren Buildpacks finden Sie in der offiziellen Cloud-Foundry-Dokumentation (*https://docs.cloudfoundry.org/buildpacks/*). Die folgenden Community-Buildpacks können in der Cloud-Foundry-Umgebung verwendet werden:

- `binary_buildpack`
- `dotnet_core_buildpack`
- `go_buildpack`
- `java_buildpack`
- `nodejs_buildpack`
- `php_buildpack`
- `python_buildpack`
- `ruby_buildpack`
- `staticfile_buildpack`

Darüber hinaus ist es möglich, kundenspezifische Buildpacks zu verwenden. Mit diesen Buildpacks können fast alle Anwendungsfälle in der Cloud-Foundry-Umgebung abgebildet werden. Der Vorteil ist, dass Sie Buildpacks nutzen können, für die in Ihrem Unternehmen bereits Expertise vorhanden ist.

Buildpacks werden verwendet, wenn kundenspezifische Anwendungen erstellt werden. Darüber hinaus bietet SAP in der Cloud-Foundry-Umgebung eine breite Palette an nutzbaren Standardservices und Anwendungsabonnements an, die bestimmte Anwendungsfälle abdecken. Dazu gehören die folgenden:

- **SAP Business Application Studio**
  Das SAP Business Application Studio ist in der Cloud-Foundry-Umgebung das Gegenstück zu SAP Web IDE in der Neo-Umgebung. Es basiert auf der *Eclipse Theia IDE* und wird z. B. für die Erstellung und Erweiterung von SAP-Fiori-Apps verwendet. Speziell für die Entwicklung und Erweiterung von Anwendungen auf Basis von SAP Fiori Elements (ein beschleunigter Weg zur Entwicklung von SAP-Fiori-Apps) bietet das SAP Business Application Studio einige Vorteile gegenüber SAP Web IDE.

  Wie SAP Web IDE kann auch das SAP Business Application Studio durch selbstentwickelte Plug-ins oder solche von Drittanbietern erweitert werden. Es besteht jedoch keine Kompatibilität zwischen Plug-ins für SAP Web IDE und solchen für das SAP Business Application Studio. Wenn Sie eigene Plug-ins für SAP Web IDE entwickelt haben, bedeutet dies, dass Sie bei einem Wechsel neue Plug-ins für das SAP Business Application Studio entwickeln müssen.
- **SAP Integration Suite**
  Der Service SAP Integration Suite vereint Cloud Integration, API Management, Open Connectors, Integration Advisor, Trading Partner Management und SAP Integration Suite, Advanced Event Mesh unter einem Dach. Wie bereits in Abschnitt 1.1.3, »Integration: Cloud-Lösungen und On-Premise-Systeme«, erwähnt, können fast alle Integrationsanforderungen mit diesem Service umgesetzt werden.
- **SAP Mobile Services**
  SAP Mobile Services haben in der Cloud-Foundry-Umgebung den gleichen Funktionsumfang wie in der Neo-Umgebung, allerdings gibt es derzeit Abweichungen bei der Sicherheit. So können z. B. die zertifikatsbasierte Authentifizierung und ein sicherer Login-Server in der Cloud-Foundry-Umgebung nicht genutzt werden.
- **SAP Build Work Zone, Standard Edition**
  SAP Build Work Zone, Standard Edition kann verwendet werden, um ein SAP Fiori Launchpad bereitzustellen. Damit können Sie rollenbasierten Zugriff auf Anwendungen und Daten aus SAP-Systemen bereitstellen. SAP Build Work Zone, Standard Edition verwendet Konzepte, die aus der On-Premise-Welt bekannt sind.
- **SAP Build Process Automation**
  SAP Build Process Automation ist ein Service der Ende 2022 vorgestellt wurde. Durch die Verknüpfung der Funktionen von SAP Workflow Management und SAP Intelligent RPA mit einer leistungsstarken und dennoch intuitiven No-Code-Entwicklungsumgebung ermöglicht SAP Build Process Automation eine Umsetzung von Citizen Development. Fachanwenderinnen und Technologen können dadurch zu Citizen Developern werden. Die Lösung bietet sowohl leistungsstarke als auch intuitive Low-Code- und No-Code-Funktionen, die dazu beitragen, die Automatisierung voranzutreiben, indem das Fachwissen von Citizen Developern optimal genutzt wird.

- **SAP Build Apps**
  SAP Build Apps ist eine fortschrittliche No-Code-Entwicklungsplattform, die es ermöglicht, Anwendungen für das Web sowie für die native mobile Nutzung zu erstellen. Ursprünglich unter dem Namen SAP AppGyver konzipiert, wurde die Plattform mittlerweile um Backend-Funktionen erweitert. Mithilfe dieser Lösung können Fachanwenderinnen und -anwender sichere und unternehmenstaugliche Anwendungen erstellen, die auf allen Betriebssystemen nahtlos funktionieren – ohne eine einzige Zeile Code zu schreiben. Professionelle Entwicklerinnen und Entwickler können den Programmieraufwand bei der Erstellung komplexer Datenmodelle und Geschäftslogik reduzieren und von einer deutlichen Produktivitätssteigerung profitieren.

Kyma-Umgebung

Durch die Nutzung der Kyma-Umgebung erhalten Entwicklerinnen und Entwickler Zugang zu einer vollständig verwalteten *Kubernetes-Laufzeitumgebung* und können somit cloudnative Anwendungen entwickeln. Mit Kyma können Entwicklerinnen und Entwickler SAP-Lösungen um *serverlose* Funktionen erweitern und sie mit containerisierten Microservices kombinieren, wobei die bereitgestellten Funktionen eine nahtlose Nutzung von SAP- und Nicht-SAP-Anwendungen ermöglichen. Die Kyma-Laufzeitumgebung unterstützt eine hochskalierbare Ausführung von Funktionen und die Erstellung von ereignis- und API-basierten Erweiterungen.

Die Kyma-Umgebung basiert auf einem verbrauchsbasierten Modell, mit dem die Laufzeitumgebung entsprechend den Anforderungen der Nutzer skaliert werden kann. Ein wichtiger Vorteil von Kyma ist, dass es als Managed Service betrieben wird, sodass alle von Kyma verwalteten Ressourcen automatisch überwacht werden. Unerwartete Änderungen werden verworfen, und die Ressource wird in ihren ursprünglichen Zustand zurückgesetzt.

In der neuesten Version von Kyma ist es möglich, über den Cloud Connector eine Konnektivität zu On-Premise-Systemen herzustellen. Hierbei spielt die Softwarekomponente Connectivity Proxy eine wichtige Rolle, die im Kyma-Cluster eingesetzt wird und mit den Systemen interagiert, die über den Cloud Connector zugänglich sind. Der Connectivity-Proxy wird über die Kyma-Kontrollebene bereitgestellt.

ABAP-Umgebung

Im Rahmen der Cloud-Foundry-Umgebung ist es möglich, einen neuen Bereich für die Entwicklung von ABAP-Anwendungen zu erstellen. Dieser Bereich wird als ABAP-Umgebung bezeichnet und ermöglicht die Erstellung von Erweiterungen für ABAP-basierte Produkte wie SAP S/4HANA Cloud sowie die Entwicklung neuer Cloud-Anwendungen. Mit der ABAP-Umgebung können bestehende ABAP-basierte benutzerdefinierte Codes oder Erweiterungen in die Cloud transformiert werden. Dadurch eröffnen sich neue Möglichkeiten für die Entwicklung von Cloud-Anwendungen und die Erweiterung von ABAP-basierten Produkten. In diesem Buch stellen wir Ihnen die ABAP-Umgebung sowie die verschiedenen Dienste und Funktionen vor, die Sie bei der Entwicklung und Transformation von ABAP-Anwendungen unterstützen.

Die ABAP-Umgebung basiert auf der neuesten Cloud-Version der ABAP-Plattform, die auch für SAP S/4HANA Cloud verwendet wird. Dabei werden die Innovationen genutzt, die von SAP HANA bereitgestellt werden. Der Software-Stack beinhaltet die Standard-Technologiekomponenten, die bereits aus dem Standalone Application Server ABAP bekannt sind. Die ABAP-Umgebung unterstützt das ABAP RESTful Application Programming Model einschließlich SAP Fiori und Core Data Services (CDS). Zudem werden SAP-Services und APIs nach dem neuen Ansatz der freigegebenen Objekte angeboten. Durch die Integration mit anderen SAP-BTP-Services wie dem *SAP-Destination-Service*, SAP Build Work Zone, Standard Edition, SAP Build Process Automation und *SAP Interactive Forms by Adobe* ergeben sich für die ABAP-Umgebung neue Möglichkeiten, um die Entwicklung von Cloud-Anwendungen und die Erweiterung von ABAP-basierten Produkten zu unterstützen. In diesem Buch stellen wir Ihnen die verschiedenen Dienste und Funktionen vor, die Ihnen bei der Integration der ABAP-Umgebung in Ihr Projekt zur Verfügung stehen.

Das SAP BTP, ABAP Environment bietet die folgenden Vorteile:

- Verwendung der neuesten Version der ABAP-Plattform
- Einsatz der neuesten Version von SAP HANA
- Möglichkeit, Operationen vom ABAP-PaaS an SAP BTP zu delegieren
- geringere Upgrade-Kosten durch entkoppelte Cloud-Erweiterungen

Das SAP BTP, ABAP Environment deckt die folgenden drei Anwendungsfälle ab:

- Erweitern von SAP S/4HANA Cloud und anderen SAP-Cloud-Angeboten mit Cloud-Erweiterungen. SAP-Cloud-Lösungen wie SAP S/4HANA Cloud ermöglichen In-App-Erweiterungen von SAP-Anwendungen und -Prozessen, aber bieten keine Unterstützung für die klassische kundenspezifische ABAP-Entwicklung auf Basis von SAP S/4HANA Cloud. Das SAP BTP, ABAP Environment ist die Basis für die Entwicklung und den Betrieb von kundenspezifischen Cloud-Erweiterungen.
- Entwickeln und Betreiben innovativer ABAP-Anwendungen auf einer PaaS in der Cloud. Nutzung des ABAP RESTful Application Programming Model, um eigenständige Anwendungen zu entwickeln und einfach bereitzustellen.
- Entkoppeln eigener ABAP-Implementierungen vom Kernsystem. Cloud-Erweiterungen verwenden nur definierte APIs des Geschäftssystems. Dies reduziert das Risiko und den Aufwand für Upgrades des Geschäftssystems. Integrieren verschiedener Cloud- und On-Premise-Systeme mit SAP- und Nicht-SAP-Cloud-Services in der Cloud-Erweiterung.

[+] 1

Weitere Informationen zum ABAP RESTful Application Programming Model

Eine umfassende Einführung in das ABAP RESTful Application Programming Model findet sich in dem Buch »ABAP RESTful Application Programming Model: Das umfassende Handbuch« von Lutz Baumbusch, Matthias Jäger und Michael Lensch (SAP PRESS, 2022).

1.3 Architektur

Im Fokus der folgenden Abschnitte liegt die Verwaltung von Fachanwendern bzw. Fachanwenderinnen und Rollen innerhalb der Konten. Während die Verwaltung der Global Accounts und Subaccounts nur oberflächlich behandelt wird, werden in Bezug auf Sicherheitsaspekte detaillierte Informationen bereitgestellt.

Abbildung 1.5 veranschaulicht das Kontenmodell von SAP BTP. Das Kontenmodell ist für alle Umgebungen gültig.

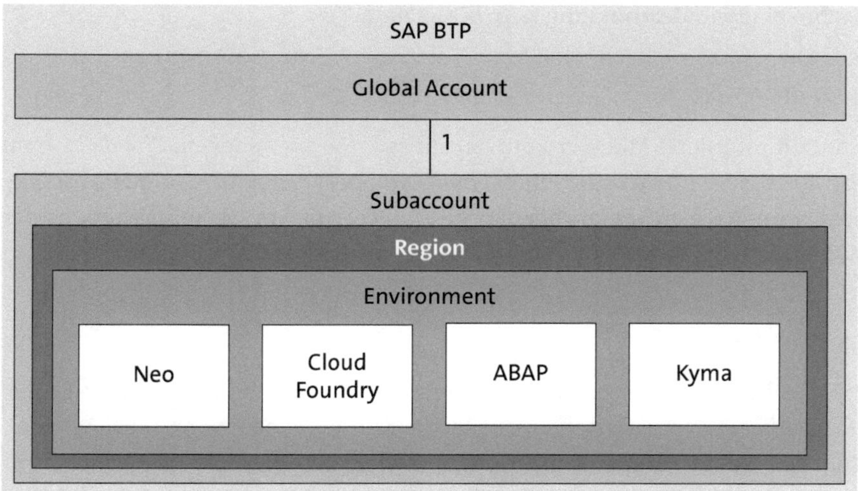

Abbildung 1.5 Kontenmodell von SAP BTP

SAP-Kunden können bei der Nutzung von SAP BTP zwischen zwei kommerziellen Modellen wählen:

- Beim Abonnementmodell erhalten Sie zu einem festen Preis über einen bestimmten, vordefinierten Zeitraum Zugang zu den ausgewählten Diensten. Dieses Modell bietet weniger Flexibilität und zeichnet sich durch die folgenden Merkmale aus:

  - Es dürfen nur die abonnierten Dienste genutzt werden.
  - Für die Inanspruchnahme zusätzlicher oder anderer Dienste muss der Vertrag entsprechend angepasst werden.
  - Unabhängig von der tatsächlichen Nutzung wird der vereinbarte Preis in Rechnung gestellt.
  - Die Leistungen werden zu Beginn des Abrechnungszeitraums im Voraus in Rechnung gestellt.
  - Sie können das Abonnement am Ende der Vertragslaufzeit verlängern.
- Das nutzungsbasierte Modell bietet im Vergleich zum abonnementbasierten Modell mehr Flexibilität. Dieses Modell zeichnet sich durch die folgenden Merkmale aus:
  - Die genutzten Dienste müssen nicht im Voraus abonniert werden.
  - Alle fraglichen Dienste, gegenwärtige und zukünftige, stehen während der gesamten Vertragslaufzeit zur uneingeschränkten Nutzung zur Verfügung.
  - Sie müssen nur für die tatsächliche Inanspruchnahme der Dienste bezahlen.
  - Es gibt keine Mindestnutzung (z. B. 1.000 Nutzer).
  - Neue Dienste können jederzeit ohne Vertragsänderung in Anspruch genommen werden.

Um das nutzungsbasierte Modell zu nutzen, müssen Sie entweder ein *Cloud Platform Enterprise Agreement* (CPEA) oder einen *Pay-as-you-go-Vertrag* für SAP BTP abschließen. Dabei können Sie entweder sogenannte *Cloud Credits* im Voraus erwerben oder sich zur Zahlung nach dem Pay-as-you-go-Modell verpflichten.

1.3.1 Global Account

Sobald Sie SAP-BTP-Dienste lizenziert haben, wird Ihnen ein sogenannter *Global Account* zugewiesen. Normalerweise erhält jeder Kunde genau einen Global Account, aber in einigen Fällen können Kunden auch mehrere Global Accounts haben, z. B., wenn sie Integrationsdienste für SAP BTP als Erweiterung zu einem SAP-SaaS-Produkt erwerben. Wenn Sie bestimmte Services über verschiedene Modelle erwerben, werden Ihnen ebenfalls zwei Global Accounts zugewiesen.

Die Benutzerauthentifizierung auf der Ebene des Global Accounts erfolgt im Standardfall über den *SAP-ID-Service*. Als Kunde melden Sie sich in der Regel mit Ihrem S-User an, der Benutzerkennung für den Global Account. Der SAP-ID-Service ist der öffentliche *Identity Provider* von SAP. Bei der Einrichtung Ihres Global Accounts wird Ihnen genau ein S-User zur Verwaltung zugewiesen, den Sie in einer Begrüßungs-E-Mail erhalten. Diese Benutzerkennung spielt eine wichtige Rolle, da sie der einzige Benutzer ist, der zunächst Zugang zum Identitätsauthentifizierungsdienst von SAP

BTP hat. Der S-User wird als Eigentümer der Administratorrolle für den Global Account festgelegt.

Seit 2022 gibt es auch die Möglichkeit, den *SAP Identity Authentication Service* (IAS) für die Authentifizierung der Benutzer auf Ebene des Global Account zu verwenden.

Der Zugriff auf den Global Account erfolgt über die URL *https://hana.ondemand.com/*. Sobald Sie sich erfolgreich authentifiziert haben, sehen Sie eine Übersicht aller Global Accounts, die Ihrer Benutzerkennung zugeordnet sind. Abbildung 1.6 zeigt diese Übersicht für einen Benutzer, dem zwei Global Accounts zugewiesen sind. Während der Verwaltung der Fachanwender und Rollen werden wir uns auf die Sicherheitsaspekte konzentrieren, die mit der Nutzung des Global Accounts verbunden sind. Wir werden die Verwaltung der Global Accounts und Subaccounts nur oberflächlich behandeln.

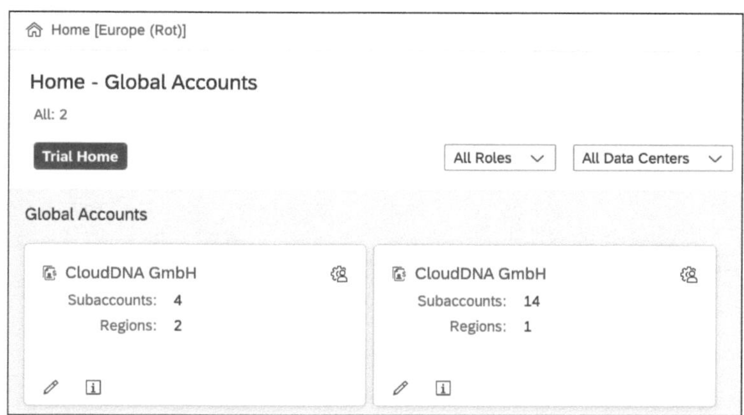

Abbildung 1.6 Übersicht über die Global Accounts

Für jeden Global Account wird eine Kachel angezeigt. Die Kachel zeigt die Anzahl der zugehörigen Subaccounts und die Anzahl der Regionen an, in denen die Subaccounts vorhanden sind. Dem Global Account CloudDNA GmbH in Abbildung 1.6 sind z. B. vier Subaccounts in zwei Regionen zugeordnet. Verschiedene Global Accounts können denselben Namen haben, wie Sie in Abbildung 1.6 sehen, aber die technische ID hinter diesen Accounts ist unterschiedlich.

Global Accounts sind unabhängig von geografischen Regionen – d. h. von den Rechenzentren, in denen die Services betrieben werden. Sie werden für die Verwaltung von Subaccounts, Mitgliedern, Berechtigungen und Entitlements verwendet. Berechtigungen werden Ihnen auf der Ebene des Global Accounts zur freien Nutzung zugewiesen. Dies bedeutet, dass Ihnen lizenzierte Ressourcen zur Verfügung gestellt werden. Entitlements sind Begrenzungen der nutzbaren Ressourcen, z. B. der maximale Speicherplatz, der Ihnen nach Ihren eigenen Anforderungen zugewiesen werden kann. Global Accounts werden ausschließlich von SAP zur Verfügung gestellt und können nicht vom Kunden selbst angelegt werden.

Sie können Services nicht direkt in einem Global Account aktivieren, sondern nur auf der Ebene eines Subaccounts. Sie können sich die Entitlements als einen Ressourcenpool vorstellen, in dem alle Services aufgeführt sind, die Sie aufgrund Ihrer Lizenz nutzen dürfen. Die einzelnen Subaccounts werden aus diesem Pool bedient. Entitlements werden in Subaccount- und Servicezuweisungen unterteilt, wie in Abbildung 1.7 dargestellt.

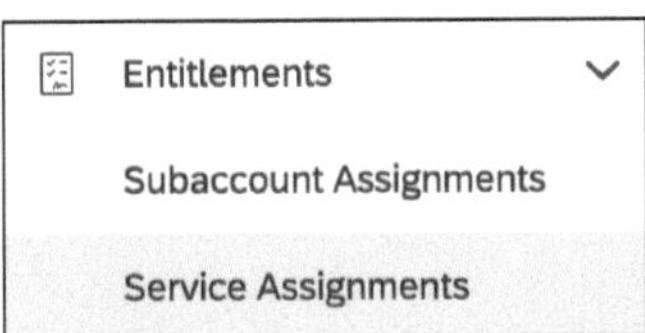

Abbildung 1.7 Seitenmenü »Entitlements«

Im Bereich **Service Assignments** erhalten Sie einen Überblick über alle lizenzierten und zugewiesenen Ressourcen in Ihrem Global Account (siehe Abbildung 1.8).

Available Services (3) — Search

Service	Plan	Quota Assignment
Java Quota	PRO	6 ▬ 6
SAP HANA Schemas & HDI Containers	securestore	limited
	hdi-shared	limited
	schema	limited
	sbss	limited
SAP HANA Service	64PREMIUM	1 ▬ 1

Abbildung 1.8 Service Assignment

Im Abschnitt **Subaccount Assignment** erhalten Sie einen Überblick über die zugewiesenen Ressourcen auf der Ebene des Subaccounts. Sie können einem Subaccount Ressourcen zuweisen, indem Sie auf die Schaltfläche **ConAbbildung Entitlements** klicken (siehe Abbildung 1.9).

Für jeden Lizenztyp wird Ihnen ein eigener Global Account zugewiesen. Auf der Ebene des Global Accounts muss mindestens ein Administrator zugewiesen werden. Dies geschieht zunächst durch SAP bei der Bereitstellung des Global Accounts. Benutzer in der Administratorrolle sind für die folgenden Aktivitäten auf der Ebene des Global Accounts verantwortlich:

- Verwaltung der Subaccounts
- Verwaltung der Mitglieder auf der Ebene des Global Accounts
- Verwaltung der Entitlements

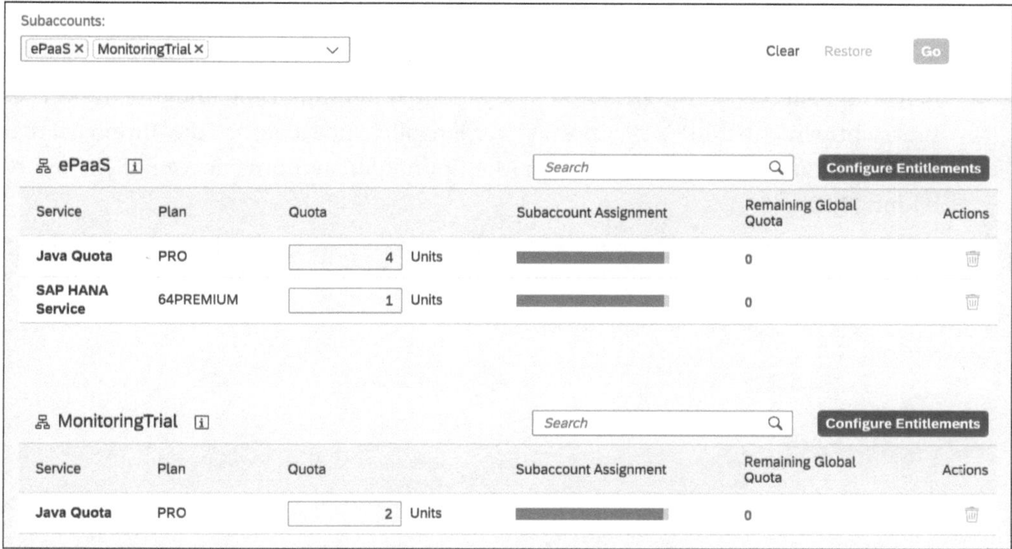

Abbildung 1.9 Account Assignments

SAP empfiehlt, mindestens zwei Administratorinnen bzw. Administratoren pro Global Account zu ernennen. Damit ist sichergestellt, dass die erforderlichen Aktivitäten auch dann durchgeführt werden können, wenn ein Administrator das Unternehmen verlässt oder kurzfristig nicht verfügbar ist. Auf der Ebene des Global Accounts werden die Benutzer grundsätzlich über den SAP-ID-Service und damit typischerweise mit der persönlichen S-User-ID authentifiziert. Es gibt aber mittlerweile auch die Möglichkeit, den SAP IAS als Identity Provider für den Global Account zu verwenden.

Administratorberechtigungen im Global Account

Der Administrator des Global Accounts ist nicht automatisch berechtigt, alle Subaccounts zu verwalten, sondern nur die von ihm erstellten.

1.3.2 Subaccount

Subaccounts ermöglichen es Ihnen, Ihren Global Account entsprechend Ihren Bedürfnissen und der Organisation Ihrer Projekte zu strukturieren. Dies bezieht sich auf die Verwaltung von Mitgliedern, Berechtigungen und Entitlements.

Jeder Subaccount muss innerhalb einer Region und einem Rechenzentrum erstellt werden. Die Region spiegelt den physischen Standort des Rechenzentrums wider, in dem die Anwendungen, Daten und Dienste gehostet werden. Die Region muss aber nicht mit der Region Ihres Unternehmensstandorts identisch sein.

Die unter einem Global Account strukturierten Subaccounts sind voneinander unabhängig. Dies müssen Sie bei der Planung der Gesamtarchitektur in Bezug auf Sicherheit, Mitgliederverwaltung, Datenmanagement, Datenmigration und Integration berücksichtigen. Im SAP BTP Cockpit werden alle Subaccounts, die Ihrem Global Account zugeordnet sind, unter dem Menüpunkt **Subaccounts** angezeigt (siehe Abbildung 1.10).

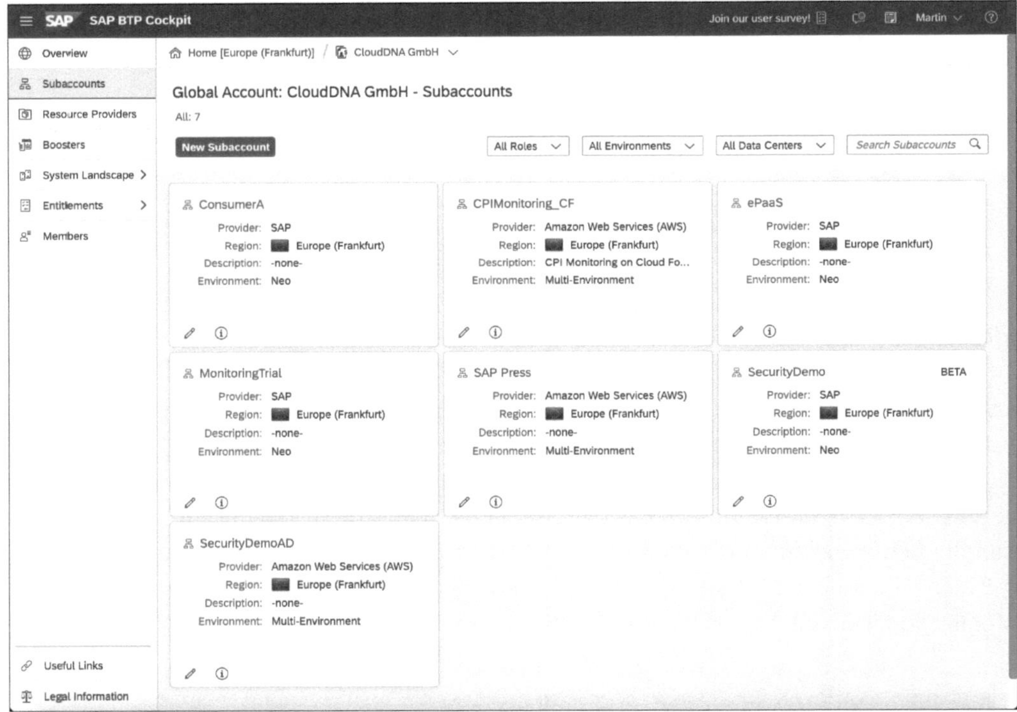

Abbildung 1.10 Übersicht der Subaccounts

Eine sinnvolle Subaccount-Struktur wählen

Auf der Subaccount-Ebene können Sie u. a. die Systemverbindungen zu Ihrer On-Premise-Landschaft konfigurieren. Daher spielen Subaccounts eine wichtige Rolle bei der Verbindung mit dem Cloud Connector. Getrennte Subaccounts für Produktionssysteme und Entwicklung sind empfehlenswert, schon allein um Ressourcen und Systemverbindungen zu trennen. Darüber hinaus können Sie zusätzliche Sicherheit schaffen, indem Sie diese nach den verwendeten Backends (z. B. SAP ERP HCM, SAP ERP usw.) oder nach verantwortlichen Teams trennen.

Im Gegensatz zu Global Accounts können Sie Subaccounts selbst anlegen, und zwar wie folgt:

1. Klicken Sie zunächst in der Übersicht der Subaccounts auf die Schaltfläche **New Subaccount**.
2. Wählen Sie im Dialog zum Anlegen des Subaccounts den Provider aus. Aktivieren Sie die Checkbox **Neo Environment**, um SAP als Provider festzulegen, da die Neo-Umgebung ausschließlich in SAP-Rechenzentren bereitgestellt wird (siehe Abbildung 1.11).

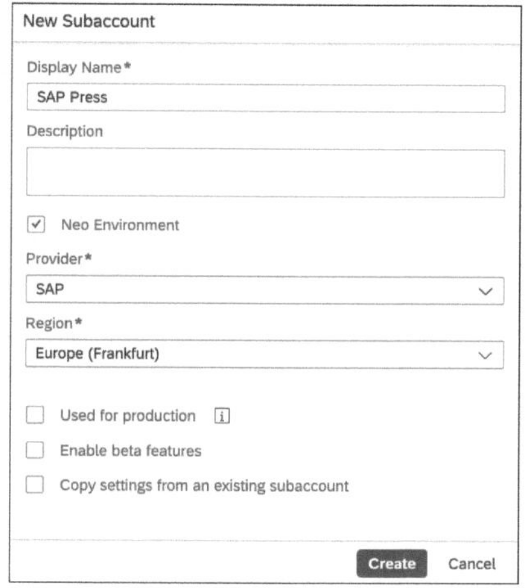

Abbildung 1.11 Neuen Subaccount in der Neo-Umgebung anlegen

3. Im nächsten Schritt wählen Sie die Region aus allen verfügbaren Rechenzentren in der Neo-Umgebung aus.
4. Wenn Sie die Checkbox **Used for production** aktivieren, wirkt sich dies nicht direkt auf Ihren Subaccount aus, aber SAP gibt Support-Tickets, die an Produktionssubaccounts gebunden sind, eine höhere Priorität.

Das Erstellen eines Subaccounts in der Cloud-Foundry-Umgebung erfolgt über denselben Dialog, aber in diesem Fall aktivieren Sie das Kontrollkästchen **Neo Environment** nicht. Beim Anlegen eines Subaccounts in der Cloud-Foundry-Umgebung gibt es zwei wesentliche Unterschiede zur Neo-Umgebung. Zunächst müssen Sie einen Anbieter auswählen und eine Subdomain definieren. Die folgenden Anbieter können ausgewählt werden:

- AWS
- Google Cloud
- Microsoft Azure

Als Region können Sie eine beliebige Region des Anbieters wählen.

[+]

Alibaba Cloud als Provider auswählen

Alibaba Cloud kann zu diesem Zeitpunkt nicht als Provider ausgewählt werden. Wenn Sie Alibaba Cloud nutzen möchten, müssen Sie Ihren zuständigen SAP Account Manager kontaktieren.

Eine *Subdomain* muss ebenfalls für die Bildung des URI definiert werden, da die Subdomain ein fixer Bestandteil des Links auf SAP BTP wird. Die folgenden Punkte müssen beachtet werden:

- Der Name der Subdomain darf nur Buchstaben, Zahlen und Bindestriche enthalten.
- Bindestriche dürfen weder am Anfang noch am Ende des Subdomainnamens verwendet werden.
- Die Subdomain muss für alle Subaccounts in der ausgewählten Region und für alle Kunden eindeutig sein. Wenn also bereits ein anderer Kunde die gewünschte Subdomain verwendet, muss eine andere Subdomain gewählt werden.
- Groß- und Kleinbuchstaben sind erlaubt, aber beim Subdomainnamen wird nicht zwischen Groß- und Kleinschreibung unterschieden.

Abbildung 1.12 zeigt den Dialog zum Erstellen eines Subaccounts in der Cloud-Foundry-Umgebung.

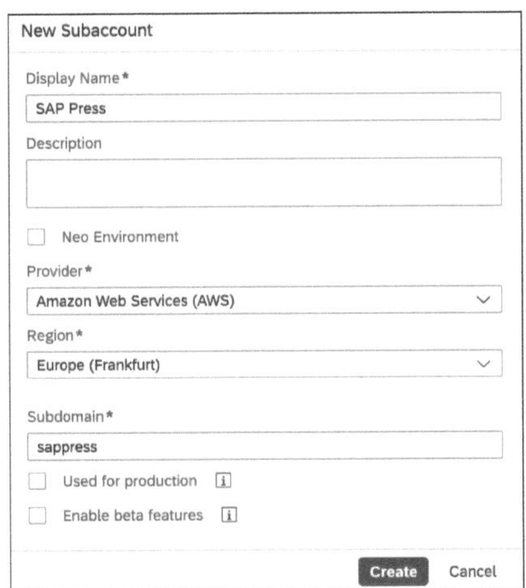

Abbildung 1.12 Neuen Subaccount in Cloud-Foundry-Umgebung anlegen

Verfügbarkeit von Services prüfen

Da nicht alle Services in allen Umgebungen und Regionen verfügbar sind, empfehlen wir Ihnen, vorab in der SAP-BTP-Dokumentation zu prüfen, ob die gewünschten Services vom bevorzugten Anbieter in der gewünschten Region verfügbar sind. Das SAP Discovery Center listet alle Cloud-Services und deren geografische Verfügbarkeit auf. Beim Aktivieren von Services in SAP BTP können Sie auch sehen, in welchen Rechenzentren der jeweilige Service angeboten wird (siehe Abbildung 1.13).

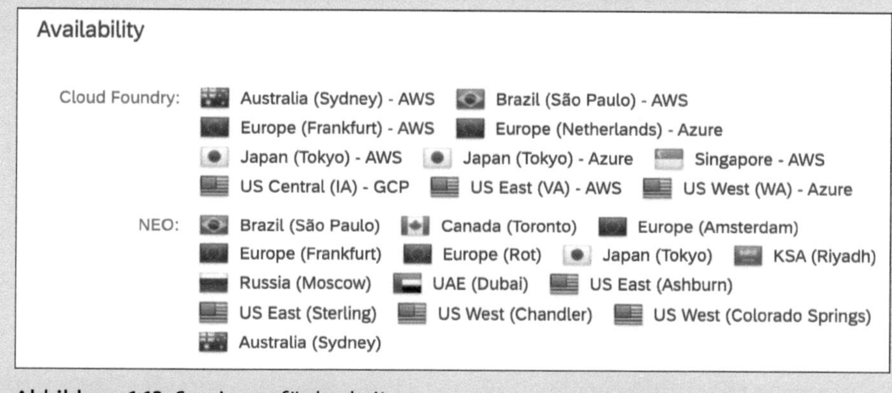

Abbildung 1.13 Serviceverfügbarkeit

1.3.3 Organization

Organizations existieren nur in der Cloud-Foundry-Umgebung. In der Neo-Umgebung arbeiten Sie direkt im Subaccount ohne Untergliederung. Um den Subaccount vollständig nutzen zu können, muss eine Organisation erstellt werden. Öffnen Sie den Subaccount, und klicken Sie auf die Schaltfläche **Enable Cloud Foundry**, um die Cloud-Foundry-Funktionen zu aktivieren. Abbildung 1.14 zeigt die Übersicht eines ersten Cloud-Foundry-Subaccounts.

Beim Aktivieren des Subaccounts müssen Sie den Namen der Organisation angeben. SAP BTP schlägt an dieser Stelle einen Namen vor, den Sie aber überschreiben können, wie in Abbildung 1.15 dargestellt. Der vorgeschlagene Name setzt sich aus dem Namen des Global Accounts und dem Namen des Subaccounts zusammen, getrennt durch einen Unterstrich.

Nachdem die Organisation erstellt wurde, sehen Sie die Details der Organisation (siehe Abbildung 1.16). Dazu gehören die **Org ID**, die Sie für den Cloud Connector benötigen, und der **API Endpoint**, der in der Cloud-Foundry-Konsole erforderlich sein wird.

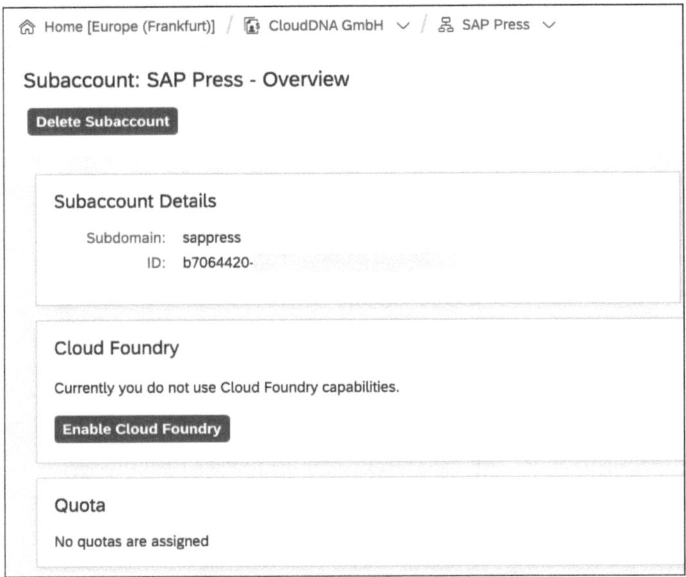

Abbildung 1.14 Cloud Foundry aktivieren

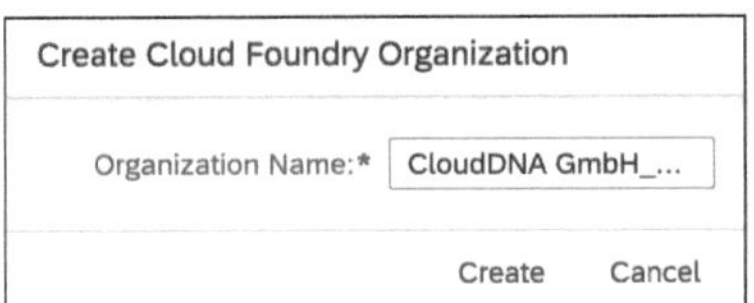

Abbildung 1.15 Eine Cloud-Foundry-Organisation anlegen

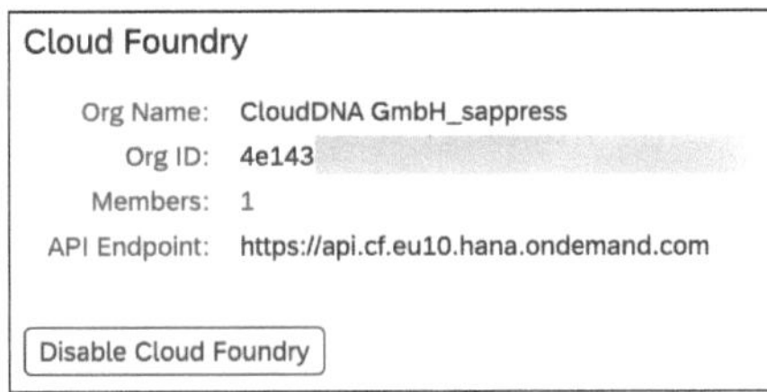

Abbildung 1.16 Details der Cloud-Foundry-Organisation

Sie können Mitglieder zu einer Organisation hinzufügen. Abbildung 1.17 zeigt, wie die Mitgliederübersicht eines Cloud-Foundry-Subaccounts zunächst aussehen sollte. Es gibt nur ein Mitglied, und das ist der Benutzer, der den Subaccount im Global Account erstellt hat. Dieser hat **sap.ids** als Quelle (angezeigt in der Spalte **Origin**), was bedeutet, dass es sich um einen Benutzer handelt, der vom SAP-ID-Service verwaltet wird.

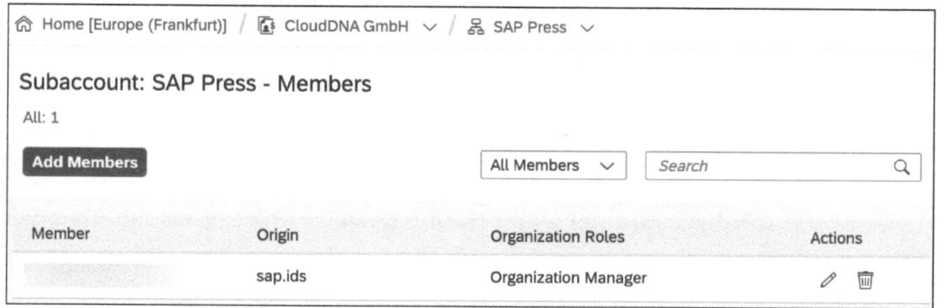

Abbildung 1.17 Subaccount Members

Sie können Organisationen auch wieder löschen. Dazu muss Ihrem Benutzer die Rolle **Global Account Administrator** zugewiesen sein, und Sie müssen auch Mitglied des Subaccounts sein, dessen Organisation Sie löschen möchten. Um die Organisation zu löschen, klicken Sie auf die Schaltfläche **Disable Cloud Foundry** in der Übersicht des Cloud-Foundry-Subaccounts (siehe Abbildung 1.18).

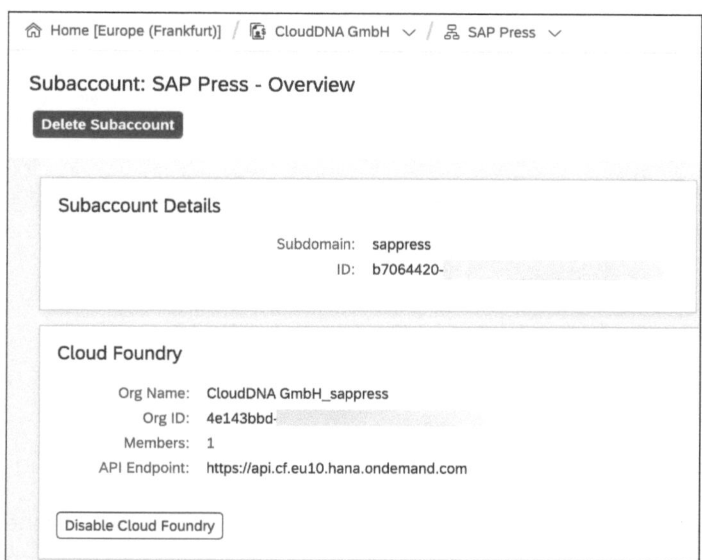

Abbildung 1.18 Organisation löschen

[!]

Warnung!

Durch das Löschen eines Subaccounts werden alle darin gespeicherten Daten und Konfigurationen unwiderruflich und dauerhaft gelöscht.

1.3.4 Space

Genau wie Organisationen sind auch Spaces nur in der Cloud-Foundry-Umgebung verfügbar. Spaces können verwendet werden, um Entwicklungen zu unterteilen, z. B. in einen Dev-Space und einen Qualitätssicherungsbereich. Voraussetzung für das Anlegen eines Space ist ein Benutzer, der die Rolle des Organisationsmanagers (Organization Manager) im Subaccount der Organisation hat. Das Anlegen erfolgt über das SAP BTP Cockpit durch Klicken auf die Schaltfläche **Create Space** im Bereich **Spaces** (siehe Abbildung 1.19).

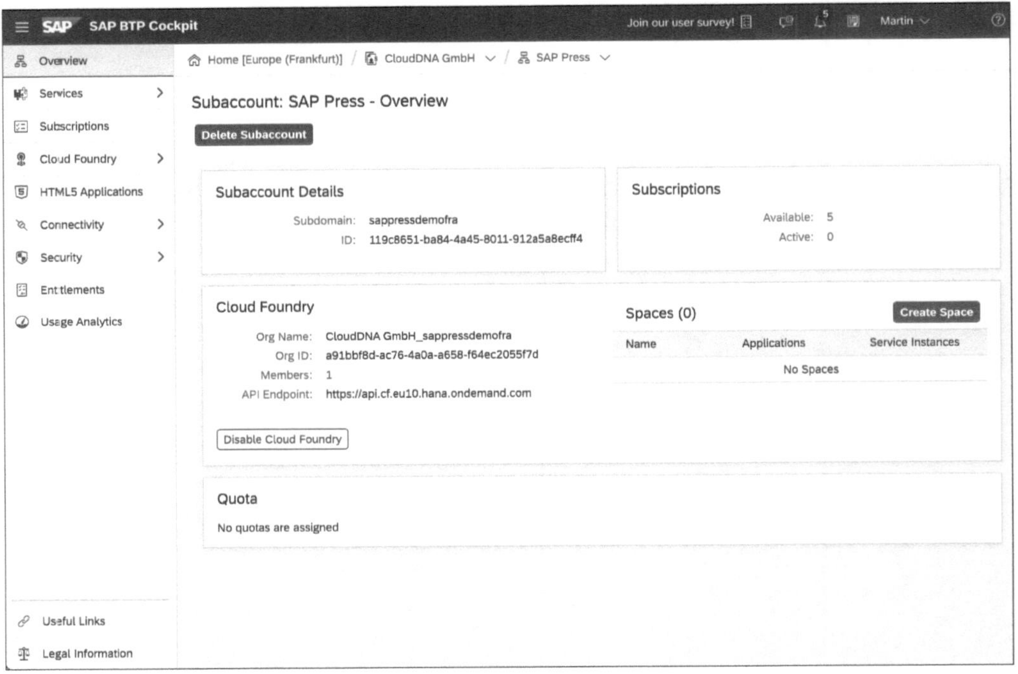

Abbildung 1.19 Cloud-Foundry-Space anlegen

Nach der Erstellung werden einem Space zunächst keine Quotas zugewiesen (siehe Abbildung 1.20).

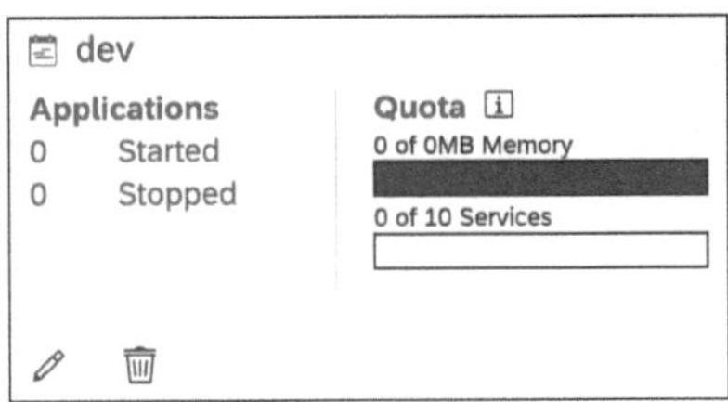

Abbildung 1.20 Quotas für einen Space

Quotas werden einem Space nicht direkt zugewiesen, sondern indirekt, indem zunächst ein Quota-Plan erstellt und diesem dann die Quotas zugewiesen werden. Der Quota-Plan bestimmt, wie die Ressourcen verteilt werden können. Der Plan wird dann einem Space zugewiesen, indem er aus einer Dropdown-Liste in der Spalte **Quota Plan** ausgewählt wird (siehe Abbildung 1.21).

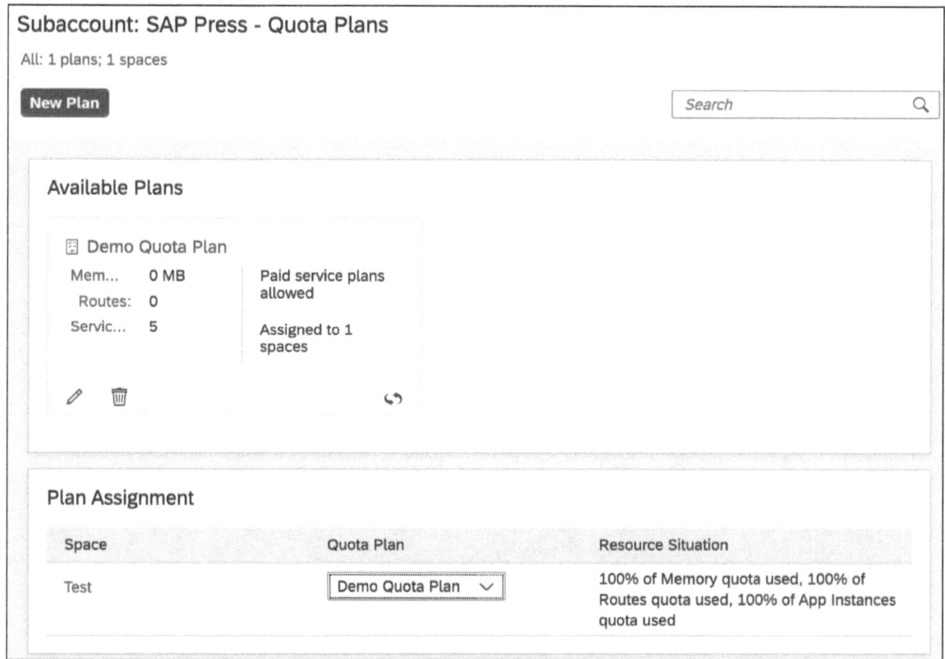

Abbildung 1.21 Plan anlegen und einem Space zuweisen

Best Practices für die Organisation eines Space

Ein Space ist ein separater Bereich für die Entwicklung verschiedener Versionen einer Cloud-Anwendung. In der Praxis sollte es daher für jeden Anwendungsstatus (Entwicklung, Test, Produktionsbetrieb) einen eigenen Bereich geben. Als Best Practice – und zur Vereinfachung der Systemverbindungen – haben sich jedoch ein Subaccount namens PROD mit einem Bereich für den Produktionsbetrieb und ein Subaccount namens DEV mit einem Bereich für die Entwicklung und einem Bereich für den Testbetrieb durchgesetzt. Diese Struktur sollte pro Anwendung oder Team eingerichtet werden.

Sie können einen Space auch löschen, wenn Sie ihn nicht mehr benötigen. Dazu muss Ihnen die Rolle des Organisationsmanagers zugewiesen sein. Klicken Sie in der Übersicht Ihrer Spaces in der zugehörigen Kachel auf den Button 🗑 (**Delete**; siehe Abbildung 1.22).

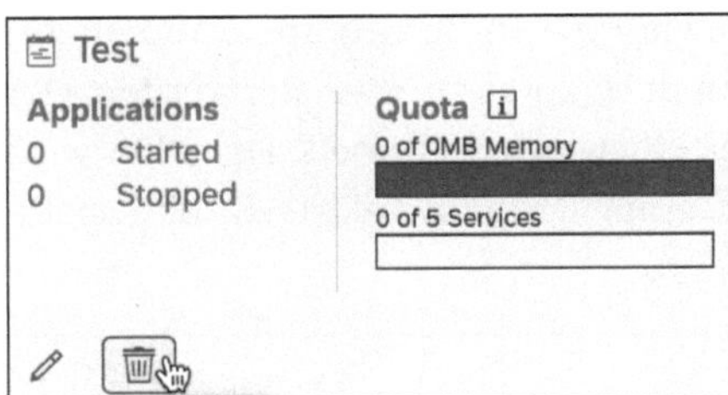

Abbildung 1.22 Cloud-Foundry-Space löschen

Versionierung von Cloud-Anwendungen

Eine allgemeine Empfehlung für die Versionierung von Cloud-Anwendungen über Spaces ist, die Entwicklungs- und Test-Spaces für die Dauer der Versionierung zu duplizieren. Sobald die Umstellung abgeschlossen ist, können die alten Spaces dann entfernt werden (siehe auch Abbildung 1.23).

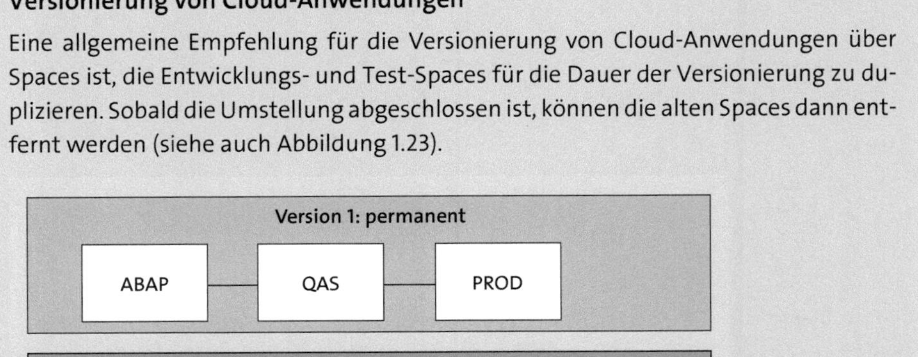

Abbildung 1.23 Schema für die Versionierung mit Spaces

1.4 Zusammenfassung

In diesem Kapitel haben wir uns in Abschnitt 1.1, »Positionierung von SAP BTP«, zunächst mit der Positionierung von SAP BTP beschäftigt. Es gibt drei große Anwendungsbereiche für SAP BTP: Innovation, Erweiterung und Integration.

Anschließend haben wir in Abschnitt 1.2, »Umgebungen«, die verschiedenen SAP-BTP-Umgebungen besprochen. Neben der SAP-eigenen Neo-Umgebung gibt es auch die Multi-Cloud-Foundation. Sie ist das Dach für die Cloud-Foundry-Umgebung, die Kyma-Umgebung und das SAP BTP, ABAP-Environment. Statt auf eigene Rechenzentren setzt SAP auf die Infrastruktur von sogenannten Hyperscaler-Anbietern: AWS, Google Cloud, Microsoft Azure und Alibaba Cloud.

Schließlich haben wir in Abschnitt 1.3, »Architektur«, die Architektur von SAP BTP erörtert. SAP stellt jedem Kunden einen Global Account zur Verfügung. In diesem Account können die Kunden selbständig Subaccounts erstellen. In der Cloud-Foundry-Umgebung gibt es unterhalb der Subaccounts die Organisationen. Auf der Organisationsebene werden Abonnements für verschiedene Services erstellt. Auf der Ebene darunter werden in Spaces die Serviceinstanzen erstellt und so für die Nutzung bereitgestellt.

Kapitel 2
Sicherheitsgrundlagen

Sicherheit beginnt bei der Auswahl sicherer Datenübertragungstechnologien und geht über die Identifizierung der Nutzerinnen und Nutzer bis hin zur Vergabe von Rechten. Die Pflege und Konfiguration der Benutzerverwaltung sollten abhängig von der eigenen Infrastruktur erfolgen. Benutzer sollten sich auch in der Cloud mit den üblichen Berechtigungen anmelden können, und wenn ein Benutzer nicht mehr gültig ist, sollten die Cloud-Anwendungen und -Dienste darüber informiert sein. Die Integration auf der technischen Ebene ist daher eine Voraussetzung für die nahtlose Integration von Anwendungen auf der geschäftlichen Ebene.

Um die Bedeutung der sicheren Kommunikation zu verdeutlichen, werden wir ein triviales Beispiel verwenden, das in der Literatur sehr häufig zu finden ist. Stellen Sie sich ein einfaches Szenario vor: Sie wollen eine Nachricht per Post an einen bestimmten Empfänger senden. In diesem Szenario wäre eine unsichere Kommunikation gleichbedeutend mit dem Versand der Nachricht per Postkarte. Eine Postkarte kann von jeder Person gelesen werden, die an der Übermittlung beteiligt ist, z. B. vom Briefträger. Das Versenden der Nachricht an den Empfänger in einem Briefumschlag entspricht einer sicheren Kommunikation. Nur der Empfänger kann die Nachricht lesen, sofern der Umschlag während des Transports nicht geöffnet wird.

In diesem Kapitel wollen wir uns speziell mit der *Sicherheit* des Cloud Connector befassen. Es ist von größter Bedeutung, dass die Verbindung zwischen einem Unternehmen und SAP BTP sicher ist und dass auf die Daten, die SAP BTP zur Verfügung gestellt werden, nur von Ihrem eigenen Subaccount aus zugegriffen werden kann. Das Verbindungsmodell des Cloud Connectors soll dafür sorgen, dass der Konnektor Ihnen folgendes ermöglicht:

- **Die Verbindung von Ihnen zu den SAP-Servern herstellen**
  Sie müssen auf Kundenseite nie einen lauschenden Socket öffnen. Dadurch wird verhindert, dass Angreifer diesen Endpunkt nutzen könnten, um ihn zu hacken, indem sie ihn z. B. überfluten; die gesamte Kommunikation läuft von Ihrem Unternehmen zu den SAP-BTP-Servern.

- **HTTPS verwenden, um Ihre On-Premise-Systeme mit SAP BTP zu verbinden**
  Die Architektur kann als Reverse-Proxy beschrieben werden. Die gesamte Kommunikation wird verschlüsselt und über den sicheren Cloud-Connector-Kanal gesendet. Auf HTTPS wird in Abschnitt 2.1.1 näher eingegangen.
- **Ihre Verbindung sichern**
  Selbst wenn Sie unsichere HTTP-Verbindungen zwischen On-Premise-Systemen und SAP-BTP-Anwendungen verwenden, leitet der Cloud Connector diese Kommunikation verschlüsselt weiter.
- **Die Verbindung zur Anwendung nicht offenlegen**
  Durch die Verwendung von *virtuellen Servernamen* werden die Details der On-Premise-Ressourcen nicht offengelegt. Außerdem wird die Verbindung – wenn Sie *SAP-Destination-Service* und *SAP-Connectivity-Service* einsetzen – über einen speziellen Proxy-Dienst auf der SAP-BTP-Seite geleitet. Dies macht die Verbindung noch sicherer (siehe Kapitel 4, »Connectivity mit SAP Business Technology Platform«, für weitere Einzelheiten).

Abbildung 2.1 zeigt einen Überblick über die Kommunikation des Cloud Connectors.

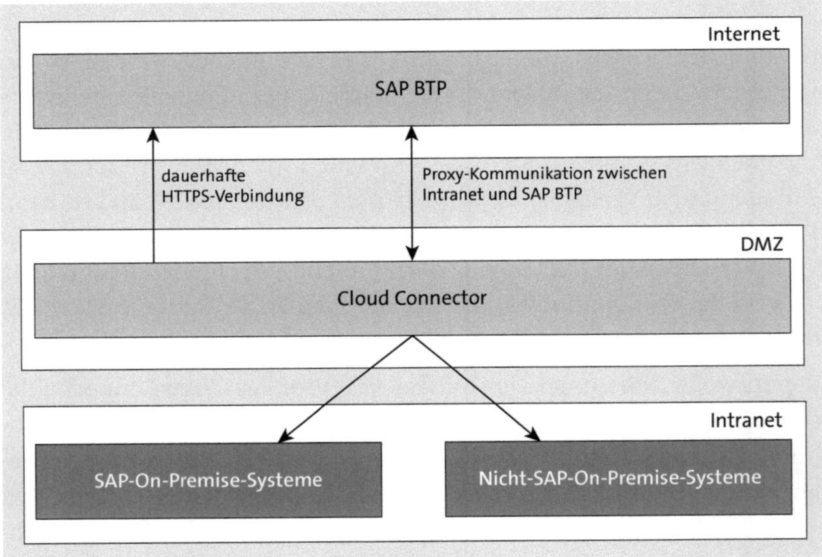

Abbildung 2.1 Schema des Cloud Connectors als Proxy

Angesichts der besonderen Aspekte der Cloud-Connector-Kommunikation ist es entscheidend, dass nur Ihre eigenen Cloud Connectors mit SAP BTP kommunizieren dürfen. Um einen Überblick über die verbundenen Cloud-Connector-Instanzen zu erhalten, können Sie im SAP BTP Cockpit zu **Connectivity • Cloud Connectors** navigieren, wie in Abbildung 2.2 dargestellt.

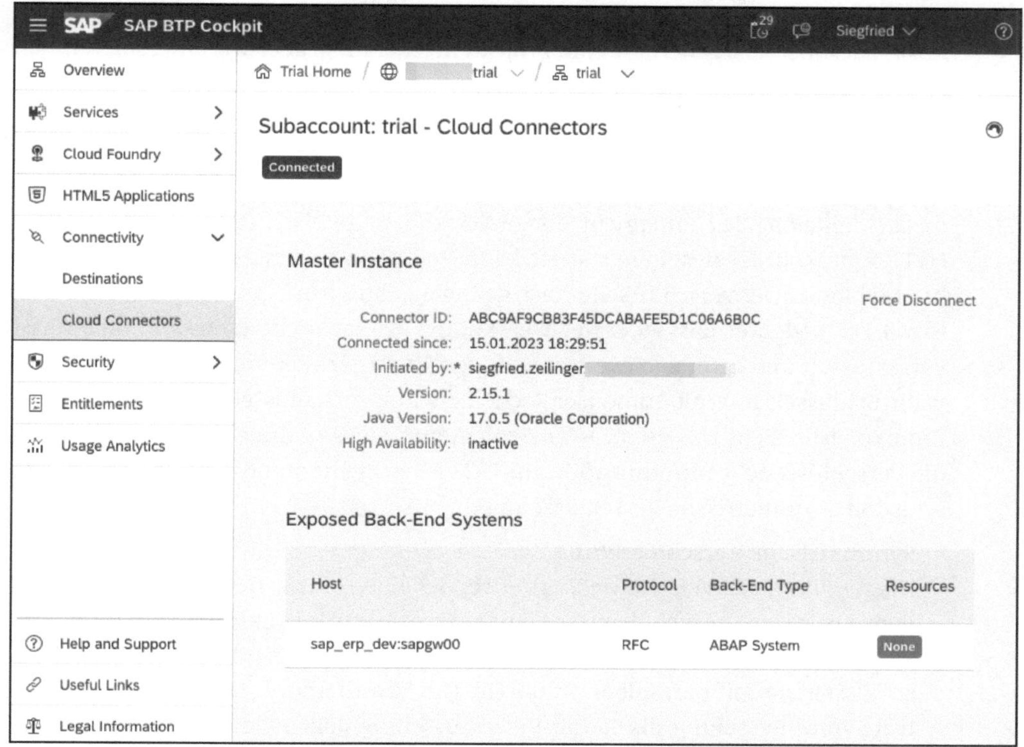

Abbildung 2.2 Verbundene Cloud-Connector-Instanzen im SAP BTP Cockpit

Alle Cloud-Connector-Instanzen, die hier angezeigt werden, sollten Ihnen bekannt sein. Es ist wichtig, regelmäßig zu überprüfen, ob Ihnen alle diese Verbindungen bekannt sind, da dies eine der wenigen Möglichkeiten ist, Man-in-the-Middle-Angriffe auf SAP BTP durchzuführen.

In den folgenden Abschnitten werden die in den SAP-BTP-Anwendungen und dem Cloud Connector verwendeten Protokolle sowie die verschiedenen Authentifizierungsmethoden näher erläutert.

2.1 Protokolle

In den folgenden Abschnitten geben wir einen Überblick über die vom Cloud Connector und den Backend-Systemen verwendeten Protokolle: HTTP/HTTPS, RFC, SOAP, REST und OData. Es ist wichtig zu verstehen, worum es dabei geht, und immer eine sichere Kommunikationsvariante zu verwenden.

Ob Sie z. B. SOAP-Anfragen oder RFC-Aufrufe für die Kommunikation mit einem ABAP-Backend verwenden, ist eine Projektentscheidung, aber wir empfehlen Ihnen immer, die sicherste Option zu verwenden.

2.1.1 HTTP/HTTPS

In der digitalen Welt entspricht der unverschlüsselte Nachrichtenaustausch dem HTTP-Protokoll. Bei diesem Austausch kann jeder Netzwerkknoten eine Nachricht im Klartext lesen. Der verschlüsselte Nachrichtenaustausch entspricht dem HTTPS-Protokoll. Das bedeutet, dass jeder Netzwerkknoten die Nachricht lesen kann, aber sie ist verschlüsselt und kann nach dem derzeitigen Stand der Technik ohne Besitz des privaten Schlüssels nur mit immenser Rechenleistung entschlüsselt werden. Das HTTP-Protokoll ist in Schicht 5 des ISO/OSI-Schichtenmodells zu finden. Die Grundlage für die verschlüsselte Kommunikation im ISO/OSI-Schichtenmodell ist die symmetrische und asymmetrische Verschlüsselung:

- **Symmetrische Verschlüsselung**
  Die *symmetrische Verschlüsselung* verwendet einen einzigen Schlüssel, der sowohl dem Absender als auch dem Empfänger einer Nachricht bekannt sein muss. Der Absender verschlüsselt die Nachricht mit dem Schlüssel, und der Empfänger entschlüsselt sie mit demselben Schlüssel. Die älteste und wahrscheinlich bekannteste Verschlüsselung, die Caesar-Verschlüsselung, geht auf das Jahr 100 v. Chr. zurück. Sie wurde nach Gaius Julius Cäsar benannt, der diese Art der Verschlüsselung für die militärische Korrespondenz verwendete. Dabei wird eine einfache Substitution verwendet. Natürlich haben sich die Anforderungen an die Verschlüsselung im Laufe der Zeit geändert. Heutzutage gehören DES, Triple DES, AES, Blowfish und IDEA zu den bekanntesten Algorithmen für die symmetrische Verschlüsselung. Die Schlüssellänge ist der wichtigste Faktor für die Qualität der Verschlüsselung. Eine größere Schlüssellänge bedeutet jedoch auch, dass eine höhere Rechenleistung für die Ver- und Entschlüsselung erforderlich ist. Die größte Herausforderung bei der symmetrischen Verschlüsselung ist der Austausch der Schlüssel zwischen Sender und Empfänger. Jeder Netzwerkknoten, der sich zwischen Sender und Empfänger befindet, könnte die Nachricht entschlüsseln, wenn der Schlüssel bekannt ist.
- **Asymmetrische Verschlüsselung**
  Die *asymmetrische Verschlüsselung*, auch bekannt als *Public-Key-Verschlüsselung*, ist im Vergleich zur symmetrischen Verschlüsselung noch sehr jung. Die Idee zur asymmetrischen Verschlüsselung – und damit ihre technische Grundlage – wurde erstmals 1975 von Diffie und Hellman veröffentlicht. Damals gab es jedoch noch

keine konkrete Umsetzung. Im Jahr 1976 veröffentlichten Diffie und Hellman den Diffie-Hellman-Schlüsselaustausch. Die erste vollständige Implementierung eines asymmetrischen Verschlüsselungssystems wurde 1977 von Ronald L. Rivest, Adi Shamir und Leonard M. Adleman am MIT in Cambridge, Massachusetts, entwickelt. Sein Name, das RSA-Verfahren, setzt sich aus ihren Initialen zusammen.

Bei der asymmetrischen Verschlüsselung verfügen sowohl der Absender als auch der Empfänger über ein Schlüsselpaar, das aus einem geheimen (privaten) und einem öffentlichen Schlüssel besteht. Der Absender kann den Inhalt der Nachricht mit dem öffentlichen Schlüssel des Empfängers verschlüsseln. Nur der Besitzer des geheimen Schlüssels – der Empfänger – kann die Nachricht mit dem geheimen Schlüssel entschlüsseln. Die asymmetrische Verschlüsselung bietet Sicherheit, hat aber den Nachteil, dass sie wesentlich langsamer ist als die symmetrische Verschlüsselung. Eine Kombination aus symmetrischen und asymmetrischen Verschlüsselungsmethoden bildet die Grundlage der modernen und sicheren Netzkommunikation.

Das *ISO/OSI-Schichtenmodell* ist ein Referenzmodell für Netzprotokolle auf der Grundlage einer Schichtenarchitektur. Es wurde 1983 von der Internationalen Fernmeldeunion (International Telegraph Union, ITU) und ein Jahr später von der Internationalen Organisation für Normung (International Organization for Standardization, ISO) als Norm veröffentlicht.

Das ISO/OSI-Schichtenmodell kann verwendet werden, um die Kommunikation zwischen Systemen zu beschreiben. Es besteht aus sieben hierarchischen Schichten. Jede Schicht erfüllt bestimmte Aufgaben und stellt den darüber liegenden Schichten genau definierte Schnittstellen für die Kommunikation zur Verfügung. Die Schichten 1 bis 4 sind transportorientiert, die Schichten 5 bis 7 sind anwendungsorientiert. Die Schichten sind in Abbildung 2.3 dargestellt.

7. Anwendungsschicht
6. Darstellungsschicht
5. Sitzungsschicht
4. Transportschicht
3. Vermittlungsschicht
2. Sicherungsschicht
1. Bitübertragungsschicht

Abbildung 2.3 ISO/OSI-Schichtenmodell

Schauen wir uns nun die einzelnen Ebenen nacheinander an:

- **Schicht 1: Bitübertragungsschicht**
  Die unterste Schicht des ISO/OSI-Modells ist für die Bereitstellung elektrischer und mechanischer Funktionen für die Bitübertragung zuständig. Als Übertragungsverfahren werden z. B. elektrische Signale, optische Signale oder elektromagnetische Wellen verwendet. Die erste Schicht wird für die Übertragung auf drahtgebundenen oder drahtlosen Übertragungsstrecken verwendet. Typische Geräte, die der Bitübertragungsschicht zuzuordnen sind, sind Kabel, Steckverbinder, Repeater oder Hubs.
- **Schicht 2: Sicherungsschicht**
  Die Aufgabe dieser Schicht ist es, eine zuverlässige und fehlerfreie Übertragung auf dem entsprechenden Medium zu erreichen. Zu diesem Zweck wird der Bitstrom aus der ersten Schicht in Rahmen aufgeteilt. Durch Hinzufügen von Prüfsummen kann der Empfänger fehlerhafte Rahmen eindeutig identifizieren und korrigieren oder verwerfen. Die segmentierte Datenflusskontrolle kann auch auf der Sicherungsschicht angepasst werden. Dadurch kann der Empfänger die Rate, mit der der Sender Rahmen sendet, dynamisch anpassen. Typische Hardwaregeräte der Schicht 2 sind Brücken oder Schalter.
- **Schicht 3: Vermittlungsschicht**
  Diese Schicht ist für den Aufbau von Verbindungen im leitungsvermittelten Netz und die Weiterleitung von Datenpaketen im paketvermittelten Netz zuständig. Eine der zentralen Aufgaben dieser Schicht ist die Bereitstellung von Adressen für die netzübergreifende Kommunikation. Die Erstellung von Routen und Routing-Tabellen basiert auf diesen Adressen. Die Daten werden vom Absender zum Empfänger über das gesamte Netz übertragen. Dabei wird die Adresse ausgewertet, und die Daten werden vom Zwischenknoten über das Netz zum Zwischenknoten weitergeleitet. In den Zwischenknoten verarbeiten die Schichten oberhalb der Vermittlungsschicht normalerweise keine Daten. Darüber hinaus ist diese Schicht für die Segmentierung von Datenpaketen und die Sicherstellung einer bestimmten Dienstgüte zuständig. Der Router ist ein typisches Gerät dieser Schicht. Das bekannteste Protokoll dieser Schicht ist IP.
- **Schicht 4: Transportschicht**
  Die End-to-End-Kontrolle der übertragenen Daten wird in dieser Schicht durchgeführt. Sie kann Daten streamen. Jedes Segment erhält eine eigene Adresse, über die es einer bestimmten Anwendung zugewiesen werden kann. Typische Protokolle dieser Schicht sind UDP und TCP. In beiden Protokollen wird diese Adresse als Port bezeichnet. Die Transportschicht bietet der anwendungsorientierten Schicht einen transparenten Zugang zu den Daten. Wie bereits erwähnt, müssen die über dieser Schicht liegenden Schichten 5 bis 7 das zugrunde liegende Kommunika-

tionsnetz und seine Eigenschaften nicht kennen. Die Transportschicht stellt eine Verbindung zwischen den transportorientierten Schichten und den anwendungsorientierten Schichten her.

- **Schicht 5: Sitzungsschicht**
  Diese Schicht steuert die logische Verbindung zwischen den beiden Systemen und verhindert z. B. Verbindungsabbrüche oder andere Probleme. Mit den zur Verfügung gestellten Diensten ist es möglich, die unterbrochenen Sitzungen neu zu starten und zu synchronisieren, nachdem die Verbindung für die Übertragung unterbrochen wurde. Dadurch kann verhindert werden, dass die Sitzung oder die Übertragung neu gestartet werden muss. Aus der Sicht der TCP/IP-Protokollfamilie stellen Protokolle wie Telnet, FTP, HTTP oder SMTP Dienste und Kontrollmechanismen der fünften Schicht bereit.
- **Schicht 6: Darstellungsschicht**
  Die Aufgabe dieser Schicht ist es, die systemabhängige Datendarstellung in eine anwendungsunabhängige Form zu bringen. Diese Schicht ist auch für Aufgaben wie Datenverschlüsselung oder Datenkompression zuständig. Sie fungiert als Konverter zwischen verschiedenen Datenformaten, um diese in eine unabhängige Form umzusetzen. Dazu gehört die Umwandlung von Daten in verschiedene Formate und Codecs.
- **Schicht 7: Anwendungsschicht**
  Diese Schicht ermöglicht den Zugriff auf das ISO/OSI-Schichtenmodell für Anwendungen. Sie steuert die Ein- und Ausgabe von Daten und stellt Funktionen zur Verwendung in Anwendungen bereit. Die eigentliche Anwendung ist jedoch nicht Teil der Anwendungsschicht.

Nachdem wir nun einen Überblick über das ISO/OSI-Schichtenmodell gegeben haben, wollen wir uns als Nächstes mit den HTTP- und HTTPS-Protokollen befassen, die für Cloud-Anwendungen unerlässlich sind, sowie mit den SSL- und TLS-Technologien, die HTTPS zugrunde liegen:

- **SSL**
  Das Protokoll *Secure Sockets Layer* (SSL), Version 1.0 wurde von Netscape im November 1994 veröffentlicht und liegt zwischen der Anwendungs- und der Transportschicht im ISO/OSI-Schichtenmodell. Nur neun Monate später wurde die SSL-Version 2.0 eingeführt. Im Laufe der Zeit wurden mehrere Sicherheitslücken bekannt. Version 3.0 des Protokolls sorgte dafür, dass diese Lücken bereits 1996 geschlossen wurden, und es wurden neue, sicherere Cipher Suites und Algorithmen bereitgestellt.
- **TLS**
  Das Protokoll *Transport Level Security* (TLS), Version 1.0 wurde 1999 auf der Grundlage von SSL 3.0 eingeführt. TLS wird von der Internet Engineering Task Force

(IETF) spezifiziert. Version 1.0 wurde in RFC2246 veröffentlicht und in den Folgejahren durch verschiedene RFCs erweitert. Die aktuelle Version zum Zeitpunkt der Veröffentlichung des Buches ist TLS 1.3.

SAP BTP verwendet verschlüsselte Kommunikationskanäle auf Basis von HTTPS/TLS. Am 30. Juni 2020 hat SAP die Unterstützung für die TLS-Protokollversionen 1.0 und 1.1 in SAP BTP in allen Regionen eingestellt. Seitdem wird nur noch TLS-Version 1.2 oder höher unterstützt. Um mögliche Fehler zu vermeiden, müssen Sie sicherstellen, dass Sie für die Verbindung zu SAP BTP HTTP-Clients verwenden, die TLS-Version 1.2 oder höher unterstützen. Dies ist bei den aktuellen Versionen aller gängigen Browser der Fall.

Das Hypertext Transfer Protocol (HTTP) selbst ist ein zustandsloses Protokoll auf Anwendungsebene für verteilte, kollaborative Hypertext-Informationssysteme. Die aktuelle Version von HTTP ist im RFC7231 der IETF definiert (*https://tools.ietf.org/html/rfc7231*).

Jede HTTP-Nachricht ist entweder eine Anfrage oder eine Antwort. Ein Server wartet auf eine Anfrage einer Verbindung, analysiert die empfangene Nachricht, interpretiert die Semantik der Nachricht im Hinblick auf das identifizierte Anfrageziel und antwortet auf diese Anfrage mit einer oder mehreren Antwortnachrichten. Ein Client konstruiert Anfragenachrichten, um bestimmte Absichten zu übermitteln, prüft die empfangenen Antworten, um festzustellen, ob die Absichten ausgeführt wurden, und bestimmt, wie die Ergebnisse zu interpretieren sind.

Die HTTP-Spezifikation definiert eine Reihe von Standard-HTTP-Methoden die üblicherweise verwendet werden. Die gebräuchlichsten HTTP-Methoden sind die folgenden:

- `GET` fordert die Übertragung einer aktuell ausgewählten Darstellung für die Zielressource an.
- `HEAD` ist identisch mit `GET`, mit der Ausnahme, dass der Server den Nachrichtentext (Body) nicht in der Antwort senden darf.
- `POST` fordert die Zielressource auf, die in der Anfrage enthaltene Darstellung gemäß der spezifischen Semantik der Ressource zu verarbeiten.
- `PUT` verlangt, dass die Zielressource mit der in der Nutzlast der Anfragenachricht enthaltenen Darstellung erstellt oder ersetzt wird.
- `DELETE` fordert den Ursprungsserver auf, die Verbindung zwischen der Zielressource und ihrer aktuellen Funktionalität zu entfernen.
- `CONNECT` fordert den Empfänger auf, einen Tunnel zu dem durch das Anfrageziel identifizierten Ursprungsserver herzustellen und, falls erfolgreich, sein Verhalten auf die blinde Weiterleitung von Paketen in beide Richtungen zu beschränken, bis der Tunnel geschlossen wird.

- OPTIONS fragt nach Informationen über die Kommunikationsoptionen, die der Zielressource zur Verfügung stehen, entweder auf dem Ursprungsserver oder auf einem Zwischenserver.
- TRACE bietet die Möglichkeit, den Pfad zum Webserver zu verfolgen und zu überprüfen, ob die Daten korrekt dorthin übertragen werden.

Jeder Allzweckserver muss die Methoden GET und HEAD unterstützen. Alle anderen Methoden sind optional. Wenn Sie z. B. OData in SAPUI5 oder SAP-Fiori-Apps in SAP BTP verwenden, werden Sie normalerweise mit den HTTP-Methoden GET, POST, PUT und DELETE konfrontiert.

Zusammen mit SSL wurde jedoch das Protokoll Hypertext Transfer Protocol Secure (HTTPS) eingeführt. HTTPS basiert auf SSL bzw. dessen Nachfolger TLS. HTTPS erweitert HTTP um eine sichere Kommunikation.

Wenn Daten über HTTP gesendet werden, können sie von den an der Kommunikation beteiligten Netzkomponenten als Klartext gelesen werden. Dabei kann es sich z. B. um Kreditkartennummern oder Zugangsdaten zu einer Webanwendung handeln. Wird stattdessen HTTPS verwendet, werden die Daten in verschlüsselter Form übertragen. TLS verschlüsselt nicht nur die zwischen dem Server und dem Client übertragenen Daten, sondern authentifiziert auch den Server, mit dem sich der Client verbindet, und schützt die übertragenen Daten vor Manipulationen.

Aus technischer Sicht ist es notwendig, dass ein *SSL-Zertifikat* von einer Zertifizierungsstelle (Certificate Authority, CA) zertifiziert werden. Zu diesem Zweck ist es notwendig, eine *Zertifikatsignierungsanforderung* (Certificate Signing Request, CSR) zu erstellen und bei der CA einzureichen. Die CSR enthält alle Informationen, die die CA benötigt, um das Zertifikat auszustellen. Als Voraussetzung für die Erstellung einer CSR muss der Antragsteller im Vorfeld ein Schlüsselpaar erzeugen. Das Schlüsselpaar besteht aus einem privaten und einem öffentlichen Schlüssel. Sowohl das Schlüsselpaar als auch die Zertifikatsignierungsanforderung werden auf dem Server erzeugt, für den das Zertifikat ausgestellt werden soll. Die in Tabelle 2.1 aufgeführten Daten sind in einer CSR enthalten.

Name	Beschreibung
allgemeiner Name	vollständig qualifizierter Domänenname des Servers
Organisation	offizieller Name des Unternehmens
Abteilung	Abteilung innerhalb des Unternehmens
Stadt	Stadt, in der das Unternehmen ansässig ist
Staat	Staat, in dem das Unternehmen ansässig ist

Tabelle 2.1 In der Zertifikatsignierungsanforderung übermittelte Daten

Name	Beschreibung
Land	Land, in dem das Unternehmen ansässig ist
E-Mail	E-Mail-Adresse zur Kontaktaufnahme mit dem Unternehmen

Tabelle 2.1 In der Zertifikatsignierungsanforderung übermittelte Daten (Forts.)

Zusätzlich zu den aufgeführten CSR-Attributen ist der öffentliche Schlüssel des Antragstellers in der CSR enthalten. Natürlich kann ein Zertifikat nicht im Namen eines beliebigen Unternehmens beantragt werden. Die Identität des Unternehmens oder des Antragstellers muss gegenüber der Zertifizierungsstelle nachgewiesen werden. Dies kann auf verschiedene Weise geschehen, z. B. durch einen DNS-Eintrag für die Domäne oder eine Bestätigung über eine bestimmte E-Mail-Adresse.

Nachdem das Zertifikat von der Zertifizierungsstelle ausgestellt wurde, muss es in den Keystore des Servers importiert werden. Dies setzt voraus, dass die Zertifikate der Zertifizierungsstelle im Keystore vorhanden sind. Beim Aufbau einer HTTPS-Verbindung wird ein Handshake zwischen Client und Server durchgeführt. Dies geschieht in mehreren Schritten.

Der Client leitet die Kommunikation ein, indem er eine Hello-Nachricht an den Server sendet. Diese enthält Informationen darüber, welche Cipher Suites und Kompressionsalgorithmen vom Client unterstützt werden, sowie eine Pseudozufallszahl, die zur Erzeugung des Premaster Secrets verwendet wird.

Der Server antwortet mit der Konfiguration, die er anhand der Hello-Nachricht des Clients ausgewählt hat, sowie mit den Informationen für die Fortsetzung des Handshakes. Der Server sendet auch den ausgewählten Verschlüsselungsalgorithmus und seine eigene Pseudozufallszahl zurück. Zusammen mit der eigenen Hello-Nachricht sendet der Server auch das Serverzertifikat mit der Zertifikatskette. Die Zertifikatskette wird mit den Zertifikaten im Trust Store des Clients abgeglichen.

Der Server identifiziert sich gegenüber dem Client durch Übermittlung seines Zertifikats. Der Client prüft das Zertifikat und bricht im Falle eines Fehlers ab.

Sofern nicht eine anonyme Cipher Suite ohne Authentifizierung verwendet wird, fordert der Server in diesem Schritt das Zertifikat zur Authentifizierung des Clients an. Der Client antwortet mit dem Zertifikat oder mit einer leeren Zertifikatsliste, wenn kein Zertifikat vorhanden ist. Das Premaster Secret wird vom Client mit dem öffentlichen Zertifikat des Servers verschlüsselt.

Im nächsten Schritt berechnen Client und Server jeweils das Master Secret aus dem Premaster Secret und den beiden Pseudozufallszahlen. Damit ist der Handshake abgeschlossen, und die Kommunikation ist ab diesem Zeitpunkt symmetrisch mit dem Master Secret verschlüsselt.

2.1.2 RFC

Remote Function Call (RFC) ist ein SAP-proprietäres Protokoll für den Fernzugriff auf ABAP-Funktionen. Jeder Funktionsbaustein innerhalb von ABAP kann als RFC-fähiger Baustein offengelegt werden, wenn er bestimmte Kriterien erfüllt, wie z. B. standardisierte Rückgabetypen. Es sind verschiedene Arten von RFC verfügbar:

- **Synchroner RFC**
  Dies ist die häufigste Form des RFC und setzt voraus, dass beide Kommunikationspartner, das ABAP-System und das Remote-System, gleichzeitig verfügbar sind.
- **Asynchroner RFC**
  Bei dieser Form des RFC müssen beide Systeme online sein, aber es wird nicht auf das Ende der Verarbeitung gewartet, um zum Aufrufer zurückzukehren.
- **Transaktionaler RFC**
  Der transaktionale RFC ist ein RFC, der auf transaktionale Weise verarbeitet wird und das Warten auf der Senderseite unterstützt, während das Zielsystem nicht verfügbar ist. Er organisiert die Daten in logischen Arbeitseinheiten (Logical Unit of Work, LUW), damit die Daten konsistent bleiben.
- **Queued-RFC**
  Dies ist ein erweiterter Typ vom transaktionalen RFC, der die Serialisierung über Warteschlangen unterstützt und dafür sorgt, dass die richtige Verarbeitungsreihenfolge eingehalten wird.
- **Hintergrund-RFC (Background RFC)**
  Hintergrund-RFCs sind die Nachfolger der transaktionalen RFCs und der Queued RFCs und sind wesentlich leistungsfähiger als die früheren Technologien.
- **Local Data Queue (LDQ)**
  Dies ist ein Warteschlangenmechanismus (Queueing-Mechanismus) auf der Serverseite. Er ermöglicht das Halten von Queues für Szenarien mit mobilen Geräten, bei denen ein Gerät alle Daten aus der Queue abruft, wenn es wieder online ist.

  Obwohl für die Kommunikation mit SAP BTP jede Art von RFC verwendet werden kann, wird der synchrone RFC am häufigsten in Cloud-Anwendungen verwendet. Die zugrunde liegende TCP/IP-Information wird mit der HTTP-Kommunikation geteilt (Schicht 3, Vermittlungsschicht; Abschnitt 2.1.1, »HTTP/HTTPS«).

Um das proprietäre RFC-Protokoll aus der Cloud zu nutzen, wird SAP Java Connector von SAP BTP verwendet. Unabhängig davon, ob Sie einen Service-Proxy verwenden (siehe Kapitel 4, »Connectivity mit SAP Business Technology Platform«) oder nur auf die Destination zugreifen und Ihre eigene Implementierung ausführen, ist SAP Java Connector das Werkzeug der Wahl, da es plattformunabhängig ist und ordnungsgemäß zu SAP BTP hinzugefügt wurde. Weitere Informationen zur Verwendung von SAP Java Connector in SAP BTP finden Sie unter *https://help.sap.com/docs/btp/sap-business-technology-platform/sap-java-connector.*

2.1.3 SOAP

Das *Simple Object Access Protocol* (SOAP) ist ein auf der Extensible Markup Language (XML) basierendes Netzwerkprotokoll, das die Anwendungsschicht des ISO/OSI-Schichtenmodells verwendet, wie die Anwendung HTTP (siehe Abschnitt 2.1.1, »HTTP/HTTPS«). Tatsächlich werden SOAP-Nachrichten auf der Grundlage von HTTP oder HTTPS übertragen.

[»]

Simple Object Access Protocol

Bitte beachten Sie, dass der vollständige Name SOAP (Simple Object Access Protocol) im allgemeinen Sprachgebrauch nicht mehr verwendet wird, da man damit nicht nur Objekte überträgt – außerdem kann die Einfachheit des Protokolls in Frage gestellt werden; viele Programmiererinnen und Programmierer sind der Meinung, dass es alles andere als einfach ist!

SOAP ist eine ideale Lösung für den Versand von Nachrichten. Die Definition des Protokolls erfordert einen obligatorischen Body, der von einem Envelope umhüllt ist. Ein optionaler Header kann hinzugefügt werden.

Im Idealfall wird SOAP verwendet, um Abfragen an entfernte Datenbanken durchzuführen, bei denen die Suchergebnisse in einer tabellarischen Struktur vorliegen. In solchen Fällen werden weitere XML-Tags in den Body eingefügt. Diese Nachrichten sind ideal für die Übermittlung strukturierter Daten, die in vielen Fällen in XML dargestellt werden. Bei sehr kleinen Anfrage-/Antwort-Zyklen ist SOAP wegen des XML-Overheads für den Envelope umständlich.

Ein Beispiel für eine SOAP-Nachricht ist in Listing 2.1 dargestellt.

```
<?xml version="1.0"?>
<s:Envelope xmlns:s="
http://www.w3.org/2003/05/soap-envelope"> <s:Body> <m:SampleData
xmlns:m="https://www.clouddna.at/soap"
> SOAP Beispiel </m:SampleData> </s:Body>
</s:Envelope>
```

Listing 2.1 Beispiel für eine SOAP-XML-Nachricht

SOAP wird typischerweise in der SAP-Welt für die Bereitstellung von Webservices aus ABAP-Systemen verwendet. Serviceorientierte Architektur (SOA) und Enterprise serviceorientierte Architektur (ESOA) beziehen sich auf Architekturen, die auf SOAP-Nachrichten basieren, um Systemintegration zu ermöglichen. Diese Dienste können weiterhin genutzt werden.

2.1.4 REST und OData

Representational State Transfer (REST) ist ein Paradigma für die Webarchitektur, das häufig für Webdienste verwendet wird. Das *Open Data Protocol* (OData) ist ein auf HTTP/HTTPS basierendes Protokoll, das das REST-Paradigma verwendet. Wie auf der offiziellen OData-Seite (aus dem Englischen unter *oData.org*) angegeben »ermöglicht [OData] die Erstellung von REST-basierten Datendiensten, die es ermöglichen, dass Ressourcen, die mithilfe von Uniform Resource Identifiers (URIs) identifiziert und in einem Datenmodell definiert sind, von Web-Clients mit einfachen HTTP-Nachrichten veröffentlicht und bearbeitet werden können.«

Dienste, die REST einsetzen, werden oft als RESTful-Dienste bezeichnet. Einige der Vorteile der Verwendung von REST sind folgende:

- REST ist eine leichtgewichtige Alternative zu anderen Konzepten wie SOAP (siehe Abschnitt 2.1.3, »SOAP«).
- REST wird in großem Umfang HTTP-Methoden verwenden und daher den HTTP-Standard nutzen, anstatt ein eigenes Framework für Operationsmethoden zu implementieren.
- Im Kontext von SAP BTP werden viele der SAP-BTP-APIs (*https://api.sap.com/*) REST verwenden.
- REST ist zustandslos und erfordert keine Aufgaben wie das Setzen und Speichern von HTTP-Cookies als kleine Datenobjekte auf der Client-Seite.
- Da es zustandslos ist, lässt sich REST sehr gut skalieren.
- REST-Dienste sind auf einer Firewall leicht zu autorisieren, da ein *URI* das entsprechende Objekt enthält (und dann bei Bedarf herausgefiltert werden kann). Betrachten wir ein Beispiel von *api.sap.com*: Der URI */v1/service_instances* wird für den Zugriff auf SAP-BTP-Serviceinstanzen verwendet, wenn die HTTP-GET-Methode verwendet wird, und für die Erstellung einer Serviceinstanz, wenn die URI mit der HTTP-PUT-Methode verwendet wird.

Einige der Vorteile der Verwendung von OData sind:

- SAP Gateway und SAP BTP unterstützen OData-Services out of the box.
- Wenn Sie ein OData-Framework verwenden, müssen Sie sich bei der Entwicklung Ihrer Anwendung keine Gedanken über die verschiedenen HTTP-Statuscodes, Zustände usw. machen.
- OData ist ein globaler Standard.
- OData ist bei kleinen Anfragen leistungsfähiger als SOAP, und wenn SOAP mit XML verwendet wird, ist der Parsing-Aufwand und der Zeichen-Overhead auf der OData-Seite geringer.

- Wie bei der Basisversion wird HTTP/HTTPS verwendet; im Vergleich zu HTTP/HTTPS ist keine zusätzliche proprietäre Sicherheit erforderlich (Abschnitt 2.1.1, »HTTP/HTTPS«).

Abbildung 2.4 zeigt ein Beispiel für eine *OData-Anwendungsarchitektur*. Der OData-Service stellt sein eigenes Metadatenmodell und einige implementierte Daten zur Verfügung (das Abrufen der Daten ist in der Abbildung nicht dargestellt). Die Client-Anwendung nutzt die OData-Bibliotheken und die Zielinformationen für den Service Host, um zunächst die Modell-Metadaten zu holen (die auch zur Anwendung hinzugefügt werden können) und dann den Service nach den eigentlichen Anwendungsdaten abzufragen.

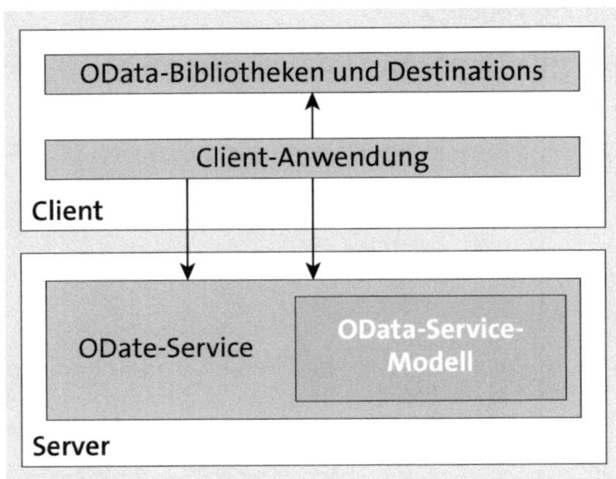

Abbildung 2.4 OData-Anwendungsarchitektur

Mehr zu OData, einschließlich Beispiele, finden Sie in Abschnitt 5.4 und Abschnitt 6.4.

2.2 Authentifizierung

Das Ziel der Authentifizierung ist es, zu überprüfen und zu bestätigen, wer ein Benutzer ist. Da es bereits Authentifizierungsstandards gibt, müssen wir die Authentifizierung nicht für jede einzelne Cloud-Anwendung neu entwickeln. Durch die Verwendung einer zentralisierten Authentifizierung können wir sicherstellen, dass ein Benutzer nicht für jede einzelne Anwendung ein neues Kennwort verwenden muss und dass der Lebenszyklus (d. h. Beginn und Ende des Kontos, Sperren, Kennwortrichtlinien) des Benutzerkontos innerhalb eines Unternehmens ordnungsgemäß verfolgt werden kann.

Wenn Sie die Authentifizierungsplattform von der zu entwickelnden Anwendung trennen, muss eine Vertrauensstellung (Trust) aufgebaut und überprüft werden, damit Ihre Anwendung sicher sein kann, dass der Benutzer von einem vertrauenswürdigen Authentifizierungsdienst oder einer vertrauenswürdigen Komponente überprüft wurde.

Im Folgenden werden wir drei wichtige Authentifizierungstechniken behandeln, auf die Sie bei der Programmierung in der Cloud stoßen werden. Das *Lightweight Directory Access Protocol* (LDAP) wird in Abschnitt 2.2.1 erläutert und ist einer der am weitesten verbreiteten Verzeichnis- und Authentifizierungsstandards. In Abschnitt 2.2.2 wird die *Security Assertion Markup Language* (SAML) beschrieben, ein Standard für den Austausch von Authentifizierungsinformationen zwischen Systemen. Schließlich wird in Abschnitt 2.2.3 OAuth behandelt, das aufgrund seiner zustandslosen Architektur Vorteile bei der Sicherung der Authentifizierung für Cloud-Dienste bietet.

2.2.1 LDAP

LDAP ist ein Netzwerkprotokoll für die Kommunikation mit einem Verzeichnisdienst. LDAP ist also nicht der *Verzeichnisdienst* selbst, sondern lediglich das Zugriffsprotokoll. LDAP ermöglicht es, ein über mehrere Server verteiltes und in einer Baumstruktur aufgebautes Verzeichnis einfach zu durchsuchen.

Die hierarchische Baumstruktur des Verzeichnisdienstes ist in wesentlichen Zügen vorgegeben. Das LDAP-Datenmodell ist einfach gehalten. LDAP basiert auf Objekten und folgt Ansätzen der objektorientierten Programmierung wie Vererbung und Polymorphismus. An der obersten Stelle der Verzeichnisstruktur steht immer das Wurzelelement (`Root`). Darunter verzweigt sich die Struktur in die folgenden Elemente:

- C: Country
- O: Organization
- OU: organizational Unit
- DC: Domain Component (Individuen)

Individuen können Dokumente, Personen oder Objekte sein.

Objekte werden durch ihre *Distinguished Names* (DNs) bezeichnet. Ein gültiger Distinguished Name für ein Objekt kann z. B. wie folgt aussehen:

```
CN=Martin Koch,OU=Consulting,DC=clouddna,DC=at
```

`CN` steht hier für Common Name. Das bedeutet, dass die Person Martin Koch (`cn=Martin Koch`) der Organizational Uni Consulting (`OU=Consulting`) innerhalb der Domain clouddna (`DC=clouddna`) in Österreich (`dc=at`) zugeordnet ist. Abbildung 2.5 zeigt die Position eines Distinguished Name innerhalb eines LDAP-Hierarchiebaums.

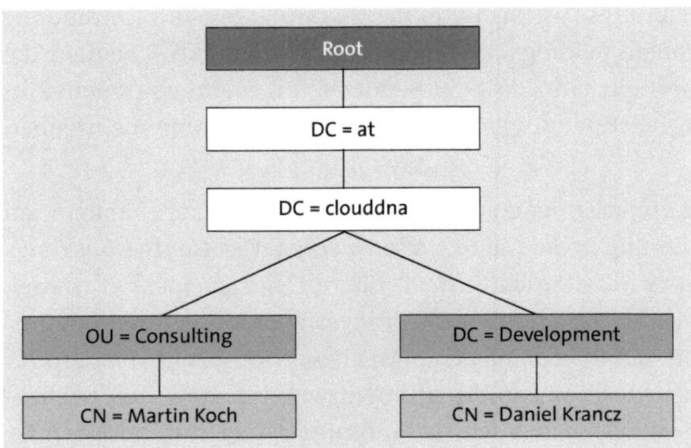

Abbildung 2.5 Beispiel einer LDAP-Struktur

Wenn Sie Ihre SAP-BTP-Anwendungen entsprechend konfiguriert haben, können diese den On-Premise-Benutzerspeicher für die folgenden Aktivitäten verwenden:

- Zugangsdaten überprüfen
- Benutzer suchen
- Benutzerdetails lesen
- Mitgliedschaft gruppieren

Dies erfordert die Verwendung des Cloud Connectors, um den Tunnel zu Ihrem LDAP-Server zu öffnen. Die Konfigurationsschritte für die Einrichtung des Cloud Connectors werden in Kapitel 3, »Einrichtung des Cloud Connectors«, erläutert.

Eine weitere Option für LDAP ist die Verwendung im Identitätsverbund über den Identity-Authentication-Tenant. In diesem Fall fungiert der Identity-Authentication-Service als Proxy für das lokale LDAP-Verzeichnis. Dieses Szenario erfordert die Verwendung des Add-ons *Identity Authentication*.

Weitere Informationen zum Add-on finden Sie unter *https://help.sap.com/docs/IDENTITY_AUTHENTICATION*.

2.2.2 SAML

SAML ist ein offener Standard für den Austausch von Authentifizierungs- und Autorisierungsidentitäten zwischen Sicherheitsdomänen. SAML wurde 2003 in einer ersten Version veröffentlicht und 2005 in Version 2.0 als OASIS-Standard ratifiziert.

Das Schlüsselprinzip des Standards ist die Ausgabe von *SAML-Tokens* durch einen *SAML-Service-Provider*. Diese Tokens werden von anderen Anwendungen über eine

Vertrauensstellung (Trust) akzeptiert. Ein anderer Name für die SAML-Tokens ist SAML-Assertion. Die Authentifizierung im SAP BTP, Neo Environment basiert auf SAML-Tokens. SAML unterscheidet zwischen folgenden:

- **Identity Provider (IdP)**
  - Enthält Identitäten. Man könnte dies auch einen Benutzerspeicher nennen.
  - Enthält zusätzliche Informationsattribute über Benutzer wie Vorname, Nachname oder Telefonnummer.
  - Ist in der Lage, den Benutzer zu authentifizieren.

  Ein LDAP-Verzeichnis (Abschnitt 2.2.1, »LDAP«) kann als Identity Provider dienen.
- **Service Provider (SP)**
  - Enthält die Anwendung, auf die der Benutzer zugreifen wird.
  - Bietet einen direkten Endpunkt an, den der Benutzer aufrufen kann, um die Anwendung zu betreten, z. B. eine URL.
  - Vertraut einem oder mehreren IdPs.

Das Ziel besteht darin, dass sich ein Benutzer, der Service des Service Providers in Anspruch nehmen möchte, zunächst beim IdP authentifizieren muss. Dies bedeutet, dass zwischen den SPs und den IdPs Vertrauen bestehen muss, sodass Folgendes gilt:

- Der SP weiß, dass die Authentifizierung durch einen vertrauenswürdigen IdP erfolgreich durchgeführt wurde.
- Der SP weiß, dass die Authentifizierung von einem vertrauenswürdigen IdP und dem IdP selbst durchgeführt wurde (und keine Ressource versucht, als IdP aufzutreten, außer den IdPs, denen vertraut wird).

Der SP wird jedoch nicht direkt auf den IdP zugreifen; der Benutzer wird sich immer beim IdP authentifizieren und kann dann den SP nutzen. Einer der großen Vorteile dieses Verfahrens ist, dass im Gegensatz zu einer herkömmlichen Authentifizierung mit Benutzername und Passwort die Authentifizierung auf der IdP-Seite in mehreren Schritten erfolgen kann (was für jede Art von Multifaktor-Authentifizierung erforderlich ist).

Wenn der Benutzer kein SAML-Ticket vorweisen kann, leitet der SP einfach an den IdP weiter, um das SAML-Ticket von dort zu erhalten.

Weitere Begriffe, die Sie kennen sollten, sind die folgenden:

- Eine *SAML-Anfrage* wird vom SP erstellt, um eine Authentifizierung anzufordern. Dies wird daher auch als Authentifizierungsanfrage bezeichnet.
- Eine *SAML-Antwort* enthält die Informationen über den authentifizierten Benutzer, die vom IdP signiert wurden. Sie kann auch weitere Informationen wie Gruppenzuweisungen enthalten.

Für SAML müssen Sie drei Dinge einrichten:

- Das Zertifikat des Identity Providers muss in den Trust Store des Service Providers geladen werden.
- Der Service Provider muss die URL des IdP für die Authentifizierung kennen. Er wird dorthin umleiten, falls keine oder nur falsche SAML-Authentifizierungsinformationen verfügbar sind. Diese URL wird oft auch als Anmelde-URL bezeichnet.
- Der IdP muss wissen, wohin er den Benutzer nach der Authentifizierung an den Service Provider zurückverweisen soll. Da das SAML-Ticket die Benutzerinformationen bestätigt, wird dies auch Assertion Consumer Service Endpoint (oder ACS-URL) genannt.

Der Authentifizierungsflow beginnt entweder beim SP (SP-initiierter Flow) oder beim IdP (IdP-initiierter Flow). Beide sollten zum gleichen Ergebnis führen: Der Benutzer befindet sich innerhalb der angeforderten Anwendung.

In Abbildung 2.6 ist ein vom SP-initiierter Flow mit den folgenden Schritten dargestellt:

1. Der Endbenutzer stellt eine Anfrage an den SP.
2. Da der Endbenutzer keine ordnungsgemäße SAML-Assertion mit der Anfrage gesendet hat, antwortet der SP mit einer Umleitungsanfrage an den IdP.
3. Der Browser stellt eine Anfrage an den IdP.
4. Der IdP führt die Authentifizierung wie konfiguriert durch (z. B. Multifaktor-Authentifizierung) und antwortet mit einer SAML-Antwort (Assertion).

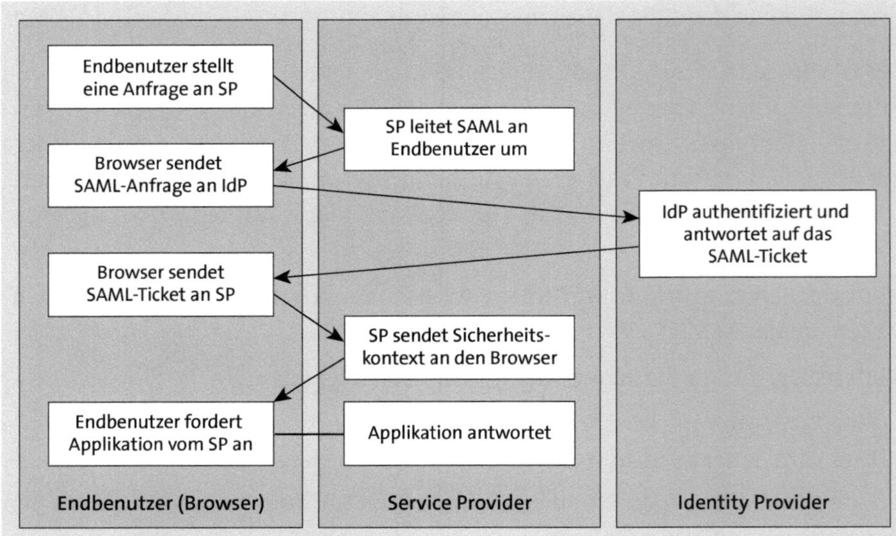

Abbildung 2.6 SP-initiierter SAML-Flow

5. Der Browser empfängt die SAML-Assertion und sendet sie an den SP.
6. Der SP prüft die Assertion, einschließlich des Zertifikats, und setzt einen Sicherheitskontext für die Anwendung.
7. Jetzt kann der Endbenutzer auf die Anwendung zugreifen, die auf dem SP läuft.

Ein Beispiel für einen *IdP-initiierten Flow* ist in Abbildung 2.7 mit den folgenden Schritten dargestellt:

1. Der Endbenutzer stellt eine Anfrage an den IdP.
2. Der IdP führt die Authentifizierung wie konfiguriert durch (z. B. Multifaktor-Authentifizierung) und antwortet mit einer SAML-Antwort (Assertion).
3. Der Browser empfängt die SAML-Assertion und sendet sie an den SP.
4. Der SP prüft die Assertion, einschließlich des Zertifikats, und setzt einen Sicherheitskontext für die Anwendung.
5. Jetzt kann der Endbenutzer auf die Anwendung zugreifen, die auf dem SP läuft.

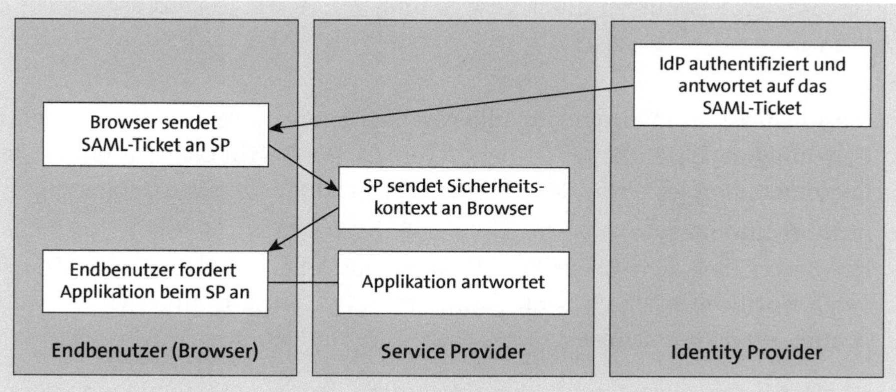

Abbildung 2.7 IdP-initiierter SAML-Flow

Wie Sie sehen können, bietet SAML einen sehr guten Standard für die Authentifizierung von Benutzern. Es ist sehr praktisch, dass Service Provider und Identity Provider von verschiedenen Anbietern sein können und dass diese auch über Internet-Domänengrenzen hinweg arbeiten können; dies stellte vor dem SAML-Standard normalerweise ein Problem bei der Authentifizierung dar.

2.2.3 OAuth

OAuth 2.0 ermöglicht einer Drittanbieteranwendung den eingeschränkten Zugriff auf einen HTTP-Dienst. Die Autorisierung erfolgt im Namen eines Ressourceneigentümers durch die Orchestrierung einer Genehmigungsinteraktion zwischen dem

Ressourceneigentümer und dem HTTP-Dienst, oder der Drittanbieteranwendung wird der Zugriff in ihrem eigenen Namen gestattet.

OAuth 2.0 vereinfacht die Implementierung der Autorisierung für Client-Entwicklerinnen und -Entwickler und bietet gleichzeitig spezifische Autorisierungsabläufe für verschiedene Anwendungstypen. Der Standard OAuth 2.0 und seine Erweiterungen werden von der IETF definiert. Das Framework ist in RFC 6749 spezifiziert (RFC steht hier für Request for Comments, Veröffentlichungen von Internetspezifikationen).

OAuth definiert vier Rollen innerhalb des Autorisierungsprozesses:

- **Resource Owner**
  Der Resource Owner ist eine Entität, die Zugriff auf eine geschützte Ressource gewähren kann. Wenn der Resource Owner eine Person ist, wird er als Benutzer bezeichnet.
- **Resource Server**
  Der Server, der die geschützten Ressourcen beherbergt, kann Anfragen nach geschützten Ressourcen unter Verwendung von Access Tokens annehmen und beantworten.
- **Client**
  Der Client ist eine Anwendung, die geschützte Ressourcen im Namen und mit Genehmigung des Resource Owners anfordert. Der Begriff Client impliziert keine Implementierungsmerkmale (z. B. einen Formfaktor oder einen Gerätetyp).
- **Authorization Server**
  Der Server, der dem Client Zugriffstoken ausstellt, nachdem der Ressourcenverantwortliche erfolgreich authentifiziert und autorisiert wurde, wird als Authorization Server bezeichnet.

Zur Anforderung eines *Access Token* erhält der Client eine Genehmigung vom Resource Owner. Die Berechtigung wird in Form einer Berechtigungserteilung (Authorization Grant) ausgedrückt. Mit dieser Genehmigung fordert der Client dann das Access Token an (siehe Abbildung 2.8).

OAuth definiert vier *Grant-Typen*:

- Authorization Code
- Implicit Authorization
- Credentials (Passwort) des Resource Owners
- Client Credentials

Darüber hinaus bietet OAuth einen Erweiterungsmechanismus, um zusätzliche Arten der Berechtigungserteilung zu definieren. SAP BTP unterstützt die folgenden Arten der Berechtigungserteilung mit OAuth 2.0 in der Neo-Umgebung:

- **Autorisierungscode**
  Bei dieser Variante gibt es einen menschlichen Benutzer, der eine mobile Anwendung autorisiert, in seinem Namen auf Ressourcen zuzugreifen.
- **Client Credentials**
  Bei dieser Variante gibt es keinen menschlichen Benutzer, sondern ein Gerät erteilt die Genehmigung. In diesem Fall wird das Access Token nur auf der Grundlage der Client Credentials erteilt.

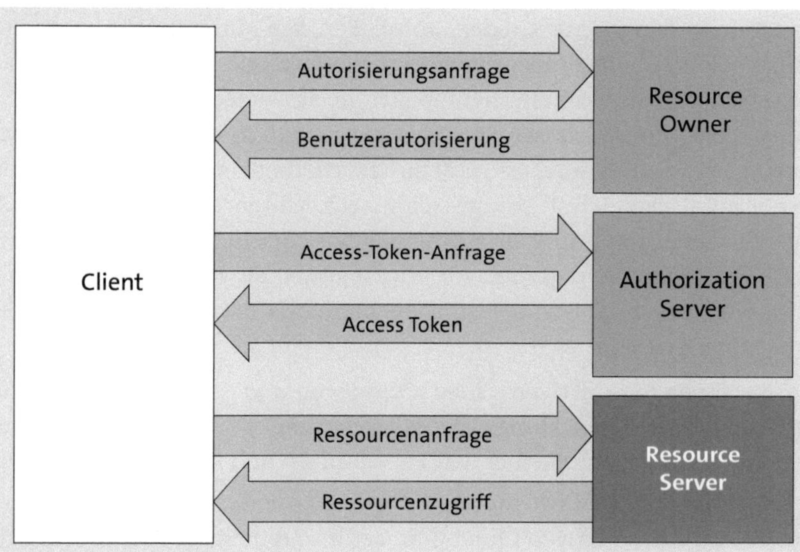

Abbildung 2.8 Ablauf des OAuth-Autorisierungsprozesses

OpenID Connect ist eine Identitätsschicht, die auf dem Protokoll OAuth 2.0 basiert. Clients können damit die Identität von Benutzern auf der Grundlage der von einem Authorization Server durchgeführten Authentifizierung überprüfen und grundlegende Profilinformationen über Benutzer auf eine REST-ähnliche Weise erhalten. Die Verwendung des REST-Formats erleichtert die weitere Nutzung in SAP-BTP-Diensten, da es für dieses Format viele fertige Bibliotheken und Beispiele gibt.

Im SAP BTP, Cloud Foundry Environment werden alle Dienste über den *App-Router* aufgerufen. Dies ist der zentrale Einstiegspunkt für alle Anwendungen, die in der Cloud-Foundry-Umgebung laufen. Der App-Router wird verwendet, um statische Inhalte bereitzustellen, Benutzer zu authentifizieren und URLs umzuschreiben. Er leitet Anfragen an andere Microservices weiter oder fungiert als Proxy, der auch Benutzerinformationen an Microservices weitergibt.

In der Cloud-Foundry-Umgebung basiert die Authentifizierung auf dem OAuth-Protokoll. Alle dem aktuellen Benutzer gewährten Zugriffsrechte auf Anwendungen

(Anwendungsbereiche) werden in Form eines Tokens weitergegeben, das *JSON Web Token* (JWT). Dieses Token ist in RFC 7519 spezifiziert. Das Token wird vom App-Router erstellt, der mit dem Benutzerkonto und der Authentifizierungsinstanz von SAP BTP kommuniziert.

2.3 Zusammenfassung

In diesem Kapitel haben wir uns mit den Protokollen, den Authentifizierungsmethoden und allgemeinen Überlegungen zur Sicherheit von Cloud-Verbindungen befasst. Stellen Sie sicher, dass Sie, wann immer möglich, geeignete Zertifikate und eine Verschlüsselung verwenden. Verlassen Sie sich nicht darauf, dass der Cloud Connector von sich aus sicher ist; sorgen Sie für zusätzliche Sicherheit, indem Sie den gesamten Datenverkehr mit Backend-Systemen verschlüsseln. Achten Sie darauf, dass die Zertifikate nicht zu lange gültig sind, da sie mit der Zeit entschlüsselt werden könnten. Bei der Einrichtung von Cloud-Connector-Vorgängen ist darauf zu achten, dass festgelegt wird, wer Cloud-Connector-Instanzen betreiben darf. Mögliche Standards könnten die folgenden sein:

- Richten Sie einen produktiven Cloud Connector und einen für jede weitere Tenant-Gruppe (z. B. Entwicklung, Qualitätssicherung) an. Dies bietet den höchsten Grad an Kontrolle, erhöht aber den Verwaltungs- und Koordinationsaufwand für die Entwicklungs-Tenants.
- Richten Sie einen produktiven Cloud Connector und mehrere Cloud-Connector-Instanzen auf der Entwicklungsseite. Alle Entwicklerinnen und Entwickler haben ihre eigene Instanz, was mehr Flexibilität für Entwicklungsaufgaben bietet, aber auch eine Herausforderung für die Sicherheit und die Verwaltung darstellt. Auch die Versionskontrolle für den Cloud Connector kann bei diesen Konfigurationen etwas kompliziert sein.

Dies soll Ihnen nur eine Vorstellung von möglichen Konfigurationen geben. Was Sie wählen, hängt natürlich von der Sicherheit, der Anzahl der Entwicklerinnern und Entwicklern usw. ab. Weitere Überlegungen zur Größenordnung, Hochverfügbarkeit und mehr werden im nächsten Kapitel behandelt.

Kapitel 3

Einrichtung des Cloud Connectors

Der Cloud Connector ist neben SAP BTP das zentrale Element in hybriden Systemlandschaften. Er hilft Ihnen, SAP BTP sicher mit Ihrer On-Premise-Landschaft zu verbinden.

Dieses Kapitel führt Sie in die Installation und Konfiguration des Cloud Connectors ein. Das Kapitel beginnt mit Planungsüberlegungen, wie z. B. der Dimensionierung der Hardware. Anschließend werden Sie Schritt für Schritt durch den Installationsprozess geführt. Die Installation des Cloud Connectors ist generell nicht allzu kompliziert. Die eigentliche Herausforderung liegt in der Konfiguration, die in diesem Kapitel ausführlich behandelt wird.

Bevor wir auf die Installation des Cloud Connector eingehen, ist es sinnvoll, sich mit einigen wesentlichen Themen zu beschäftigen. Wir werden uns daher in Abschnitt 3.1, »Dimensionierung«, mit dem Thema Sizing beschäftigen. Danach geht es in Abschnitt 3.2, »Netzwerkzonen«, um die Positionierung des Cloud Connectors in Ihrem Unternehmensnetzwerk. Abschnitt 3.3, »Installation«, befasst sich dann mit der Installation des Cloud Connector. Nachdem der Cloud Connector installiert wurde, muss er auch entsprechend konfiguriert werden. Hierauf gehen wir in Abschnitt 3.4, »Konfiguration«, ein. In vielen Fällen ist es unerlässlich, dass der Cloud Connector hochverfügbar betrieben wird. Die erforderliche Konfiguration zeigen wir in Abschnitt 3.5, »Hochverfügbarkeit«.

3.1 Dimensionierung

Die Installation des Cloud Connectors ist eine einfache Angelegenheit. Allerdings reicht die Installation allein nicht aus, um eine angemessene Leistung zu gewährleisten. Sie müssen auch über die Dimensionierung (engl. Sizing) der zugrunde liegenden Hardware nachdenken. Einfach ausgedrückt ist der Sizing-Prozess die Dimensionierung der darunterliegenden Hardware. Sie umfasst die Festlegung von Eigenschaften wie Arbeitsspeicher, CPU-Leistung und Speicherplatz. Genau darum geht es in diesem Abschnitt. Im Gegensatz zu vielen anderen SAP-Produkten gibt es für den Cloud Connector keinen Quick Sizer. SAP empfiehlt jedoch drei verschiedene Dimensionen, die auf Erfahrungswerten beruhen. Um es an dieser Stelle besonders einfach zu machen, hat man sich entschieden, für diese Dimensionen die bekannten T-Shirt-Größen zu verwenden: klein, mittel und groß (engl. Small, Medium, Large). Die Gesamtleistung des Cloud Connectors wird von vielen Faktoren beeinflusst. Dazu gehören die Anzahl der gehosteten Subaccounts, die verfügbare Bandbreite, die Latenzzeit zum Rechenzentrum und die verwendete *Java Virtual Machine* (JVM). Daher sind die Empfehlungen für die Dimensionierung nur eine Faustregel, da die tatsächliche Leistung stark von der jeweiligen Umgebung abhängt. Außerdem wird unterschieden, ob es sich bei der Installation um eine Master- oder eine Shadow-Instanz handelt. Die Installation kann in einer virtuellen oder physischen Maschine erfolgen. Eine virtuelle Maschine sollte sich auf einem Host befinden, der nicht übermäßig mit Ressourcen belastet ist.

Bei der Größenbestimmung ist die Ermittlung der Heap-Größe entscheidend. Ist sie zu klein für die Last, die durch den Cloud Connector läuft, führt die JVM häufiger vollständige Garbage Collections durch und blockiert die Verarbeitung des Cloud Connectors für mehrere Sekunden vollständig, was die Gesamtleistung massiv verlangsamt.

[»]

Garbage Collector

Der Garbage Collector dient als automatischer Speichermanager. Er verwaltet die Zuweisung und Freigabe von Speicher für eine Anwendung. Daher müssen Entwicklerinnen und Entwickler, die mit verwaltetem Code arbeiten, keinen zusätzlichen Code schreiben, um Aufgaben der Speicherverwaltung durchzuführen. Durch die automatische Speicherverwaltung können häufige Probleme der klassischen Programmierung vermieden werden, z. B. das Vergessen, ein Objekt freizugeben und dadurch ein Speicherleck zu verursachen, oder der Versuch, auf freigegebenen Speicher für ein Objekt zuzugreifen, welches bereits freigegeben wurde. Die JVM-Laufzeitumgebung verwendet einen großen Speicherpool, den sogenannten *Heap*, für die Objektzuweisung. Die JVM führt automatisch eine Garbage Collection durch, um den Heap aufzuräumen. Die Garbage Collection löscht Objekte, die nicht mehr verwendet werden, und schafft so Platz für neue Objekte. Wenn der Heap voll ist, wird ebenfalls eine Garbage Collection durchgeführt.

In den folgenden Abschnitten wird das Sizing für die Master- und Shadow-Installation detailliert beschrieben. Sie werden schnell feststellen, dass das Sizing im Vergleich zu anderen SAP-Systemen wie SAP NetWeaver sehr gering ist. Die heutigen Gaming-PCs sind mit mehr Leistung ausgestattet. Die Kosten für die Hardware werden sich in Grenzen halten. Daher sollten Sie die Hardware des Cloud Connectors unbedingt großzügig dimensionieren.

3.1.1 Dimensionierung der Master-Installation

Im Folgenden erläutern wir die allgemeinen Voraussetzungen für die Dimensionierung anhand der kleinen, mittleren und großen Größen für die Master-Installation. Bei den Empfehlungen für die einzelnen Größen handelt es sich um Mindestwerte; es kann jederzeit eine größere Größe gewählt werden. Im Allgemeinen gilt: Je mehr Anwendungen, Anwendungsinstanzen und Subaccounts verbunden sind, desto größer ist der Konkurrenzkampf um die begrenzten Ressourcen des Computers. Schauen wir uns nun jede Größe der Reihe nach an:

- Small Sizing
- Medium Sizing
- Large Sizing

Größe S (Small) wird empfohlen, wenn die erwartete Last gering ist und nur einige Subaccounts mit wenigen Anwendungen verbunden sind. Unter *geringer Last* versteht SAP bis zu 1 Million Anfragen pro Tag, mit geringer oder keiner Gleichzeitigkeit und einer geringen durchschnittlichen Anfragegröße. Darüber hinaus werden nur wenige Servicekanäle verwendet und nur geringe Datenmengen in Cloud-Systeme repliziert. Empfehlungen für die Dimensionierung sind in Tabelle 3.1 aufgeführt.

Komponente	Empfehlung für das Sizing
CPU	Zwei Cores, 2.6 GHz
Arbeitsspeicher (RAM)	4 GB
Heap	1 GB
Direct Memory	2 GB
Plattenplatz (engl. Disk Space)	10 GB

Tabelle 3.1 Small Sizing

Größe M (Medium) wird empfohlen, wenn die erwartete Last mittelhoch ist und mehrere Subaccounts mit mehreren Anwendungen verbunden sind. Mit *mittlerer Last* meint SAP bis zu 10 Millionen Anfragen pro Tag, mit mittlerer Gleichzeitigkeit und einer mittleren Durchschnittsgröße der Anfragen. Außerdem werden viele Servicekanäle genutzt und mittlere Datenmengen in Cloud-Systeme repliziert. Die Empfehlungen für das Sizing sind in Tabelle 3.2 aufgeführt.

Komponente	Empfehlung für das Sizing
CPU	Vier Cores, 3 GHz
Arbeitsspeicher (RAM)	16 GB
Heap	4 GB
Direct Memory	8 GB
Plattenplatz (engl. Disk Space)	20 GB

Tabelle 3.2 Medium Sizing

Größe L (Large) wird empfohlen, wenn die erwartete Last groß ist und viele Subaccounts mit vielen Anwendungen verbunden sind. Mit *großer Last* meint SAP mehr als 10 Millionen Anfragen pro Tag, mit hoher Gleichzeitigkeit und einer hohen durchschnittlichen Anfragegröße. Darüber hinaus werden viele Servicekanäle genutzt und große Datenmengen in Cloud-Systeme repliziert. Die Empfehlungen für die Dimensionierung sind in Tabelle 3.3 aufgeführt.

Komponente	Empfehlungen für das Sizing
CPU	Acht Cores, 3 GHz
Arbeitsspeicher (RAM)	32 GB
Heap	8 GB
Direct Memory	16 GB
Plattenplatz (engl. Disk Space)	40 GB

Tabelle 3.3 Large Sizing

3.1.2 Dimensionierung der Shadow-Installation

Eine Shadow-Installation kommt in der Regel nur ins Spiel, wenn etwas schief geht, und erfordert daher nicht zwangsläufig die gleiche Dimensionierung. In einem Failover-Setup übernimmt eine redundante Instanz die Rolle der Master-Instanz, wenn diese aus irgendeinem Grund ausfällt. Die Master-Instanz des Cloud Connectors wird als *Master* bezeichnet und die redundante Instanz als *Shadow*. Die Shadow-Instanz muss installiert und mit dem Master verbunden sein. Voraussetzung dafür ist, dass der Zeitraum, in dem sie die Master-Rolle übernimmt, zeitlich begrenzt ist. Im Schattenzustand ist der Ressourcenverbrauch sehr gering. Dies gilt insbesondere für Produktionsumgebungen, in denen normalerweise nur wenige Konfigurationsänderungen erforderlich sind. Daher empfiehlt SAP, dass die Größe des Shadow-Hosts normalerweise kleiner sein kann als die des Master-Hosts. Wenn Sie jedoch das Risiko eines längeren Ausfalls des Master-Hosts mindern wollen, sollten Sie die Größe des Shadow-Hosts auf die Größe des Master-Hosts erhöhen.

Wir empfehlen, den Shadow-Host immer in der gleichen Größe wie den Master-Host zu dimensionieren. Wenn der Master-Host ausfällt, übernimmt der Shadow-Host die Aufgabe, aber wenn der Master-Host wieder verfügbar ist, schaltet der Shadow-Host nicht automatisch auf den Master-Host zurück. Das bedeutet, dass, wenn Sie Ihre Cloud-Connector-Landschaft nicht aktiv überwachen, die Shadow-Instanz möglicherweise über einen längeren Zeitraum hinweg weiterhin Nachrichten verarbeitet, bis Sie aktiv zum Master zurückschalten. Darüber hinaus bedeutet der Wechsel vom Master-Host zum Shadow-Host oder umgekehrt immer eine kurze Ausfallzeit. Während dieser Zeit können keine Nachrichten und Anfragen verarbeitet werden. Schauen wir uns nun die einzelnen Größen der Reihe nach an:

- Master-Größe S (klein)
- Master-Größe M (mittel)
- Master-Größe L (groß)

Wenn der Master-Host die Größe S hat, sollte auch der Shadow-Host die Größe S haben. Er kann auch auf einer virtuellen Maschine laufen, falls erforderlich. Die Größenordnung ist in Tabelle 3.4 angegeben.

Komponente	Empfehlungen für das Sizing
CPU	Zwei Cores, 2.6 GHz
Arbeitsspeicher (RAM)	4 GB
Heap	1 GB
Direct Memory	2 GB
Plattenplatz (engl. Disk Space)	10 GB

Tabelle 3.4 Small Sizing: Shadow gleich Master

Wenn der Hauptrechner die Größe M hat, sollte der Shadow-Host die Größe S haben und über den doppelten Speicher verfügen (siehe Tabelle 3.5).

Komponente	Empfehlungen für das Sizing
CPU	Zwei Cores, 2.6 GHz
Arbeitsspeicher (RAM)	8 GB

Tabelle 3.5 Small Sizing: Shadow mit doppeltem Speicher

Komponente	Empfehlungen für das Sizing
Heap	2 GB
Direct Memory	4 GB
Plattenplatz (engl. Disk Space)	10 GB

Tabelle 3.5 Small Sizing: Shadow mit doppeltem Speicher (Forts.)

Der Shadow-Host kann jedoch auch identisch mit dem Master-Host als Größe M dimensioniert werden (siehe Tabelle 3.6). Er kann auf einer virtuellen Maschine oder auf einem physischen Host laufen.

Komponente	Empfehlungen für das Sizing
CPU	Vier Cores, 3 GHz
Arbeitsspeicher (RAM)	16 GB
Heap	4 GB
Direct Memory	8 GB
Plattenplatz (engl. Disk Space)	20 GB

Tabelle 3.6 Medium Sizing: Shadow gleich Master

Wenn der Master-Host der Größe L entspricht, sollte der Shadow-Host die gleiche Größe haben wie ein Master-Host der Größe M (siehe Tabelle 3.7).

Komponente	Empfehlungen für das Sizing
CPU	Vier Cores, 3 GHz
Arbeitsspeicher (RAM)	16 GB
Heap	4 GB
Direct Memory	8 GB
Plattenplatz (engl. Disk Space)	20 GB

Tabelle 3.7 Medium-Sizing: Medium Shadow mit Large Master

Der Shadow-Host kann jedoch auch identisch mit dem Master-Host in der Größe L dimensioniert sein (siehe Tabelle 3.8). Er kann auf einer virtuellen Maschine oder auf einem physischen Host laufen.

Komponente	Empfehlungen für das Sizing
CPU	Acht Cores, 3 GHz
Arbeitsspeicher (RAM)	32 GB
Heap	8 GB
Direct Memory	16 GB
Plattenplatz (engl. Disk Space)	40 GB

Tabelle 3.8 Large Sizing: Shadow gleich Master

Je nach Sizing müssen Sie die Konfiguration möglicherweise anpassen, um die Gesamtleistung zu verbessern und die Hardwareressourcen angemessen zu nutzen. Dies ist in der Regel für eine mittlere oder große Installation relevant. Bei kleinen Installationen ist die Standardkonfiguration in der Regel ausreichend, um den Datenverkehr zu bewältigen. Dennoch sollten Sie die Konfiguration Ihrer Installation überprüfen. Die Konfiguration wird in Abschnitt 3.4, »Konfiguration«, ausführlich beschrieben.

3.2 Netzwerkzonen

Ein Netzwerk wird in der Regel in mehrere Netzwerkzonen oder Teilnetzwerke unterteilt. Dadurch lassen sich je nach Sicherheitsstufe der enthaltenen Komponenten spezifische Anforderungen abbilden. Eine solche Zone ist z. B. die *demilitarisierte Zone* (DMZ).

Demilitarisierte Zone

Ziel einer DMZ ist es, einer Organisation den Zugang zu nicht vertrauenswürdigen Netzwerken wie dem Internet zu ermöglichen und gleichzeitig sicherzustellen, dass ihr privates Netzwerk oder LAN sicher bleibt. Das DMZ-Netzwerk schützt das interne lokale Netzwerk einer Organisation (auch *Intranet* genannt) vor nicht vertrauenswürdigem Datenverkehr und bietet eine zusätzliche Sicherheitsebene. Eine DMZ ist in der Regel ein Subnetz, das zwischen dem öffentlichen Internet und privaten Netzwerken liegt. Die Server in der DMZ sind isoliert und haben nur begrenzten Zugang zum Intranet. Sie sind über das Internet zugänglich, jedoch nicht über das Intranet. Ein DMZ-Ansatz erschwert es einem Hacker, über das Internet direkt auf die Daten und internen Server eines Unternehmens zuzugreifen.

Sie können und müssen entscheiden, in welcher Netzwerkzone Sie den Cloud Connector installieren wollen. Der Cloud Connector kann entweder in der DMZ, wie in Abbildung 3.1 dargestellt, oder im Intranet eingerichtet werden.

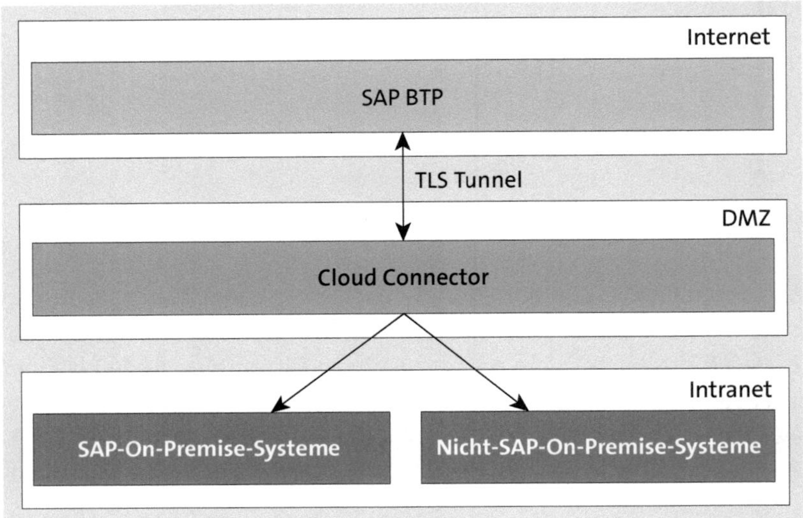

Abbildung 3.1 Cloud Connector in der DMZ

Für die Positionierung des Cloud Connectors in Ihrem Netzwerk gibt es zwei Voraussetzungen, die Sie erfüllen müssen:

- Der Cloud Connector muss einen Internetzugang zum Host der SAP-BTP-Region haben. Dies kann entweder direkt oder über einen HTTPS-Proxy erfolgen.
- Es muss ein direkter Zugang zu den internen Systemen bestehen, die über den Cloud Connector angesprochen werden sollen. Das bedeutet, dass es eine transparente Verbindung zwischen dem Cloud Connector und dem internen System gibt.

Vereinfacht gesagt, stellt der Cloud Connector eine *SSL-VPN-Lösung* (Secure Sockets Layer Virtual Private Network) dar, d. h., es wird ein VPN zwischen dem Cloud Connector und dem SAP-BTP-Subaccount aufgebaut. Ein alternativer Ansatz im Vergleich zu dieser VPN-Lösung besteht darin, Services und Anwendungen aus der On-Premise-Landschaft über einen Reverse-Proxy für das Internet zugänglich zu machen. Bei dieser Methode wird in der Regel ein Reverse-Proxy im Subnetz einer DMZ eingerichtet. Der Reverse-Proxy erfüllt mehrere Aufgaben. Er stellt die Services eines Application Delivery Controllers (ADC) zur Verfügung, um z. B. eingehenden Datenverkehr zu verschlüsseln, zu filtern, weiterzuleiten oder zu prüfen. Er fungiert als Vermittler oder »Man in the Middle« zwischen SAP BTP und den On-Premise-Services. On-Premise-Services, die über einen Reverse-Proxy zugänglich sind, können von SAP BTP wie andere im Internet verfügbare HTTP-Services genutzt werden.

Durch den Reverse-Proxy-Ansatz bleiben exponierte Services über das Internet generell zugänglich. Dies macht sie anfällig für Angriffe, insbesondere sind *Denial-of-Service-Angriffe* möglich. Um diese und andere Angriffe zu verhindern, müssen Sie in der DMZ und im Reverse-Proxy die höchsten Sicherheitsstandards implementieren. Das SAP-eigene RFC-Protokoll wird nur unterstützt, wenn WebSocket RFC für die Kommunikation mit dem ABAP-System verwendet werden kann. Daher kann nur das SAP-S/4HANA-System ab Version 1909 angesprochen werden.

Durch die Verwendung des Cloud Connectors werden die mit dem Reverse-Proxy verbundenen Probleme umgangen. Da der SSL-VPN-Tunnel zu SAP BTP über einen Reverse-Invoke-Ansatz aufgebaut wird, muss die DMZ oder externe Firewall eines Kundennetzwerks nicht für eingehenden Datenverkehr konfiguriert werden. Angriffe aus dem Internet sind nicht möglich.

3.3 Installation

Die Installation des Cloud Connectors ist grundsätzlich sehr einfach. Allerdings gibt es einige Voraussetzungen, die Sie im Vorfeld prüfen sollten. Eine Voraussetzung ist die Verwendung eines von SAP unterstützten Betriebssystems. Die folgenden Betriebssysteme werden unterstützt:

- Red Hat Enterprise Linux (x86/64 und PowerPC)
- SUSE Linux Enterprise Server (x86/64 und PowerPC)
- Windows-Server
- Windows 11
- macOS
  Beachten Sie, dass Sie macOS nicht für produktive Szenarien verwenden sollten.

Der Cloud Connector ist eine Java-Anwendung, die zur Ausführung eine JVM benötigt. Die Anwendung ist als Webanwendung implementiert und verwendet *Apache Tomcat* als Laufzeitumgebung. Der Cloud Connector benötigt mindestens *JVM 8* in allen derzeit unterstützten Versionen. Ab Cloud Connector Version 2.14.0 ist eine SAP JVM der Version 11 erforderlich; Cloud Connector Version 2.15.0 erfordert JVM Version 17.

[«]

Java Virtual Machine

Die JVM lädt den Java-Bytecode, prüft ihn und führt ihn aus. Sie wird als *Interpreter* bezeichnet und ist somit der Kern der Java-Programmiersprache, da sie die Java-Programme ausführt. Sie ist plattformabhängig und führt viele Funktionen aus, einschließlich Speicherverwaltung und Sicherheit.

Der Cloud Connector muss in der Lage sein, eine Internetverbindung zu den SAP-Connectivity-Service-Hosts herzustellen. Dies ist das Gegenstück zum Cloud Connector in SAP BTP. Der Cloud Connector verbindet sich aktiv mit dem SAP-Connectivity-Service. Alle Verbindungen zu den Hosts sind TLS-basiert und werden über Port 443 hergestellt. Das bedeutet, dass Ihre Firewall eine ausgehende Verbindung über Port 443 zu SAP BTP zulassen muss. Sie haben auch die Möglichkeit, ausgehende Verbindungen auf die IP-Adressen der verwendeten Rechenzentren zu beschränken. Wir führen die IP-Adressen hier bewusst nicht auf, da sie sich häufig ändern. Die aktuell gültige Liste finden Sie in der Dokumentation des Cloud Connectors.

Wenn Sie den Cloud Connector in einem von den Backend-Systemen isolierten Netzwerksegment – beispielsweise der DMZ – installieren, müssen Sie sicherstellen, dass die exponierten Hosts mit den zugehörigen Ports netzwerkfähig sind. Das bedeutet, dass Sie in der Firewall die Ports für den eingehenden Datenverkehr (incoming) öffnen müssen.

Nachdem Sie alle Voraussetzungen in Ihrer Systemlandschaft erfüllt haben, kann der Cloud Connector installiert werden. Dazu muss der Cloud Connector von *https://tools.hana.ondemand.com/* heruntergeladen werden. Im Gegensatz zu den meisten anderen SAP-Produkten wird der Cloud Connector nicht über den *SAP Service Marketplace* bezogen. Sie benötigen also keinen Benutzer im SAP Service Marketplace, um ihn herunterzuladen. Auf der gleichen Seite, von der der Cloud Connector bezogen werden kann, bietet SAP auch die SAP JVM zum Download an (siehe Abbildung 3.2).

Wie Sie in Abbildung 3.2 sehen können, steht der Cloud Connector auch in einer portablen Version zum Download bereit. Dies ist eine Version, die nur entpackt werden muss und dann direkt von der Kommandozeile aus gestartet werden kann. Bitte beachten Sie, dass für die Installation keine Administrator- oder Root-Rechte erforderlich sind. Sie können mehrere Instanzen auf demselben Host auf verschiedenen Ports laufen lassen. Die portable Version hat die folgenden Einschränkungen:

- Sie ist nur für Nicht-Produktionsszenarien gedacht.
- Sie unterstützt kein automatisches Upgrade-Verfahren. Um eine portable Installation zu aktualisieren, müssen Sie die aktuelle Installation löschen, die neue Version extrahieren und sie dann neu konfigurieren.
- Die Umgebungsvariable `JAVA_HOME` ist beim Starten der Instanz relevant und muss daher korrekt gesetzt werden.
- Sie können es nicht im Hintergrund als Windows-Dienst oder Linux-Daemon laufen lassen.

Die anderen, nicht portablen Versionen, auch Installer-Versionen genannt, werden mit einem Installationsprogramm geliefert, das den Cloud Connector auch als Service im zugrunde liegenden Betriebssystem einrichtet. Dies erfordert Administrator- oder Root-Rechte für die Installation und ermöglicht es, den Cloud Connector so einzurichten, dass er als Windows-Dienst oder Linux-Daemon im Hintergrund läuft. Sie können die Installationsversion problemlos aktualisieren, wobei alle Konfigurationen und Anpassungen, die Sie vorgenommen haben, erhalten bleiben.

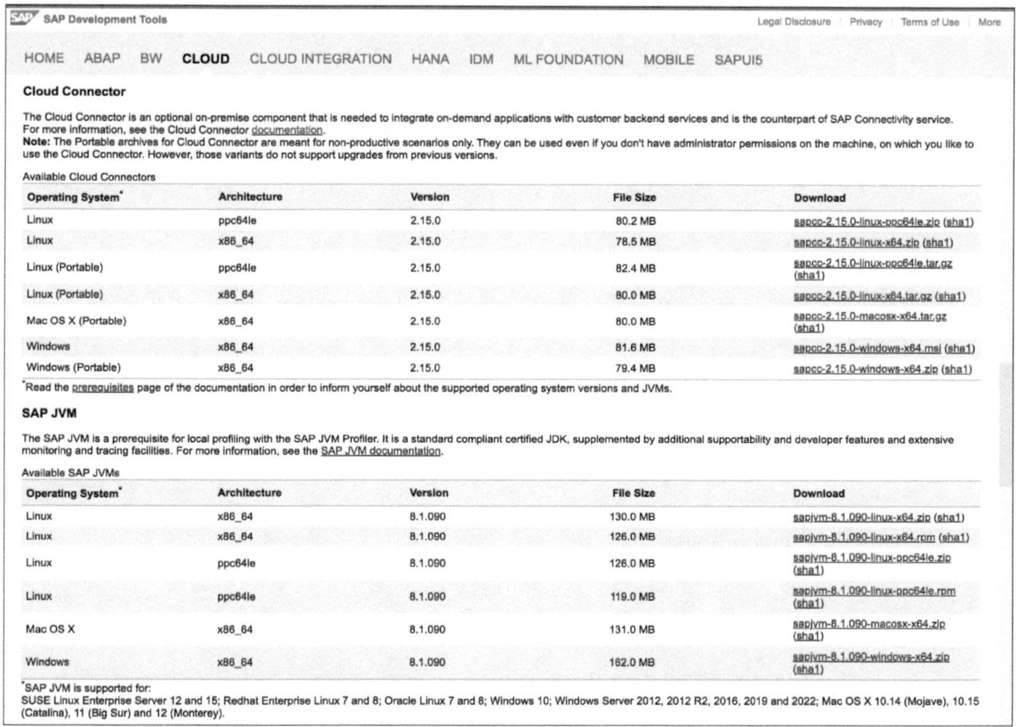

SAP Development Tools

Legal Disclosure | Privacy | Terms of Use | More

HOME ABAP BW **CLOUD** CLOUD INTEGRATION HANA IDM ML FOUNDATION MOBILE SAPUI5

Cloud Connector

The Cloud Connector is an optional on-premise component that is needed to integrate on-demand applications with customer backend services and is the counterpart of SAP Connectivity service. For more information, see the Cloud Connector documentation.
Note: The Portable archives for Cloud Connector are meant for non-productive scenarios only. They can be used even if you don't have administrator permissions on the machine, on which you like to use the Cloud Connector. However, those variants do not support upgrades from previous versions.

Available Cloud Connectors

Operating System*	Architecture	Version	File Size	Download
Linux	ppc64le	2.15.0	80.2 MB	sapcc-2.15.0-linux-ppc64le.zip (sha1)
Linux	x86_64	2.15.0	78.5 MB	sapcc-2.15.0-linux-x64.zip (sha1)
Linux (Portable)	ppc64le	2.15.0	82.4 MB	sapcc-2.15.0-linux-ppc64le.tar.gz (sha1)
Linux (Portable)	x86_64	2.15.0	80.0 MB	sapcc-2.15.0-linux-x64.tar.gz (sha1)
Mac OS X (Portable)	x86_64	2.15.0	80.0 MB	sapcc-2.15.0-macosx-x64.tar.gz (sha1)
Windows	x86_64	2.15.0	81.6 MB	sapcc-2.15.0-windows-x64.msi (sha1)
Windows (Portable)	x86_64	2.15.0	79.4 MB	sapcc-2.15.0-windows-x64.zip (sha1)

*Read the prerequisites page of the documentation in order to inform yourself about the supported operating system versions and JVMs.

SAP JVM

The SAP JVM is a prerequisite for local profiling with the SAP JVM Profiler. It is a standard compliant certified JDK, supplemented by additional supportability and developer features and extensive monitoring and tracing facilities. For more information, see the SAP JVM documentation.

Available SAP JVMs

Operating System*	Architecture	Version	File Size	Download
Linux	x86_64	8.1.090	130.0 MB	sapjvm-8.1.090-linux-x64.zip (sha1)
Linux	x86_64	8.1.090	126.0 MB	sapjvm-8.1.090-linux-x64.rpm (sha1)
Linux	ppc64le	8.1.090	126.0 MB	sapjvm-8.1.090-linux-ppc64le.zip (sha1)
Linux	ppc64le	8.1.090	119.0 MB	sapjvm-8.1.090-linux-ppc64le.rpm (sha1)
Mac OS X	x86_64	8.1.090	131.0 MB	sapjvm-8.1.090-macosx-x64.zip (sha1)
Windows	x86_64	8.1.090	162.0 MB	sapjvm-8.1.090-windows-x64.zip (sha1)

*SAP JVM is supported for:
SUSE Linux Enterprise Server 12 and 15; Redhat Enterprise Linux 7 and 8; Oracle Linux 7 and 8; Windows 10; Windows Server 2012, 2012 R2, 2016, 2019 and 2022; Mac OS X 10.14 (Mojave), 10.15 (Catalina), 11 (Big Sur) and 12 (Monterey).

Abbildung 3.2 Cloud Connector und JVM herunterladen

Im Folgenden zeigen wir Ihnen, wie Sie den Cloud Connector auf einem Windows-Betriebssystem installieren. Um den Cloud Connector zu installieren, müssen Sie die Laufzeitbibliotheken von Microsoft Visual Studio C++ 2013 installieren (Dateiname **vcredist_x64.exe**). Informationen hierzu finden Sie in SAP-Hinweis 2493763.

Die Installation auf Linux-Betriebssystemen funktioniert prinzipiell auf ähnliche Weise. Nachdem Sie den Cloud Connector heruntergeladen und auf den Rechner übertragen haben, auf dem er installiert werden soll, kann der Installer im Datei-Explorer durch Doppelklick auf die MSI-Datei gestartet werden. Sie werden von einem Assistenten durch die Installation geführt, wie in Abbildung 3.3 dargestellt. Im ersten Schritt werden die Voraussetzungen geprüft. Wenn kein Fehler auftritt, können Sie auf **Next** klicken.

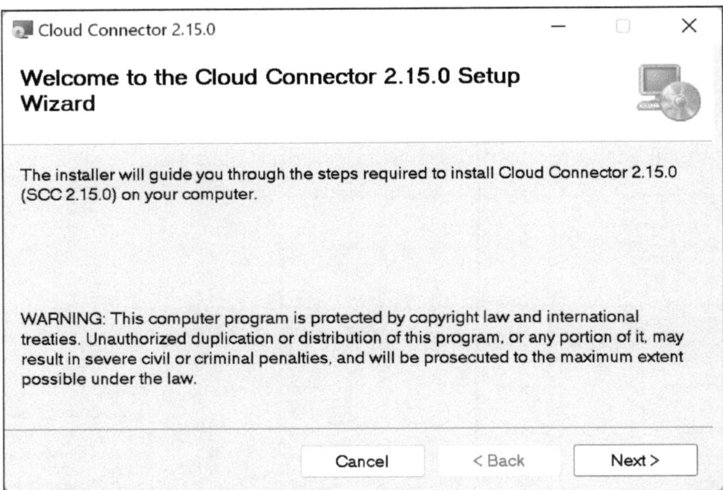

Abbildung 3.3 Installationsanweisungen

Im nächsten Schritt müssen Sie das Installationsverzeichnis auswählen (siehe Abbildung 3.4). Klicken Sie dann auf **Next**.

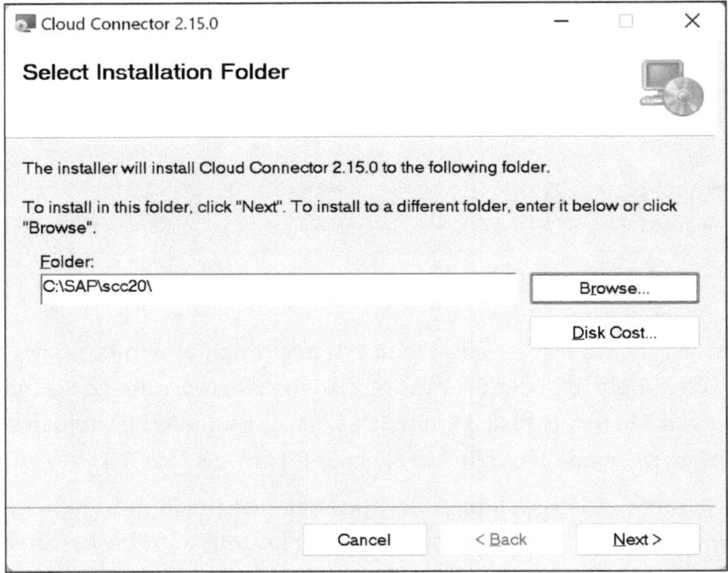

Abbildung 3.4 Installationsverzeichnis wählen

Danach haben Sie die Möglichkeit, den vom Cloud Connector verwendeten Port anzupassen. Standardmäßig wird der Cloud Connector auf Port 8443 installiert (siehe Abbildung 3.5). Klicken Sie dann auf **Next**.

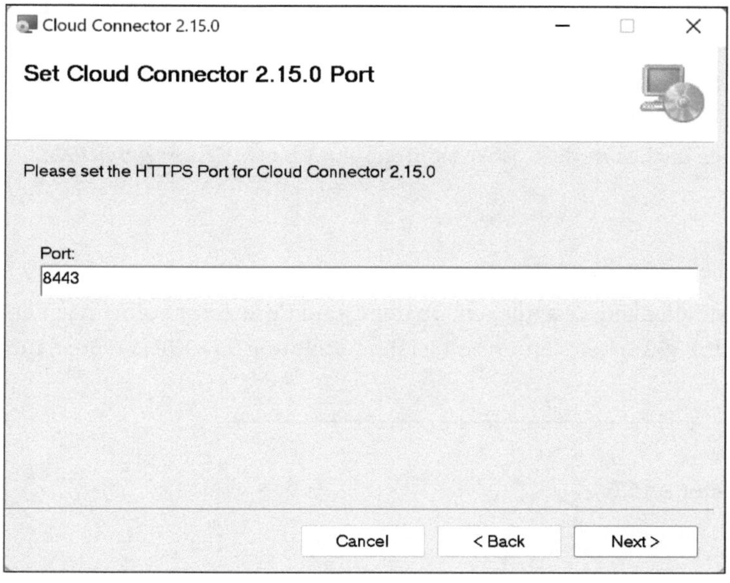

Abbildung 3.5 Portnummer auswählen

Sie müssen nun das passende Installationsverzeichnis des JDK auswählen (siehe Abbildung 3.6). Stellen Sie sicher, dass Sie eine von SAP unterstützte Version verwenden.

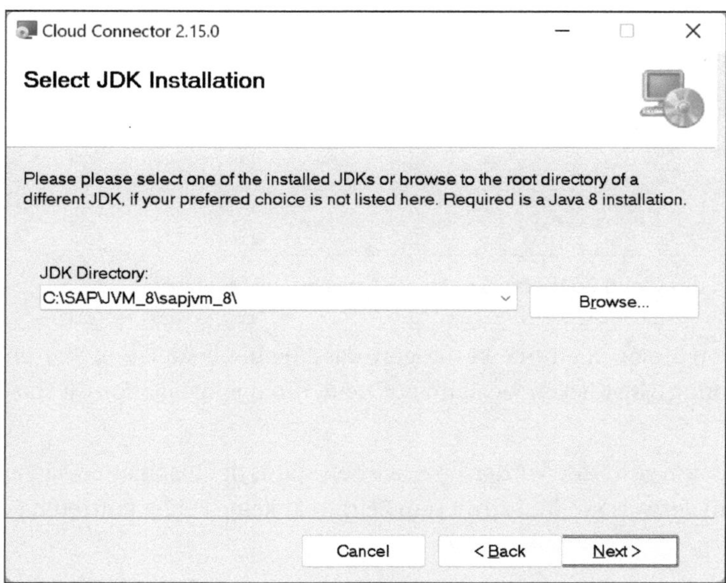

Abbildung 3.6 JDK-Verzeichnis auswählen

[»]

Unterstützte Versionen

Die unterstützten Versionen finden Sie in der Dokumentation des SAP-Connectivity-Service im Abschnitt **Cloud Connector • Installation • Prerequisites**. Zum Zeitpunkt der Erstellung dieses Buches ist diese Dokumentation unter *http://s-prs.de/v970702* verfügbar.

Wenn Sie fertig sind, klicken Sie auf **Next**.

Sie haben nun die Möglichkeit, festzulegen, ob der Cloud Connector sofort nach erfolgreicher Installation gestartet werden soll (siehe Abbildung 3.7). Klicken Sie dann auf **Next**.

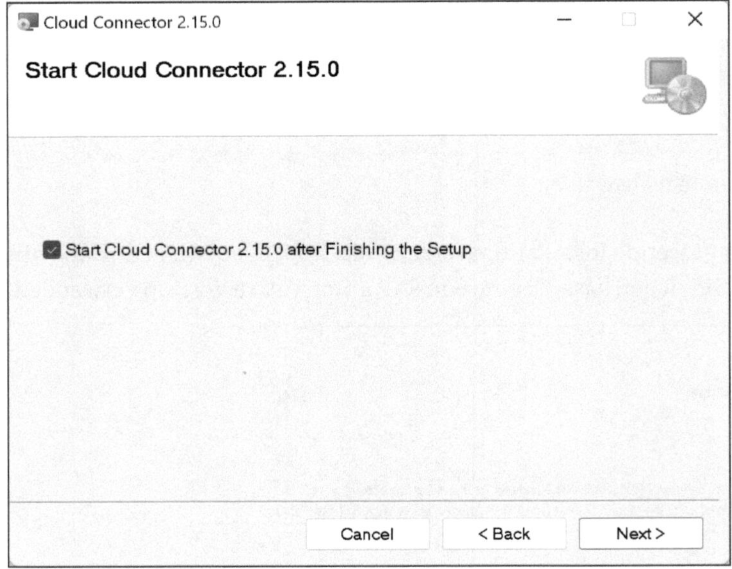

Abbildung 3.7 Starten des Cloud Connectors nach erfolgreicher Installation

Abschließend müssen Sie noch einmal bestätigen, dass Sie die Installation starten wollen (siehe Abbildung 3.8). Klicken Sie dann auf **Next**, um die Installation zu starten.

Nachdem die Installation gestartet wurde, sehen Sie den Status der Installation (siehe Abbildung 3.9). Normalerweise sollten zu diesem Zeitpunkt keine Fehler auftreten.

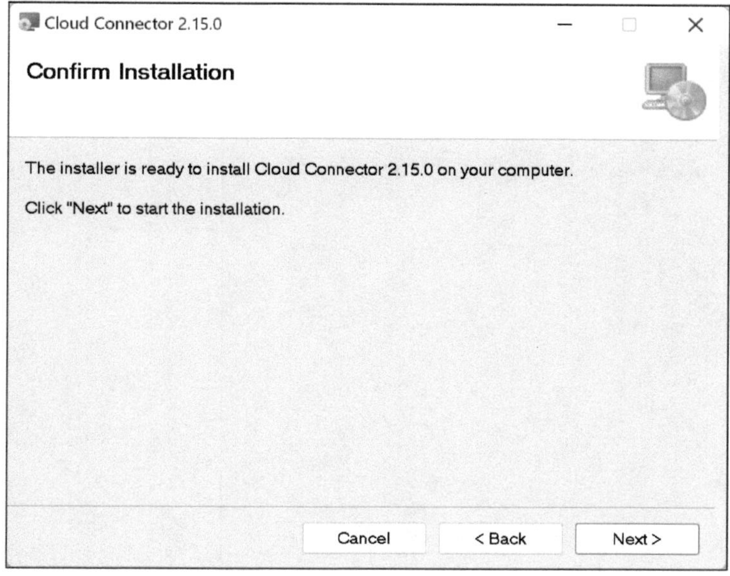

Abbildung 3.8 Installation starten

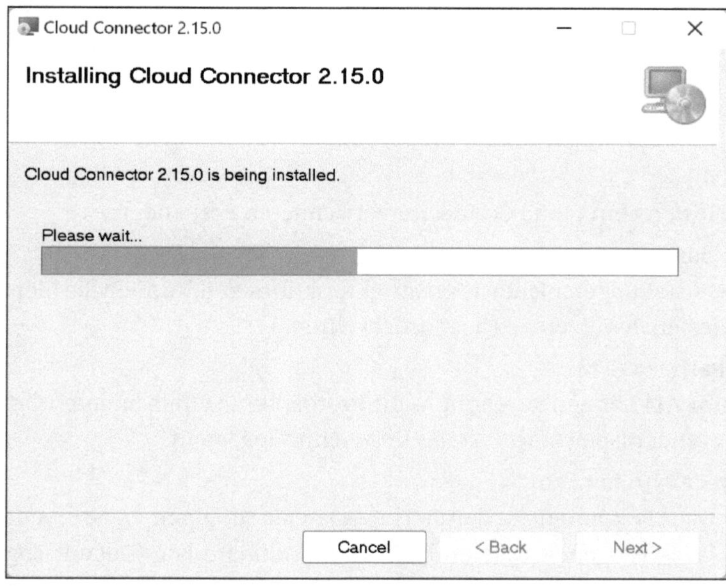

Abbildung 3.9 Fortschritte bei der Installation

Nach erfolgreicher Installation werden Sie über den Abschluss der Installation informiert (siehe Abbildung 3.10). Schließen Sie den Dialog, indem Sie auf **Close** klicken.

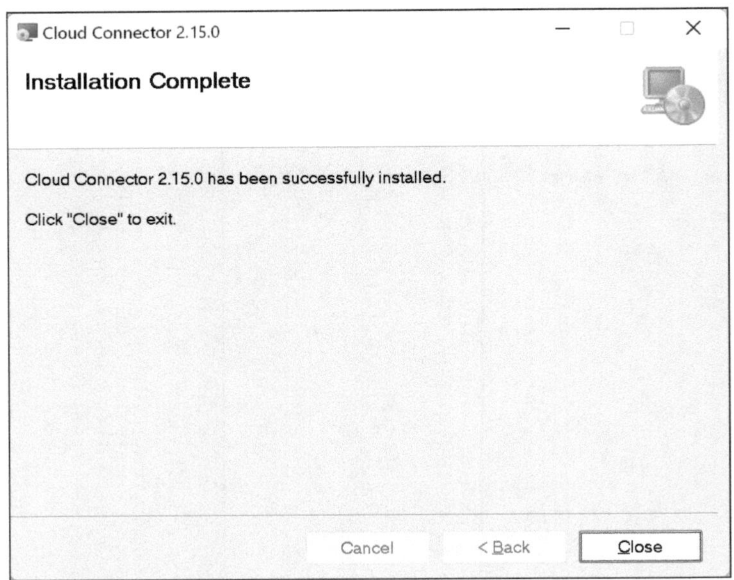

Abbildung 3.10 Installation abgeschlossen

Nach Abschluss der Installation sehen Sie die in Abbildung 3.11 dargestellte Verzeichnisstruktur. Die wichtigsten Dateien im Installationsverzeichnis sind die folgenden:

- **go.bat (.sh)**
  Damit können Sie den Cloud Connector manuell starten.
- **changeport.bat (.sh)**
  Hiermit können Sie den vom Cloud Connector verwendeten Port ändern.
- **useFileUserStore.bat (.sh)**
  Wenn Ihre LDAP-Einstellungen nicht wie erwartet funktionieren, können Sie hiermit zum dateibasierten Benutzerspeicher zurückkehren.
- **changeAuditLogPath.bat (.sh)**
  Ab Cloud Connector 2.14 können Sie damit Audit-Protokolle an einen anderen Ort verschieben. Der Standardspeicherort ist das Verzeichnis **log/audit**.
- **changeLogAndTracePath.bat (.sh)**
  Ab Cloud Connector 2.14 können Sie damit Trace-Dateien an einen anderen Ort verschieben. Die JVM-bezogenen Dateien bleiben im Standard Log (Default Log Location).

An dieser Stelle sollten wir auch erwähnen, dass der Cloud Connector keine Datenbank benötigt. Das bedeutet, dass die gesamten Konfigurations-, Protokoll- und Trace-Dateien lokal auf dem Dateisystem des Cloud Connectors gespeichert werden. Daher sollten Sie sicherstellen, dass das Installationsverzeichnis in Ihrem Backup enthalten ist. Allerdings sollten Sie auch den Zugriff auf das Verzeichnis entsprechend Ihren Anforderungen einschränken. Besonderes Augenmerk sollte auf die Protokoll- und Trace-Dateien gelegt werden.

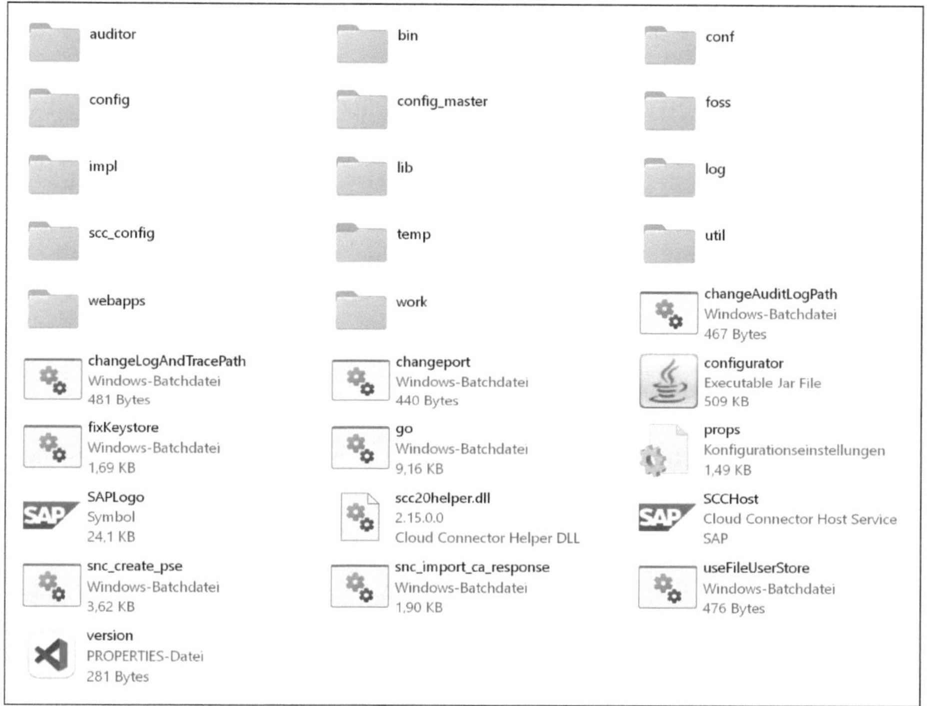

Abbildung 3.11 Verzeichnisstruktur

3.4 Konfiguration

Nachdem der Cloud Connector installiert wurde, kann die Administrationsoberfläche des Cloud Connectors in einem Browser Ihrer Wahl geöffnet werden. Als Hostname ist der Hostname des Servers zu verwenden, auf dem der Cloud Connector installiert wurde. Standardmäßig wird der Port 8443 verwendet, aber Sie haben die Möglichkeit, den Port während der Installation zu ändern, wie im vorherigen Abschnitt beschrieben. In Abschnitt 3.4.1, »Initiale Schritte«, werden wir uns die ersten Schritte ansehen, die bei der Ersteinrichtung des Cloud Connectors befolgt werden müssen. Danach zeigen wir Ihnen in Abschnitt 3.4.2, »Konfiguration der Benutzeroberfläche«, wie Sie den Anmeldebildschirm des Cloud Connectors anpassen können. Dort erfahren Sie auch, wie Sie den Benutzernamen und das Passwort des Cloud-Connector-Benutzers ändern können. Darüber hinaus erfahren Sie, wie Sie das UI-Zertifikat austauschen, damit die Administration beim Zugriff auf den Cloud Connector eine verschlüsselte Verbindung mit einem vertrauenswürdigen Zertifikat verwenden kann. In Abschnitt 3.4.3, »Cloud-Konfiguration«, zeigen wir einige Optionen, die bei der Verbindung mit SAP BTP verfügbar sind. Sie erfahren, wie Sie einen Proxy-Server einrichten und wo Sie den Cloud-Benutzerspeicher einrichten, damit sich Cloud-Benutzer anhand eines LDAP authentifizieren können. Dann erfahren Sie, wie Sie benutzerdefinierte Regionen einrichten, falls das von Ihnen verwendete Rechenzentrum noch nicht vom Cloud Connector unterstützt wird. Im nächsten Abschnitt 3.4.4, »On-Premise-Konfiguration«, erfahren Sie alles, was Sie für die Konfiguration der Verbindung zu Ihren On-Premise-Systemen wissen müssen. In Abschnitt 3.4.5, »Reporting-Konfiguration«, erfahren Sie, an welcher Stelle die Verbindung zum SAP Solution Manager konfiguriert wird. In Abschnitt 3.4.6, »Advanced-Konfiguration«, schließlich erfahren Sie, welche erweiterten Konfigurationsmöglichkeiten Ihnen zur Verfügung stehen.

3.4.1 Initiale Schritte

Wenn Sie sich zum ersten Mal anmelden, werden Sie feststellen, dass eine Sicherheitswarnung angezeigt wird. Das liegt daran, dass die HTTPS-Verbindung des Cloud Connectors mit einem *selbstsignierten Zertifikat* (engl. Self-Signed Certificate) verschlüsselt wird. Dieses Zertifikat wird erstellt, wenn der Cloud Connector zum ersten Mal gestartet wird. In Kapitel 9, »Sichere Konfiguration«, erfahren Sie, wie Sie dieses UI-Zertifikat austauschen können. Wie in Abbildung 3.12 dargestellt, werden Sie auch darüber informiert, dass die Cloud-Connector-Instanz weder die Master- noch die Shadow-Rolle hat. Dies bedeutet, dass es sich um eine Installation handelt, die noch nicht konfiguriert wurde.

Abbildung 3.12 Cloud-Connector-Anmeldung

In der Standardkonfiguration speichert der Cloud Connector den Benutzer mit dem zugehörigen Passwort als Hash-Wert im Dateisystem. Dies ist der *File User Store*. Dies geschieht in einer XML-Datei namens users.xml im config-Verzeichnis. Die XML-Datei ist in Listing 3.1 dargestellt.

```
<?xml version='1.0' encoding='utf-8'?>
<tomcat-users xmlns=http://tomcat.apache.org/xml
xmlns:xsi=http://www.w3.org/2001/XMLSchema-instance
xsi:schemaLocation=http://tomcat.apache.org/xml tomcat-users.xsd
version="1.0">
<role rolename="admin"/>
<group groupname="initial" roles=""/>
<user username="Administrator" password=
"280D44AB1E9F79B5CCE2DD4F58F5FE91F0FBACDAC9F7447DFFC318CEB79F2D02" groups=""
roles="admin"/></tomcat-users>
```

Listing 3.1 users.xml

Der Cloud Connector ist ohne die Integration eines *LDAP*-Servers nicht mehrbenutzerfähig. Die erste Anmeldung am Cloud Connector erfolgt mit dem Benutzernamen *Administrator* und dem Passwort *manage*. Beachten Sie die Groß- und Kleinschreibung des Benutzernamens. Nach erfolgreicher Erstanmeldung werden Sie aufgefordert, das Passwort des Benutzers zu ändern, wie in Abbildung 3.13 dargestellt. Darüber hinaus müssen Sie angeben, ob der Administrator die Master- oder die Shadow-Instanz konfigurieren soll. Für den Dateibenutzerspeicher ist keine Kennwortrichtlinie festgelegt, aber dennoch sollten Sie ein komplexes Kennwort vergeben.

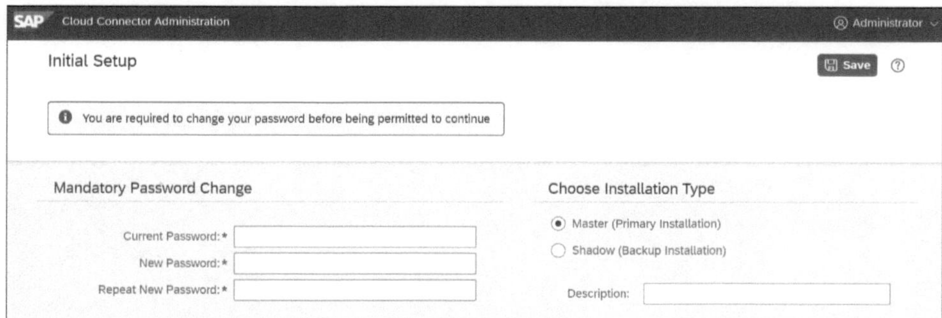

Abbildung 3.13 Erstmalige Anmeldung

Fehlerbehebung bei einem vergessenen Passwort

Es gibt keine direkte Möglichkeit, ein Kennwort mithilfe von Skripten in der Befehlszeile zu ändern. Wenn Sie jedoch das Kennwort für einen Benutzernamen vergessen haben, gibt es eine Lösung. Diese ist in SAP-Hinweis 2388242 beschrieben und wie folgt kurz zusammengefasst:

1. Stoppen Sie den Cloud Connector.
2. Laden Sie eine portable Version des Cloud Connectors auf Ihren lokalen Computer herunter, und entpacken Sie sie.
3. Kopieren Sie aus der portablen Version die Datei users.xml aus dem config-Verzeichnis in das config-Verzeichnis Ihrer Cloud-Connector-Installation und überschreiben Sie die vorhandene Datei.
4. Starten Sie den Cloud Connector.
5. Melden Sie sich mit den Standardanmeldedaten an (Benutzername *Administrator* und Passwort *manage*).

Nachdem Sie das Passwort geändert haben, werden Sie zum Bereich **Define Subaccount** weitergeleitet, wie in Abbildung 3.14 dargestellt. Dort haben Sie die Möglichkeit, sich mit einem Subaccount von SAP BTP zu verbinden und einen HTTPS-Proxy zu definieren. Obwohl der Cloud Connector nur in Verbindung mit einem Subaccount sinnvoll ist, müssen Sie sich an dieser Stelle nicht mit einem Subaccount verbinden und können die Konfiguration auch schon vorher vornehmen.

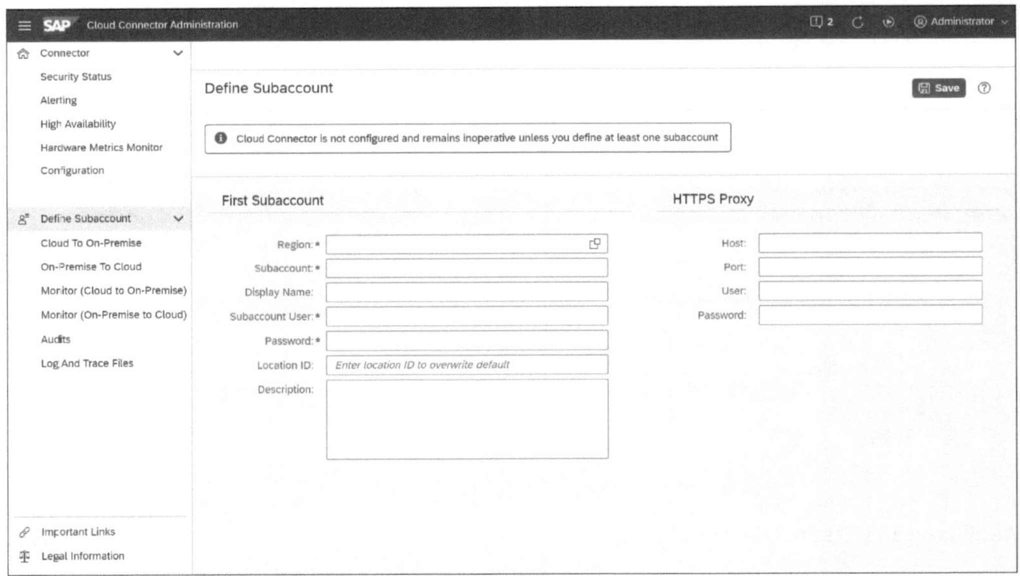

Abbildung 3.14 Verbindung zum SAP-BTP-Subaccount

Sie können die Konfiguration des Cloud Connectors über das Menü **Connector • Configuration** aufrufen. Die Konfiguration ist in die folgenden Bereiche unterteilt, wie in Abbildung 3.15 dargestellt:

- User Interface
- Cloud
- On Premise
- Reporting
- Advanced

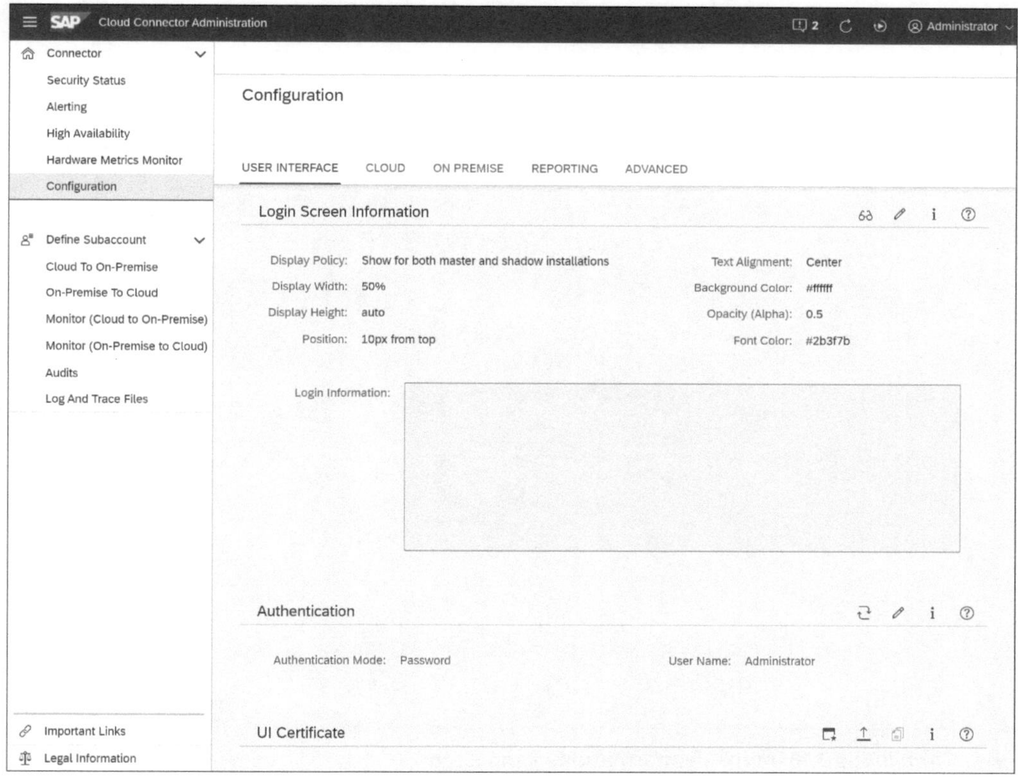

Abbildung 3.15 Grundlegende Konfiguration des Cloud Connectors

3.4.2 Konfiguration der Benutzeroberfläche

Im Abschnitt **User Interface** haben Sie die Möglichkeit, die auf dem Anmeldebildschirm angezeigten Informationen anzupassen. Klicken Sie dazu auf das Symbol [✎]. Sie können dann Anpassungen vornehmen, wie in Abbildung 3.16 dargestellt. Die Anmeldeinformationen werden in einem Kasten mit abgerundeten Ecken angezeigt. Über den Bereich **Display Policy** können Sie steuern, ob die Informationen in der Master-Instanz, der Shadow-Instanz, in beiden Instanzen oder gar nicht angezeigt werden. Sie können diese Option verwenden, um dem Benutzer mitzuteilen, ob er sich auf einem Entwicklungssystem, einem Testsystem oder dem Produktionssystem befindet. An dieser Stelle haben Sie die Möglichkeit, HTML zu verwenden. Die Verwendung unterliegt jedoch einigen Einschränkungen, die Sie in der Dokumentation des Cloud Connectors nachlesen können. Diese Einschränkungen beschränken sich hauptsächlich auf die Verwendung von Überschriften und Listenelementen.

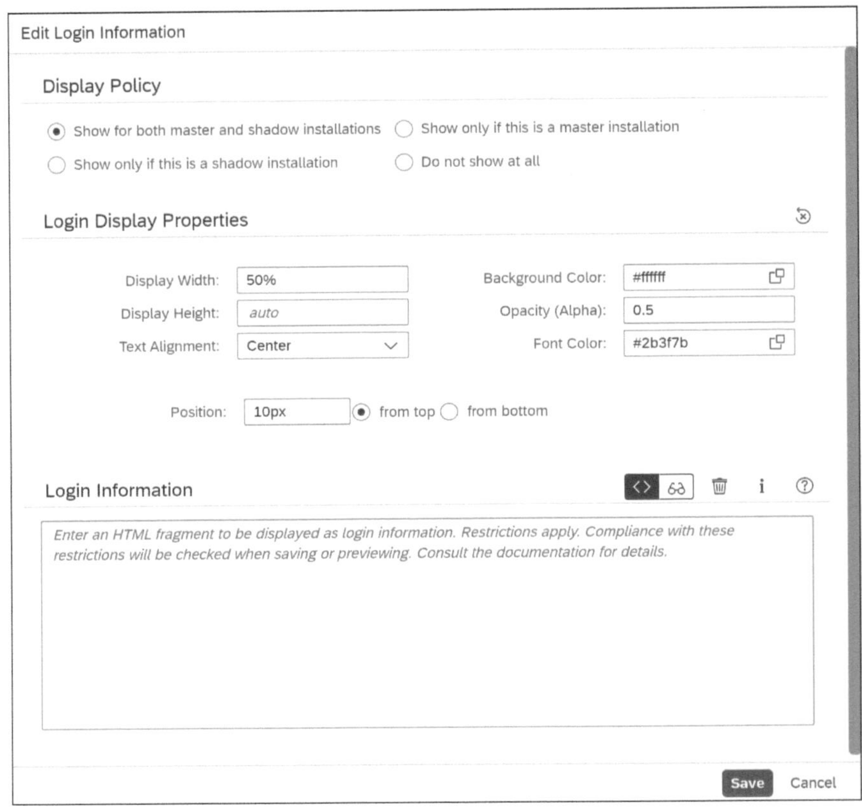

Abbildung 3.16 Anmeldeinformationen anpassen

Im Bereich **Authentication** können Sie die LDAP-Konfiguration vornehmen. Dies wird in Kapitel 9, »Sichere Konfiguration«, besprochen. Sie haben jedoch auch die Möglichkeit, die Anmeldedaten zu ändern (siehe Abbildung 3.17). Klicken Sie dazu auf das Symbol .

An dieser Stelle können Sie auch den Benutzernamen über das Feld **User Name** ändern. Um das Kennwort zu ändern, müssen Sie das aktuelle Kennwort des Benutzers in das Feld **Current Password** eingeben, dann ein neues Kennwort in das Feld **New Password** eingeben und es im Feld **Repeat New Password** wiederholen (siehe Abbildung 3.18).

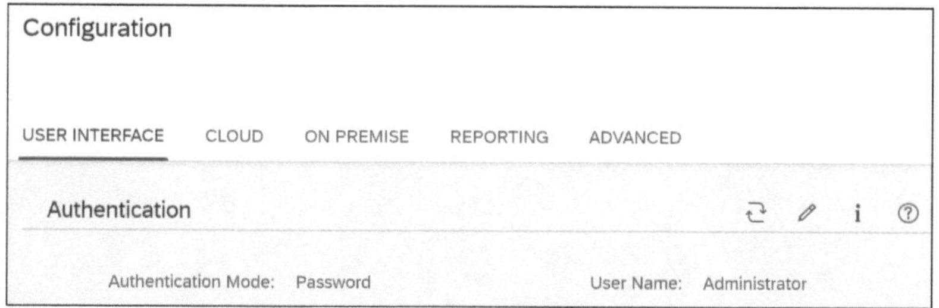

Abbildung 3.17 Konfiguration der Authentifizierung

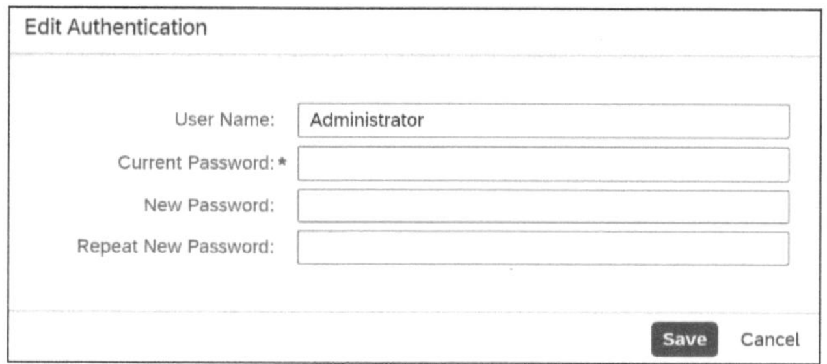

Abbildung 3.18 Authentifizierung bearbeiten

Im Bereich **Configuration** können Sie auch das UI-Zertifikat importieren (siehe Abbildung 3.19).

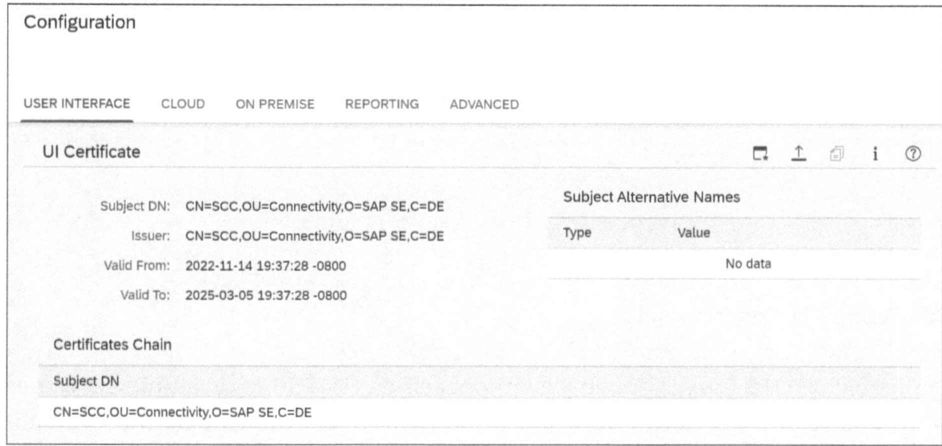

Abbildung 3.19 UI-Zertifikat

Der Cloud Connector wird mit einer Vielzahl von *Cipher Suites* geliefert, die ebenfalls in diesem Abschnitt zu finden sind (siehe Abbildung 3.20).

Configuration

USER INTERFACE CLOUD ON PREMISE REPORTING ADVANCED

Cipher Suites (45)

Status Quo	Status New	Security	Name	Actions
☐		◇	TLS_ECDH_RSA_WITH_AES_256_CBC_SHA	⃠
☐		◇	TLS_ECDH_RSA_WITH_AES_256_CBC_SHA384	⃠
☐		✓	TLS_ECDH_RSA_WITH_AES_256_GCM_SHA384	⃠
☐		◇	TLS_EMPTY_RENEGOTIATION_INFO_SCSV	⃠
☐		◇	TLS_RSA_WITH_AES_128_CBC_SHA	⃠
☐		◇	TLS_RSA_WITH_AES_128_CBC_SHA256	⃠
☐		✓	TLS_RSA_WITH_AES_128_GCM_SHA256	⃠
☐		◇	TLS_RSA_WITH_AES_256_CBC_SHA	⃠
☐		◇	TLS_RSA_WITH_AES_256_CBC_SHA256	⃠
☐		✓	TLS_RSA_WITH_AES_256_GCM_SHA384	⃠

Abbildung 3.20 Cipher Suites

3.4.3 Cloud-Konfiguration

Im Bereich **Connector Info** auf der Registerkarte **Cloud** können Sie die Beschreibung des Cloud Connectors ändern, der bei der ersten Anmeldung zugewiesen wurde (siehe Abbildung 3.21).

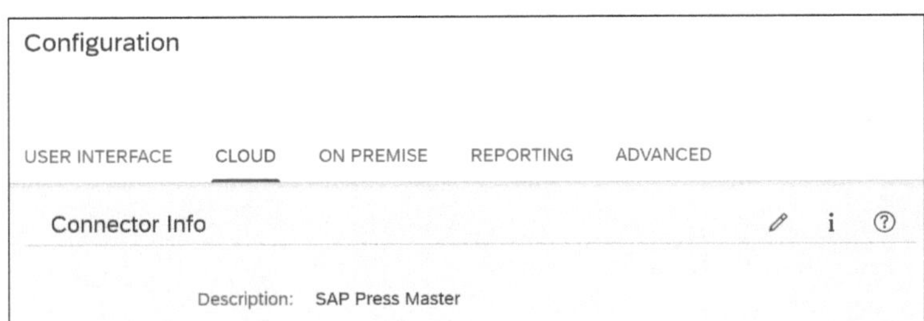

Abbildung 3.21 Connector-Info

Im Bereich **HTTPS Proxy** können Sie optional einen HTTPS-Proxy definieren. Dieser wird vom Cloud Connector verwendet, um den TLS-Tunnel zu den SAP-BTP-Subaccounts aufzubauen (siehe Abbildung 3.22).

Für den Proxy kann eine Kombination aus Host und Port gespeichert werden. Außerdem kann der von Ihnen verwendete Proxy eine Benutzerauthentifizierung erfordern. In diesem Fall können Sie auch einen Benutzernamen und ein zugehöriges Passwort hinterlegen (siehe Abbildung 3.23). Ein Verbindungstest mit dem Proxy wird derzeit vom Cloud Connector nicht unterstützt.

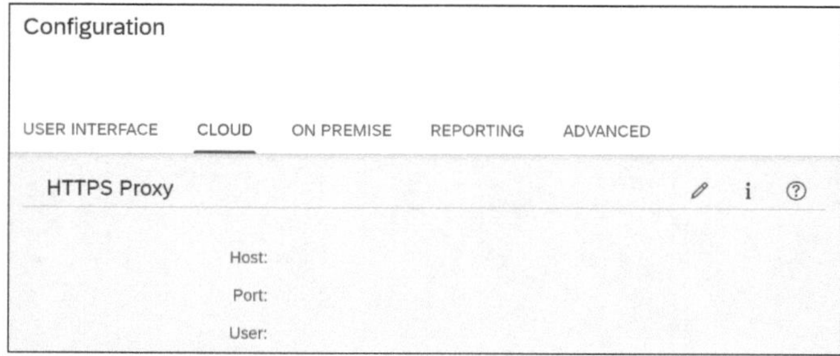

Abbildung 3.22 HTTPS-Proxy

Abbildung 3.23 Proxy-Authentifizierung

Im Bereich **Cloud User Store** können Sie einen Cloud User Store konfigurieren (siehe Abbildung 3.24). Sie können Ihre SAP-BTP-Anwendungen so konfigurieren, dass sie den unternehmenseigenen LDAP-Server als Benutzerspeicher verwenden. In diesem Fall muss die Plattform nicht die gesamte Benutzerdatenbank pflegen, sondern fordert die erforderlichen Informationen aus dem unternehmenseigenen Benutzerspeicher an. Java-Anwendungen, die auf SAP BTP laufen, können diese Verbindung nutzen, um Anmeldedaten zu prüfen, nach Benutzern zu suchen und Details abzurufen. Zusätzlich zu den Benutzerinformationen kann die Cloud-Anwendung auch Informationen über die Gruppen abfragen, denen ein Benutzer in LDAP angehört. Daraus lassen sich in SAP-BTP-Berechtigungen ableiten.

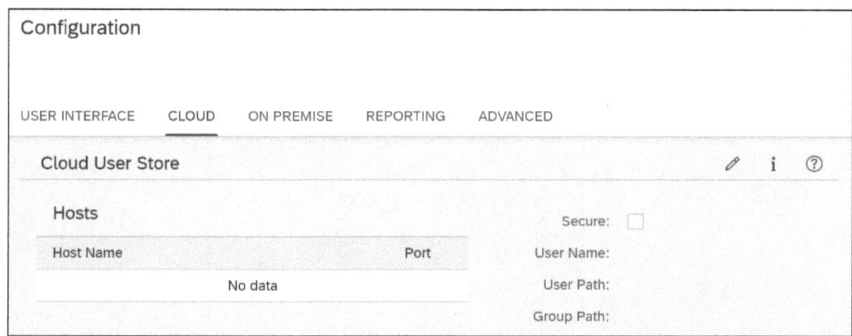

Abbildung 3.24 Cloud User Store

Für die Konfiguration müssen Sie Angaben für **Host Name** und **Port** machen, wie in Abbildung 3.25 dargestellt.

Edit Cloud User Store

Hosts

Host Name | Port | Actions

Secure:

User Name:

Password:

User Path:

Group Path:

Save Cancel Help

Abbildung 3.25 Konfiguration des Cloud User Store

Mit dem Kontrollkästchen **Secure** können Sie festlegen, ob LDAP over SSL/TLS (LDAPS) als Kommunikationsprotokoll verwendet werden soll. LDAPS ist eine sichere Version von LDAP, bei der die Übertragung von Daten zwischen Client und Server über eine sichere SSL/TLS-Verbindung verschlüsselt wird. Dadurch wird sichergestellt, dass die über das Netz übertragenen Daten vor unbefugtem Zugriff oder Manipulation geschützt sind. LDAPS ist besonders wichtig in sensiblen Netzwerken, in denen vertrauliche Informationen gespeichert werden. Das Attribut **User Name** enthält den Namen des technischen Benutzers, mit dem die Verbindung zum LDAP-Server hergestellt wird, und das Attribut **Password** enthält das zugehörige Passwort. Über das Attribut **User Path** können Sie den LDAP-Teilbaum konfigurieren, der die Benutzer enthält. Über das Attribut **Group Path** können Sie den LDAP-Teilbaum konfigurieren, der die Gruppen enthält.

Im Abschnitt **Custom Regions** können Sie Regionen hinzufügen, die in der Standardauswahl nicht verfügbar sind (siehe Abbildung 3.26).

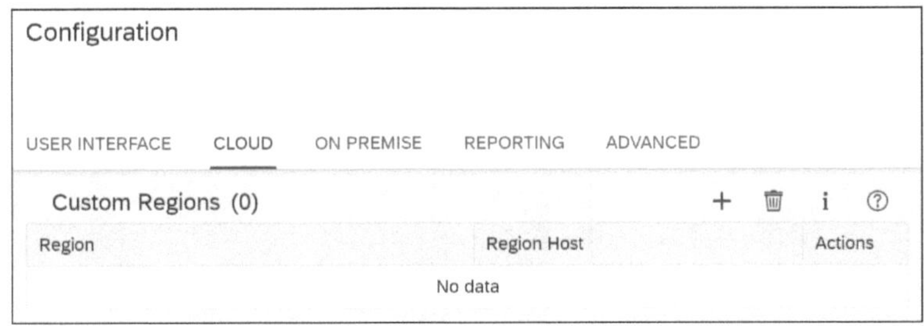

Abbildung 3.26 Custom Regions

Dies ist besonders nützlich für Regionen, die nach der Veröffentlichung Ihrer aktuellen Cloud-Connector-Version eingeführt wurden. Diese Regionen sind nicht in der Liste der vordefinierten Regionen enthalten.

3.4.4 On-Premise-Konfiguration

Um eine gegenseitige Authentifizierung zwischen dem Cloud Connector und jedem Backend-System, mit dem er sich verbindet, einzurichten, können Sie ein X.509-Client-Zertifikat in den Cloud Connector importieren (siehe Abbildung 3.27). Navigieren Sie dazu zur Registerkarte **On Premise** und zum Abschnitt **System Certificate**. Der Cloud Connector verwendet dann das Systemzertifikat für alle HTTPS-Anforderungen an Backends, die ein Client-Zertifikat erfordern. Die Zertifizierungsstelle (engl. Certificate Authority, CA), die das Client-Zertifikat des Cloud Connectors signiert hat, muss von allen Backend-Systemen, mit denen sich der Cloud Connector verbinden soll, als vertrauenswürdig eingestuft werden. An dieser Stelle gibt es auch eine Besonderheit: Wenn Sie auf das Symbol klicken, können Sie das UI-Zertifikat als Systemzertifikat übernehmen.

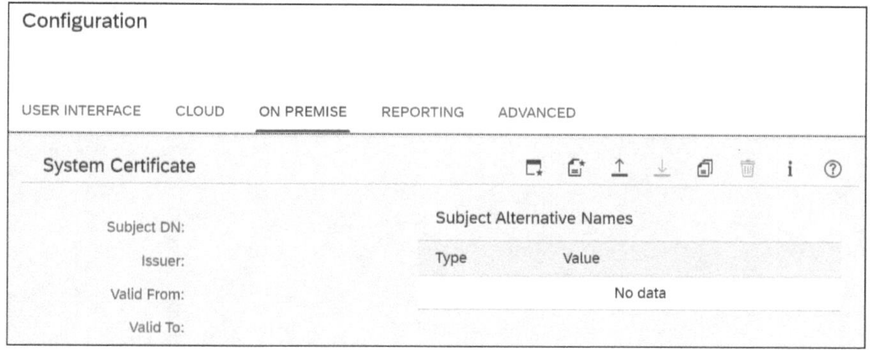

Abbildung 3.27 Systemzertifikat

Standardmäßig vertraut der Cloud Connector jedem lokalen System, wenn es sich über TLS mit ihm verbindet. Da dieses Verhalten aus Sicherheitsgründen unerwünscht sein kann, können Sie einen Trust Store konfigurieren, der als Liste vertrauenswürdiger Zertifizierungsstellen fungiert. Jedes TLS-Serverzertifikat, das von einer dieser Zertifizierungsstellen ausgestellt wurde, gilt als vertrauenswürdig. Wenn die Zertifizierungsstelle, die ein bestimmtes Serverzertifikat ausgestellt hat, nicht im Trust Store enthalten ist, gilt der Server als nicht vertrauenswürdig, und die Verbindung schlägt fehl. Navigieren Sie zum Abschnitt **Trust Store**, um die erforderliche Konfiguration vorzunehmen (siehe Abbildung 3.28).

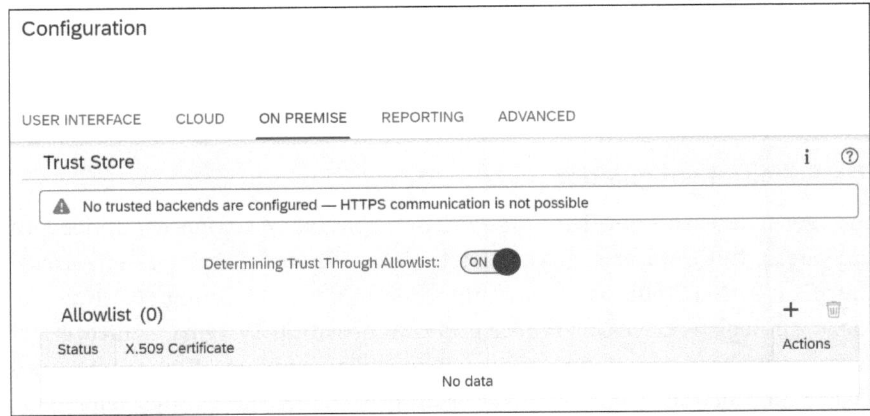

Abbildung 3.28 Trust Store

Der Cloud Connector verwendet den konfigurierten CA -Ansatz, um kurzlebige Zertifikate für die Registrierung mit derselben Identität im Backend auszustellen, die in der Cloud registriert ist. Um eine Trust-Beziehung mit dem Backend aufzubauen, sind die entsprechenden Konfigurationsschritte unabhängig vom Ansatz, den Sie für die CA wählen (siehe Abbildung 3.29).

Configuration

USER INTERFACE CLOUD ON PREMISE REPORTING ADVANCED

CA Certificate

Certificate Type: Local CA

Subject DN:

Issuer:

Valid From:

Valid To:

Subject Alternative Names

Type	Value
No data	

Abbildung 3.29 CA Certificate

Der Cloud Connector unterstützt Principal Propagation. In diesem Fall wird die Benutzeridentität von der Cloud-Anwendung an das Backend-System weitergegeben. Die erforderliche Konfiguration erfolgt im Bereich **Principal Propagation** (siehe Abbildung 3.30). Die Konfiguration der Principal Propagation wird in Kapitel 12, »Principal Propagation«, ausführlich erläutert.

Der Cloud Connector ermöglicht es Ihnen, in SAP BTP über Kerberos authentifizierte Benutzer gegen Backend-Systeme zu propagieren. Er verwendet die Kerberos-Protokollerweiterungen »Service for User« und »Constrained Delegation«. Bei diesem Ansatz wird das *Key Distribution Center* (KDC) zum Austausch von Nachrichten verwendet, um Kerberos-Token für einen bestimmten Benutzer und ein bestimmtes Backend-System abzurufen. Diese Funktion wird für ABAP-Backend-Systeme nicht unterstützt. In diesem Fall können Sie die zertifikatsbasierte Principal Propagation verwenden. Die erforderliche Konfiguration kann im Abschnitt **Kerberos** eingestellt werden (siehe Abbildung 3.31).

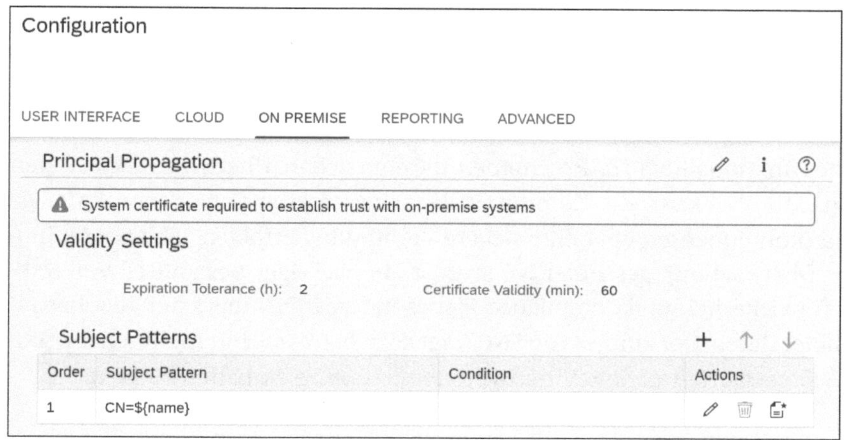

Abbildung 3.30 Principal Propagation

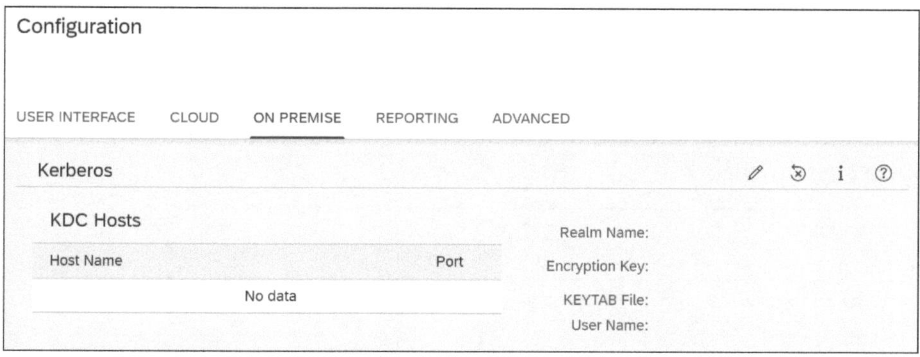

Abbildung 3.31 Kerberos konfigurieren

Der Cloud Connector ermöglicht es, Backend-Systeme über das bewährte RFC-Protokoll anzusprechen. Für eine reine RFC-Verbindung ist keine zusätzliche Konfiguration erforderlich. Wenn Sie jedoch eine sichere Netzwerkverbindung auf Basis von *Secure Network Communications* (SNC) verwenden wollen, müssen Sie die erforderliche Konfiguration im **SNC**-Bereich vornehmen (siehe Abbildung 3.32). Als Voraussetzung müssen Sie eine SNC-Bibliothek installieren. Die Konfiguration von SNC wird in Kapitel 9, »Sichere Konfiguration«, ausführlich beschrieben.

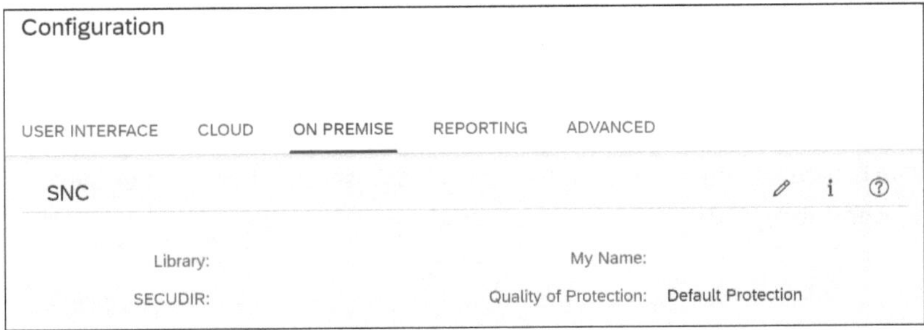

Abbildung 3.32 SNC

SNC ist eine Funktionalität in SAP-Systemen, die eine sichere Übertragung von Daten ermöglicht. Mit SNC kann die Kommunikation zwischen verschiedenen SAP-Systemen und -Komponenten über eine sichere Verbindung erfolgen, die vor Manipulation und Überwachung geschützt ist. SNC ist ein wichtiger Bestandteil von SAP-Lösungen für Sicherheit und Compliance, insbesondere im Hinblick auf die Übertragung sensibler Daten. Der Einsatz von SNC trägt dazu bei, dass Unternehmen ihre Datensicherheit gewährleisten und Vorschriften und Gesetze einhalten können.

3.4.5 Reporting-Konfiguration

Wenn Sie den Cloud Connector mit dem SAP Solution Manager überwachen möchten, müssen Sie einen Host-Agenten auf dem Cloud-Connector-Rechner installieren und den Cloud Connector auf Ihrem System registrieren. Sie müssen die erforderliche Konfiguration im Bereich **Solution Manager** auf der Registerkarte **Reporting** vornehmen (siehe Abbildung 3.33). Die erforderliche Konfiguration ist in SAP-Hinweis 2607632 beschrieben.

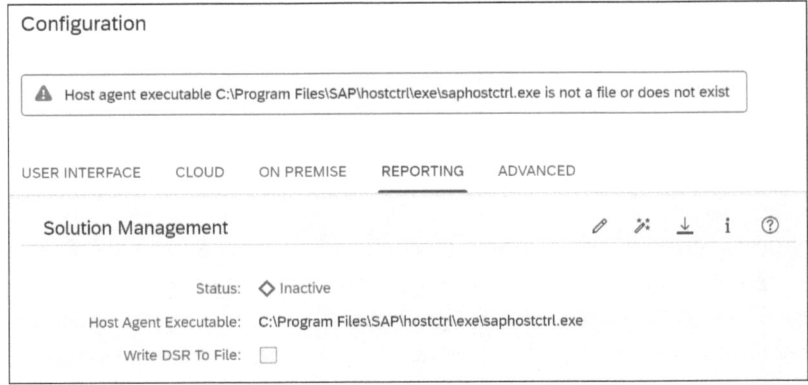

Abbildung 3.33 SAP-Solution-Manager-Integration

3.4.6 Advanced-Konfiguration

Im Abschnitt **Connectivity** auf der Registerkarte **Advanced** haben Sie die Möglichkeit, die Verbindungseinstellungen anzupassen. Dies steuert den Durchsatz und die HTTP-Verbindung zu On-Premise-Systemen (siehe Abbildung 3.34) wie folgt:

- **Application Tunnel Connections**
  Dieser Parameter gibt den Standardwert für die maximale Anzahl von Tunnelverbindungen pro Anwendung an.
- **Tunnel Worker Threads**
  Dieser Parameter steuert die Anzahl der Worker-Threads, die für alle Anfragen verwendet werden.
- **Protocol Processor Worker Threads**
  Dieser Parameter steuert die Anzahl der Worker-Threads, die für die Protokollverarbeitung verwendet werden.
- **Max. Reconnect Attempts**
  Dieser Parameter steuert die maximale Anzahl der Wiederverbindungsversuche.
- **Max. Chunk Size HTTP Packages (kb)**
  Dieser Parameter steuert die maximale Größe der beim HTTP-Streaming übertragenen Chunks. Die Chunk-Größe beeinflusst den Durchsatz der HTTP-Kommunikation.
- **Max. HTTP Request Header Length (kb)**
  Dieser Parameter steuert die maximal zulässige Größe der HTTP-Anfrage-Header. Header, die Authentifizierungsinformationen wie SAML oder ein JSON Web Token (JWT) enthalten, können diese Größe erfordern. JWT ist ein Standardformat für die Übertragung von Benutzerauthentifizierungsinformationen zwischen Parteien über das Internet.
- **Max. Size HTTP Request (kb)**
  Dieser Parameter steuert die Größe der Anfragezeile einer HTTP-Anfrage. Der HTTP-Body ist nicht enthalten.
- **Max. HTTP Response Header Length (kb)**
  Dieser Parameter steuert die maximal zulässige Größe von HTTP-Antwort-Headern.
- **Max. Size HTTP Response (kb)**
  Dieser Parameter steuert die Größe der Antwortzeile der HTTP-Antwort. Der HTTP-Body ist nicht enthalten.

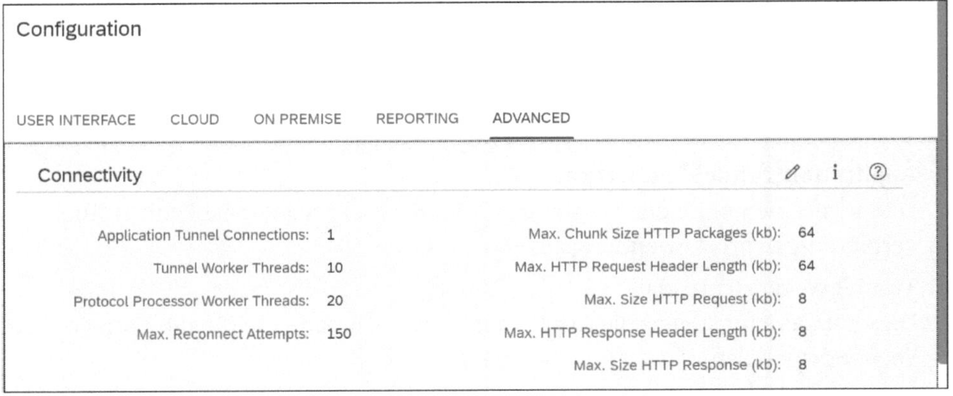

Abbildung 3.34 Konfiguration der Connectivity

Im Bereich **JVM** haben Sie die Möglichkeit, die JVM-Einstellungen anzupassen, die die Speicherverwaltung steuern (siehe Abbildung 3.35). Ein Neustart ist erforderlich, wenn die JVM-Einstellungen geändert werden. Die folgenden Parameter können konfiguriert werden:

- **Initial Heap Size**
- **Maximal Heap Size**
- **Maximal Direct Memory**

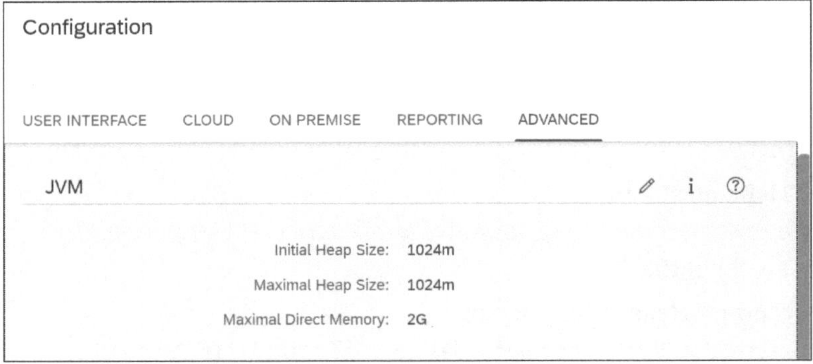

Abbildung 3.35 JVM-Einstellungen

Diese Parameter wurden in Abschnitt 3.1 ausführlich erläutert. Wenn Sie den Cloud Connector entsprechend Ihren Anforderungen dimensionieren, müssen Sie die Einstellungen an dieser Stelle anpassen.

3.5 Hochverfügbarkeit

Bei *Hochverfügbarkeit* (engl. High Availability, HA) geht es um die Beseitigung einzelner Fehlerquellen, sodass Anwendungen auch dann noch funktionieren, wenn eine der IT-Komponenten, von denen sie abhängen, wie z. B. ein Server, ausfällt.

Skalierbarkeit bezieht sich auf die Fähigkeit, Ressourcen je nach Bedarf zu vergrößern oder zu verkleinern, um veränderten Anforderungen gerecht zu werden; es wird zwischen horizontaler und vertikaler Skalierung unterschieden. Bei der *horizontalen Skalierung* fügen Sie Ihrem System weitere Ressourcen, z. B. virtuelle Maschinen, hinzu, um die Arbeitslast auf sie zu verteilen. Die horizontale Skalierung ist besonders wichtig für Unternehmen, die hochverfügbare Dienste mit minimalen Ausfallzeiten benötigen. Die horizontale Skalierung erhöht die Hochverfügbarkeit, denn wenn Sie Ihre Infrastruktur auf mehrere Bereiche verteilen, können Sie beim Ausfall einer Maschine einfach eine der anderen verwenden.

Bei der *vertikalen Skalierung* können Sie die Kapazität bestehender Dienste und Instanzen erhöhen oder verringern, indem Sie den Arbeitsspeicher (engl. Random-Access Memory, RAM), den Speicher oder die Verarbeitungsleistung in Form von CPUs aufrüsten. In der Regel bedeutet dies, dass die Erweiterung eine Obergrenze hat, die auf der Kapazität des zu erweiternden Servers oder Computers basiert.

Beide Methoden werden in Kombination eingesetzt, wobei die horizontale Skalierung in der Regel als langfristige Lösung betrachtet wird, während die vertikale Skalierung in der Regel eine kurzfristige Lösung darstellt. Der Grund für diese Unterscheidung ist, dass Sie in der Regel so viele Server zur Infrastruktur hinzufügen können, wie Sie benötigen, aber weitere Hardware-Upgrades sind manchmal einfach nicht möglich.

Im Cloud Connector können Sie die horizontale Skalierung nicht direkt durchführen. Sie können jedoch die Last statisch verteilen, indem Sie mehrere Cloud-Connector-Installationen mit unterschiedlichen Standort-IDs für alle beteiligten Subaccounts ausführen. In diesem Szenario können Sie mehrere Ziele mit praktisch derselben Konfiguration verwenden, mit Ausnahme der Standort-ID.

Wenn Sie die Hochverfügbarkeit einrichten, überträgt die Master-Instanz alle Konfigurationen an die Shadow-Instanz. Später, während des normalen Betriebs, überträgt der Master auch Konfigurationsaktualisierungen an die Shadow-Instanz. Auf diese Weise bleibt die Shadow-Instanz mit der Master-Instanz synchronisiert. Die Shadow-Instanz ruft den Master in regelmäßigen Abständen. Wenn der Master eine Zeit lang nicht erreichbar ist, versucht die Shadow-Instanz, die Rolle des Masters zu übernehmen und den Tunnel zu SAP BTP aufzubauen.

Die Shadow-Instanz prüft in regelmäßigen Abständen, ob die Master-Instanz noch aktiv ist. Schlägt die Prüfung fehl, versucht die Shadow-Instanz zunächst, die Verbindung zur Master-Instanz für die durch den Parameter Übernahmeverzögerung festgelegte Dauer wieder herzustellen.

Wenn während der Übernahmeverzögerungszeit keine Verbindung möglich ist, versucht die Shadow-Instanz, die Rolle des Masters zu übernehmen. Zu diesem Zeitpunkt ist es immer noch möglich, dass der Master aktiv ist und das Problem durch ein Netzwerkproblem zwischen dem Shadow und dem Master verursacht wird. Dann versucht die Shadow-Instanz, einen Tunnel zum angegebenen SAP-BTP-Subaccount aufzubauen. Wenn der ursprüngliche Master noch aktiv ist, wird dieser Versuch verweigert und die Shadow-Instanz verbleibt in einem Schattenzustand, indem sie den Master regelmäßig anpingt und versucht, eine Verbindung zur Cloud herzustellen, während der Master nicht erreichbar ist.

Wenn die Zeit für die Übernahmeverzögerung vollständig verstrichen ist und die Shadow-Instanz eine Verbindung herstellt, öffnet die Cloud-Seite einen Tunnel, und die Shadow-Instanz übernimmt die Rolle des Masters. Von diesem Zeitpunkt an zeigt die Shadow-Instanz die Benutzeroberfläche der Master-Instanz an und ermöglicht die üblichen Vorgänge einer Master-Instanz.

Wenn die ursprüngliche Master-Instanz neu startet, prüft sie zunächst, ob die registrierte Shadow-Instanz die Master-Rolle übernommen hat. Wenn dies der Fall ist, registriert sich der Master als Shadow-Instanz auf der ehemaligen Shadow-Instanz. Somit haben die beiden Cloud-Connector-Installationen die Rollen getauscht.

In Abschnitt 3.5.1, »Installation und Erstkonfiguration«, wird beschrieben, wie der Schattenknoten installiert wird. In Abschnitt 3.5.2, »Shadow-Konfiguration«, erfahren Sie dann, welche Konfigurationsschritte für den Schattenknoten erforderlich sind. Schließlich erfahren Sie in Abschnitt 3.5.3, »Failover«, wie Sie testen können, ob das Failover tatsächlich funktioniert.

3.5.1 Installation und Erstkonfiguration

Die Installation der Master- und der Shadow-Instanz unterscheidet sich nicht. Sie verwenden für die Installation der Shadow-Instanz dasselbe Installationsprogramm, das Sie für die Master-Instanz verwendet haben. Im Allgemeinen sollte die Shadow-Instanz auf einem separaten Server oder auf einer separaten virtuellen Maschine installiert werden. Standardmäßig läuft die Shadow-Instanz auf Port 8443 und kann nur über HTTPS angesprochen werden. Die anfänglichen Zugangsdaten für die Shadow-Instanz sind auf den Benutzernamen *Administrator* und das Passwort *managed* eingestellt. Melden Sie sich mit diesen Daten bei der Shadow-Instanz an. Sie werden dann aufgefordert, das Passwort zu ändern (siehe Abbildung 3.36). Außerdem müssen Sie im Bereich **Choose Installation Type** die Option **Shadow (Backup Installation)** auswählen. Klicken Sie dann auf **Save**.

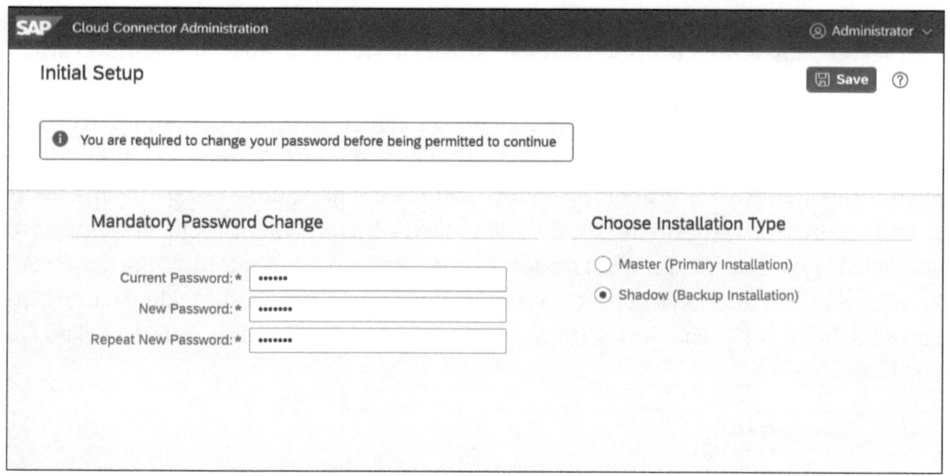

Abbildung 3.36 Einrichtung einer HA-Shadow-Instanz

Im nächsten Schritt müssen Sie die Verbindung zur Master-Instanz herstellen. Klicken Sie dazu auf das Symbol im Bereich **Connection to Master** (siehe Abbildung 3.37).

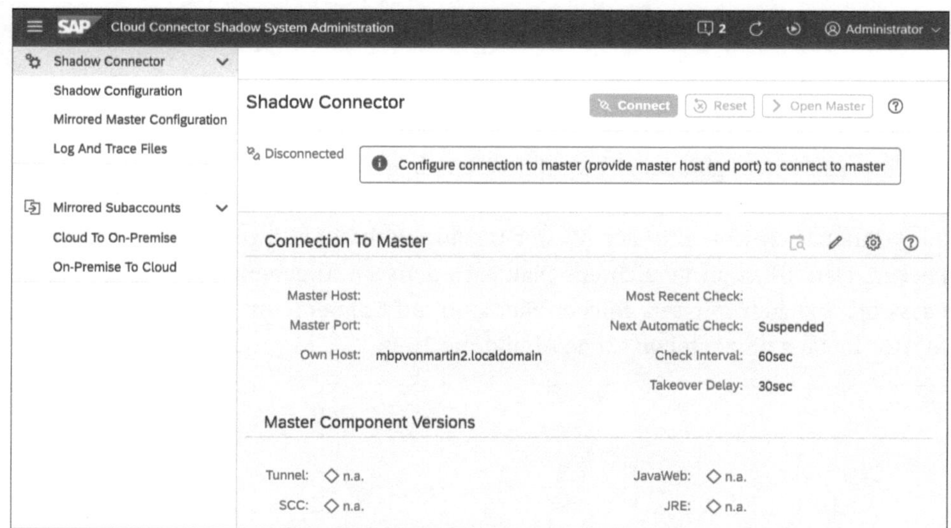

Abbildung 3.37 Hochverfügbarkeitskonfiguration des Shadow-Hosts

Pflegen Sie in dem Dialog den **Master Host** und den **Master Port**. Hierbei handelt es sich um den Hostnamen und die Portnummer der Master-Instanz. Zusätzlich können Sie in der Dropdown-Liste **Own Host** Ihren eigenen Hostnamen auswählen (siehe Abbildung 3.38). Dies ist insbesondere dann interessant, wenn die Shadow-Instanz mit verschiedenen Hostnamen angesprochen werden kann. Mit dem Parameter

Check Intervall können Sie steuern, in welchen Abständen die Shadow-Instanz prüfen soll, ob die Master-Instanz noch erreichbar ist. Dieser Wert muss in Sekunden angegeben werden und ist standardmäßig auf 60 Sekunden (eine Minute) eingestellt. Das bedeutet, dass Sie im schlimmsten Fall bereits nach 60 Sekunden erkennen würden, dass der Master nicht mehr verfügbar ist. Mit dem Parameter **Takeover Delay** können Sie die Zeit steuern, nach der die Shadow-Instanz die Rolle der Master-Instanz übernimmt, wenn sie festgestellt hat, dass die Master-Instanz nicht mehr verfügbar ist. Dieser Wert wird ebenfalls in Sekunden angegeben und ist standardmäßig auf 30 Sekunden eingestellt. Das bedeutet, dass spätestens nach 90 Sekunden die Shadow-Instanz die Rolle der Master-Instanz übernommen hat. Wenn Sie fertig sind, klicken Sie auf **Save**.

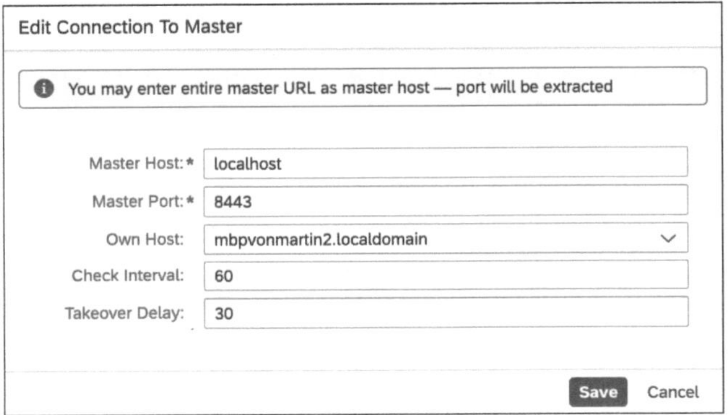

Abbildung 3.38 Konfiguration der Master-Verbindung

Sie können sich nun mit der Master-Instanz verbinden, indem Sie auf **Connect** klicken. Daraufhin öffnet sich ein Dialog, in dem Sie Angaben für **User Name** und **Password** machen müssen. Klicken Sie dann auf **Connect**, um die Verbindung zur Master-Instanz herzustellen (siehe Abbildung 3.39).

Abbildung 3.39 Master Host Credentials

Sie werden nun überrascht feststellen, dass trotz korrekter Konfiguration und gültiger Zugangsdaten die Verbindung zur Master-Instanz nicht hergestellt werden kann. Die Fehlermeldung zeigt an, dass die Master-Instanz nicht für Hochverfügbarkeit konfiguriert wurde (siehe Abbildung 3.40).

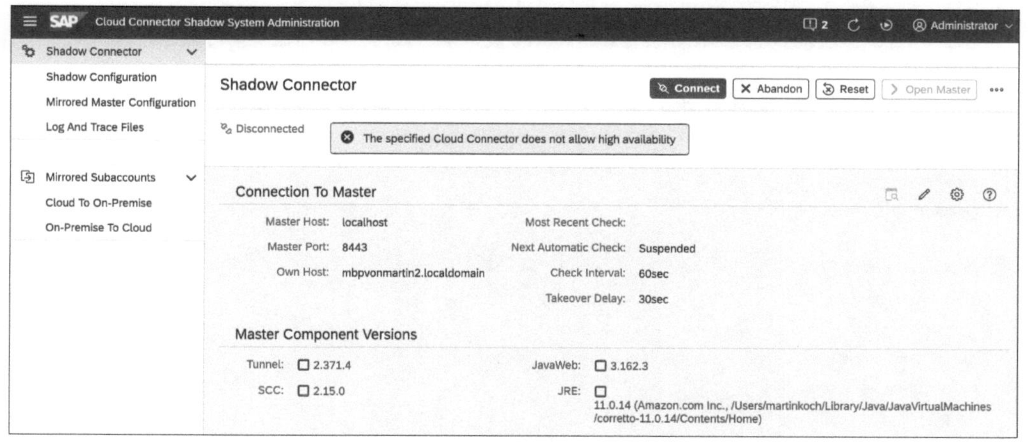

Abbildung 3.40 Verbindung zum Master fehlgeschlagen

Melden Sie sich an der Master-Instanz an, und navigieren Sie zum Abschnitt **High Availability** im Seitenmenü (siehe Abbildung 3.41). Klicken Sie dort auf **Enable**.

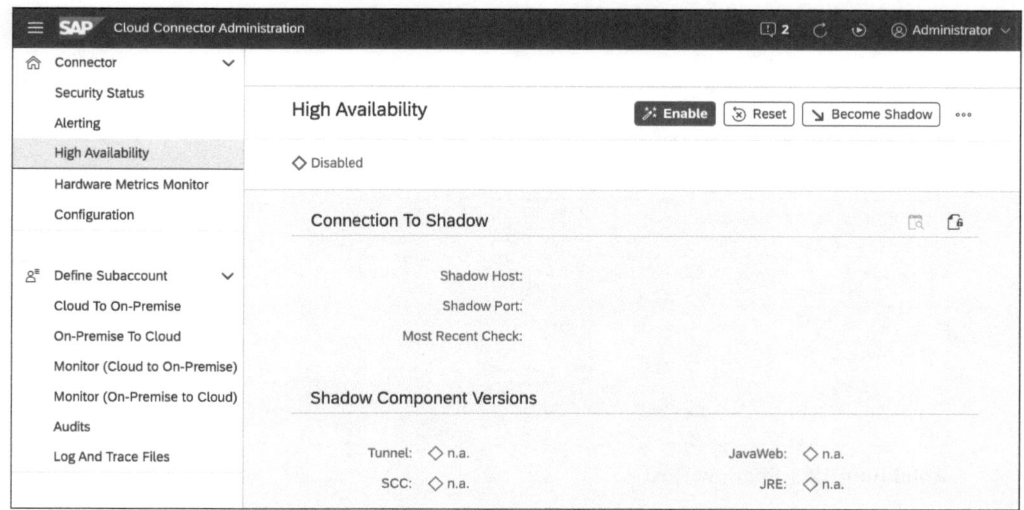

Abbildung 3.41 Master-Instanz: Hochverfügbarkeit zulassen

Nach der Konfiguration werden Sie feststellen, dass für die Shadow-Instanz keine Einschränkungen konfiguriert wurden. Dies bedeutet, dass jede Shadow-Instanz eine Verbindung zu dieser Master-Instanz herstellen kann. An diesem Punkt haben Sie die Möglichkeit, eine Einschränkung für einen bestimmten Hostnamen zu konfigurieren (siehe Abbildung 3.42). Klicken Sie dazu auf das Symbol .

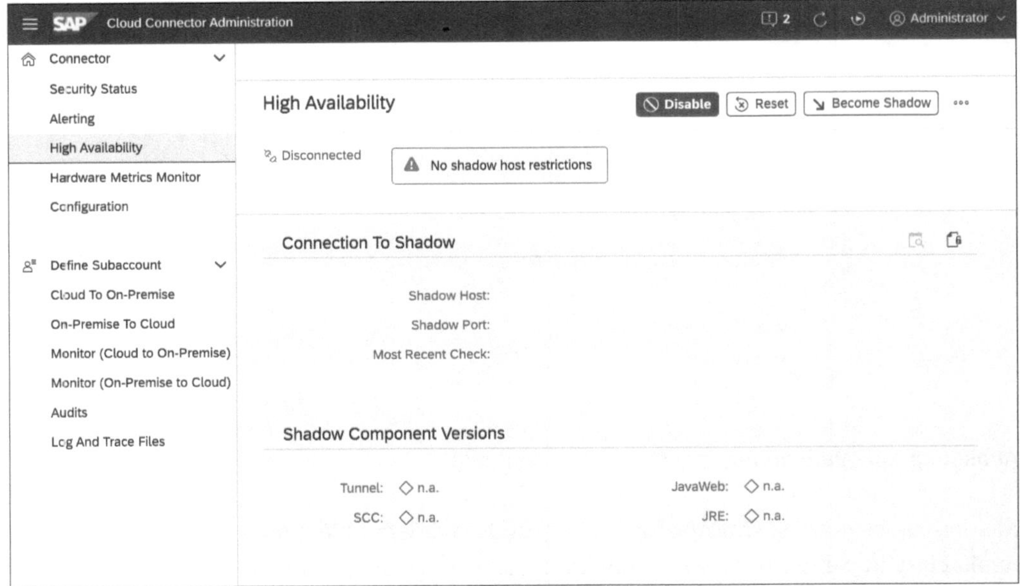

Abbildung 3.42 Master-Instanz: Shadow-Einschränkungen

Sie können den Hostnamen der Shadow-Instanz wie in Abbildung 3.43 gezeigt konfigurieren. Es darf nur der Hostname angegeben werden. Die Portnummer ist nicht zulässig. Klicken Sie dann auf **Save**.

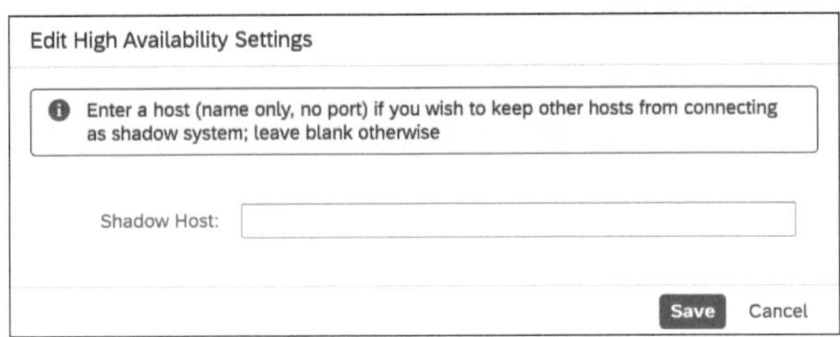

Abbildung 3.43 Shadow Host

Sie können sich nun wieder bei der Shadow-Instanz anmelden und eine Verbindung zur Master-Instanz herstellen. Nachdem die Verbindung erfolgreich hergestellt wurde, sollten Sie die Informationen der Master-Instanz sehen, wie in Abbildung 3.44 dargestellt.

Der Master zeigt auch an, dass eine Shadow-Instanz mit dieser Master-Instanz verbunden ist (siehe Abbildung 3.45).

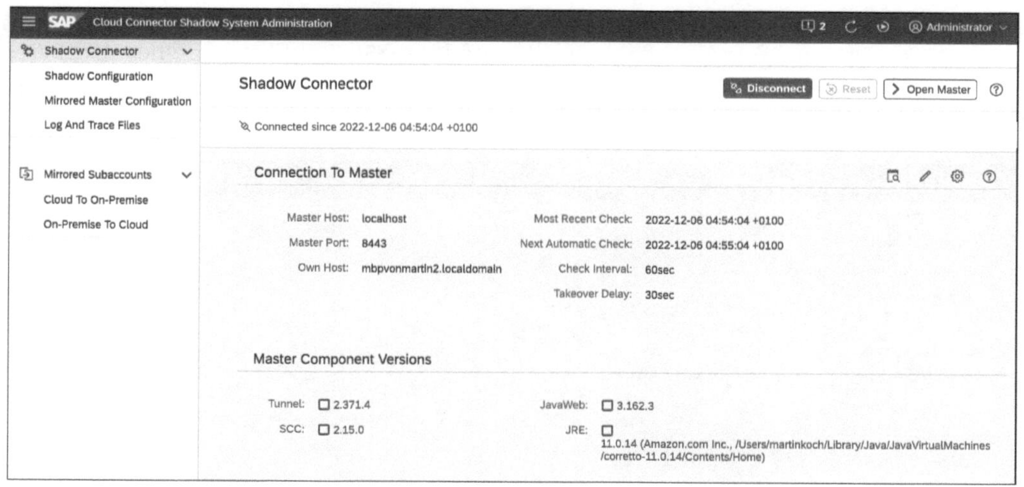

Abbildung 3.44 Verbindung zum Master hergestellt

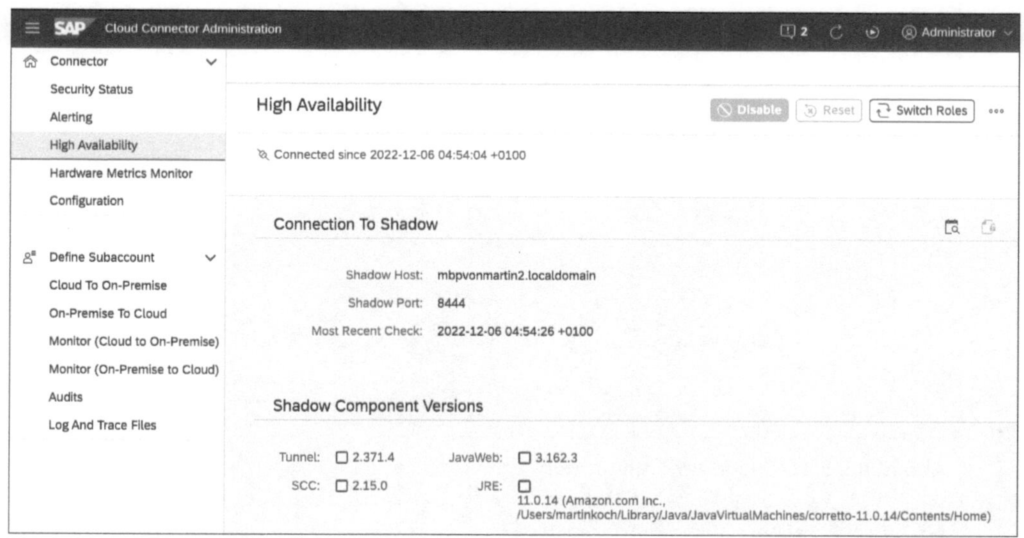

Abbildung 3.45 Master-Instanz: HA mit verbundener Shadow-Instanz

3.5.2 Shadow-Konfiguration

Für die Shadow-Instanz haben Sie ähnliche Konfigurationsmöglichkeiten wie für die Master-Instanz (siehe Abbildung 3.46). Um diese Optionen einzustellen, navigieren Sie im Seitenmenü zum Bereich **Shadow Confguration**. Auch hier ist es wichtig, dass die Shadow-Instanz über ein gültiges SSL-Zertifikat verfügt, d. h., Sie müssen eine Zertifikatsignierungsanforderung erstellen und ein SSL-Zertifikat bei einer Zertifizierungsstelle anfordern und in den Cloud Connector importieren. Die Konfiguration ist identisch mit der für den Master.

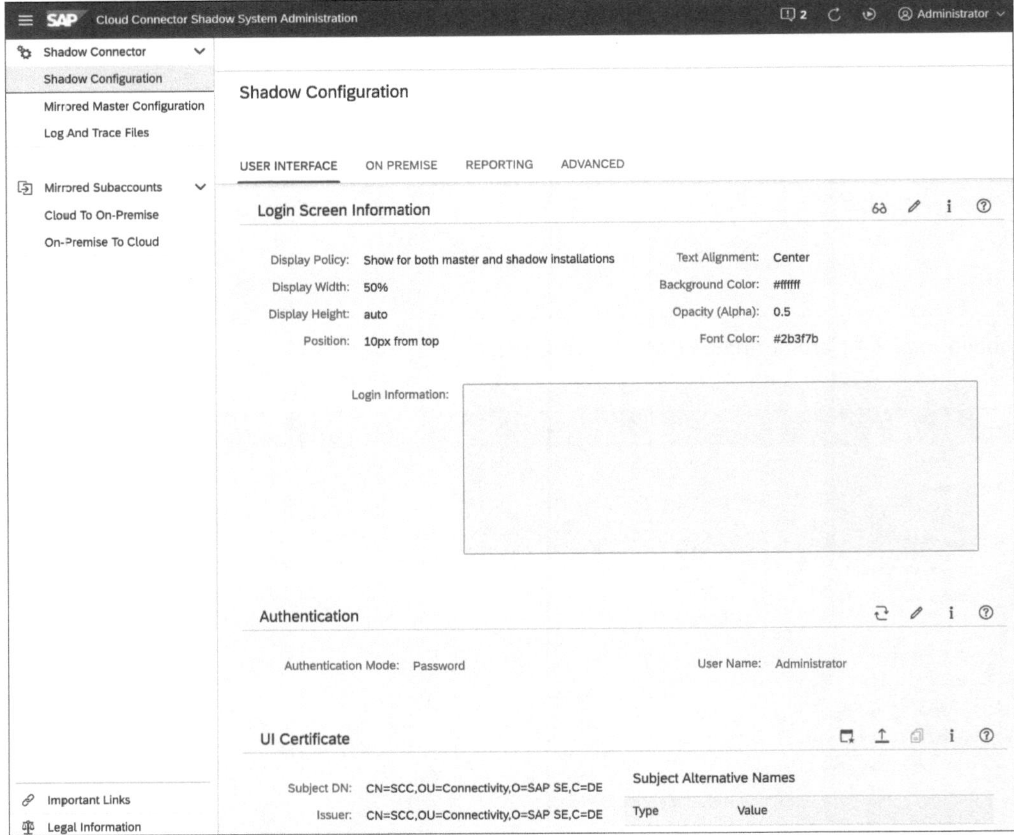

Abbildung 3.46 Shadow-Konfiguration

Die Shadow-Instanz enthält auch die gespiegelte Konfiguration der Master-Instanz (siehe Abbildung 3.47). Um dies einzustellen, navigieren Sie zum Bereich **Mirrored Master Configuration** im Seitenmenü.

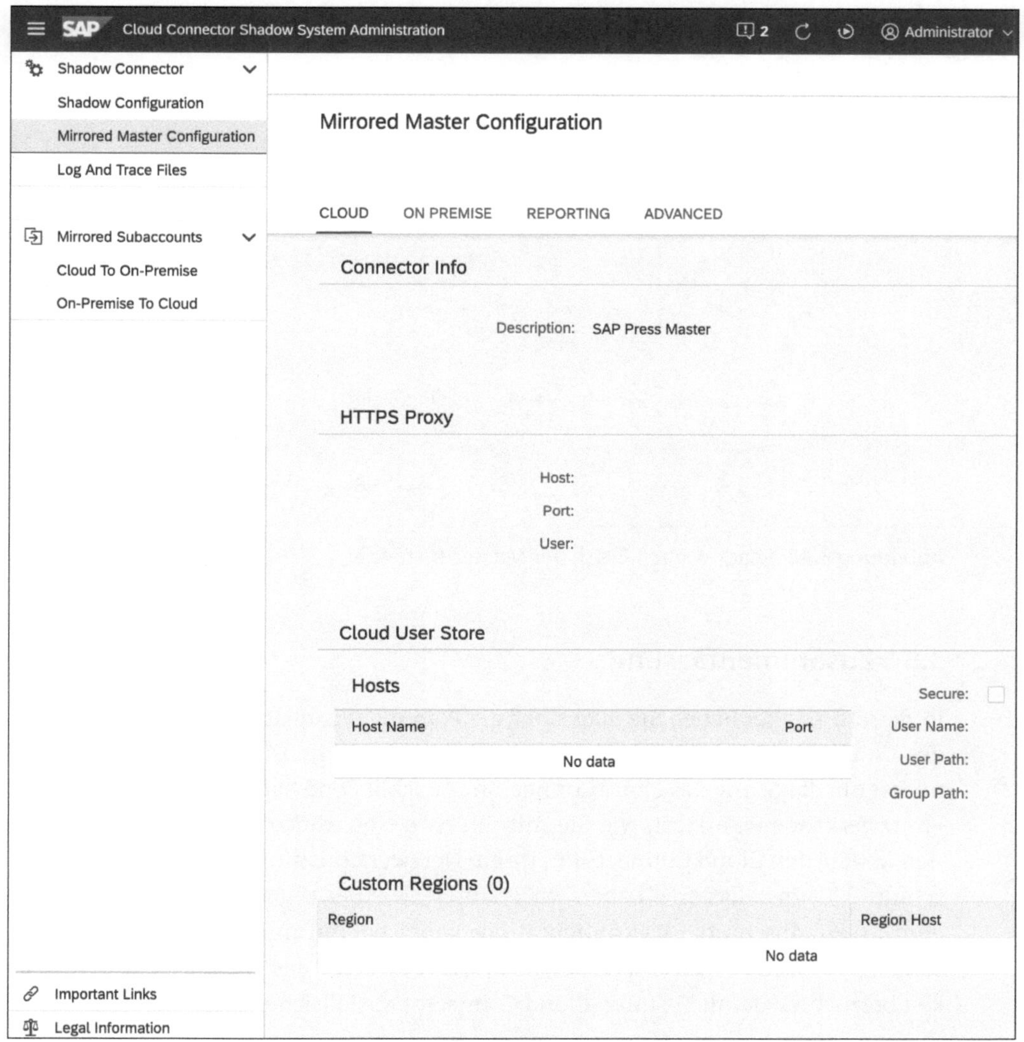

Abbildung 3.47 Shadow: Gespiegelte Master-Konfiguration

3.5.3 Failover

Sie sollten einen Test durchführen, um zu sehen, ob das Failover funktioniert. Dazu stoppen Sie die Master-Instanz und melden sich bei der Shadow-Instanz an. Dort werden Sie nach einer bestimmten Zeit (dem bereits erwähnten Check Interval) sehen, dass die Verbindung zum Master verloren gegangen ist (siehe Abbildung 3.48). Die Shadow-Instanz übernimmt die Rolle der Master-Instanz, nachdem die Zeit für die Übernahmeverzögerung abgelaufen ist.

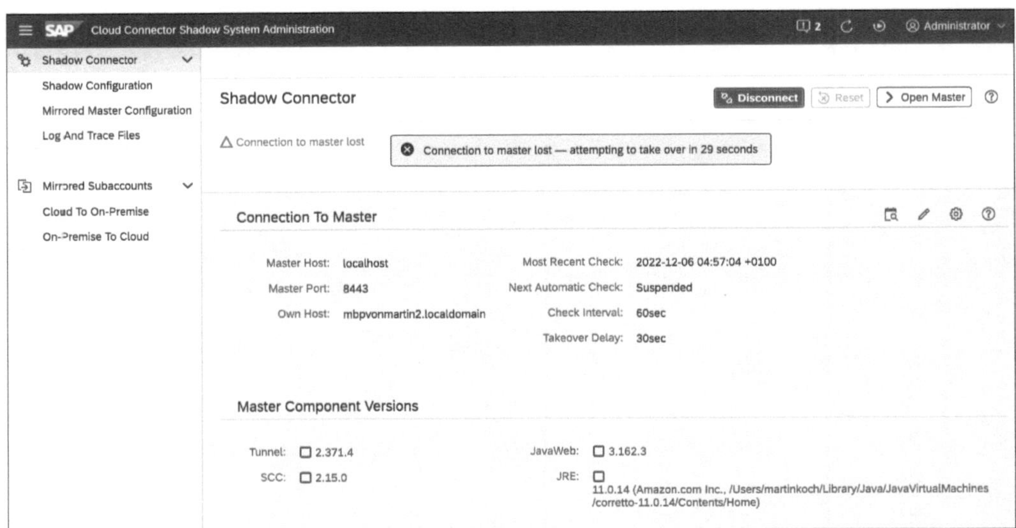

Abbildung 3.48 Shadow nach Crash der Master-Instanz

3.6 Zusammenfassung

In diesem Kapitel haben Sie alles über die Planung, Installation und Konfiguration des Cloud Connectors erfahren. In Abschnitt 3.1, »Dimensionierung« ging es zunächst um das Sizing des Cloud Connectors. Anschließend haben wir in Abschnitt 3.2, »Netzwerkzonen«, erklärt, wie Sie mithilfe von Netzwerkzonen entscheiden können, wo Sie den Cloud Connector in Ihrem Netzwerk positionieren möchten. In Abschnitt 3.3, »Installation«, haben wir erläutert, wie der Cloud Connector installiert wird, und in Abschnitt 3.4, »Konfiguration« haben wir ihn anschließend konfiguriert. Schließlich wurde in Abschnitt 3.5, »Hochverfügbarkeit«, das Thema Hochverfügbarkeit beleuchtet, damit Sie Ihren Cloud Connector ausfallsicher betreiben können.

Kapitel 4

Connectivity mit SAP Business Technology Platform

Ohne geeignete Tools und Einbettung wäre der Cloud Connector nur eine Routing-Komponente. Dank der Erfahrung mit Geschäftsanwendungen, die in der On-Premise-Welt gesammelt wurden, hat SAP einige Werkzeuge bereitgestellt, um Cloud- und On-Premise-Systeme flexibel und unter höchsten Sicherheitsstandards zu verbinden. In diesem Kapitel zeigen wir Ihnen, wie Sie die Verbindungsschicht von SAP BTP nutzen können.

Connectivity Services helfen Ihren SAP-BTP-Anwendungen, eine nahtlose Verbindung zu anderen Ressourcen herzustellen. Bei diesen Ressourcen kann es sich entweder um Internetressourcen oder um Ressourcen innerhalb Ihres lokalen Netzwerks handeln. Letztere würden durch den Cloud Connector abgebildet und verbunden werden. In der ABAP-Welt würden Sie den RFC-Destination-Service verwenden, um andere Systeme anhand eines abstrakten Namens und nicht anhand der Servernamen, Ports und Kennwortinformationen des Systems zu identifizieren, und in der SAP-BTP-Welt wünschen Sie sich eine ähnliche Funktionalität. Wichtige Gründe für die Verwendung einer Verbindungsschicht sind u. a. die folgenden:

- Sie können eine Ressource über einen Verbindungsnamen (Destination Name) adressieren, der immer gleich bleibt, wenn Sie Servernamen, IP-Adressen oder technische Informationen zur Benutzerauthentifizierung ändern.
- Sie können in Ihrer gesamten Entwicklungslandschaft denselben Zielnamen verwenden. Das bedeutet, dass Sie z. B. den Begriff »ERP« für Ihr SAP-ERP-Entwicklungssystem für den Cloud-Anwendungsentwicklungs-Tenant zuordnen können, während Sie das SAP-ERP-Produktionssystem mit Ihrem SAP-BTP-Produktions-Tenant verwenden können, ohne eine Zeile Code oder die Anwendungskonfiguration zu ändern.
- Die Verbindungsschicht kümmert sich um die Validierung von Zertifikaten, die Speicherung von Passwörtern und die Authentifizierung. Dadurch besteht keine Notwendigkeit, dies selbst zu implementieren.

- Sie können Entwicklungsaufgaben innerhalb von SAP BTP von Administrationsaufgaben trennen. Dies spiegelt einen typischen organisatorischen Aufbau innerhalb eines Unternehmens wider.

In diesem Kapitel befassen wir uns mit zwei Connectivity Services:

- **SAP-Destination-Service**
  Der SAP-Destination-Service verwaltet technische Informationen über eine Ressource.
- **SAP-Connectivity-Service**
  Der SAP-Connectivity-Service bietet Ihren Anwendungen eine Proxy-Funktionalität, um auf diese Ressourcen zuzugreifen und sie zu nutzen.

[»]

Inoffizielle Terminologie

Manchmal wird der inoffizielle Begriff SAP BTP Connectivity für die Kombination aus SAP-Destination-Service und SAP-Connectivity-Service verwendet.

Beide Services haben einen unterschiedlichen Umfang, je nachdem, ob sie mit der Neo-Umgebung oder mit der Cloud-Foundry-Umgebung verwendet werden. Darüber hinaus unterscheiden sich die Ziele innerhalb der Cloud-Tenants. Daher werden in diesem Kapitel die Services im Kontext der jeweiligen Umgebung in separaten Abschnitten vorgestellt. Die allgemeine Idee der Verwendung einer Verbindungsschicht ist in Abbildung 4.1 dargestellt.

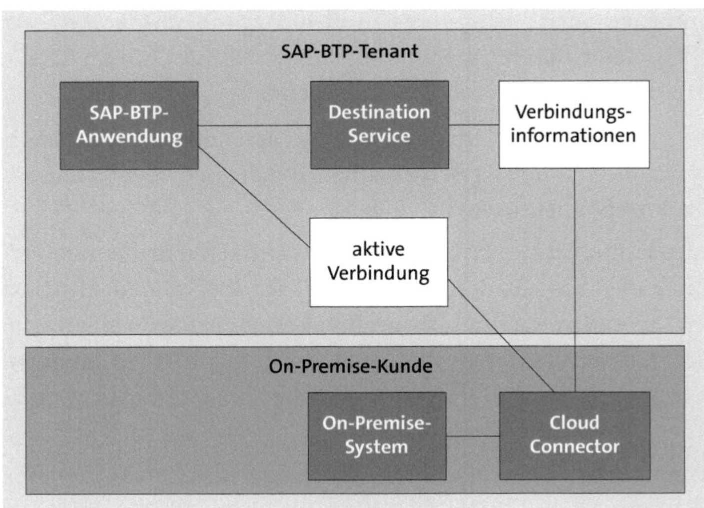

Abbildung 4.1 Schema für die Verwendung der Verbindungsschicht in SAP-BTP-Anwendungen

Voraussetzung für die Verwendung von Destinations ist die Aktivierung des SAP-Destination-Service im SAP BTP Cockpit. Es ist möglich, Destinations ohne Aktivierung dieses Dienstes zu modellieren, aber spätestens wenn Sie aus einer Cloud-Anwendung auf eine Destination zugreifen wollen, muss der Dienst in Ihrem Space der Cloud-Foundry-Umgebung aktiv sein. In der Neo-Umgebung ist der Dienst standardmäßig aktiv, sodass wir das Aktivierungsverfahren nur für die Cloud-Foundry-Umgebung beschreiben werden (siehe Abschnitt 4.2, »SAP-Destination-Service im SAP BTP, Cloud Foundry Environment«).

[«]

Sicherstellung der Kommunikation bei der Verwendung von Destinations

Informationen zur Sicherung von Destinations finden Sie in den Hinweisen in Kapitel 2, »Sicherheitsgrundlagen«. Dort finden Sie eine ausführliche Beschreibung, wie vertrauenswürdige Zertifikate insbesondere für HTTPS-Verbindungen erzeugt werden. Dies wird in diesem Abschnitt nicht explizit behandelt.

In den folgenden Abschnitten wird beschrieben, wie die beiden Connectivity Services in den Umgebungen Neo und Cloud Foundry eingerichtet werden.

4.1 SAP-Destination-Service im SAP BTP, Neo Environment

In der Neo-Umgebung können Destinations gleichzeitig auf drei Ebenen konfiguriert werden:

- Ebene des Subaccounts
- Anwendungsebene
- Art des Abonnements eines Dienstes (Java oder HTML5)

Das bedeutet, dass es möglich ist, dieselbe Destination für eine Kommunikation auf mehr als einer Konfigurationsebene zu definieren. Wenn die Destination für einen bestimmten Subaccount (und nur dort) zugänglich sein soll, wird die Destination im *SAP BTP Cockpit* im Bereich **Connectivity • Destinations** angelegt (siehe Abbildung 4.2).

Wenn sich die Destination auf eine Anwendung und den Subaccount des jeweiligen Anbieters (den Provider Subaccount) bezieht, dann wird sie als Teil der Konfiguration des jeweiligen Dienstes erstellt. In diesem Fall ist die Destination unabhängig von dem Consumer-Subaccount, in dem die Anwendung läuft. Abbildung 4.3 zeigt ein Beispiel für die Destinationsübersicht einer mobilen Anwendung in *SAP Mobile Services*. Sie können eine neue Destination über die Schaltfläche **New Destination** anlegen. Wir werden diesen Prozess später in diesem Abschnitt erläutern.

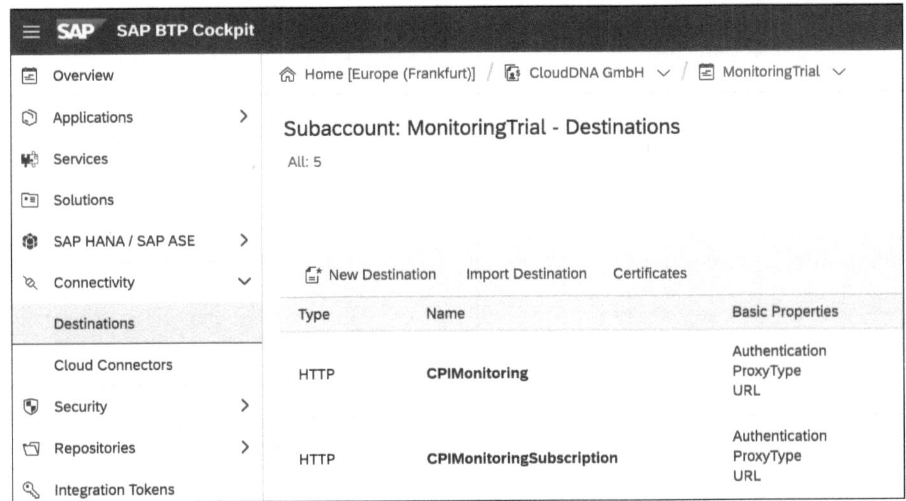

Abbildung 4.2 Erstellung einer Destination auf Subaccount-Ebene in der Neo-Umgebung

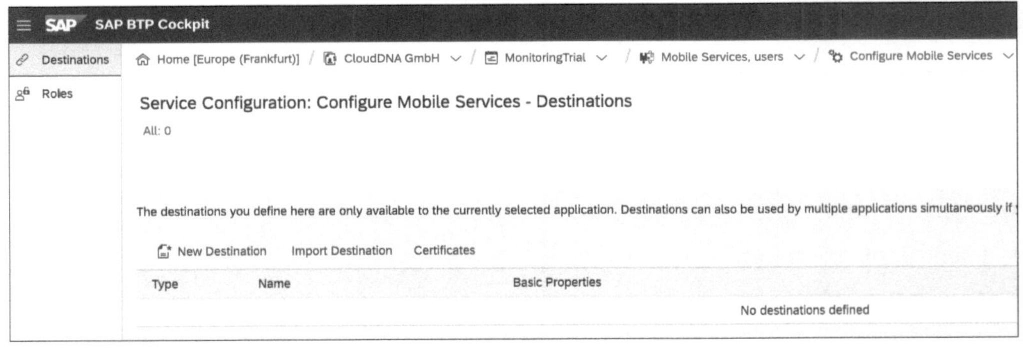

Abbildung 4.3 Destinations auf Anwendungsebene in der Neo-Umgebung

Bezieht sich die Destination sowohl auf die Anwendung als auch auf den Anbieter-Subaccount und den *Verbraucher-Subaccount* (Consumer Subaccount), wird es auf der Abonnementebene erstellt. Dieser Fall ist besonders, weil die Anwendung in einem speziellen Subaccount bereitgestellt und von diesem abonniert wird. Die Anwendung wird nicht im Subaccount des Kunden installiert. Die Konfiguration einer solchen Destination wird auf der Ebene der abonnierten Anwendung vorgenommen: *SAP Cloud Portal Service* (siehe Abbildung 4.4). Auch hier finden Sie unter **Destinations** eine Übersicht über die Destinations und können über die Schaltfläche **New Destination** eine neue Verbindung erstellen, wie wir später in diesem Abschnitt behandeln werden.

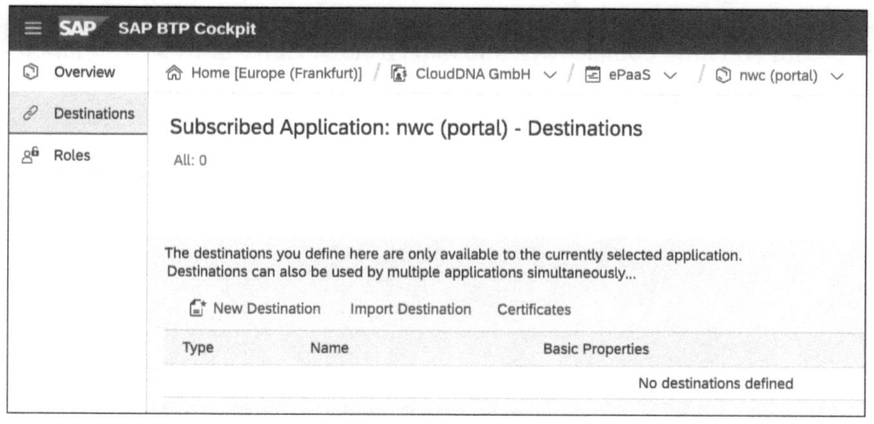

Abbildung 4.4 Destinations auf Abonnementebene in der Neo-Umgebung

Die Laufzeitumgebung versucht, die Destinations in der folgenden Reihenfolge zu finden:

1. Abonnement (Subscription)
2. Verbraucher-Subaccount (Consumer Subaccount)
3. Anwendungsschicht (Application)

Die folgenden Arten von Destinations können in der Neo-Umgebung verwendet werden:

- **HTTP**
  Eine HTTP-Destination ermöglicht die Datenkommunikation über das HTTP-Protokoll sowohl für Internet- als auch für On-Premise-Verbindungen.
- **RFC**
  Eine RFC-Destination ermöglicht Verbindungen zu ABAP-On-Premise-Systemen über das RFC-Protokoll mit dem SAP Java Connector und dem Cloud Connector.
- **LDAP**
  Eine Lightweight-Directory-Access-Protocol-Destination (LDAP) ermöglicht eine LDAP-basierte Benutzerverwaltung, wenn ein LDAP-Server im lokalen Netzwerk betrieben wird.
- **Mail**
  Eine Destination dieses Typs ermöglicht die Verbindung mit einem E-Mail-Anbieter zum Senden und Empfangen von E-Mails über Simple Mail Transfer Protocol (SMTP), Internet Message Access Protocol (IMAP) oder Post Office Protocol (POP3).

Um Destinations in der Neo-Umgebung zu erstellen, navigieren Sie zum Menüpunkt **Destinations** im Abschnitt **Connectivity**, und wählen die Schaltfläche **New Destination**. Abbildung 4.5 zeigt den Bildschirm zum Einrichten einer HTTPS-Verbindung.

Destination Configuration | Blank Template | Service Instance

Name: * ERP-DEV
Type: HTTP
Description: Customer Destination
URL: * https://erp-dev.customer.external:8000
Proxy Type: OnPremise
Authentication: NoAuthentication
Location ID:

Additional Properties | New Property

sap-client | 010

Save | Cancel

Abbildung 4.5 Erstellung einer HTTP(S)-Destination

Geben Sie unter **URL** den URI des virtuellen Servers zusammen mit dem virtuellen Port ein, und legen Sie den Typ (Feld **Type)** fest, d. h. **HTTP** oder **HTTPS**. Die Auswahl des **Proxy Type** steuert, wo sich die Destination der Verbindung befindet (**OnPremise** oder **Internet**). Geben Sie im Feld **Name** einen eindeutigen Namen für die Verbindung ein. Optional kann unter **Description** eine längere Beschreibung hinzugefügt werden.

Im Feld **Authentication** können Sie die Authentifizierung von Benutzern auf der Verbindungsebene konfigurieren – z. B., wenn ein SAML-Ticket oder eine andere Art der Authentifizierung für die Kommunikation mit der Verbindung verwendet werden soll. Zu guter Letzt können Sie im Feld **Location ID** einen Standort hinterlegen. Wenn diese Angabe verwendet wird, muss sie mit den bei der Konfiguration des Cloud Connectors verwendeten IDs übereinstimmen. Standardmäßig bleibt dieses Feld daher leer.

Handelt es sich bei der Destination um ein SAP-System, ist es sinnvoll, die Eigenschaft `sap-client` für den gewünschten Mandanten anzugeben. Klicken Sie dazu auf die Schaltfläche **New Property**. Es wird Ihnen eine Liste von Eigenschaften angeboten, die optional eingestellt werden können. In der Praxis ist nur die Einstellung `sap-client` relevant. Falls weitere Einstellungen erforderlich sind, finden Sie diese in der Dokumentation der Cloud-Anwendung, die verbunden werden soll.

Ähnlich ist die Situation bei RFC-Verbindungen. Auch hier wird der virtuelle Hostname verwendet. Sollen Metadaten und Anwendungsdaten getrennt übertragen werden (z. B., wenn die Metadaten über einen Funktionsbaustein mit eigenem Benutzer abgefragt werden), kann im Erstellungsbildschirm zwischen **User** und **Repository User** unterschieden werden (siehe Abbildung 4.6). Der optionale **Repository User** mit dem zugehörigen **Repository Password** dient zur Abfrage der Metadaten, der **User** mit seinem **Password** wird für alle anderen Daten, wie z. B. die spezifischen Funktionsbausteinaufrufe, verwendet.

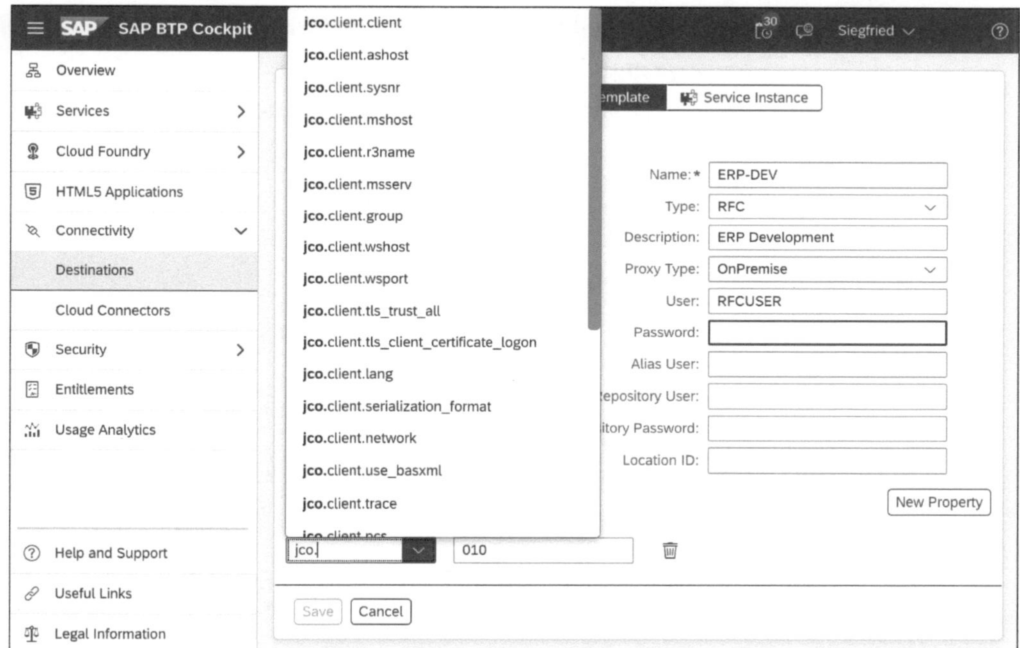

Abbildung 4.6 Erstellung einer RFC-Destination

Für die Verbindungsdaten können alle Eigenschaften des *SAP Java Connectors* in den Eigenschaften gepflegt werden. Dieser Connector ist die einzige Möglichkeit, direkt auf remotefähige Funktionsbausteine eines ABAP-Systems zuzugreifen. Dies funktioniert ähnlich wie bei der HTTP(s)-Verbindung. Wählen Sie z. B. bei der Verbindung über den Message Server die Eigenschaft `jco.client.mshost` und bei der Verbindung über den Application Server die Eigenschaft `jco.client.ashost`.

Nachdem Sie eine Destination erstellt und gespeichert haben, können Sie die Verbindung über die Schaltfläche **Check Connection** testen. Falls es Probleme mit den Zertifikaten für HTTP(S)-Verbindungen gibt, finden Sie mögliche Lösungen in Abschnitt 9.3, »Trust Store pflegen«.

Wenn eine Verbindung erfolgreich hergestellt werden kann, ist es sinnvoll, die Berechtigungen auf der Abonnementebene und auf der Anwendungsebene zu konfigurieren.

Verbindungen zu *SAP Web IDE* sind ein Sonderfall. Wenn die Cloud-Connector-Verbindungen verwendet werden soll, um eine Anwendung zu verbinden, die in SAP Web IDE entwickelt wurde, müssen die erweiterten Einstellungen (**Additional Properties**) der Verbindung beibehalten werden. Abbildung 4.7 zeigt ein Beispiel. Hier wurden die folgenden Eigenschaften der Verbindung konfiguriert:

- `WebIDEEnabled = true` aktiviert die Verbindung für SAP Web IDE.
- `WebIDESystem = gateway` kontrolliert den Zugang zu SAP Gateway.
- `WebIDEUsage = odata_gen, odata_abap, bsp_execute_abap` bezeichnet die ausführbaren Aktionen.

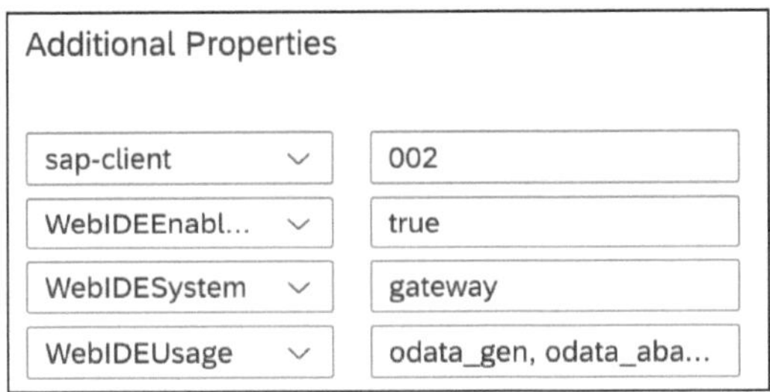

Abbildung 4.7 Zusätzliche Parameter für Verbindungen zu SAP Web IDE

4.2 SAP-Destination-Service im SAP BTP, Cloud Foundry Environment

In der Cloud-Foundry-Umgebung können Destinations auf der Ebene des Subaccounts definiert werden. Die Destination wird für den gesamten Subaccount erstellt. Das verwendete Kommunikationsprotokoll und andere Eigenschaften wie die Authentifizierungsmethode, der Proxy-Typ und eine URL werden angegeben.

Um die in der Cloud-Foundry-Umgebung erstellten Destinations nutzen zu können, benötigen Sie zunächst eine Instanz des SAP-Destination-Service. Um den SAP-Destination-Service zu finden, klicken Sie im SAP BTP Cockpit auf **Services • Service Marketplace** (siehe Abbildung 4.8), und suchen Sie dann nach »Destination«.

Klicken Sie nun auf die Kachel **Destination Service**. Die Detailansicht im *Service Marketplace* wird geöffnet (siehe Abbildung 4.9). Klicken Sie auf die Schaltfläche **Create** in der oberen rechten Ecke.

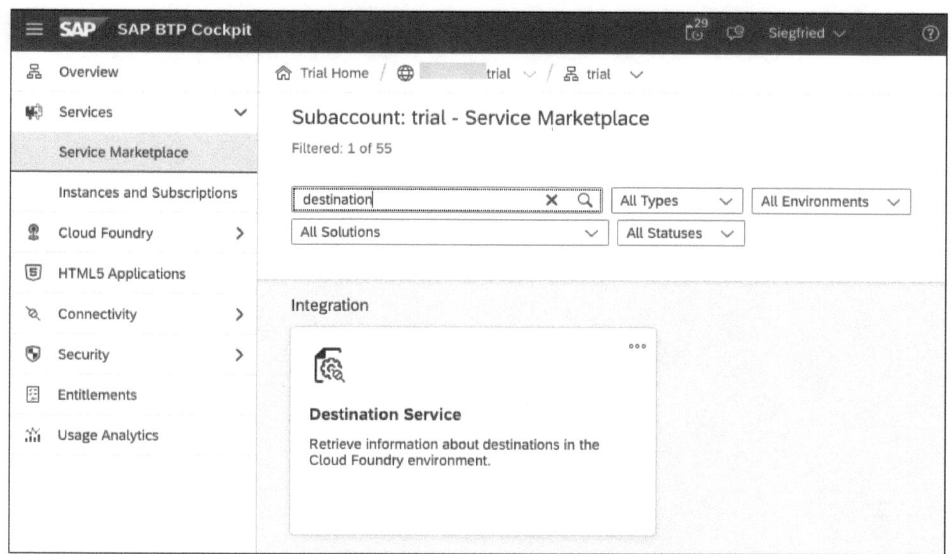

Abbildung 4.8 Destination-Service im Service Marketplace finden

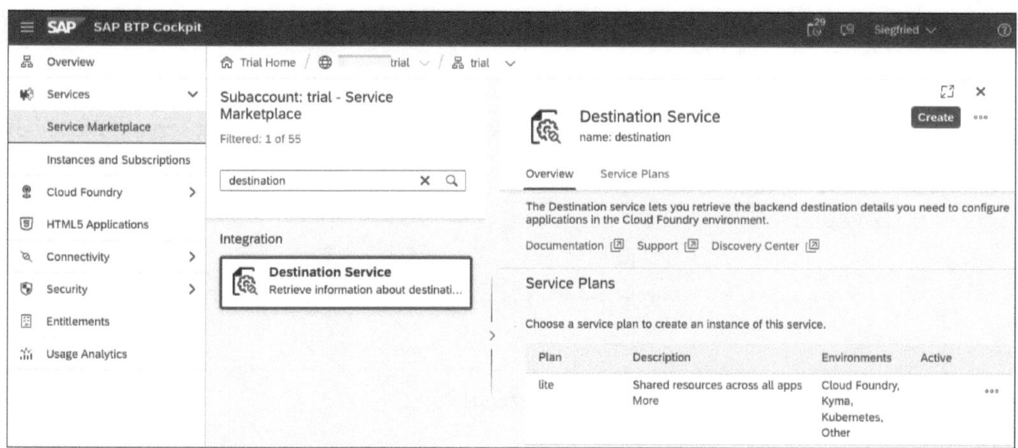

Abbildung 4.9 Detailansicht des Destination-Service im Service Marketplace

Es öffnet sich der Bildschirm **New Instance or Subscription**. Außer dem *Instanznamen* in **Instance Name** sind alle Felder bereits ausgefüllt. Geben Sie hier einen aussagekräftigen Namen für Ihre Serviceinstanz ein (siehe Abbildung 4.10).

Die vorangegangenen Schritte stellen sicher, dass nach der Erstellung ordnungsgemäß auf Ihre Destinations zugegriffen werden kann.

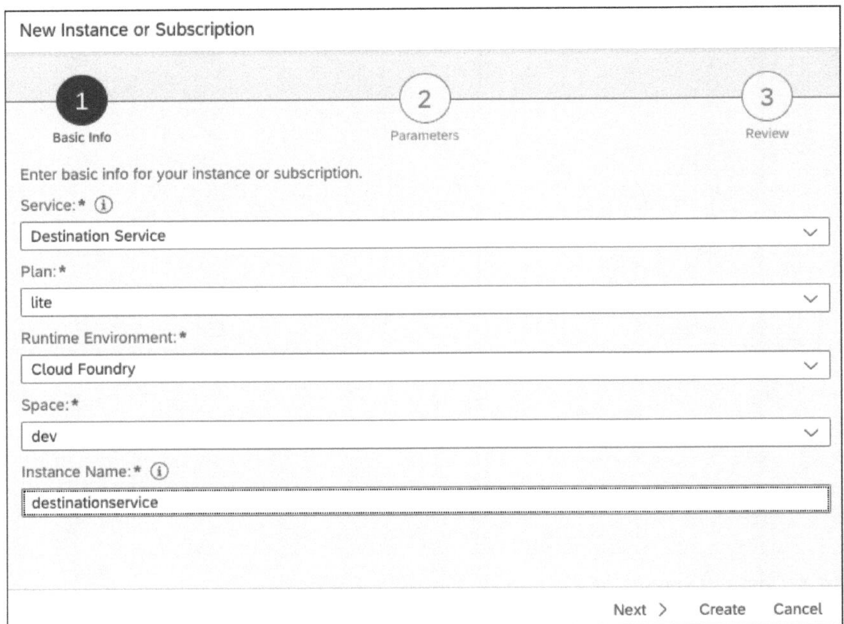

Abbildung 4.10 Dialog »New Instance or Subscription«

Sie können direkt mit dem Erstellen fortfahren, indem Sie auf die Schaltfläche **Create** klicken. Den nächsten Bildschirm **Information** können Sie durch Klicken auf **Close** bestätigen, wie in Abbildung 4.11 dargestellt.

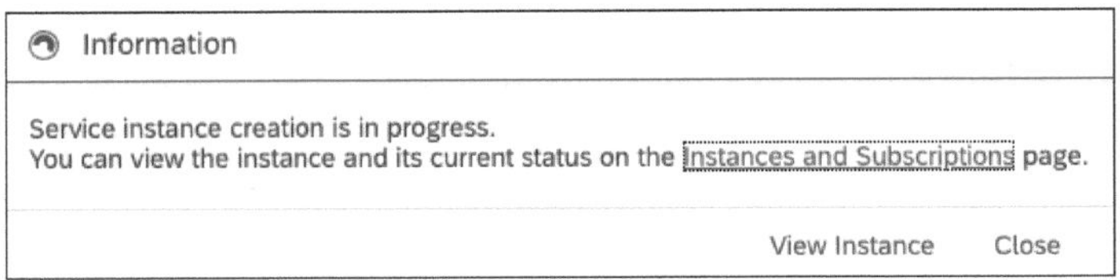

Abbildung 4.11 Informationen zur Instanzerstellung

Wenn sich eine Destination auf einen bestimmten Subaccount bezieht, wird die Destination im SAP BTP Cockpit im Bereich **Connectivity • Destinations** angelegt (siehe Abbildung 4.12). Wenn Sie diese Umgebung mit der in Abbildung 4.5 gezeigten Neo-Umgebung vergleichen, können Sie sehen, dass SAP versucht hat, in beiden Umgebungen eine einheitliche Benutzererfahrung zu schaffen.

In der Cloud-Foundry-Umgebung können HTTP-, RFC- und Mail-Destinations auf die gleiche Weise wie in der Neo-Umgebung erstellt werden. LDAP-Destinations wurden ursprünglich in dieser Umgebung nicht unterstützt, sind aber jetzt ebenfalls verfügbar.

Neben der Erstellung über das SAP BTP Cockpit ist es sowohl in der Neo- als auch in der Cloud-Foundry-Umgebung möglich, Destinations über die Kommandozeile zu erstellen. Außerdem können Destinations über eine OData-API erstellt werden.

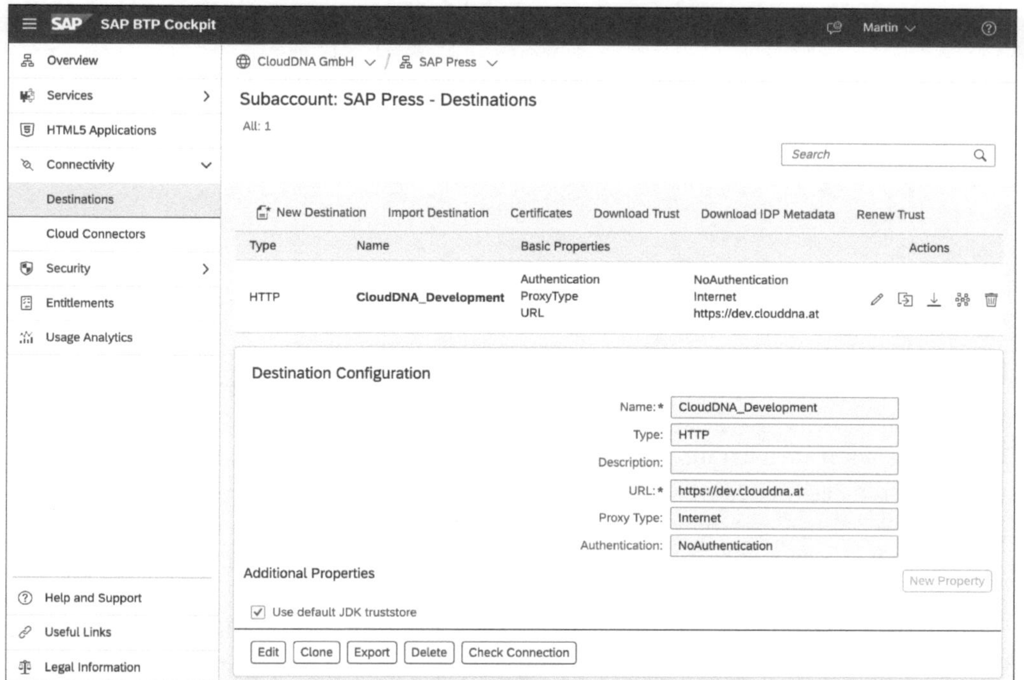

Abbildung 4.12 Destinations auf Subaccount-Ebene in der Cloud-Foundry-Umgebung

Um eine Destination im SAP BTP, Cloud Foundry Environment zu erstellen, navigieren Sie in Ihrem Subaccount zum Bereich **Connectivity • Destinations**. Klicken Sie hier auf die Schaltfläche **New Destination**. Geben Sie nun den Namen des virtuellen Hosts in das Feld **URL** ein, um eine Verbindung über den Cloud Connector einzurichten (siehe Abbildung 4.13). Die Auswahl **OnPremise** für den *Proxy-Typ* im Feld **Proxy-Type** verdeutlich, dass die Verbindung über einen Cloud Connector geleitet werden soll.

Wenn Sie eine Cloud-Anwendung in der Cloud-Foundry-Umgebung entwickeln, kann der abstrakte Name ERP-DEV nun für die Destination verwendet werden; in unserem Beispiel, um den entsprechenden URI aufzulösen. Um die Verbindungen abzusichern und eventuelle Zertifikatsprobleme zu lösen. Details dazu finden Sie in Abschnitt 9.3, »Trust Store pflegen«.

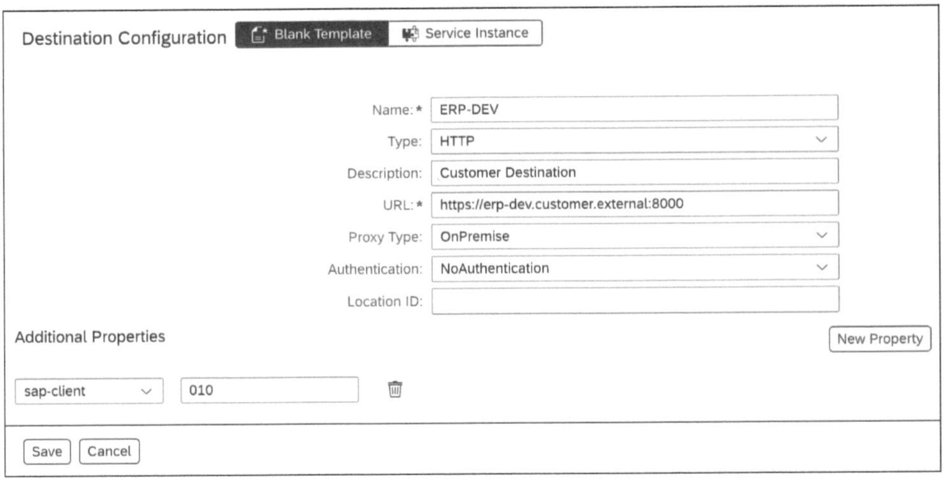

Abbildung 4.13 Destination in der Cloud-Foundry-Umgebung erstellen

Wir sollten auch darauf hineisen, dass SAP BTP bereits Stammzertifikate von renommierten Zertifizierungsstellen enthält. Sie sind im *Standard-JDK-Trust-Store* abgelegt (siehe Kontrollkästchen in Abbildung 4.12). Hier ist SAP den gleichen Weg gegangen wie die namhaften Browserhersteller, die ebenfalls einen Satz von Zertifikaten ausliefern, denen die Browser vertrauen. Wenn Sie eine Destination zu einem HTTPS-Endpunkt verwenden wollen, für den sich keine Zertifikate im Standard-JDK-Trust-Store befinden, wie im Beispiel in Abbildung 4.14, ist dies eine potenzielle Fehlerquelle, die jedoch bei der Erstellung der Destination nicht direkt ersichtlich ist. Wenn Ihre Organisation hingegen restriktiv ist, kann es notwendig sein, nicht vertrauenswürdige Stammzertifikate zu entfernen.

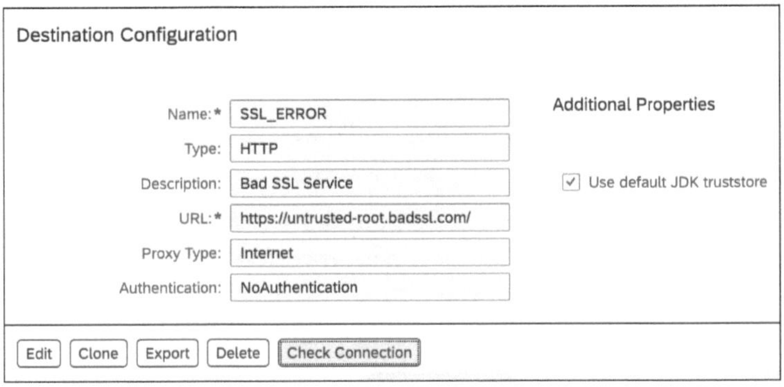

Abbildung 4.14 Destination mit nicht vertrauenswürdigem Endpunkt

In diesem Fall klicken Sie auf die Schaltfläche **Check Connection**, um einen *Verbindungstest* durchzuführen. Jetzt sehen Sie eine Fehlermeldung vom Typ *SSL-Hand-*

shake (siehe Abbildung 4.15). Das bedeutet, dass die Aushandlung der Schlüsselinformationen nicht funktioniert hat, weil die Vertrauensbeziehung fehlt.

Abbildung 4.15 Fehlermeldung bei SSL-Handshake

Das Problem kann leicht durch die Verwendung eines benutzerdefinierten Trust Stores gelöst werden. Dazu entfernen Sie in der Destination Configuration das Häkchen bei der Option **Use default JDK truststore**. Nun haben Sie die Möglichkeit, Ihren eigenen Trust Store auszuwählen und das entsprechende Passwort einzugeben (siehe Abbildung 4.16).

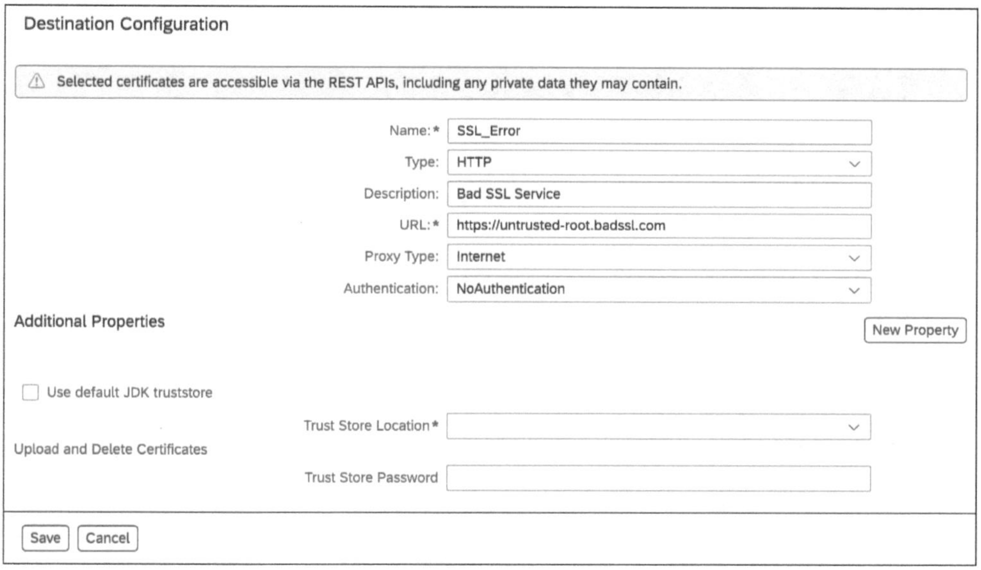

Abbildung 4.16 Verwendung des kundenindividuellen Trust Stores

Der Trust Store kann z. B. mit Standard-Java-Befehlen erstellt werden. Sie können aber auch Tools mit einer grafischen Benutzeroberfläche für diesen Zweck verwenden. Ein frei verfügbares Tool zur Verwaltung des Trust Stores ist z. B. *KeyStore Explorer*, verfügbar unter *https://keystore-explorer.org*.

Nachdem Sie einen Trust Store erstellt haben, klicken Sie auf den Link **Upload and Delete Certificates**, um den neuen Trust Store hochzuladen. Abbildung 4.17 zeigt, wie Sie einen Trust Store hochladen.

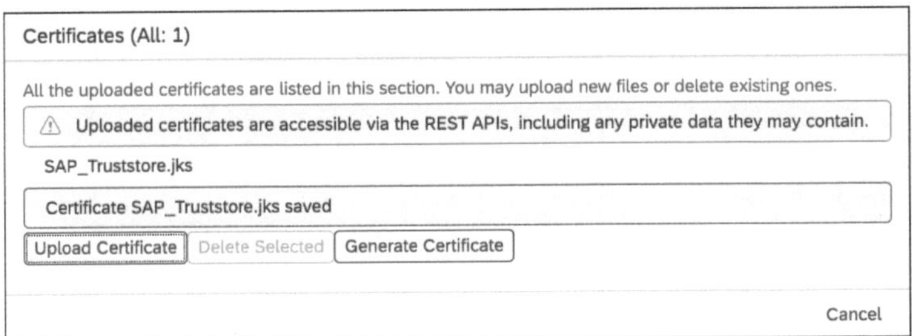

Abbildung 4.17 Hochladen des benutzerdefinierten individuellen Trust Stores

Abbildung 4.18 zeigt, wie der firmeneigene Trust Store für eine Destination gespeichert werden kann. Nach dem Aufrufen des Bildschirms können Sie einen der verfügbaren Trust Stores über **Trust Store Location** auswählen und (optional) das Passwort für den Zugriff auf den Trust Store in das Feld **Trust Store Password** eingeben.

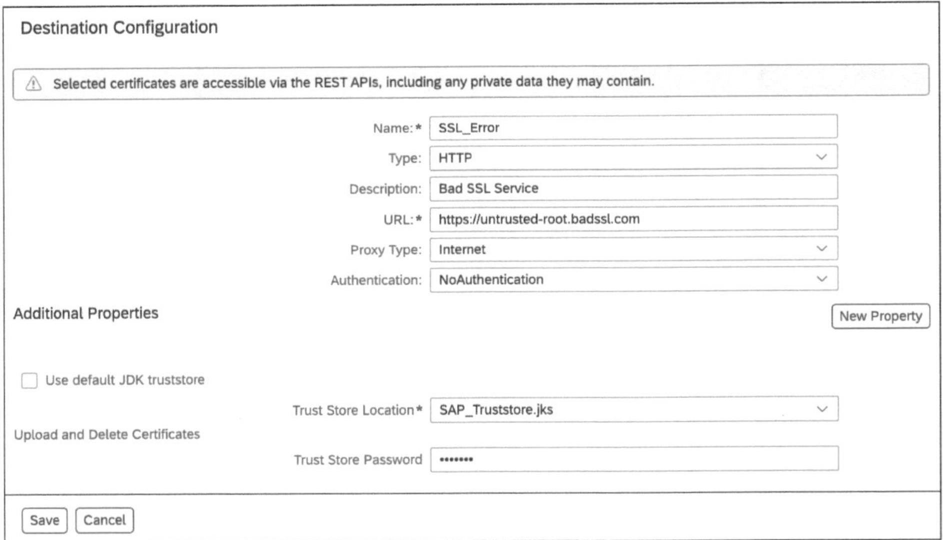

Abbildung 4.18 Konfiguration mit benutzerdefiniertem individuellen Trust Store

Abbildung 4.19 zeigt die Ergebnisse des Verbindungstests bei Verwendung eines benutzerdefinierten individuellen Trust Stores.

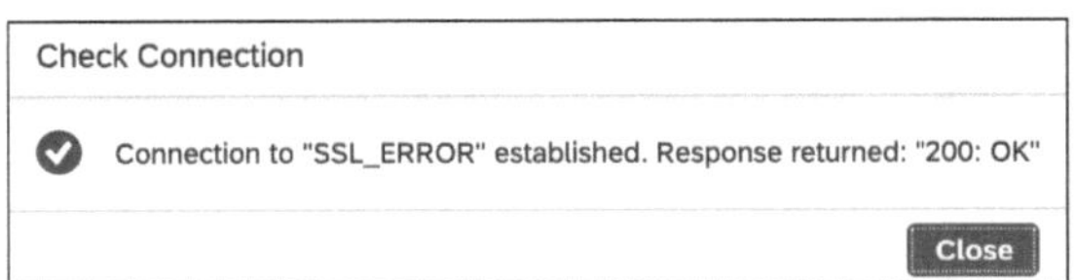

Abbildung 4.19 Verbindungstest mit benutzerdefiniertem individuellem Trust Store

4.3 SAP-Connectivity-Service

Wenden wir uns nun dem *SAP-Connectivity-Service* zu. Dieser Dienst verbindet Ihre SAP-BTP-Anwendungen mit den On-Premise-Systemen unter Verwendung der folgenden Verbindungen:

- HTTP/HTTPS
- RFC
- SAP-HANA-Datenbank über Servicekanäle

Man könnte ihn als eine Art Proxy bezeichnen, wobei der Destination-Service nur die technischen Details speichert und keine Verbindung zu Ihrer Anwendung herstellt.

Dieser Dienst wird nicht benötigt, wenn Sie nur auf die technischen Informationen zugreifen möchten, die im SAP-Destination-Service gespeichert sind (z. B. für den Zugriff auf URIs in der Cloud, im Internet usw.). Der Hauptgrund für die Einführung dieser Schicht ist, dass sich Cloud-Anwendungen in der Regel über den OAuth-Standard authentifizieren (siehe Abschnitt 2.2.3, »OAuth«), während Sie im Backend möglicherweise eine RFC-Autorisierung über den SAP Java Connector oder andere Authentifizierungsmittel verwenden.

Um den SAP-Connectivity-Service zu aktivieren, klicken Sie auf den Menüpunkt **Service Marketplace** Ihres SAP BTP Cockpit und suchen Sie nach »Connectivity« (siehe Abbildung 4.20).

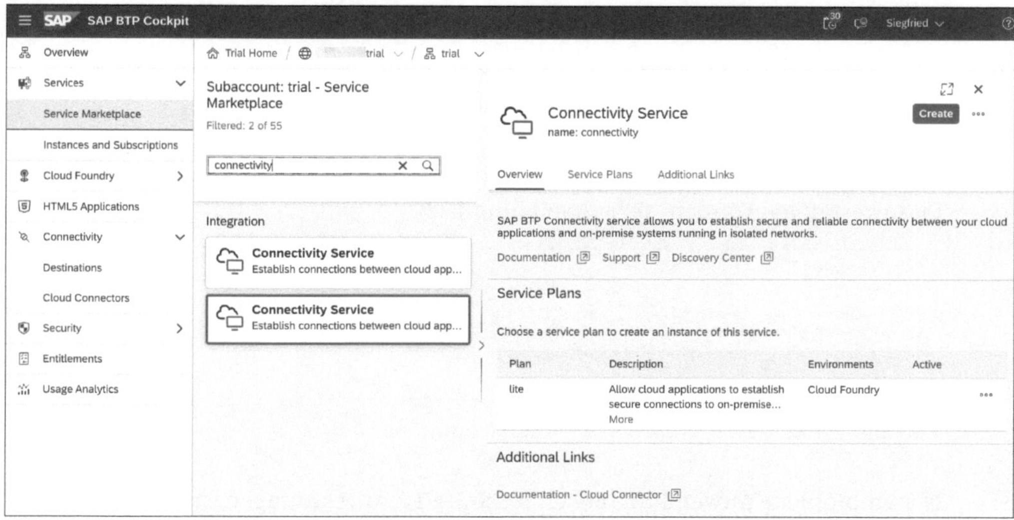

Abbildung 4.20 Nach dem SAP-Connectivity-Service im Service Marketplace suchen

Beachten Sie, dass zwei *Servicepläne* zur Verfügung stehen. Wählen Sie den Menüeintrag mit dem Serviceplan **lite**, wie in Abbildung 4.20 dargestellt, und klicken Sie auf die Schaltfläche **Create** in der oberen rechten Ecke. Auf dem nächsten Bildschirm (siehe Abbildung 4.21) können Sie die Standardwerte beibehalten und lediglich einen aussagekräftigen Namen in das Feld **Instance Name** eingeben. Bestätigen Sie die Eingabe mit einem Klick auf **Create**.

Abbildung 4.21 Instanzerstellung für den SAP-Connectivity-Service

Die Serviceinstanz wird erstellt, und Sie sehen einen Informationsdialog, den Sie mit **Close** bestätigen können (siehe Abbildung 4.22).

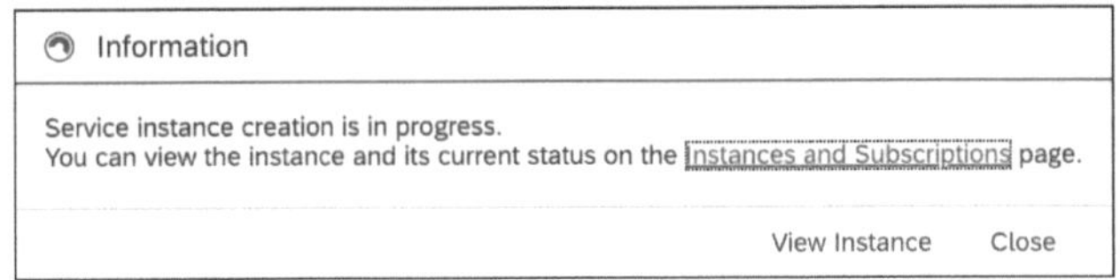

Abbildung 4.22 Bestätigung der Serviceerstellung

Der empfohlene Anwendungsablauf für SAP-BTP-Anwendungen ist wie folgt:

1. Bestimmen Sie die zu verwendende Destination (z. B. über die Anwendungskonfiguration).
2. Lesen Sie die Destination-Informationen aus dem SAP-Destination-Service.
3. Richten Sie den Verbindungs-Proxy über den SAP-Connectivity-Service ein.

Für den Zugriff auf die Destination-Informationen in Schritt 2 wird die SAP-Connectivity-Service-API verwendet. Um auf die API-Referenz zuzugreifen, öffnen Sie *https://api.sap.com/* in Ihrem Webbrowser. Klicken Sie unter **Explore • Categories** auf **APIs** (siehe Abbildung 4.23).

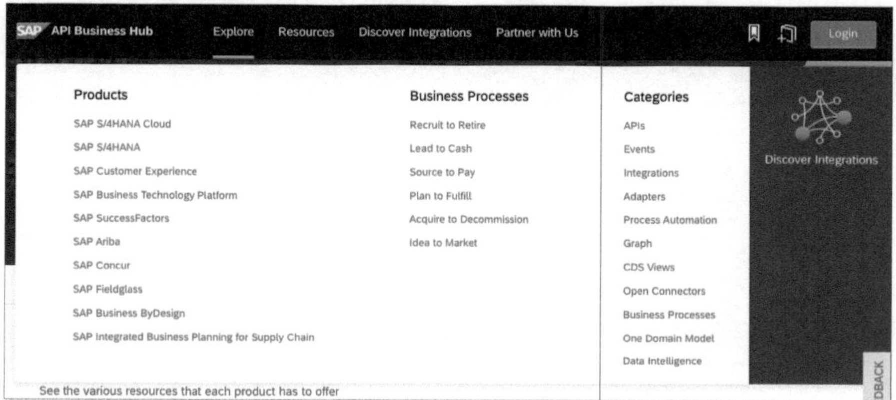

Abbildung 4.23 Suche nach APIs: Menüeintrag im SAP Business Accelerator Hub

Im Abschnitt **APIs** des SAP Business Accelerator Hub geben Sie »Connectivity« in das Suchfeld ein und wählen die Kachel **SAP Connectivity Service** (siehe Abbildung 4.24).

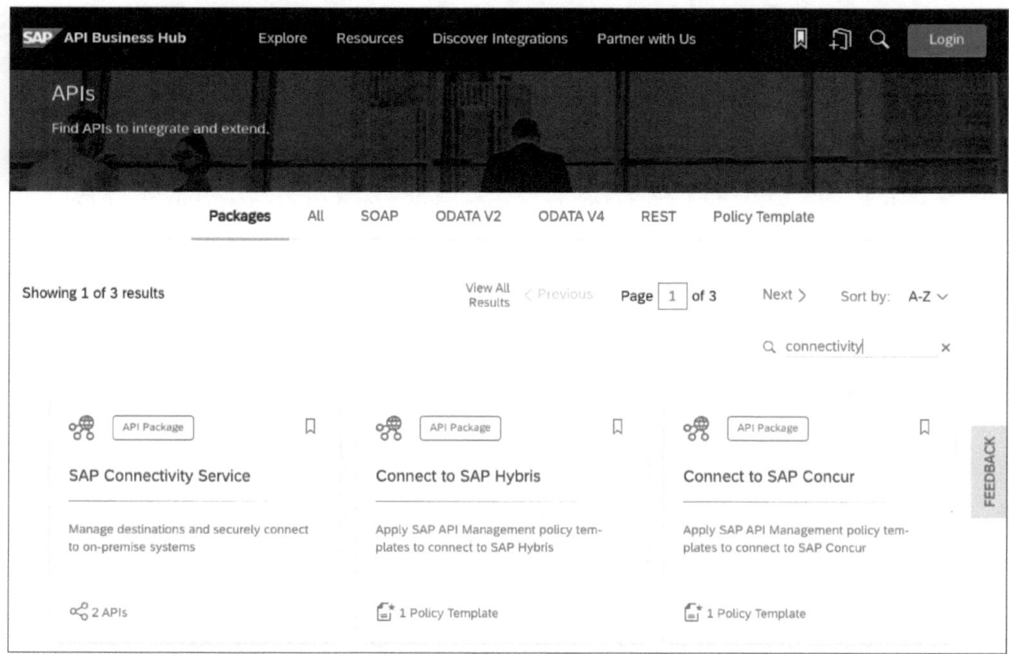

Abbildung 4.24 Nach dem SAP-Connectivity-Service in SAP Business Accelerator Hub suchen

Auf dem folgenden Bildschirm können Sie zwischen den Implementierungen für die Neo- oder Cloud-Foundry-APIs wählen (siehe Abbildung 4.25).

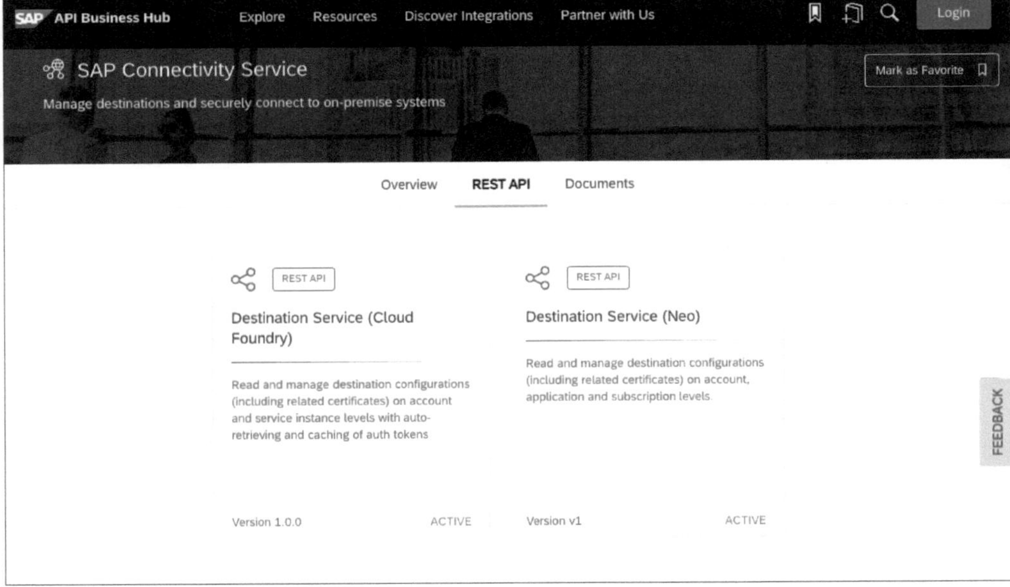

Abbildung 4.25 Auswahl zwischen Neo- und Cloud-Foundry-APIs

Zu den möglichen Operationen gehören das Auffinden von Destinations anhand ihrer Namen (global oder auf der Ebene des Subaccounts) und der Zugriff auf die Eigenschaften. Falls vorhanden, kann auch auf Zertifikate zugegriffen werden. Dadurch erhalten Ihre Entwicklerinnen und Entwickler die Informationen, die im Destination Service vorhanden sind. Diese Informationen können nun für den Zugriff auf On-Premise-Systeme über den SAP-Connectivity-Service verwendet werden.

Weitere Informationen finden Sie im Internet unter *http://s-prs.de/v970703*.

Ausblick

Für die Zukunft hat SAP angekündigt, eine REST-API einzuführen, die die Verwaltung aktiver und passiver Subaccount-Zertifikate ermöglicht, was eine unterbrechungsfreie Rotation von Signierzertifikaten ermöglicht. Derzeit ist dies nur für das SAP BTP, Cloud Foundry Environment angekündigt. Weitere Informationen und Informationen über andere angekündigte Funktionen finden Sie unter *http://s-prs.de/v970704*.

4.4 Zusammenfassung

In diesem Kapitel haben Sie die Vorteile der Verwendung einer Abstraktionsschicht für Destinations in Anwendungen im Allgemeinen und in SAP BTP im Besonderen kennengelernt. Wie gezeigt, sorgen die bereitgestellten Werkzeuge dafür, dass die Verbindungen zentral verwaltet und innerhalb Ihrer Anwendungen einfach genutzt werden können. Beachten Sie die folgenden Punkte:

- Die Namen der Destinations sollten einem Schema folgen, entweder einem anwendungsorientierten Namenschema wie »Finanzsystem« oder einem eher technischen Namensschema wie »SAP_FI«. Wir empfehlen die Verwendung von Konstanten, die nach dem Transport durch die Systemlandschaft nicht mehr geändert werden müssen.
- Machen Sie sich Gedanken über die Ebene des Verbindungsaufbaus. Handelt es sich um globale Verbindungen oder sollten sie auf der Anwendungsebene stattfinden (was möglicherweise bedeutet, dass mehrere Destinations auf dasselbe Backend-System verweisen)? Diese Frage lässt sich nicht pauschal für alle Szenarien beantworten.
- Stellen Sie sicher, dass Sie die Verantwortlichkeiten für Verbindungen dokumentieren. Nach der Modellierung einiger Destinations innerhalb von SAP BTP verlieren Sie möglicherweise den Überblick, wofür die Destination verwendet wurde.
- Bei jeder Verbindung, die Zertifikate verwendet, sollte das Ablaufdatum der Zertifikate ordnungsgemäß überwacht werden.

TEIL II

Arbeiten mit dem Cloud Connector

Kapitel 5

SAP Web IDE

SAP Web IDE ist eine integrierte Entwicklungsumgebung für die Entwicklung von Anwendungen für SAP-On-Premise-Systeme und für SAP BTP. Sie bietet Entwicklerinnen und Entwicklern eine einfache und schnelle Möglichkeit, Anwendungen für SAP-Systeme zu erstellen und zu testen. Insbesondere im Bereich der SAP-Fiori-Entwicklung müssen Entwicklerinnen und Entwickler häufig innerhalb von SAP Web IDE arbeiten.

SAP Web IDE ist eine webbasierte, erweiterbare Entwicklungsumgebung, die die Entwicklung von End-to-End-Geschäftsanwendungen vereinfacht. SAP Web IDE wird hauptsächlich für die Entwicklung und Erweiterung von SAP-Fiori-Apps eingesetzt. Für viele Unternehmen ist SAP Web IDE der erste Berührungspunkt mit SAP Business Technology Platform (SAP BTP). Ohne SAP Web IDE war es zunächst nicht möglich, Entwicklungen im SAPUI5- oder SAP-Fiori-Umfeld durchzuführen. SAP Web IDE ist nur im *SAP BTP, Neo Environment* verfügbar. Inzwischen wurde SAP Web IDE durch *SAP Business Application Studio* abgelöst. Dieser Nachfolger wird ausschließlich in der *Cloud-Foundry-Umgebung* angeboten. (Kapitel 6 geht detailliert auf SAP Business Application Studio ein.) Viele Kunden, die SAP Web IDE lizenziert haben, nutzen es weiterhin und migrieren vorerst noch nicht in Richtung SAP Business Application Studio.

In Abschnitt 5.1, »Aktivierung und Konfiguration«, zeigen wir, wie Sie SAP Web IDE aktivieren und konfigurieren. Anschließend zeigen wir Ihnen in Abschnitt 5.2, »OData-Services von einem On-Premise-ABAP-System konsumieren«, wie SAP Web IDE über den Cloud Connector an die On-Premise-Landschaft angebunden wird. Dabei geht es zum einen um die Nutzung von OData-Services, zum anderen um die Bereitstellung von Anwendungen auf einem SAP-On-Premise-System. Da die Verwaltung von Quellcode ein zentrales Thema ist, widmen wir uns in Abschnitt 5.3, »Verbindung zu einem On-Premise-Git-Repository herstellen«, der Anbindung eines On-Premise-Git-Servers. In Abschnitt 5.4, »Einen OData-Service aus einem Cloud-System konsumieren«, zeigen wir Ihnen schließlich, wie Sie OData-Services aus Cloud-Systemen nutzen können.

5.1 Aktivierung und Konfiguration

SAP Web IDE wird in einem Neo-Subaccount bereitgestellt. Sie ist im Standard nicht aktiviert und muss daher von Ihnen aktiviert werden. SAP Web IDE ist jedem Neo-Subaccount zugeordnet. Daher müssen Sie keine zusätzlichen Entitlements konfigurieren. Öffnen Sie das SAP BTP Cockpit des gewünschten Subaccounts. Navigieren Sie im Seitenmenü zum Abschnitt **Services**. Suchen Sie die Kachel **SAP Web IDE Full-Stack**, wie in Abbildung 5.1 dargestellt, und klicken Sie darauf, um zu den Details des Services zu gelangen.

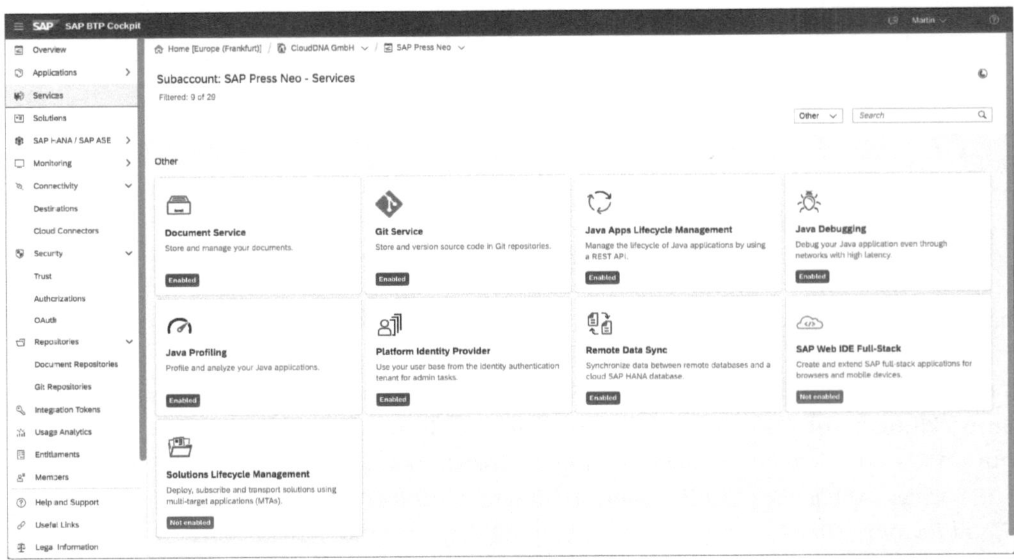

Abbildung 5.1 SAP BTP, Neo Environment – Übersicht

Der Service sollte noch nicht aktiviert sein. Klicken Sie daher auf **Enable**, um den Service zu aktivieren (siehe Abbildung 5.2). Die Aktivierung sollte nach ein paar Sekunden abgeschlossen sein.

Prüfen Sie nun, ob der Dienst den Status **Enabled** hat, wie in Abbildung 5.3 dargestellt. Wenn ein Fehler auftritt, müssen Sie ein Support-Ticket bei SAP erstellen.

Wenn Sie den Dienst wieder deaktivieren möchten, können Sie dies tun, indem Sie auf **Disable** klicken. Sie müssen die Deaktivierung bestätigen, wie in Abbildung 5.4 dargestellt. Sie werden auch darauf hingewiesen, dass ein deaktivierter Dienst erst nach 72 Stunden wieder aktiviert werden kann.

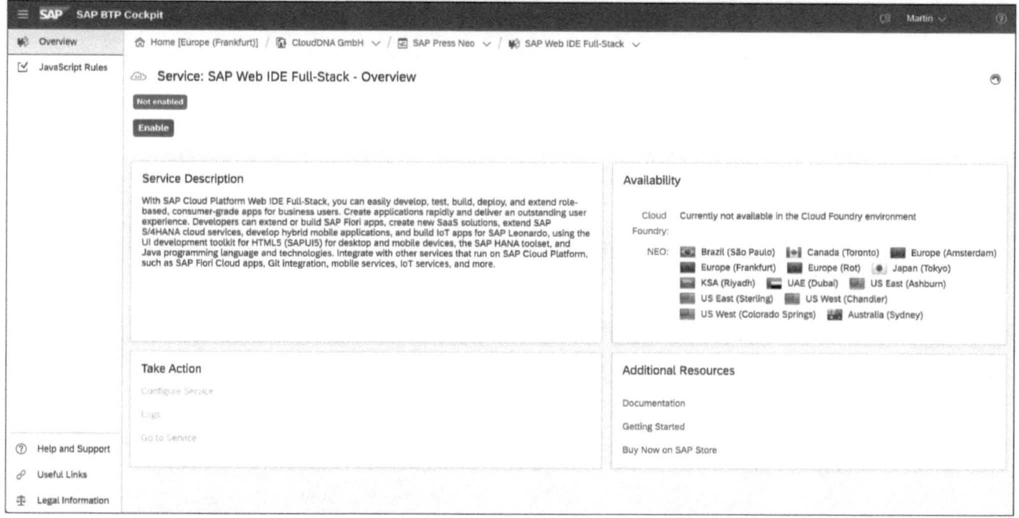

Abbildung 5.2 SAP Web IDE Full-Stack

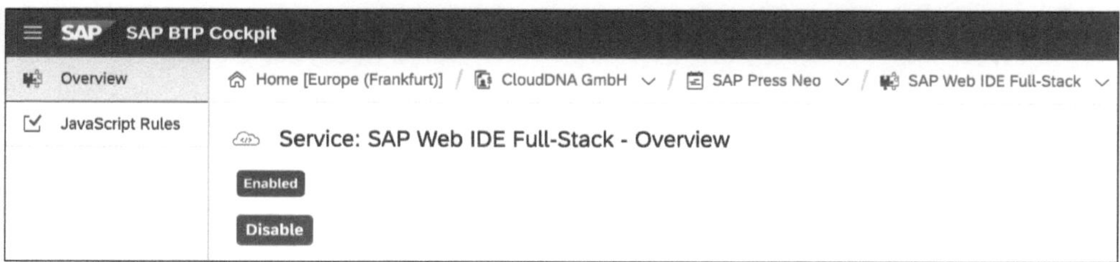

Abbildung 5.3 SAP Web IDE – Aktivierungsstatus

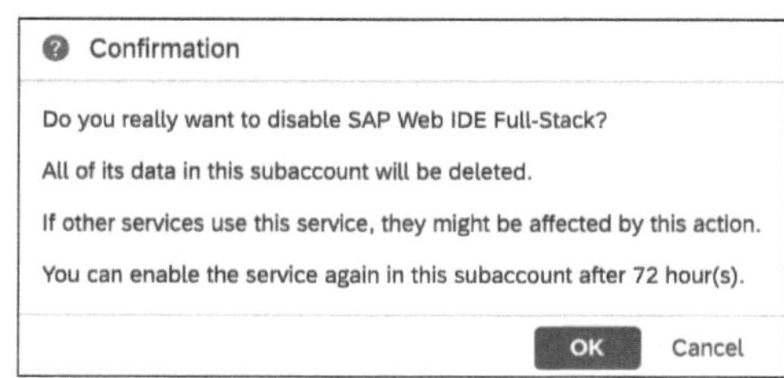

Abbildung 5.4 SAP Web IDE – Deaktivierung

Klicken Sie anschließend im Abschnitt **Take Action** auf den Link **Configure Service** (siehe Abbildung 5.5).

Abbildung 5.5 SAP Web IDE – Konfiguration

Öffnen Sie im Seitenmenü den Abschnitt **Roles**. Wählen Sie die Rolle **DiDeveloper** (siehe Abbildung 5.6).

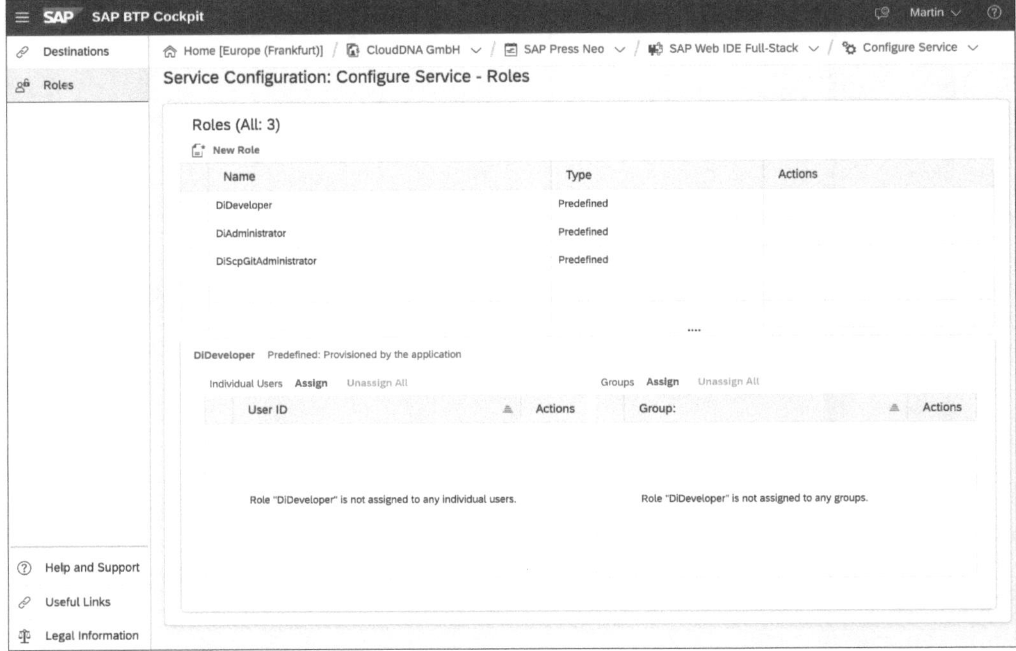

Abbildung 5.6 SAP Web IDE – Rollen

Klicken Sie im Abschnitt **DiDeveloper • Individual Users** auf **Assign**, um einen Benutzer zuzuweisen. Das in Abbildung 5.7 dargestellte Dialogfeld wird angezeigt. Geben Sie die Benutzer-ID des gewünschten Benutzers ein.

Um auf SAP Web IDE zugreifen zu können, ist ein weiterer Schritt erforderlich: Die *Principal Propagation* muss aktiviert werden. Damit wird die Identität eines Benutzers an SAP Web IDE weitergegeben. Navigieren Sie dazu im Seitenmenü zum Bereich **Security • Trust**. Öffnen Sie die Registerkarte **Local Service Provider**, wie in Abbildung 5.8 dargestellt, und ändern Sie das Feld **Principal Propagation** auf **Enabled**. Klicken Sie danach auf **Save**.

Abbildung 5.7 SAP Web IDE – Rollenzuweisung

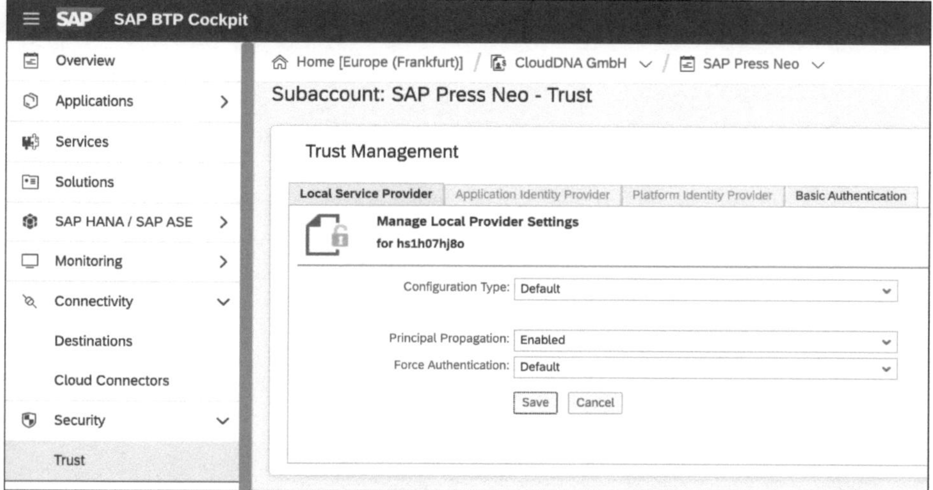

Abbildung 5.8 SAP BTP, Neo Environment – Principal Propagation

Sie haben nun alle Voraussetzungen für die Verwendung von SAP Web IDE erfüllt.

5.2 OData-Services von einem On-Premise-ABAP-System konsumieren

In den meisten Fällen müssen Sie eine Verbindung und Integration mit On-Premise-ABAP-Systemen von SAP Web IDE aus herstellen. Dies geschieht in der Regel über den Cloud Connector. In Abschnitt 5.2.1, »Cloud Connector konfigurieren«, zeigen wir Ihnen die grundlegende Konfiguration des Cloud Connectors. Danach erfahren Sie in Abschnitt 5.2.2, »Einen OData-Service konsumieren«, wie Sie OData-Services konsumieren können. In Abschnitt 5.2.3, »Deployment in ein On-Premise-ABAP-System«, befassen wir uns mit der Bereitstellung bzw. dem Deployment von Anwendungen für das On-Premise-ABAP-System.

5.2.1 Cloud Connector konfigurieren

Ein Subaccount wird in der Neo-Umgebung durch seinen technischen Namen identifiziert. Dieser wird beim Anlegen des Subaccounts automatisch vergeben und kann von Ihnen nicht geändert werden. Lediglich den Anzeigenamen können Sie selbst vergeben – aus technischer Sicht ist dies jedoch unerheblich. Wechseln Sie im Seitenmenü in den Bereich **Overview**. Dort finden Sie den technischen Namen (**Technical Name**), wie in Abbildung 5.9 dargestellt.

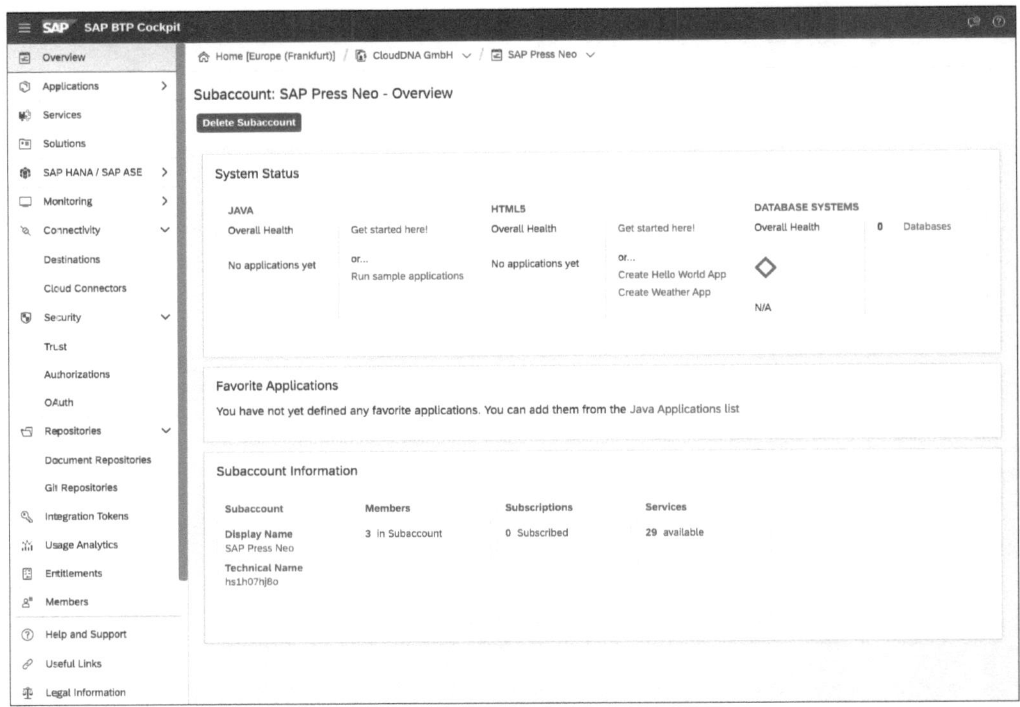

Abbildung 5.9 Technischen Namen des Subaccounts ermitteln

Loggen Sie sich nun in den Cloud Connector ein, und fügen Sie einen neuen Subaccount hinzu. Die zur Herstellung der Verbindung erforderlichen Informationen sind in Abbildung 5.10 dargestellt. Wählen Sie im Feld **Region** zunächst die Region aus, in der sich Ihr Subaccount befindet. Geben Sie dann in das Feld **Subaccount** den technischen Namen des Subaccounts ein, den Sie zuvor festgelegt haben. Eine Eingabe für **Display Name** ist optional und muss nicht mit dem Anzeigenamen des Subaccounts übereinstimmen. Geben Sie dann in das Feld **Subaccount User** einen Benutzer mit den erforderlichen Rechten und in das Feld **Password** das entsprechende Passwort des Benutzers ein. Nachdem Sie Ihre Angaben gespeichert haben, wird die Verbindung zum Subaccount hergestellt.

Der neu hinzugefügte Subaccount sollte nun in der Übersicht der Subaccounts angezeigt werden (siehe Abbildung 5.11).

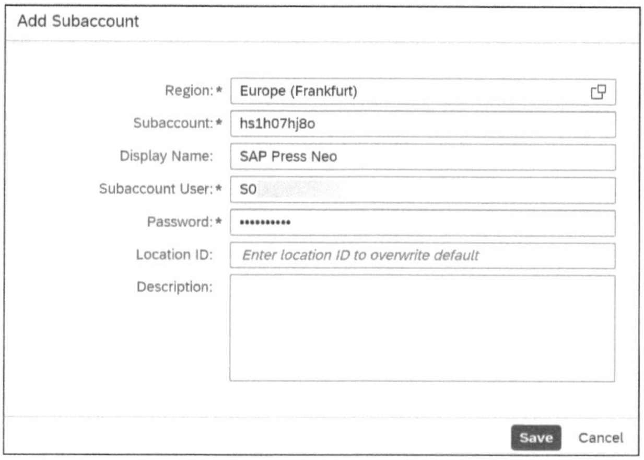

Add Subaccount

Region:* Europe (Frankfurt)
Subaccount:* hs1h07hj8o
Display Name: SAP Press Neo
Subaccount User:* S0
Password:* ••••••••••
Location ID: Enter location ID to overwrite default
Description:

Save Cancel

Abbildung 5.10 Subaccount im Cloud Connector hinzufügen

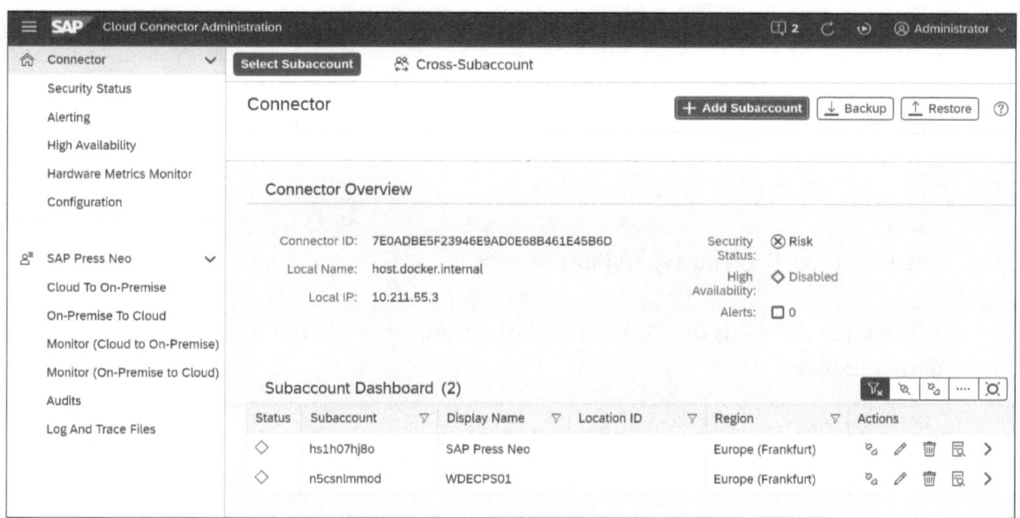

Abbildung 5.11 Subaccountübersicht

Sie müssen nun die Systemzuordnung erstellen. Springen Sie dazu zu den Details der zuvor erstellten Verbindung (siehe Abbildung 5.12). Öffnen Sie dann im Seitenmenü den Bereich **Cloud To On-Premise**. Klicken Sie dann auf das Symbol [+] in der Registerkarte **Access Control**.

Wählen Sie im Dialog zur Erstellung des System-Mappings aus der Dropdown-Liste **Backend-Typ** die Option **ABAP-System**, wie in Abbildung 5.13 dargestellt. Klicken Sie dann auf **Next**.

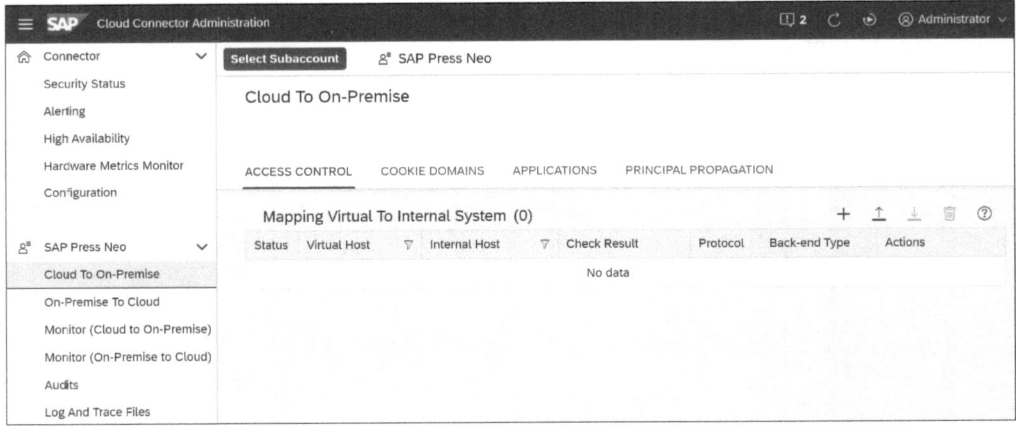

Abbildung 5.12 System-Mapping hinzufügen

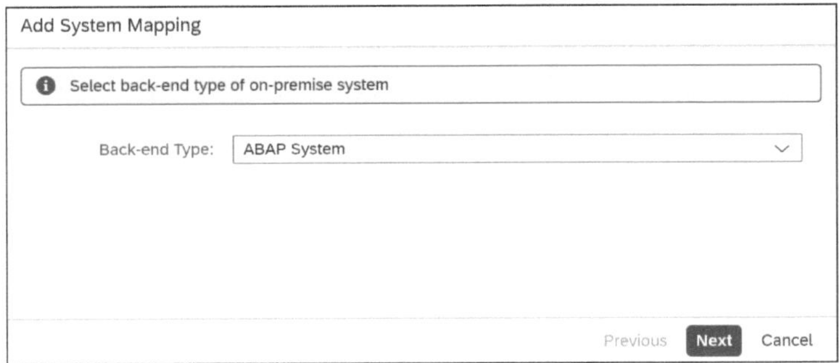

Abbildung 5.13 Backend-Typ festlegen

Wählen Sie **HTTP** aus der Dropdown-Liste **Protocol** (siehe Abbildung 5.14). Klicken Sie dann auf **Next**.

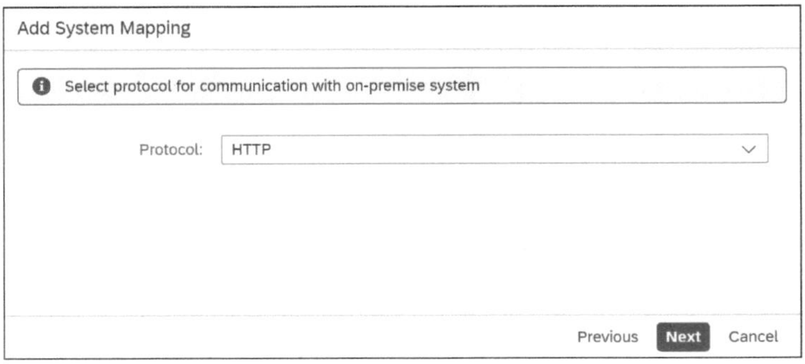

Abbildung 5.14 Protokoll auswählen

Geben Sie den Hostnamen des ABAP-Systems in das Feld **Internal Host** und die entsprechende Portnummer in das Feld **Internal Port** ein (siehe Abbildung 5.15). Sie können den Hostnamen und den Port im ABAP-System über Transaktion SMICM ermitteln. Klicken Sie dann auf **Next**.

Add System Mapping

Enter internal (on-premise) host and port

Internal Host: *

Internal Port: * 8001

Previous Next Cancel

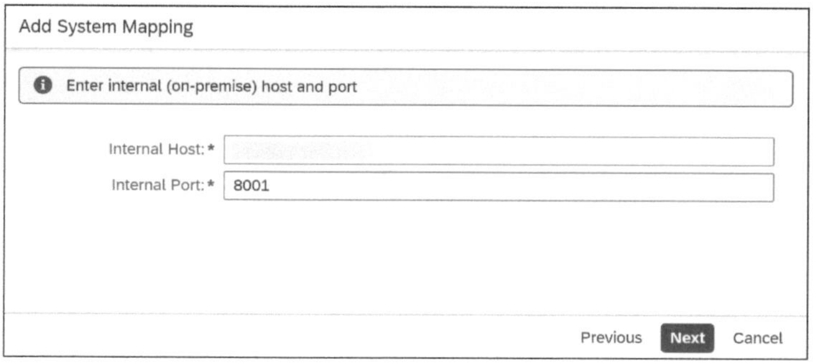

Abbildung 5.15 Internen Host und Port pflegen

Geben Sie im nächsten Fenster nun den Virtual Host und Virtual Port des Systems ein (siehe Abbildung 5.16). Dieser sollte sich von dem internen Hostnamen unterscheiden. Unter diesem Namen kann das System vom Subaccount aus angesprochen werden. Klicken Sie dann auf **Next**.

Add System Mapping

It is recommended to use a virtual (cloud-side) name that is different from internal name

Virtual Host: * s4d

Virtual Port: * 8000

Previous Next Cancel

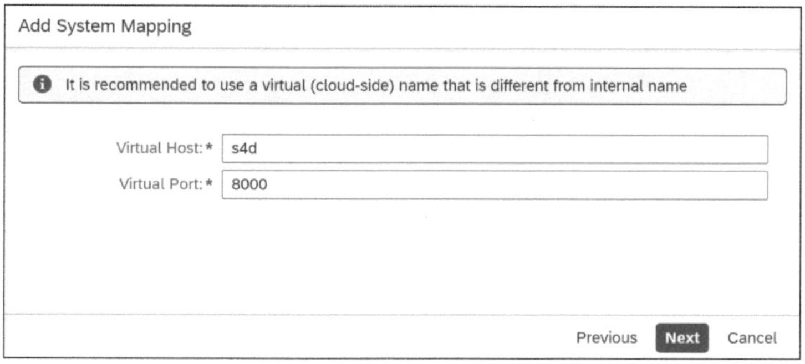

Abbildung 5.16 Virtuellen Host und Port festlegen

Deaktivieren Sie die **Principal Propagation**, indem Sie das Kontrollkästchen nicht markieren (siehe Abbildung 5.17). Klicken Sie dann auf **Next**.

Sie können nun im Request-Header festlegen, welcher Host übertragen werden soll (siehe Abbildung 5.18). Klicken Sie dann auf **Next**.

Optional können Sie eine Beschreibung eingeben (siehe Abbildung 5.19). Klicken Sie dann auf **Next**.

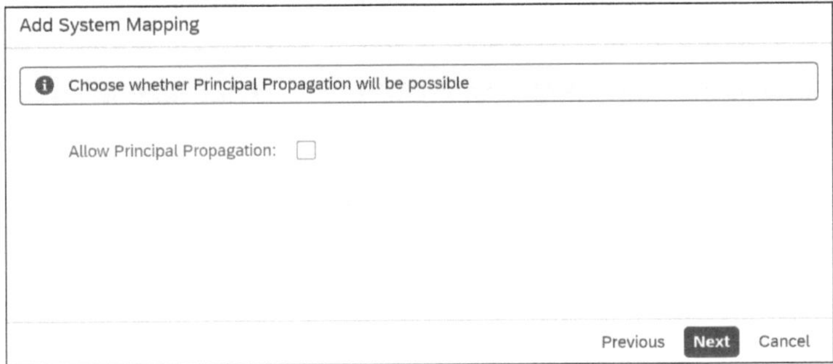

Abbildung 5.17 Principal Propagation konfigurieren

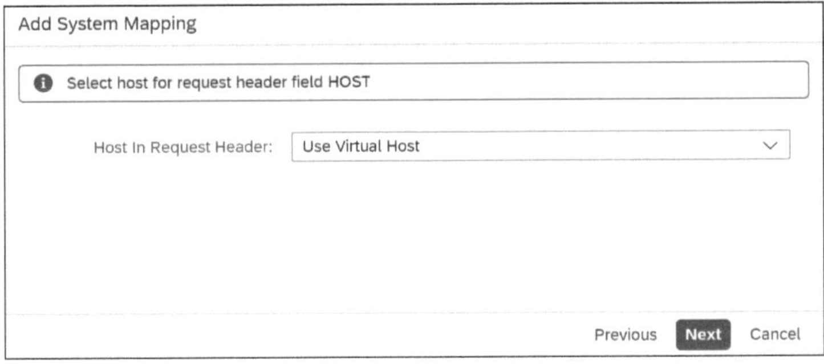

Abbildung 5.18 Header-Einstellungen für den Quellserver (Host Origin)

Abbildung 5.19 Beschreibung hinzufügen

Schließlich wird eine Zusammenfassung angezeigt. Klicken Sie auf **Finish**, um das Mapping zu erstellen (siehe Abbildung 5.20).

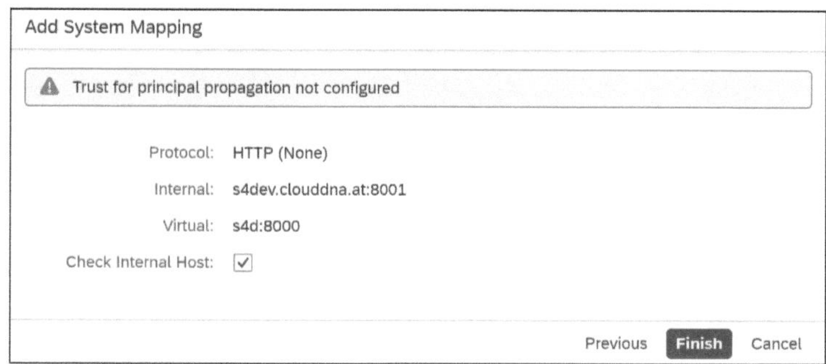

Abbildung 5.20 Bestätigung des System-Mappings

Im nächsten Schritt müssen Sie die Ressourcen des ABAP-Systems freigeben (siehe Abbildung 5.21). Klicken Sie dazu auf das Symbol + im Bereich **Resources**.

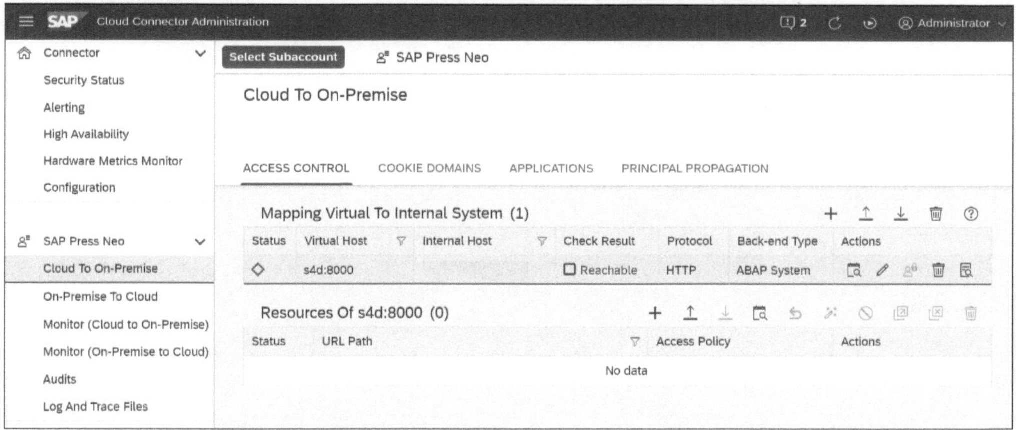

Abbildung 5.21 Ressourcen-Mapping konfigurieren

Geben Sie in das Feld **URL Path** den Pfad ein, den Sie freigeben möchten, wie in Abbildung 5.22 dargestellt. Sie können z. B. den Pfad »/sap« angeben. Damit können Sie nicht nur auf alle OData-Services zugreifen, sondern auch auf die Funktionen, die für die Bereitstellung der Anwendungen erforderlich sind. Wählen Sie für die **Access Policy** die Option **Path and All Sub-Paths**. Klicken Sie dann auf **Save**.

Im SAP BTP Cockpit können Sie nun prüfen, ob die Ressourcenfreigabe im Cloud Connector sichtbar ist. Navigieren Sie dazu in den Bereich **Connectivity • Cloud Connectors**. Dort können Sie im Bereich **Exposed Back-End Systems** sehen, dass Ressourcen verfügbar sind (siehe Abbildung 5.23).

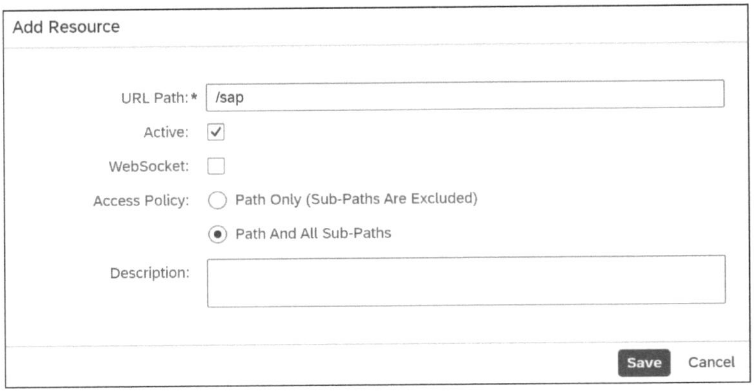

Add Resource

URL Path:* /sap
Active:
WebSocket:
Access Policy: Path Only (Sub-Paths Are Excluded)
Path And All Sub-Paths
Description:

Save Cancel

Abbildung 5.22 Ressource hinzufügen

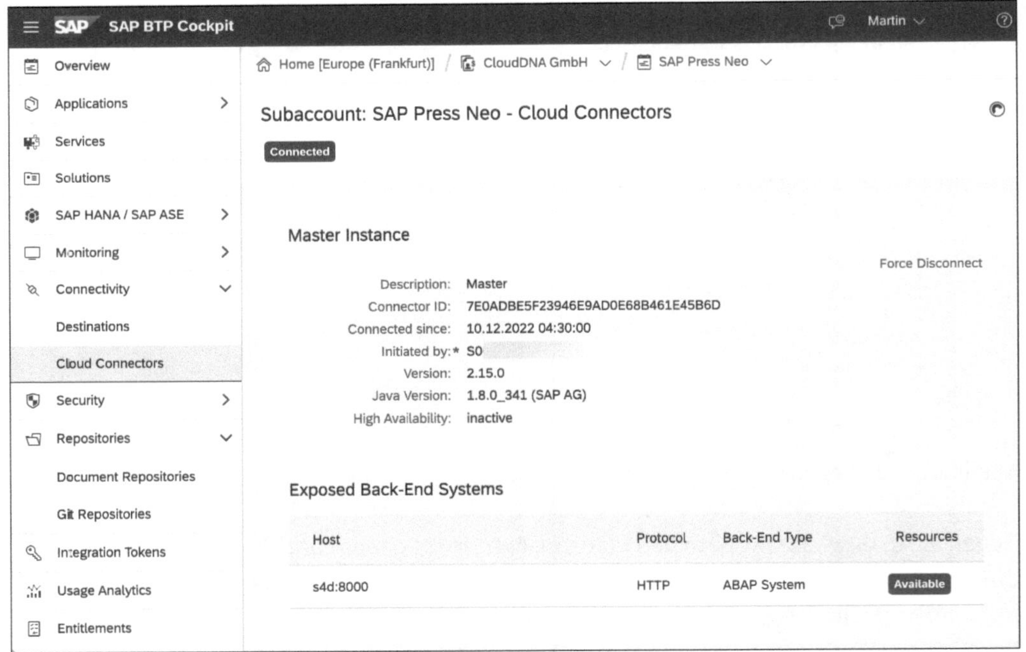

Abbildung 5.23 Verbindungsstatus in SAP BTP, Neo Cockpit prüfen

Sie haben nun die erforderliche Konfiguration im Cloud Connector abgeschlossen.

5.2.2 Einen OData-Service konsumieren

Die Nutzung von OData-Services ist ein üblicher Anwendungsfall für SAP-Fiori-Apps dar. Für die Entwicklung in SAP Web IDE bedeutet dies, dass der OData-Service über den *SAP-Connectivity-Service* angesprochen wird. In vielen Fällen werden die OData-Services von On-Premise-ABAP-Systemen konsumiert. Hier kommt der Cloud Connector ins Spiel. Sie müssen nur den Namen des virtuellen Hosts kennen und eine Destination für die Nutzung erstellen. Navigieren Sie dazu zum Bereich **Connectivity • Destinations** im Seitenmenü, wie in Abbildung 5.24 dargestellt. Klicken Sie auf **New Destination**.

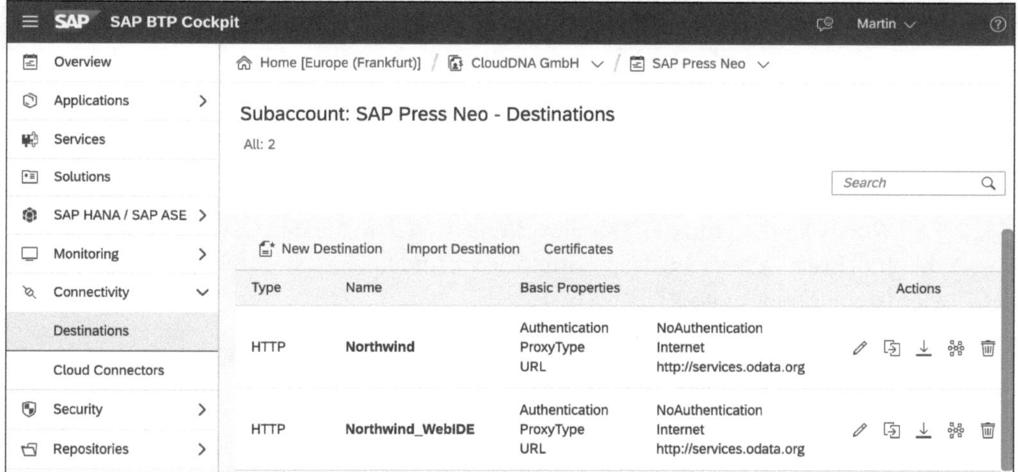

Abbildung 5.24 Destination-Übersicht

Vergeben Sie einen beschreibenden Namen für die Destination. Geben Sie in das Feld **URL** den virtuellen Host und das Protokoll ein. In dem in Abbildung 5.25 gezeigten Beispiel ist dies http://s4d:8000.

Abbildung 5.25 Destination hinzufügen

Wählen Sie **OnPremise** für **Proxy Type**. Definieren Sie drei weitere Eigenschaften. Weisen Sie der Eigenschaft **WebIDESystem** einen beschreibenden Namen zu, z. B. die System-ID Ihres On-Premise-ABAP-Systems. Weisen Sie der Eigenschaft **WebIDEEnabled** den Wert »true« zu. Darüber hinaus müssen Sie der Eigenschaft **WebIDEUsage** die Werte »odata_abap«, »dev_abap« und »ui5_execute_abap« zuweisen. Klicken Sie abschließend auf **Save**, um die Destination zu speichern.

Vergessen Sie nicht, einen Verbindungstest durchzuführen. Klicken Sie dazu auf **Check Connection**. Dieser Test sollte das in Abbildung 5.26 gezeigte Ergebnis liefern.

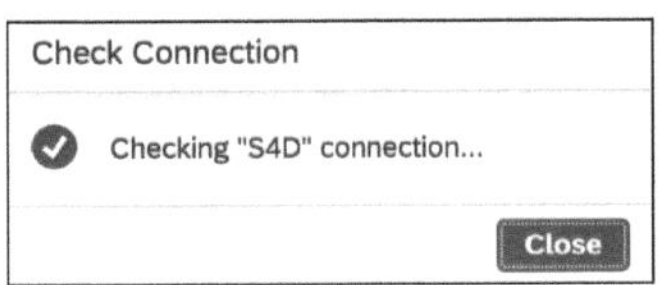

Abbildung 5.26 Verbindung testen

Sie können nun den OData-Service in SAP Web IDE konsumieren. Öffnen Sie dazu SAP Web IDE und dann das SAP-Fiori-Projekt, in dem Sie den OData-Service verwenden möchten. Öffnen Sie das Kontextmenü, und klicken Sie auf **Import • OData Service** (siehe Abbildung 5.27).

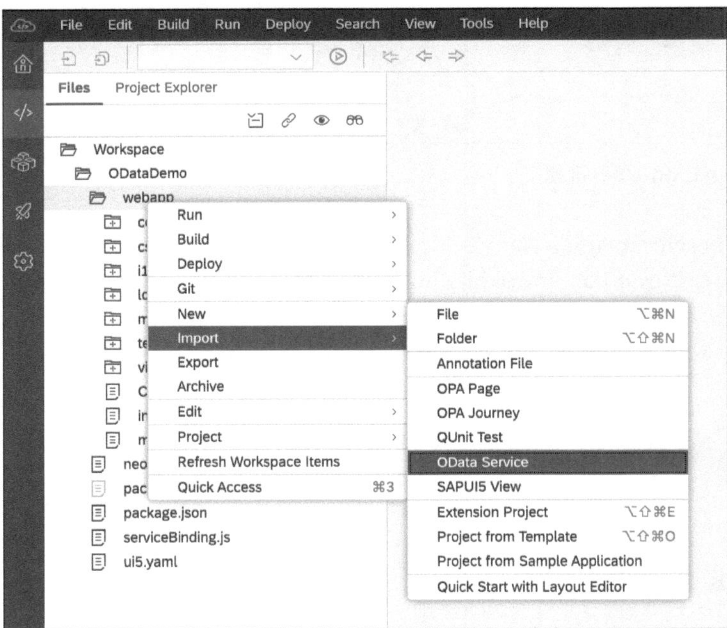

Abbildung 5.27 OData-Service hinzufügen

Wählen Sie nun im Seitenmenü den Eintrag **Service Catalog**. Wählen Sie dann die zuvor erstellte Destination aus dem Dropdown-Menü aus (siehe Abbildung 5.28).

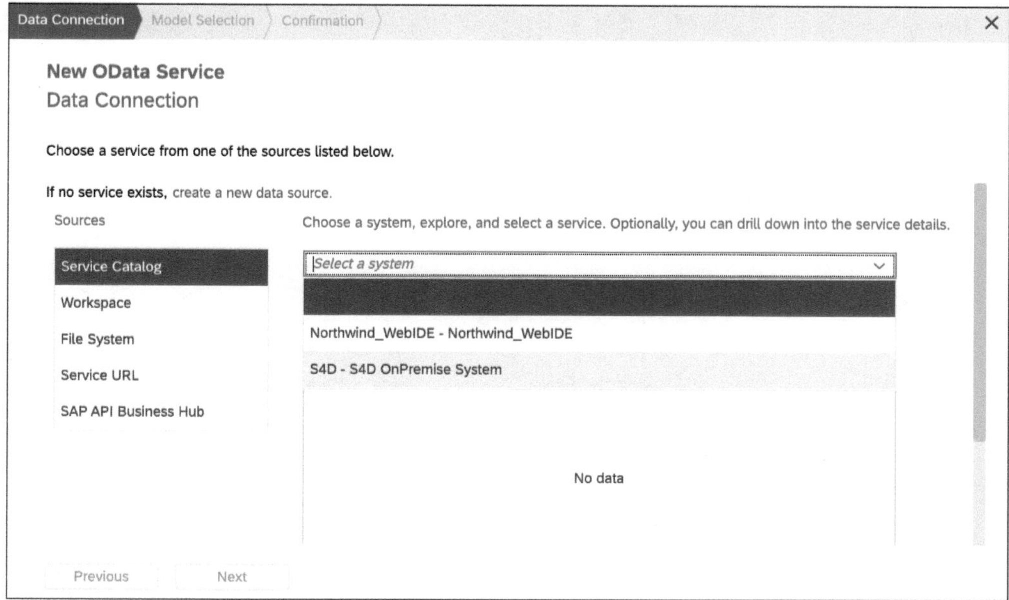

Abbildung 5.28 Quellsystem auswählen

Abhängig von der Konfiguration im Backend müssen Sie sich authentifizieren. Für die Basic-Authentication müssen Sie den Benutzernamen und das Passwort eines Benutzers im ABAP-System eingeben, wie in Abbildung 5.29 dargestellt.

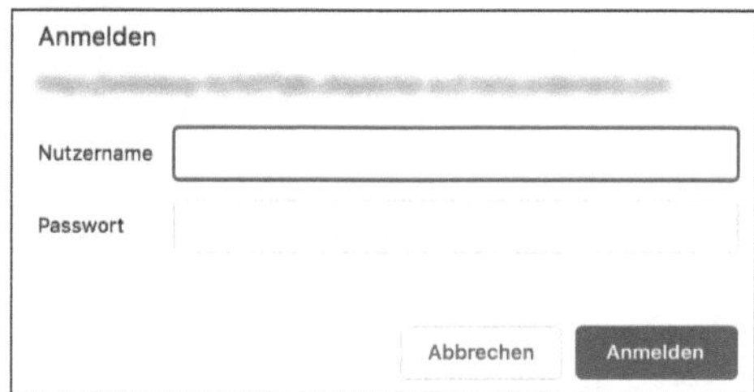

Abbildung 5.29 Zugangsdaten eingeben

Nach erfolgreicher Authentifizierung wird der Servicekatalog angezeigt. Wie in Abbildung 5.30 dargestellt, werden alle verfügbaren OData-Services angezeigt. Sie können nun den gewünschten OData-Service auswählen.

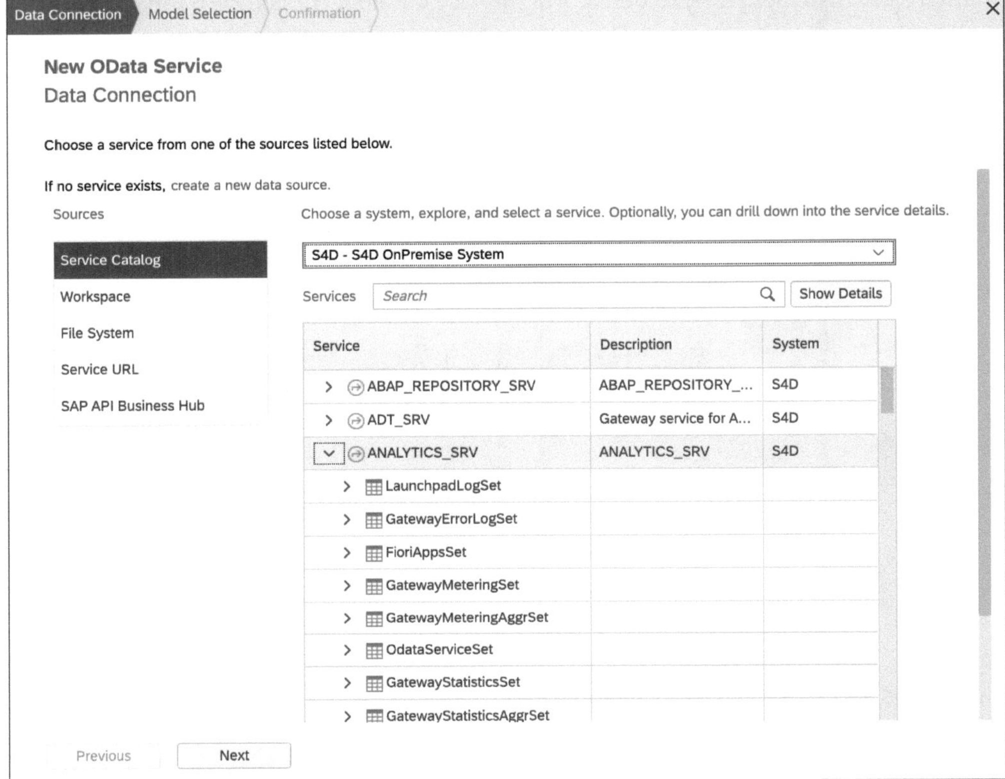

Abbildung 5.30 OData-Service auswählen

5.2.3 Deployment in ein On-Premise-ABAP-System

Das Deployment von SAP-Fiori-Apps aus SAP Web IDE in ein On-Premise-ABAP-System erfordert die gleichen Voraussetzungen wie die Nutzung von OData-Services. Um das Deployment zu starten, müssen Sie **Deploy • Deploy to SAPUI5 ABAP Repository** aus dem Kontextmenü der SAP-Fiori-App auswählen (siehe Abbildung 5.31).

Wählen Sie die Option **Deploy a New Application** beim ersten Deployment (siehe Abbildung 5.32). Wählen Sie dann die gewünschte Destination aus.

Nachdem die Destination ausgewählt wurde, werden die für das Deployment benötigten Informationen aus dem Backend geladen. Wenn Sie im Projekt eine andere SAPUI5-Version verwenden als die im Backend installierte, wird ein Hinweis angezeigt, wie in Abbildung 5.33 dargestellt.

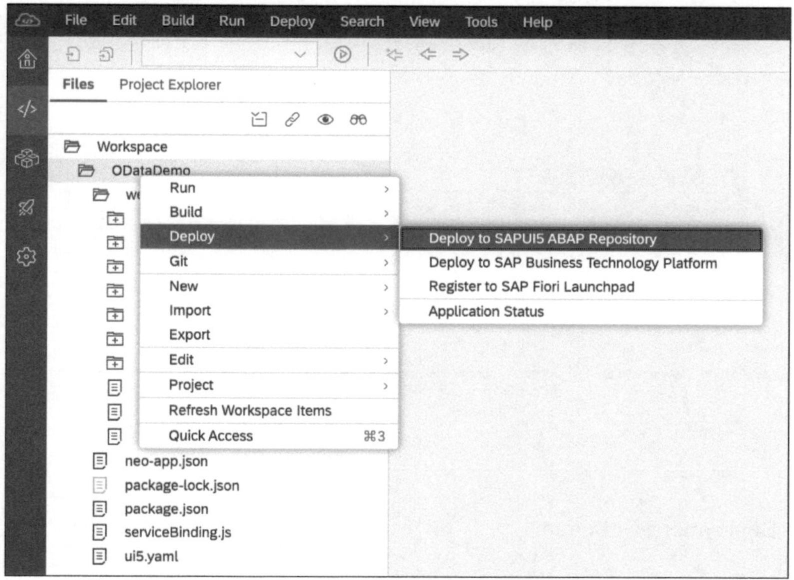

Abbildung 5.31 Deployment triggern

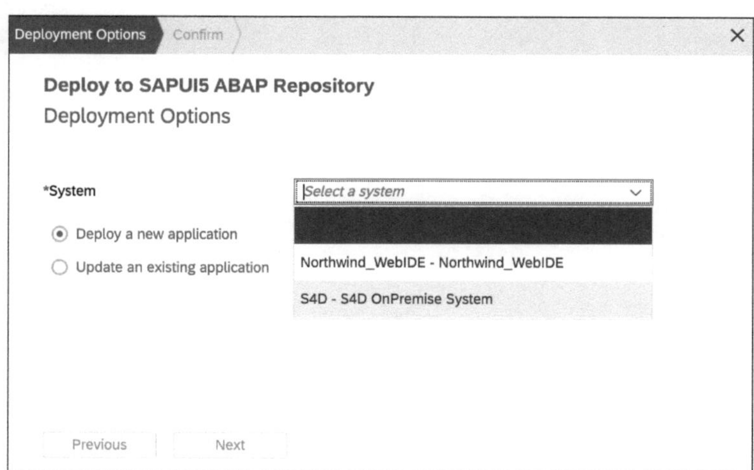

Abbildung 5.32 Zielsystem auswählen

Im nächsten Schritt müssen Sie einen Namen für die SAP-Fiori-App vergeben. Dieser Name muss im Namensraum des Kunden liegen (d. h. mit »Z« oder »Y« beginnen). Geben Sie eine aussagekräftige Beschreibung ein, und wählen Sie ein ABAP-Paket, wie in Abbildung 5.34 dargestellt.

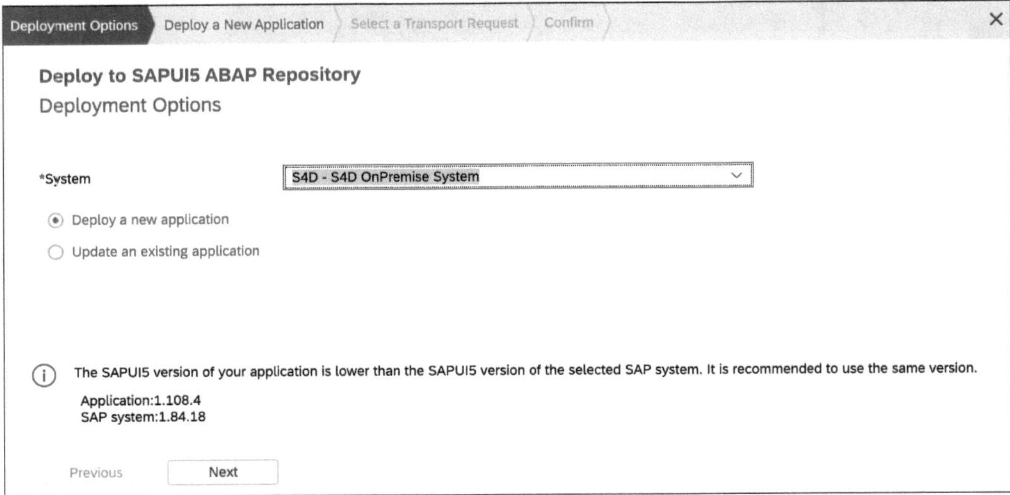

Abbildung 5.33 Deployment-Optionen

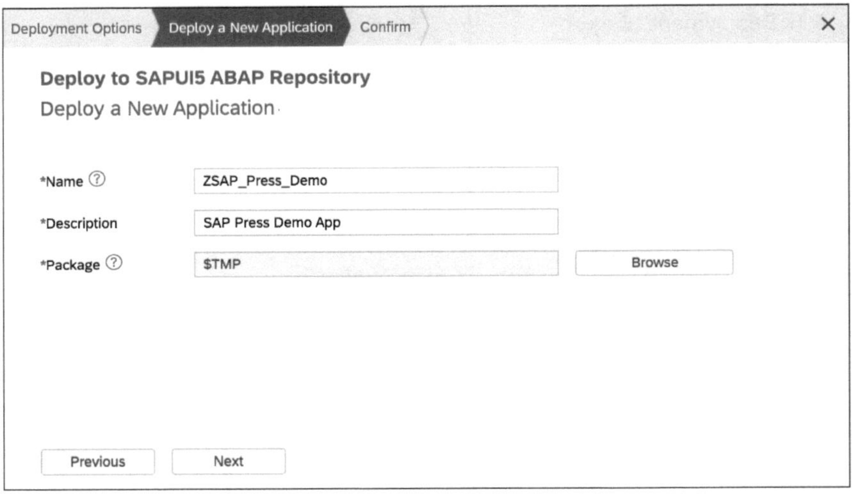

Abbildung 5.34 Deployment-Details hinzufügen

Danach müssen Sie das Deployment bestätigen (siehe Abbildung 5.35).

Anschließend wird der Build gestartet. Der Prozess kann in der Konsole verfolgt werden, wie in Abbildung 5.36 dargestellt. Nach einem erfolgreichen Build wird die Bereitstellung durchgeführt.

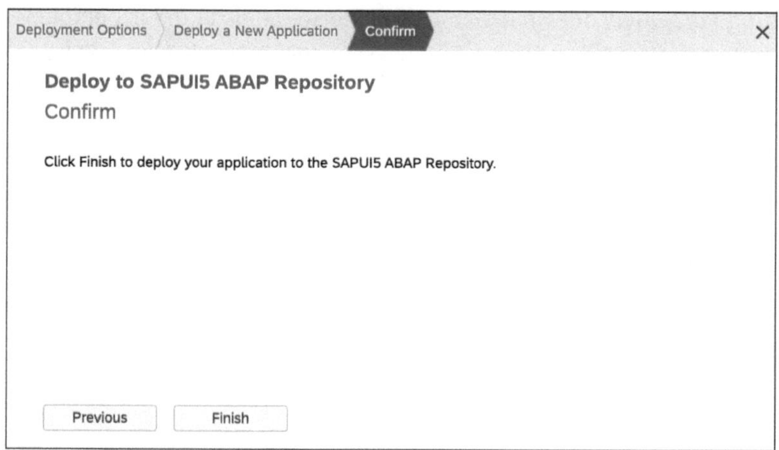

Abbildung 5.35 Deployment bestätigen

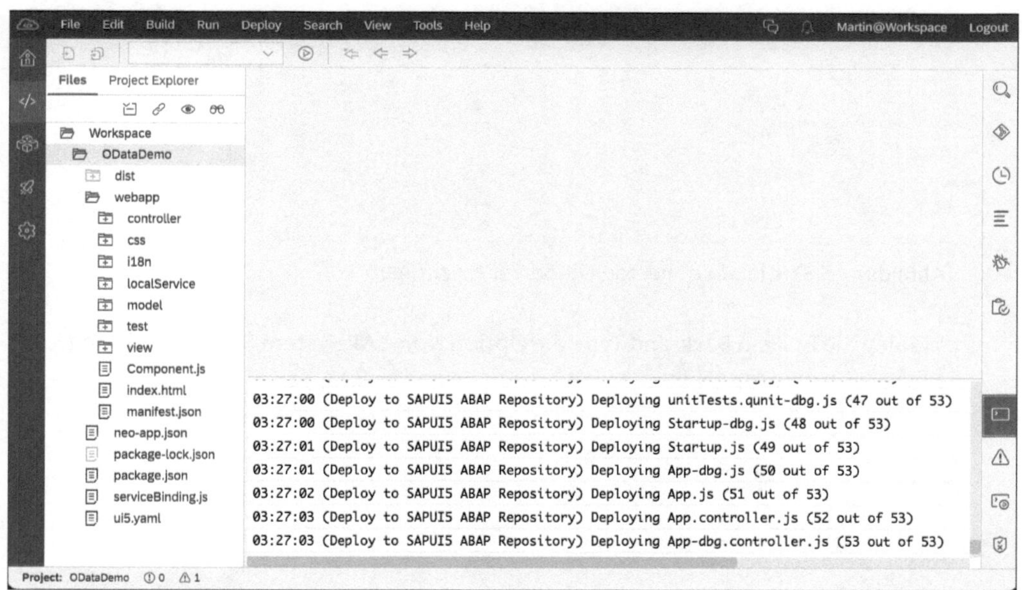

Abbildung 5.36 Deployment-Status

5.3 Verbindung zu einem On-Premise-Git-Repository herstellen

Bei der Entwicklung von Anwendungen jeglicher Art werden Sie schnell mit der Anforderung konfrontiert, den Quellcode zu verwalten. Dies geschieht einerseits, um die Entwicklung im Team zu vereinfachen, stellt aber andererseits auch die Grundlage für eine CI/CD-Pipeline (*Continuous Integration* und *Continuous Delivery*) dar.

Bei der Verwaltung von Quellcodes hat sich *Git* mittlerweile als Standard etabliert. Der *Git-Server* kann entweder öffentlich zugänglich sein oder privat gehostet werden. Wir werden uns in diesem Abschnitt der privat gehosteten Variante widmen. An dieser Stelle kommt wieder der Cloud Connector zum Einsatz. Sie müssen im ersten Schritt eine Zuordnung für den Git-Server im Cloud Connector erstellen. Öffnen Sie dazu den Cloud Connector, wählen Sie im Seitenmenü **Cloud To On-Premise**, und wählen Sie, wie in Abbildung 5.37 dargestellt, die Verbindung zum Subaccount. Klicken Sie im Bereich **Access Control** auf das Symbol [+].

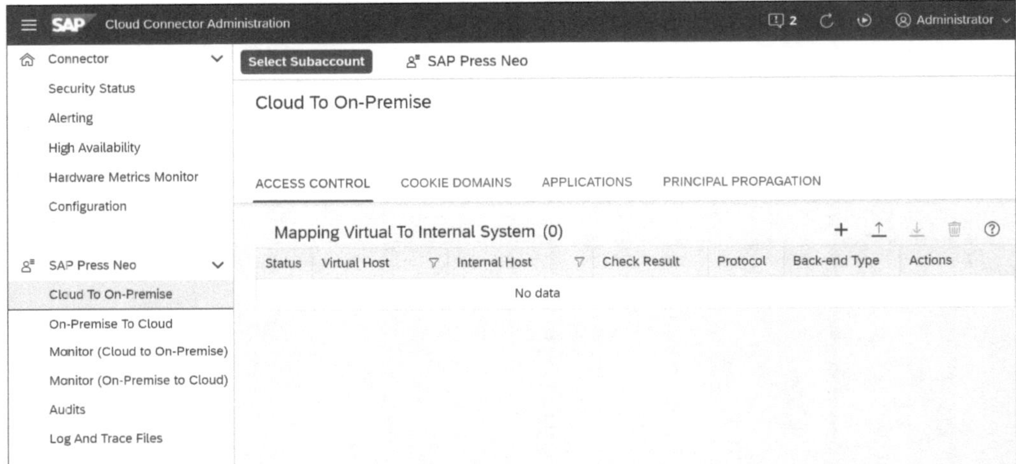

Abbildung 5.37 Cloud Connector: Git-Server hinzufügen

Wählen Sie im Feld **Back-end Type** die Option **Non-SAP System** (siehe Abbildung 5.38). Klicken Sie dann auf **Next**.

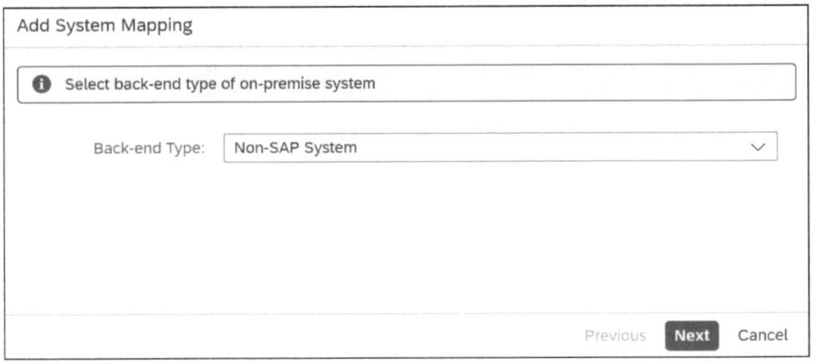

Add System Mapping

Select back-end type of on-premise system

Back-end Type: Non-SAP System

Previous Next Cancel

Abbildung 5.38 Backend-Typ auswählen

Bei der Auswahl des Protokolls können Sie je nach Ihrer Git-Installation entweder HTTP oder HTTPS wählen (siehe Abbildung 5.39). Wenn Sie fertig sind, klicken Sie auf **Next**.

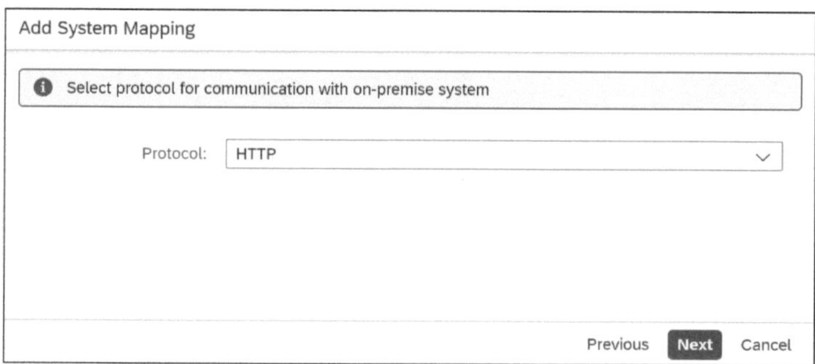

Abbildung 5.39 Protokoll auswählen

Geben Sie nun den **Internal Host** und den **Internal Port** ein. (Wenn Sie Atlassian Bit-Bucket verwenden, ist dies Port 7990, wie in Abbildung 5.40 gezeigt.) Klicken Sie dann auf **Next**.

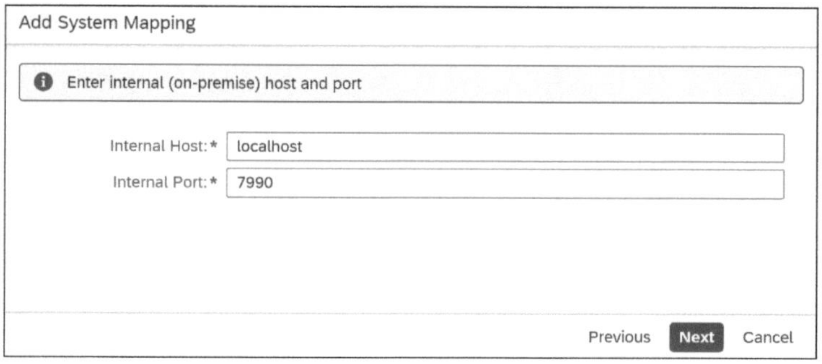

Abbildung 5.40 Internen Host eingeben

Weisen Sie nun einen **Virtual Host** und einen **Virtual Port** zu, wie in Abbildung 5.41 dargestellt. Dies sind die in SAP BTP sichtbaren Attribute. Klicken Sie dann auf **Next**.

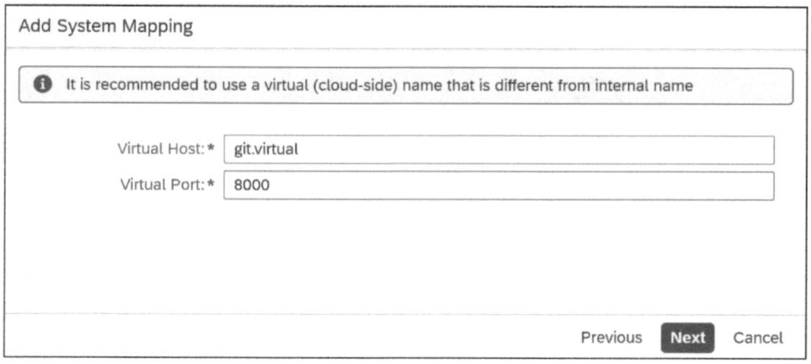

Abbildung 5.41 Virtuellen Host eingeben

Sie können nun auswählen, ob eine Principal Propagation möglich sein soll (siehe Abbildung 5.42). Klicken Sie dann auf **Next**.

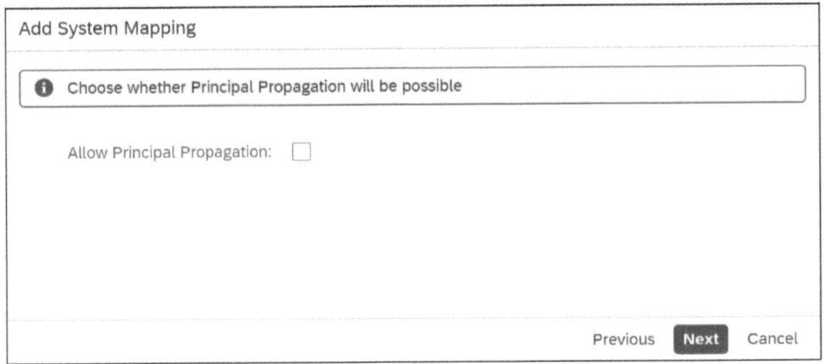

Abbildung 5.42 Principal Propagation konfigurieren

Im nächsten Schritt müssen Sie den Wert festlegen, mit dem der Request-Header gefüllt werden soll, wie in Abbildung 5.43 dargestellt. Der Wert muss in den Request-Header eingetragen werden. Klicken Sie dann auf **Next**.

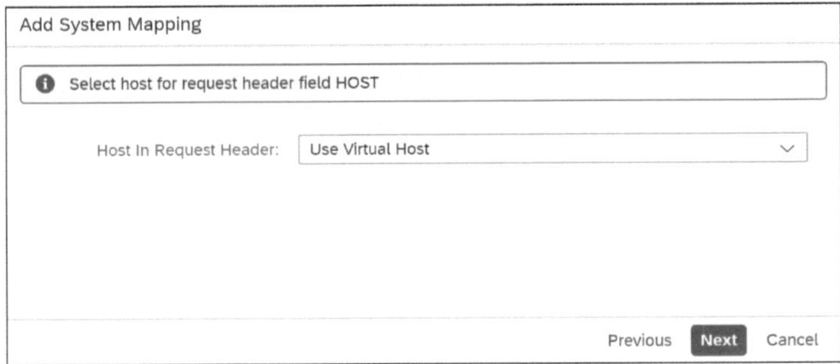

Abbildung 5.43 Hostherkunft auswählen

Nun können Sie optional eine Beschreibung eingeben (siehe Abbildung 5.44). Klicken Sie dann auf **Next**.

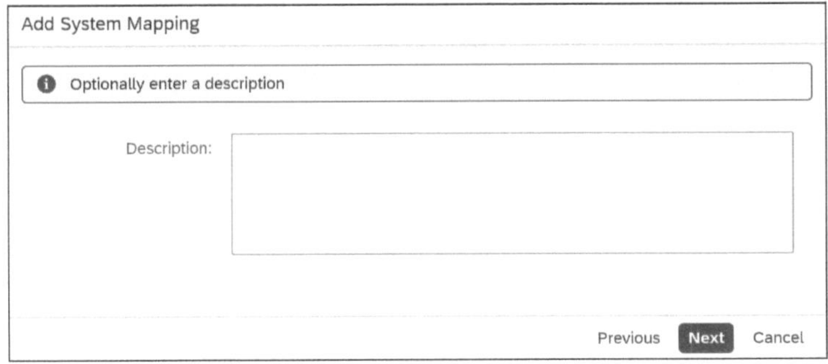

Abbildung 5.44 Beschreibung hinzufügen

Sie sehen nun eine Zusammenfassung der Einstellungen, wie in Abbildung 5.45 dargestellt. Klicken Sie dann auf **Finish**.

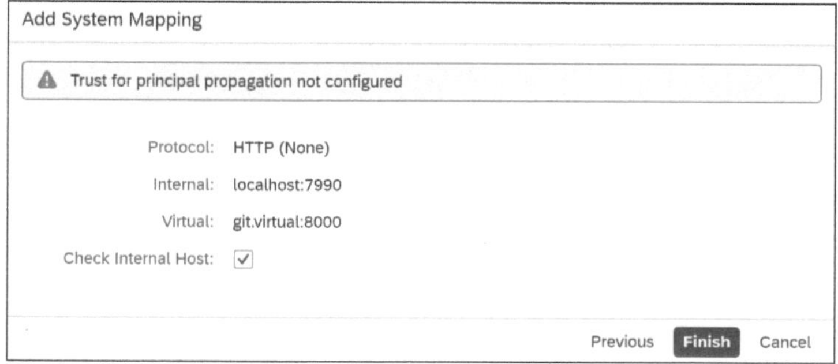

Abbildung 5.45 Zusammenfassung der Konfiguration

Nachdem die Konfiguration abgeschlossen ist, sollten Sie den in Abbildung 5.46 gezeigten Bildschirm sehen. Nun müssen Sie die Ressourcen freigeben. Klicken Sie dazu auf das Symbol [+] im Bereich **Resources**.

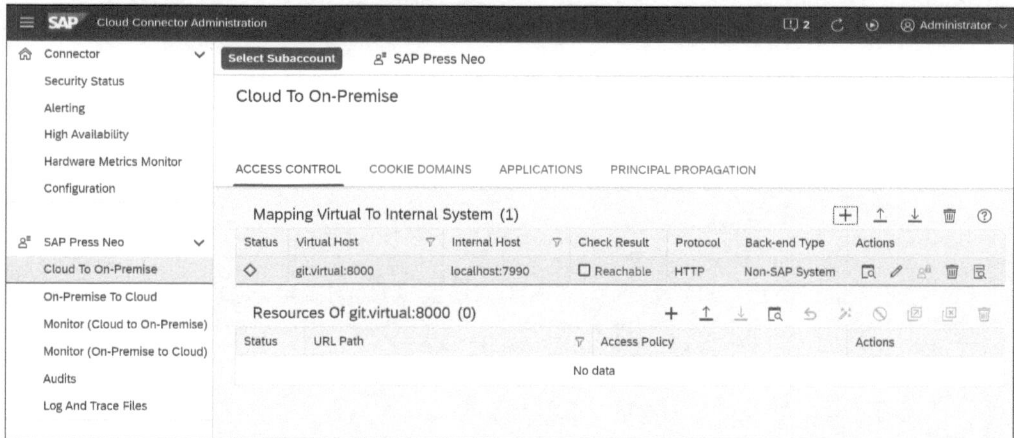

Abbildung 5.46 Access Control – Übersicht

Wie in Abbildung 5.47 dargestellt, geben Sie im Feld **URL Path** den Pfad an, über den die Git-Repositorys auf Ihrem Git-Server zugänglich sind. Sie können entweder den Zugriff auf alle Git-Repositorys erlauben, wie im Beispiel gezeigt, oder den Zugriff einzeln für jedes Repository erlauben. Wählen Sie unter **Access Policy** die Option **Path and All Sub-Paths**.

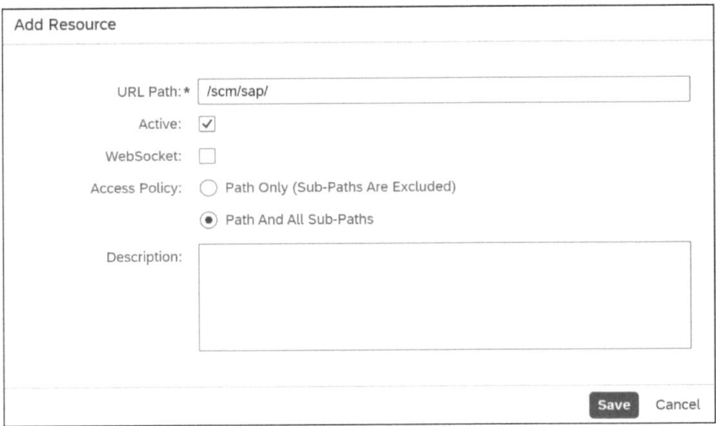

Abbildung 5.47 Ressource hinzufügen

Nachdem Sie die Einstellungen gesichert haben, sollten Sie den Git-Server im SAP BTP Cockpit unter dem Abschnitt **Exposed Back-End Systems** finden (siehe Abbildung 5.48).

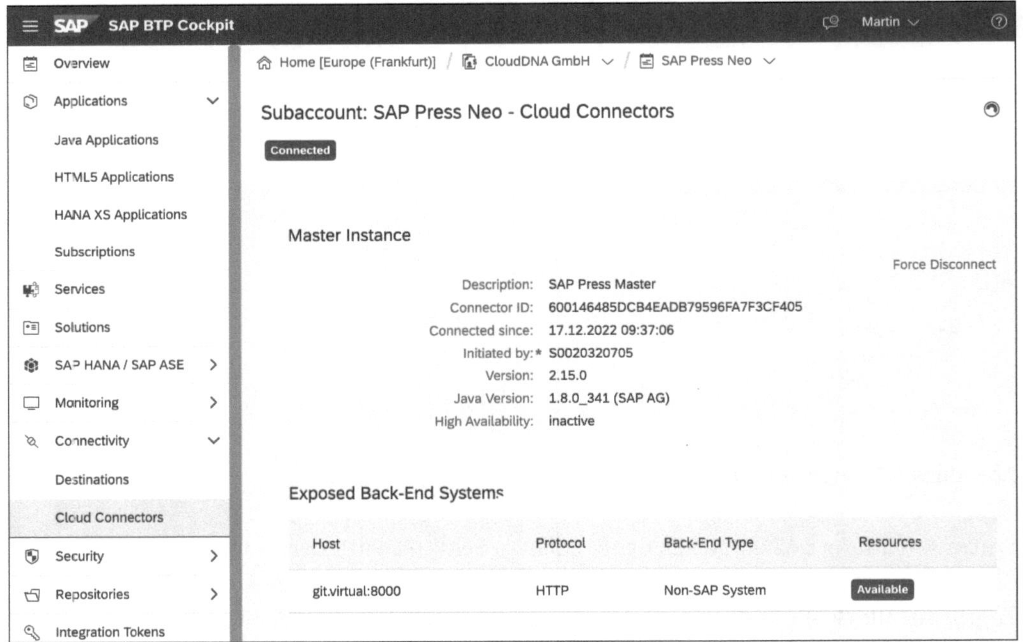

Abbildung 5.48 Details zum Cloud Connector

Navigieren Sie nun im Seitenmenü zum Abschnitt **Connectivity • Destinations** (siehe Abbildung 5.49). Klicken Sie dort auf **New Destination**.

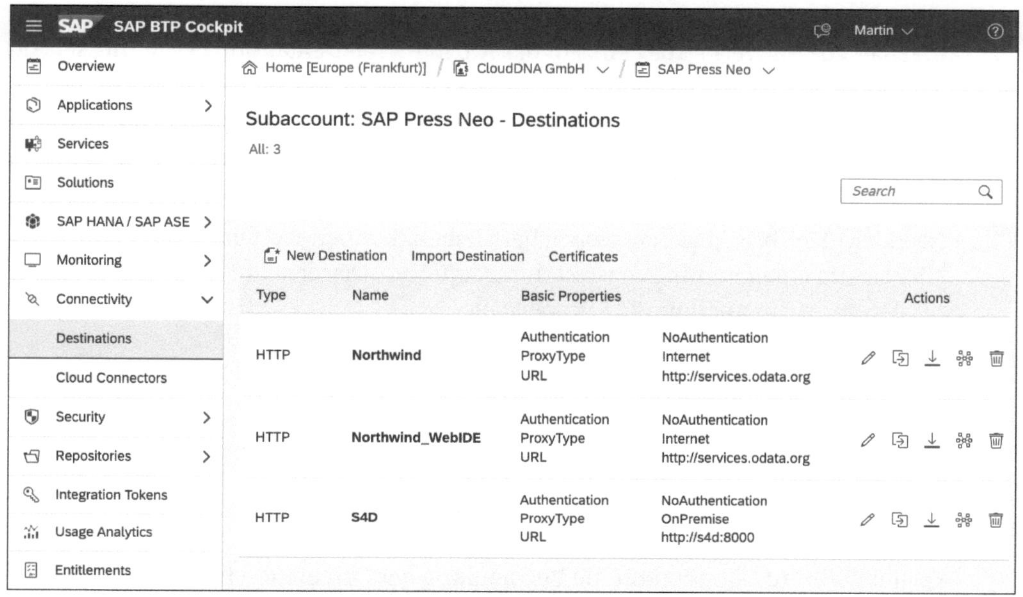

Abbildung 5.49 Neue Destination hinzufügen

Sie können nun die Eigenschaften der Destination wie gewohnt pflegen (siehe Abbildung 5.50).

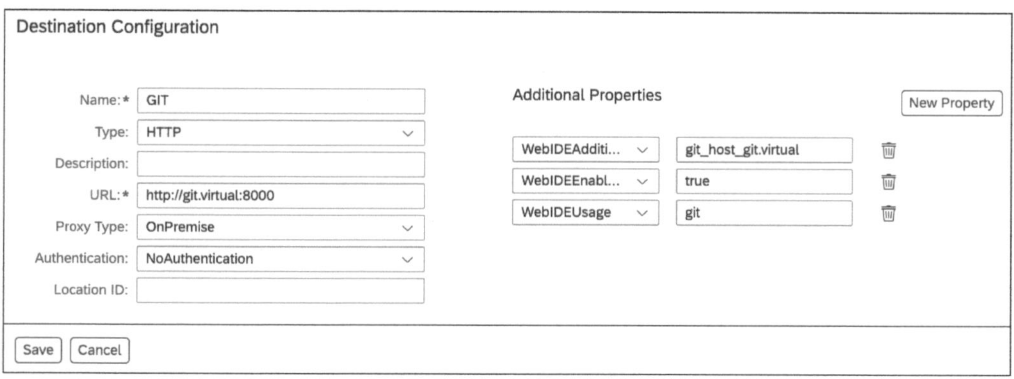

Abbildung 5.50 Credentials für das Zielsystem eingeben

Für die Eigenschaft **URL** müssen Sie den virtuellen Host und den virtuellen Port verwenden. Als Protokoll ist an dieser Stelle nur HTTP zulässig. Da die Verbindung jedoch durch den TLS-Tunnel läuft, werden die Daten während der Übertragung verschlüsselt. Erstellen Sie drei Einträge im Abschnitt **Additional Properties**. Sie können die Namen der zusätzlichen Eigenschaften aus den Dropdown-Listen auswählen. Geben Sie »git« für die Eigenschaft **WebIDEUsage** ein. Geben Sie für das Attribut **WebIDEEnabled** den Wert »true« ein. Für das Attribut **WebIDEAdditionalData** müssen Sie eine von SAP definierte Namenskonvention einhalten. Der Wert muss mit »git_host_« beginnen. Danach müssen Sie den virtuellen Host anhängen. Im Beispiel wird der virtuelle Host git.virtual verwendet, daher muss hier »git_host_git.virtual« eingegeben werden. Klicken Sie dann auf **Save**.

Nachdem Sie Ihre Angaben gespeichert haben, können Sie auf **Check Connection** klicken, um einen Verbindungstest durchzuführen. Dieser sollte ein positives Ergebnis liefern, wie in Abbildung 5.51 dargestellt.

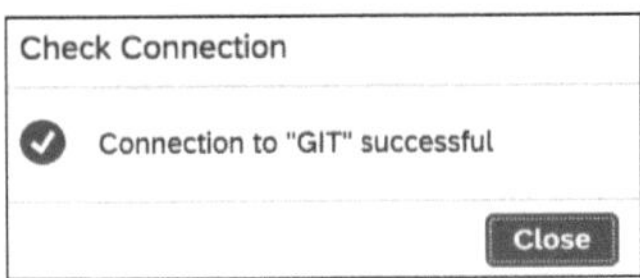

Abbildung 5.51 Verbindung zum Git-Server prüfen

Es gibt mehrere Optionen für die Verwendung der Destination in SAP Web IDE. Wir zeigen Ihnen nun, wie Sie ein bestehendes Repository klonen können, wie in Abbildung 5.52 dargestellt. Öffnen Sie dazu das Kontextmenü auf der Registerkarte **Files**. Wählen Sie den Eintrag **Git • Clone Repository**.

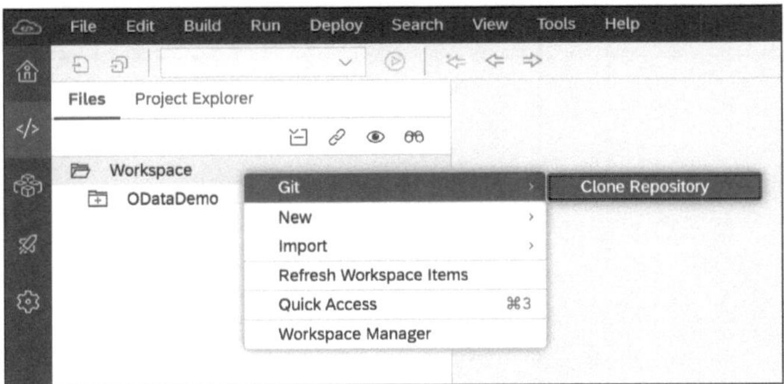

Abbildung 5.52 Repository klonen

Sie müssen nun die URL des Git-Repositorys eingeben, wie in Abbildung 5.53 dargestellt. Dazu müssen Sie den virtuellen Host und virtuellen Port verwenden.

Sie werden nun aufgefordert, Ihre Anmeldedaten für den Git-Server einzugeben (siehe Abbildung 5.54).

Danach wird das Repository geklont. Sie können den Status in der Konsole verfolgen, wie in Abbildung 5.55 dargestellt.

Clone Git Repository
*URL
https://git.virtual:8000/scm/sap/sappress.git
Add configuration for Gerrit
Clone
Cancel

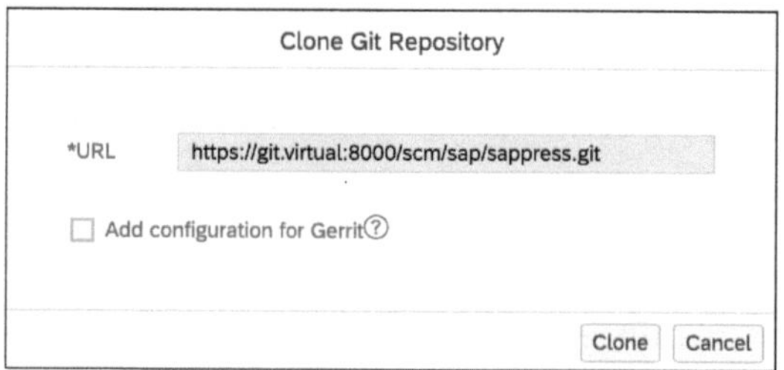

Abbildung 5.53 Repository-URL eingeben

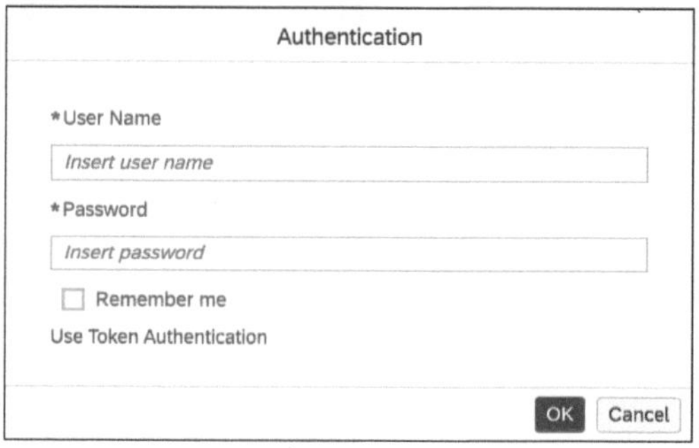

Authentication
*User Name
Insert user name
*Password
Insert password
Remember me
Use Token Authentication
OK
Cancel

Abbildung 5.54 Git-Benutzeranmeldeinformationen eingeben

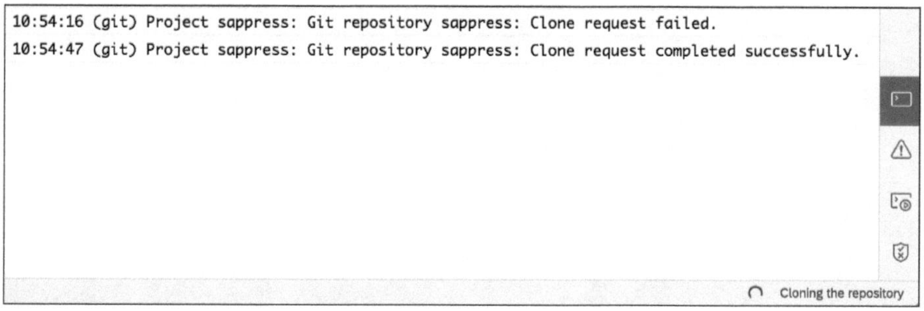

10:54:16 (git) Project sappress: Git repository sappress: Clone request failed.
10:54:47 (git) Project sappress: Git repository sappress: Clone request completed successfully.
Cloning the repository

Abbildung 5.55 Konsole auf Fehler prüfen

5.4 Einen OData-Service aus einem Cloud-System konsumieren

Die Verwendung von OData-Services in einem Cloud-System ist ein weiterer häufiger Anwendungsfall in SAP Web IDE. Es gibt zwei Möglichkeiten, Ziele für die Nutzung von OData-Services in SAP Web IDE zu erstellen. In Abschnitt 5.4.1, »Destination im Cockpit von SAP BTP, Neo Environment anlegen«, zeigen wir Ihnen, wie Sie eine Destination in SAP BTP erstellen können. Die Alternative ist das Anlegen einer Destination in SAP Web IDE selbst. Dies wird in Abschnitt 5.4.2, »Destination aus SAP Web IDE heraus anlegen«, gezeigt.

5.4.1 Destination im Cockpit von SAP BTP, Neo Environment anlegen

Um einen OData-Service zu konsumieren, müssen Sie auch eine Destination erstellen. Navigieren Sie dazu im SAP BTP Cockpit des Subaccounts zum Bereich **Connectivity • Destinations**, wie in Abbildung 5.56 dargestellt. Klicken Sie auf **New Destination**.

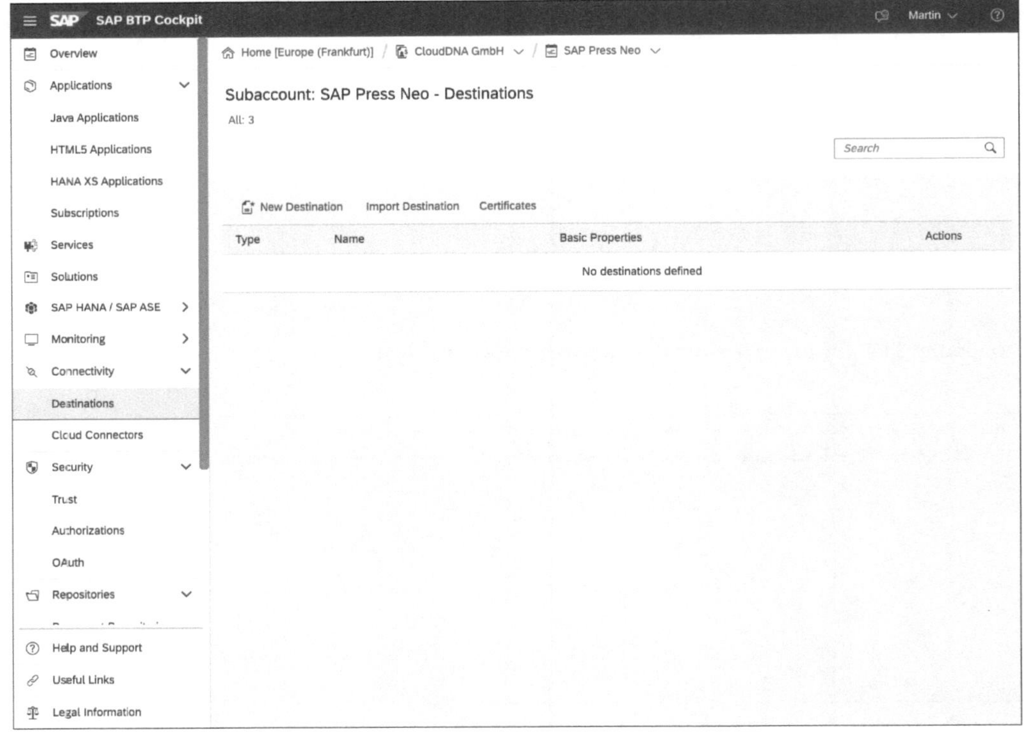

Abbildung 5.56 Übersicht über die Destination

Pflegen Sie nun die Eigenschaften der Destination (siehe Abbildung 5.57). Fügen Sie unter **Additional Properties** die Option **WebIDEEnabled** mit dem Wert »true« und **WebIDEUsage** mit dem Wert »odata_gen« hinzu.

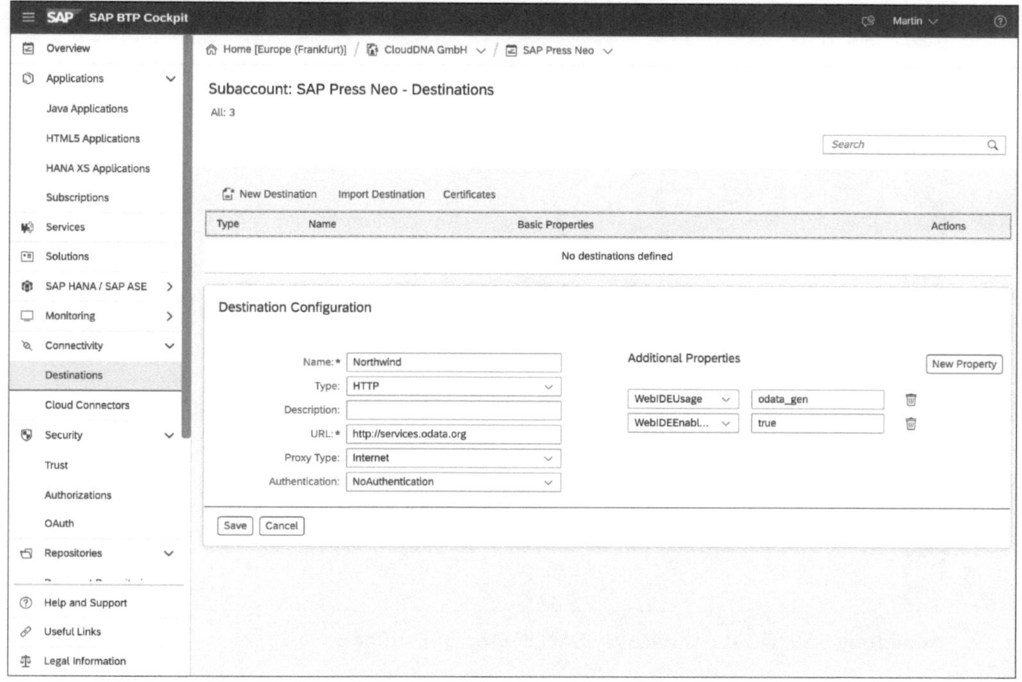

Abbildung 5.57 HTTP-Destination für Cloud-API erstellen

Führen Sie dann einen Verbindungstest durch. Dieser sollte ein positives Ergebnis liefern, wie in Abbildung 5.58 dargestellt.

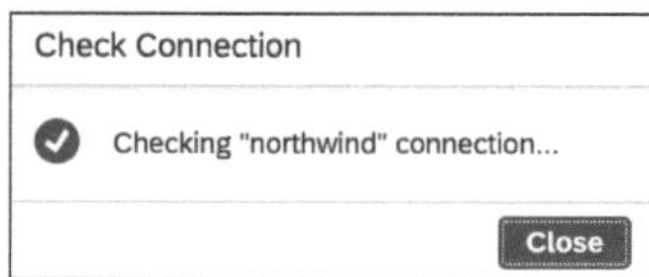

Abbildung 5.58 Verbindungstest

In SAP Web IDE können Sie den Service in ein SAP-Fiori-Projekt einbinden, indem Sie **New • OData Service** aus dem Kontextmenü wählen (siehe Abbildung 5.59).

Wählen Sie nun die **Service URL** als **Source**. Dann müssen Sie die zuvor erstellte Destination im Dropdown-Menü auswählen. Sie müssen auch den Pfad des OData-Service angeben, wie in Abbildung 5.60 gezeigt. Pflegen Sie danach das Modell. Dieser Schritt wird hier nicht im Detail besprochen, da er von Ihrer Anwendung abhängt.

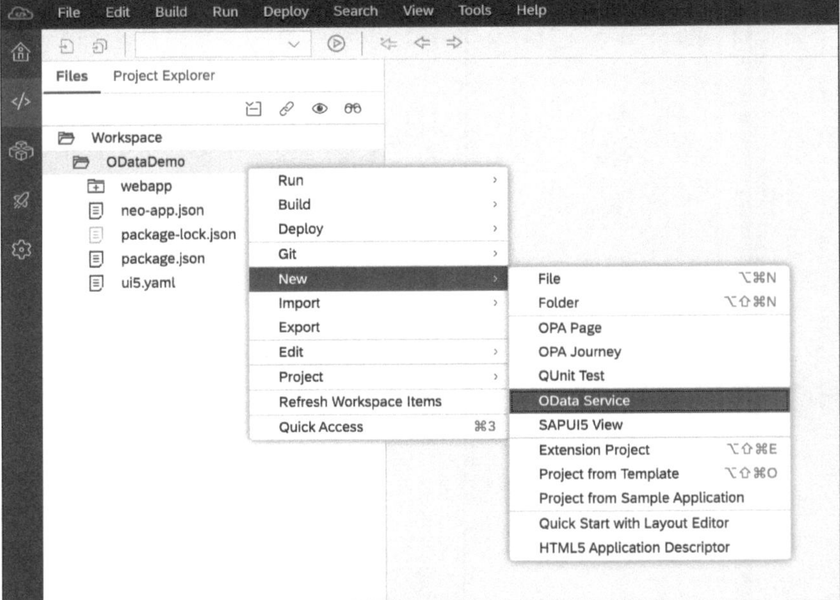

Abbildung 5.59 OData-Service zur SAPUI5-App hinzufügen

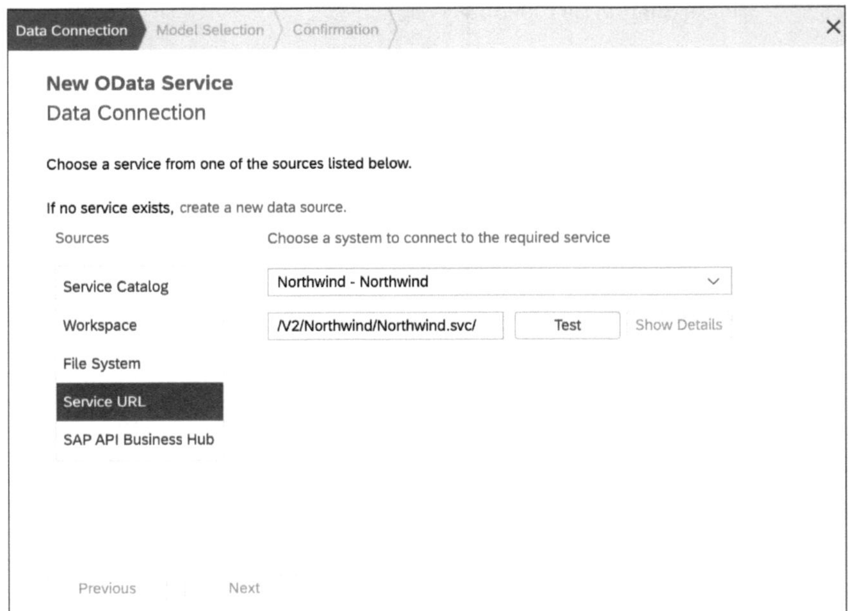

Abbildung 5.60 Auswahl des Service

[«]

Weiterführende Literatur zu OData-Services

Wenn Sie mehr über OData-Services erfahren möchten, empfehlen wir das Buch »SAP Gateway und OData« von Carsten Bönnen, Volker Drees, André Fischer, Ludwig Heinz und Karsten Strothmann (SAP PRESS 2019).

5.4.2 Destination aus SAP Web IDE heraus anlegen

Seit einiger Zeit können Entwicklerinnen und Entwickler auch direkt aus SAP Web IDE eine Destination anlegen. Dazu müssen sie im Dialog zum Hinzufügen eines neuen OData-Service auf den Link **Create a New Data Source** klicken, wie in Abbildung 5.61 dargestellt. Der Link wird dann im Dialog angezeigt.

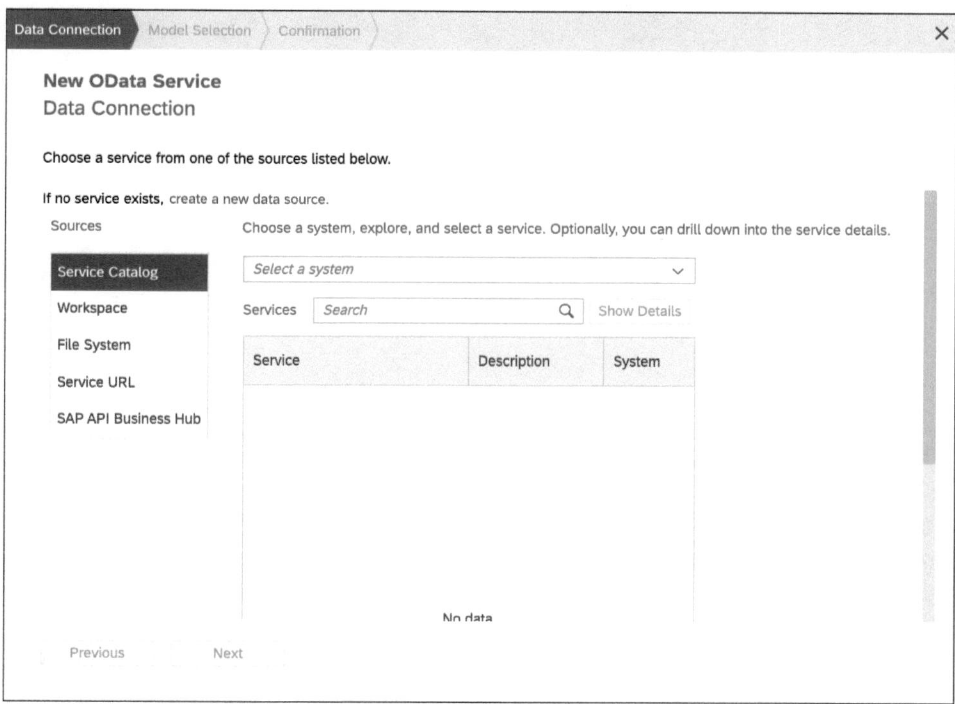

Abbildung 5.61 Destination in SAP Web IDE anlegen

Danach können Sie alle weiteren erforderlichen Attribute im SAP BTP Cockpit nachpflegen, genau wie bei der Anlage über das SAP BTP Cockpit (siehe Abbildung 5.62). Es ist nicht notwendig, die **Additional Properties** in SAP Web IDE zu pflegen.

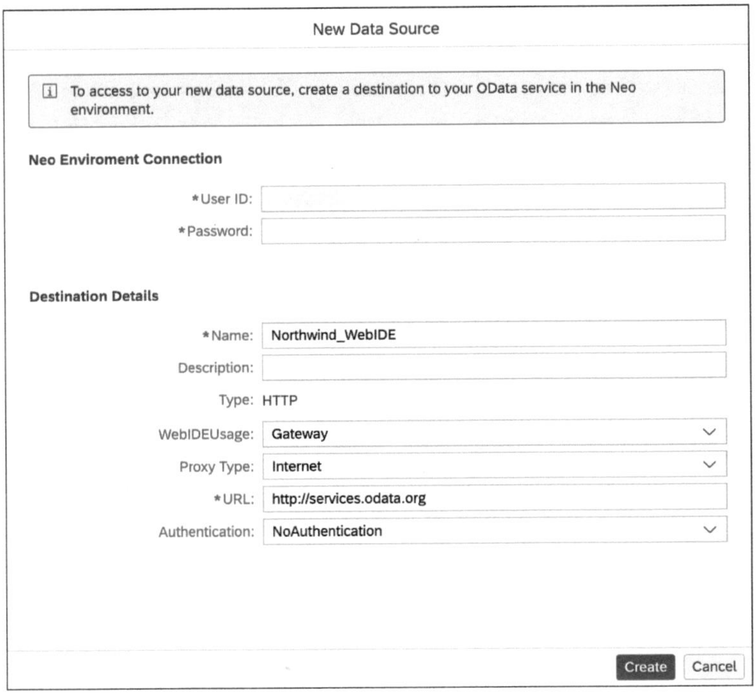

Abbildung 5.62 Konfiguration der Datenquelle

5.5 Zusammenfassung

Dieses Kapitel befasst sich mit SAP Web IDE. Wir begannen in Abschnitt 5.1, »Aktivierung und Konfiguration«, mit der Aktivierung von SAP Web IDE Full-Stack. Danach haben Sie in Abschnitt 5.2, »OData-Services von einem On-Premise-ABAP-System konsumieren«, gesehen, wie Sie ein ABAP-On-Premise-System anbinden. Dabei lernten Sie die Integration von OData-Services und die Bereitstellung von SAP-Fiori-Apps kennen. In Abschnitt 5.3, »Verbindung zu einem On-Premise-Git-Repository herstellen«, haben wir uns dann mit der Integration eines On-Premise-Git-Servers beschäftigt. Damit können Sie den von Ihnen erstellten Quellcode verwalten und die Grundlage für die verteilte Entwicklung in Teams jeder Größe schaffen. Schließlich haben wir in Abschnitt 5.4, »Einen OData-Service aus einem Cloud-System konsumieren«, gezeigt, wie OData-Services von einem Cloud-System genutzt werden können.

Kapitel 6
SAP Business Application Studio

Nachdem Sie sich nun mit der Installation des Cloud Connectors und den Vorteilen von SAP BTP im Bereich der Konnektivität vertraut gemacht haben, ist es an der Zeit, sich mit der neuesten Entwicklungsumgebung vertraut zu machen: SAP Business Application Studio. Wir werden uns dabei auf die Funktionen des Studios konzentrieren, die für den Cloud Connector relevant sind.

SAP Business Application Studio ist die Weiterentwicklung der Entwicklungsumgebung SAP Web IDE in SAP BTP. Wir haben SAP Web IDE im vorigen Kapitel besprochen, nun wenden wir uns dem neueren der beiden Entwicklungswerkzeuge zu.

Beim Wechsel von SAP BTP, Neo Environment auf das SAP BTP, Cloud Foundry Environment hat SAP auch seine Entwicklungsumgebung neu gestaltet und bietet nun exklusiv für die Cloud-Foundry-Umgebung eine verbesserte, webbasierte integrierte Entwicklungsumgebung, die unter anderem folgende Funktionen umfasst:

- SAP-Fiori-Entwicklung, einschließlich SAPUI5 Visual Generator, Code Editor und SAP-Fiori-Elements-Generator
- native SAP-HANA-Datenbankentwicklung, einschließlich eines Datenbankexplorers
- Werkzeuge für die Entwicklung von Multitarget-Anwendungen
- Git-Versionsverwaltungsintegration für Versionskontrolle
- integrierte Befehlszeilenschnittstelle

Neben der Verbesserung des Entwicklungsumfangs ist eine engere Integration in die ABAP-Entwicklung geplant, und die gesamte Entwicklungsumgebung basiert zu einem großen Teil auf offenen Industriestandards. Daher können SAP-Partner problemlos Add-ons für SAP Business Application Studio anbieten.

Wir behandeln die Aktivierung und Konfiguration von SAP Business Application Studio in Abschnitt 6.1, »Aktivierung und Konfiguration«. In Abschnitt 6.2, »Integration mit On-Premise-ABAP-Systemen«, wird die Verbindung von SAP Business Application Studio mit On-Premise-Systemen über den Cloud Connector erläutert. Wir gehen auf die Nutzung von Services über OData und die On-Premise-Bereitstellung dieser Services ein. Abschnitt 6.3, »Verbindung zu einem On-Premise-Git-Repository herstellen«, zeigt die Versionsverwaltung mit einem On-Premise-Git-Repository. Schließlich wird in Abschnitt 6.4, »Einen OData-Service aus einem Cloud-System konsumieren«, ein Beispiel für die Nutzung eines OData-Services aus der Cloud behandelt.

6.1 Aktivierung und Konfiguration

SAP Business Application Studio kann nur innerhalb dem SAP BTP, Cloud Foundry Environment verwendet werden. Es wird über ein Abonnement bereitgestellt und ist standardmäßig aktiviert. Um zu überprüfen, ob es ordnungsgemäß aktiviert wurde, können Sie innerhalb des SAP BTP Cockpit zu **Services • Instances and Subscriptions** navigieren, wie in Abbildung 6.1 dargestellt. Beachten Sie die aktive Subskription im Bereich **Subscriptions**, die in der Spalte **Status** als **Subscribed** angezeigt wird.

Mit einem Klick auf den Anwendungsnamen oder auf das Symbol **Start** können Sie SAP Business Application Studio starten.

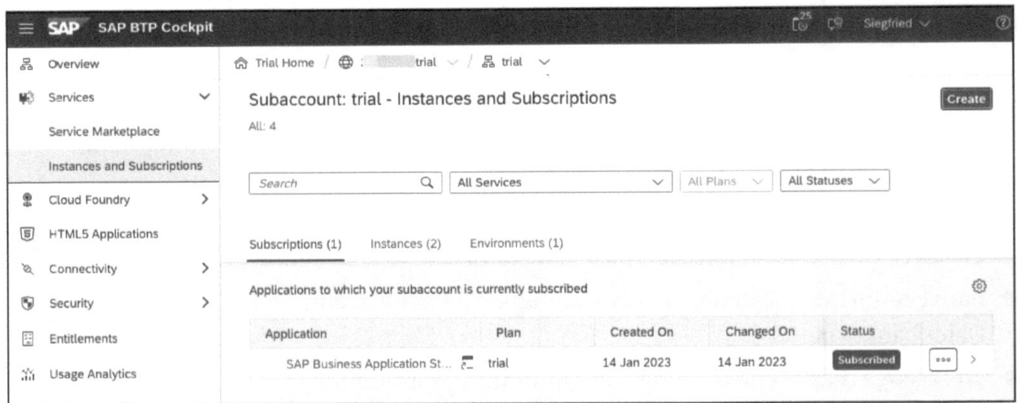

Abbildung 6.1 SAP-Business-Application-Studio-Abonnement

Beim ersten Start müssen Sie möglicherweise eine Datenschutzerklärung bestätigen. Danach wird ein Startbildschirm wie in Abbildung 6.2 angezeigt. In der Browser-URL sehen Sie, dass die Syntax aus dem Namen Ihres Subaccounts besteht, gefolgt von der Region des SAB BTP, Cloud Foundry Environment und dann von *applicationstudio.cloud.sap*. Wir empfehlen Ihnen, diese URL als Lesezeichen zu speichern, da Sie damit direkt auf SAP Business Application Studio zugreifen können, ohne die Subskription auszuwählen, wie wir es in Abbildung 6.1 gezeigt haben.

Um mit SAP Business Application Studiozu arbeiten, müssen Sie einen Space anlegen, wie auf dem Begrüßungsbildschirm erwähnt. Klicken Sie auf die Schaltfläche

Create Dev Space, wie in Abbildung 6.2 dargestellt. Auf dem folgenden Bildschirm können Sie verschiedene Arten von Anwendungen auswählen, die Sie entwickeln möchten. So stellen Sie sicher, dass die richtigen Werkzeuge in SAP Business Application Studio verfügbar sind. Für die folgenden Beispiele geben Sie bitte einen Namen ein (in unserem Beispiel »dev_fullstack«) und wählen **Full Stack Cloud Application**, wie in Abbildung 6.3 dargestellt. Klicken Sie dann auf **Create Dev Space**.

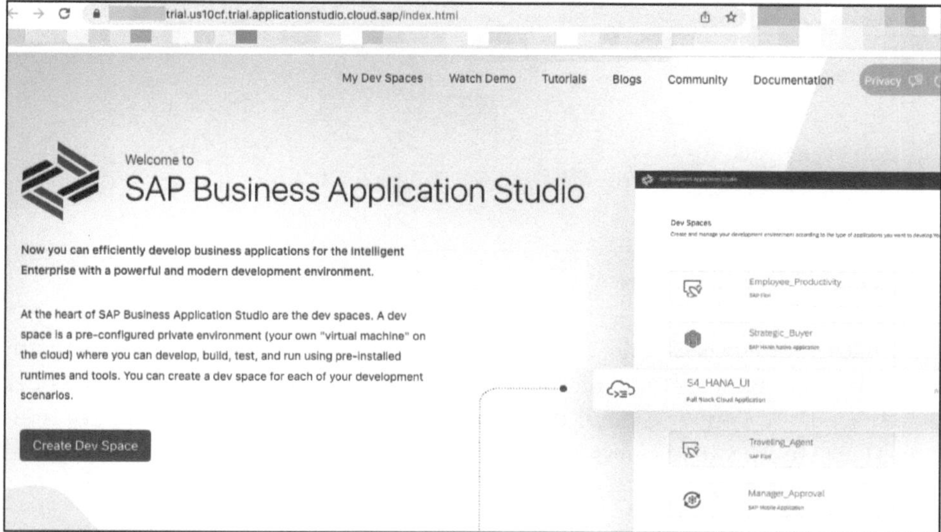

Abbildung 6.2 Erster Aufruf von SAP Business Application Studio

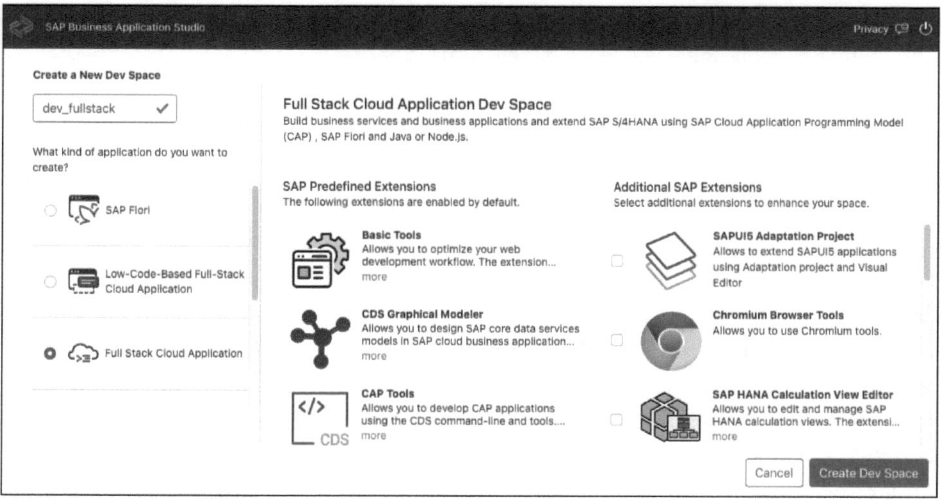

Abbildung 6.3 Erstellen eines Dev-Space

Jetzt wird der Dev-Space auf dem nächsten Bildschirm mit dem Status **Starting** angezeigt (siehe Abbildung 6.4).

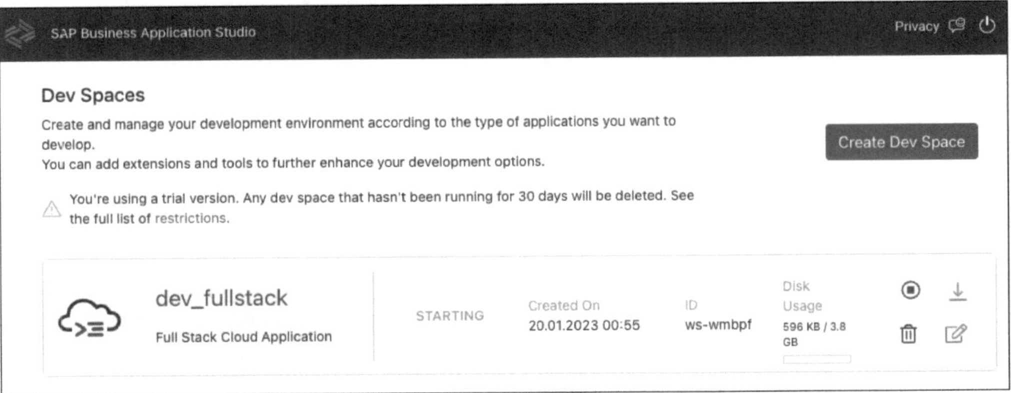

Abbildung 6.4 Dev-Space starten

Bitte haben Sie etwas Geduld, bis die Dev-Space-Übersicht den Status **Running** anzeigt, wie in Abbildung 6.5 dargestellt. Wenn Sie sich vergewissert haben, dass der Dev-Space läuft, können Sie auf den Dev-Space-Namen (in unserem Fall dev_fullstack) klicken, um SAP Business Application Studio zu öffnen, wobei der ausgewählte Space bereits aktiv ist.

Abbildung 6.5 Laufender Dev-Space, bereit zum Öffnen

Sie sollten nun den Hauptbildschirm von SAP Business Application Studio sehen (siehe Abbildung 6.6).

Auf der linken Seite sehen Sie eine Buttonleiste, die mit dem Button **Menu** beginnt, verschiedene Werkzeuge enthält und mit dem Symbol **Settings** endet. In der Mitte des Bildschirms sehen Sie die Registerkarte **Get Started**. Wenn Sie mit der Anwendung arbeiten, können mehrere Registerkarten gleichzeitig geöffnet sein. Am oberen Rand des Bildschirms finden Sie ein Suchfeld, mit dem Sie alle Dateien in Ihrem Bereich durchsuchen können. Auf der rechten Seite können Sie das Layout ändern. Ein Tipp: Die Schaltfläche schaltet das Panel um, in dem Sie die Befehlszeilenfunktion von SAP Business Application Studio sehen können. In der unteren Leiste werden Fehler und Benachrichtigungen angezeigt, während Sie mit der Anwendung arbeiten.

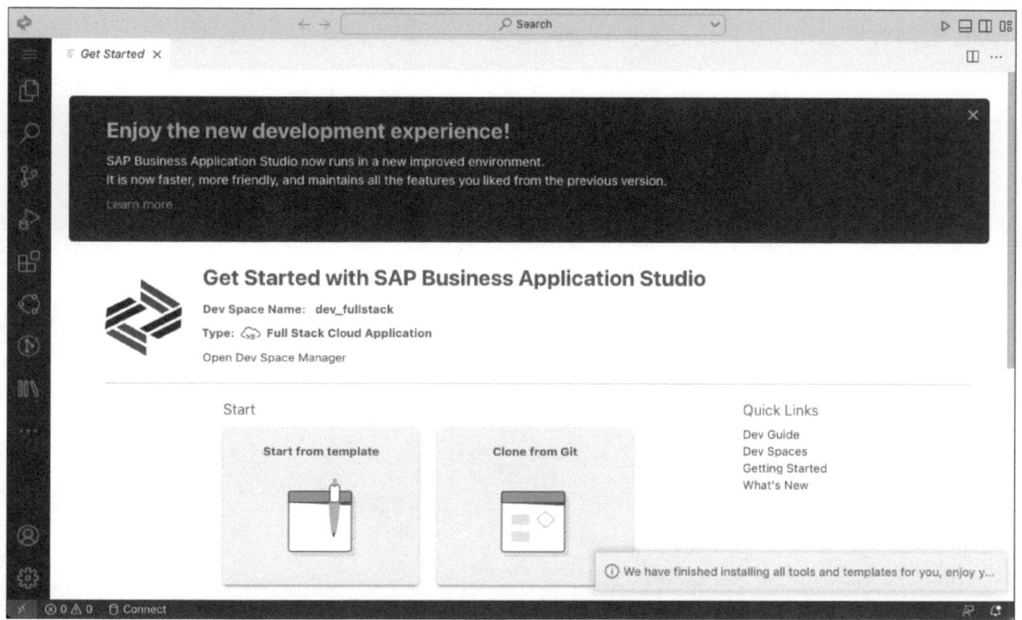

Abbildung 6.6 Hauptbildschirm von SAP Business Application Studio

6.2 Integration mit On-Premise-ABAP-Systemen

In den meisten Fällen müssen Sie eine Verbindung und Integration mit On-Premise-ABAP-Systemen von SAP BTP erstellen. Diese werden in der Regel über den Cloud Connector angebunden. In Abschnitt 6.2.1, »Cloud Connector konfigurieren«, zeigen wir Ihnen die Grundkonfiguration des Cloud Connectors. Danach erfahren Sie in Abschnitt 6.2.2, »Einen OData-Service konsumieren«, wie Sie OData-Services nutzen können. In Abschnitt 6.2.3, »Einsatz in einem On-Premise-ABAP-System«, befassen wir uns mit der Bereitstellung von Anwendungen für das On-Premise-ABAP-System.

6.2.1 Cloud Connector konfigurieren

Um den Cloud Connector mit dem SAP BTP, Cloud Foundry Environment zu verbinden, müssen Sie wissen, mit welchem Subaccount Sie sich verbinden. Diese Information finden Sie unter **Overview** im SAP BTP Cockpit, wie in Abbildung 6.7 dargestellt.

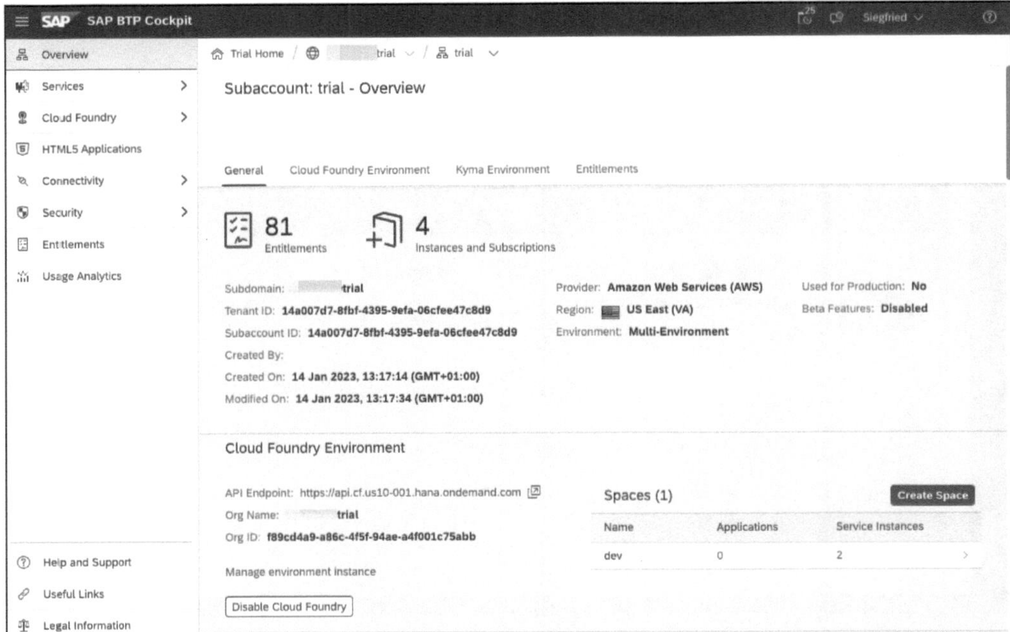

Abbildung 6.7 Übersicht über den SAP-BTP-Subaccount in der Cloud-Foundry-Umgebung

Um einen SAP-BTP-Subaccount über den Cloud Connector zu verbinden, benötigen Sie die folgenden Informationen aus dem in Abbildung 6.7 dargestellten Übersichtsbildschirm:

- **Region**
- **Subaccount ID**

Darüber hinaus benötigen Sie einen Benutzernamen und ein Passwort. Zu Demonstrationszwecken können Sie dieselben Anmeldedaten verwenden, die Sie auch für die Verbindung zu SAP BTP nutzen. Für den produktiven Einsatz sollten Sie einen eigenen Benutzer für diesen Zweck verwenden.

Melden Sie sich nun beim Cloud Connector an, und fügen Sie einen neuen Subaccount hinzu. Die zum Herstellen der Verbindung erforderlichen Informationen sind in Abbildung 6.8 dargestellt. Wählen Sie im Feld **Region** zunächst die Region aus, in der sich Ihr Subaccount befindet. Cloud-Foundry-Regionen beginnen in der Regel mit dem Präfix `cf`. Geben Sie dann in das Feld **Subaccount** den technischen Namen des Subaccounts ein, den Sie zuvor festgelegt haben. Der Anzeigename unter **Display Name** ist optional und muss nicht mit dem Anzeigenamen des Subaccounts übereinstimmen. Geben Sie dann in das Feld **Login E-Mail** Ihren SAP-BTP-Benutzer und in das Feld **Password** das entsprechende Kennwort des Benutzers ein. Nachdem Sie Ihre Angaben gespeichert haben, wird die Verbindung zum Subaccount hergestellt.

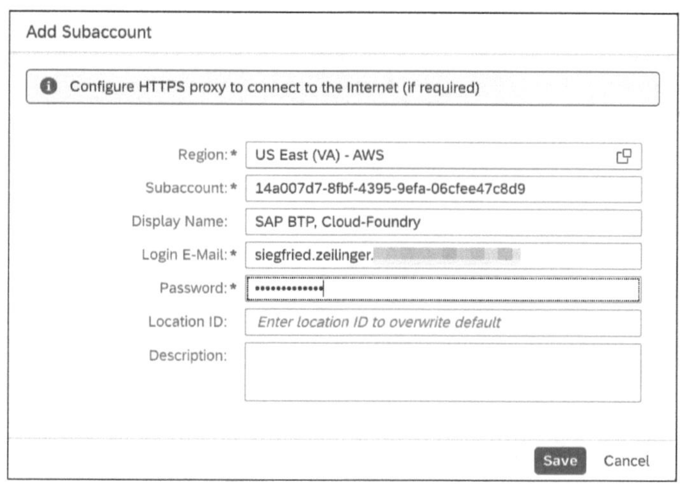

Abbildung 6.8 Hinzufügen eines Cloud-Foundry-Subaccounts zum Cloud Connector

Der neu hinzugefügte Subaccount sollte nun unter **Subaccount Overview** angezeigt werden (siehe Abbildung 6.9).

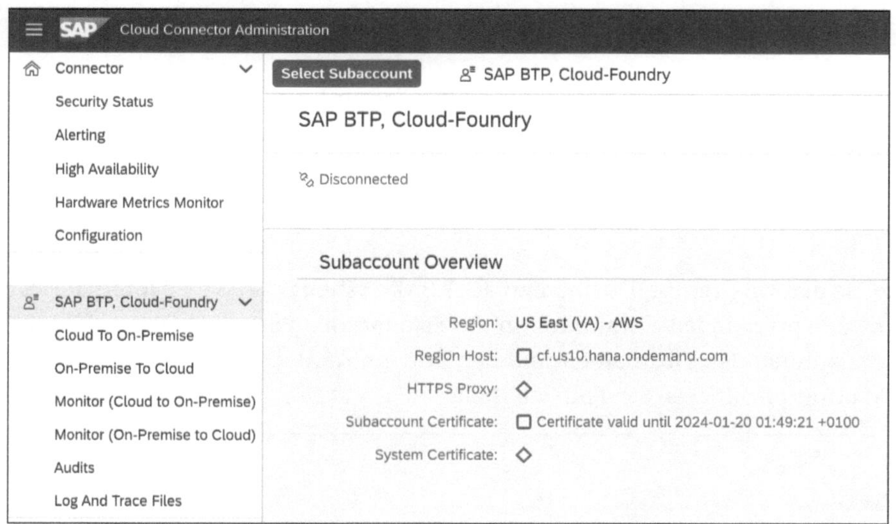

Abbildung 6.9 Übersicht der Subaccounts

Sie müssen nun das System-Mapping erstellen. Wählen Sie dazu die Verbindung auf der linken Seite aus, wie in Abbildung 6.9 dargestellt, und öffnen Sie im Seitenmenü den Bereich **Cloud To On-Premise**. Klicken Sie dann auf das **+**-Symbol auf der Registerkarte **Access Control**. Im Dialog zur Erstellung des System-Mappings wählen Sie unter **Back-end Type** die Option **ABAP System**, wie in Abbildung 6.10 dargestellt. Klicken Sie dann auf **Next**.

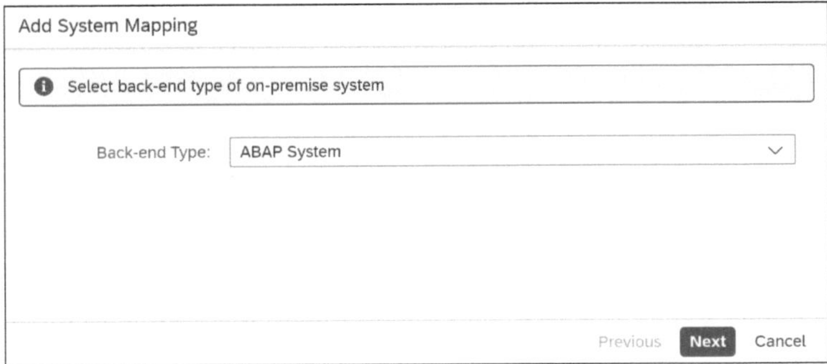

Abbildung 6.10 System-Mapping hinzufügen

Wählen Sie die Option **HTTP** im Feld **Protocol** (siehe Abbildung 6.11). Klicken Sie dann auf **Next**.

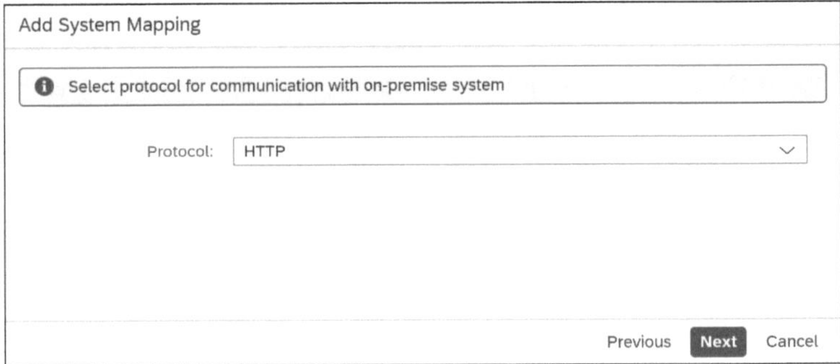

Abbildung 6.11 Protokoll auswählen

Geben Sie den On-Premise-Hostnamen des ABAP-Systems in das Feld **Internal Host** und die entsprechende Portnummer in das Feld **Internal Port** ein (siehe Abbildung 6.12). Sie können den Hostnamen und den Port im ABAP-System mit Transaktion SMICM ermitteln. Klicken Sie dann auf **Next**.

Add System Mapping
Enter internal (on-premise) host and port
Internal Host:*
Internal Port:* 8001
Previous Next Cancel

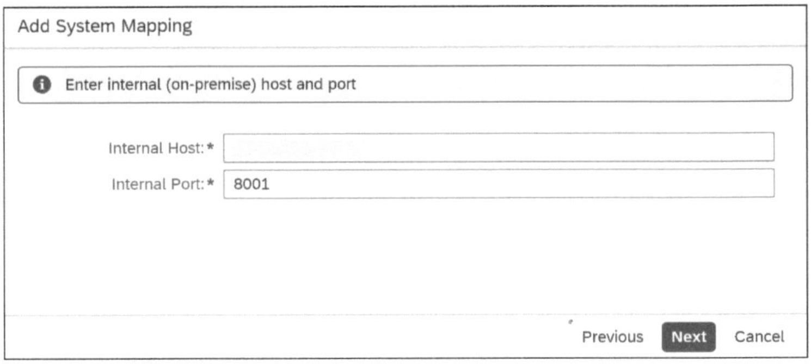

Abbildung 6.12 Internen Host und Port eingeben

Geben Sie nun den virtuellen Host unter **Virtual Host** und den entsprechenden Port unter **Virtual Port** des Systems ein (siehe Abbildung 6.13). Dies sollte ein anderer Name sein als der interne Hostname. Unter diesem Namen kann das System vom Subaccount aus angesprochen werden. Wenn Sie fertig sind, klicken Sie auf **Next**.

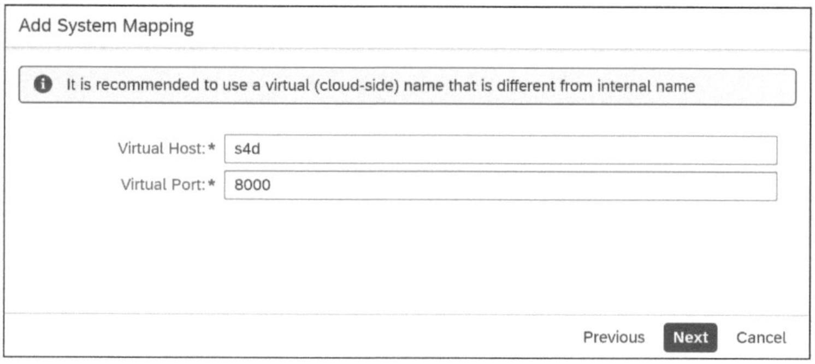

Abbildung 6.13 Virtuellen Host und Port definieren

Deaktivieren Sie auf dem nächsten Bildschirm die Principal Propagation (siehe Abbildung 6.14), indem Sie das entsprechende Kontrollkästchen deaktivieren. Klicken Sie dann auf **Next**.

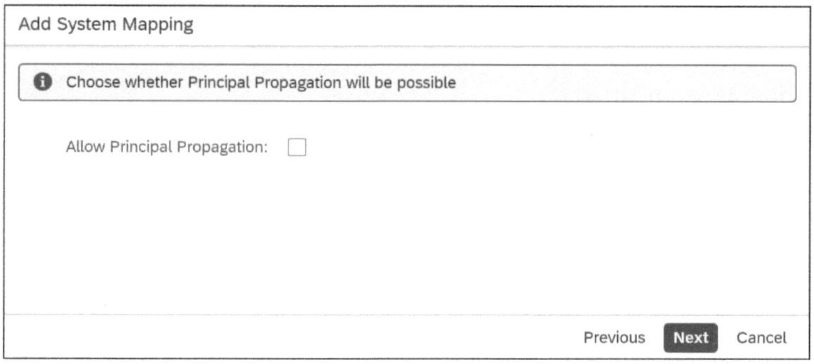

Abbildung 6.14 Principal Propagation konfigurieren

Sie können nun im Request-Header festlegen, welcher Host übertragen werden soll (siehe Abbildung 6.15). Sie können hier die Standardeinstellung belassen. Klicken Sie auf **Next**.

Optional können Sie eine Beschreibung eingeben (siehe Abbildung 6.16). Klicken Sie dann auf **Next**.

Es wird nun eine Zusammenfassung angezeigt. Klicken Sie auf **Finish**, um das Mapping fertigzustellen (siehe Abbildung 6.17).

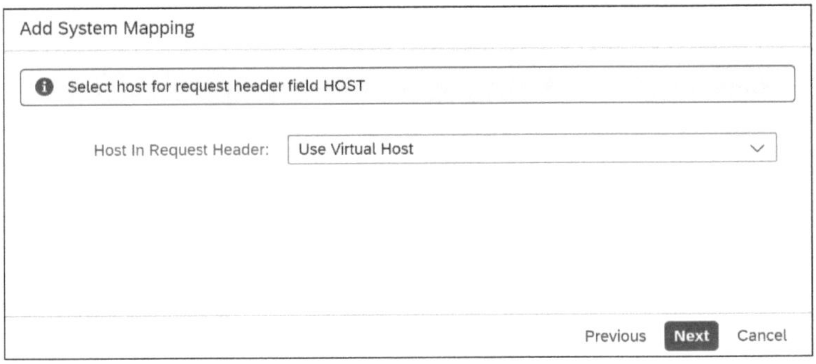

Add System Mapping
Select host for request header field HOST
Host In Request Header:
Use Virtual Host
Previous
Next
Cancel

Abbildung 6.15 Definieren des Request Header Host Origin

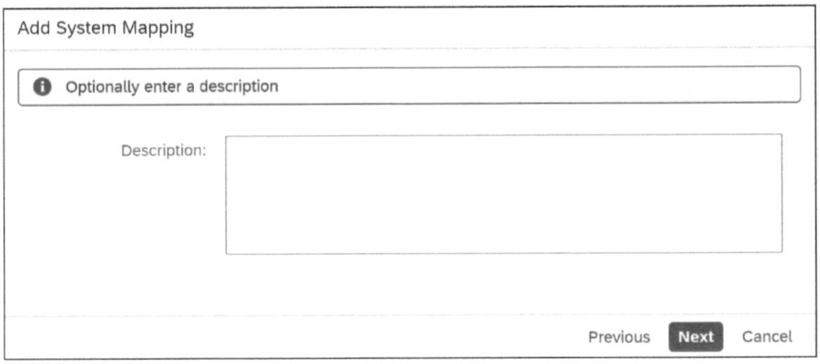

Add System Mapping
Optionally enter a description
Description:
Previous
Next
Cancel

Abbildung 6.16 Beschreibung hinzufügen

Add System Mapping
Summary
Protocol:
HTTP (None)
Internal:
clouddna.at:8001
Virtual:
s4d:8000
Check Internal Host:
Previous
Finish
Cancel

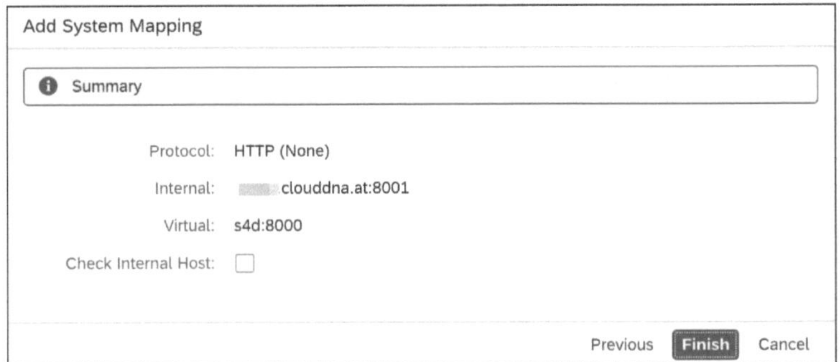

Abbildung 6.17 System-Mapping fertigstellen

Im nächsten Schritt müssen Sie die Ressourcen des ABAP-Systems freigeben (siehe Abbildung 6.18). Klicken Sie dazu zunächst auf das Symbol **+** im Bereich **Resources**.

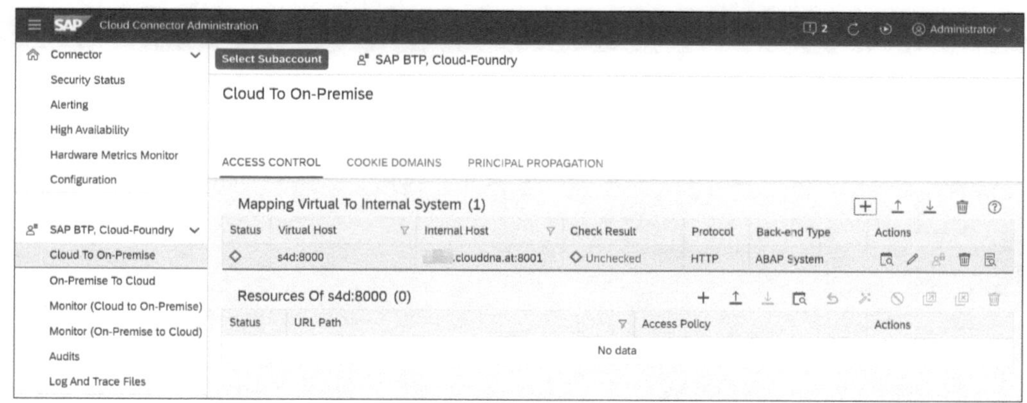

Abbildung 6.18 Ressourcen-Mapping konfigurieren

Im folgenden Dialogfeld (siehe Abbildung 6.19) geben Sie in das Feld **URL-Path** den Pfad ein, den Sie freigeben möchten. Sie können z. B. den Pfad »/sap« angeben. Dies ermöglicht Ihnen den Zugriff auf alle OData-Services und auch auf die Funktionen, die für die Bereitstellung der Anwendungen erforderlich sind. Wählen Sie für **Access Policy** die Option **Path and All Sub-Paths**, um alle Unterverzeichnisse zu erlauben. Klicken Sie abschließend auf **Save**, um zu speichern.

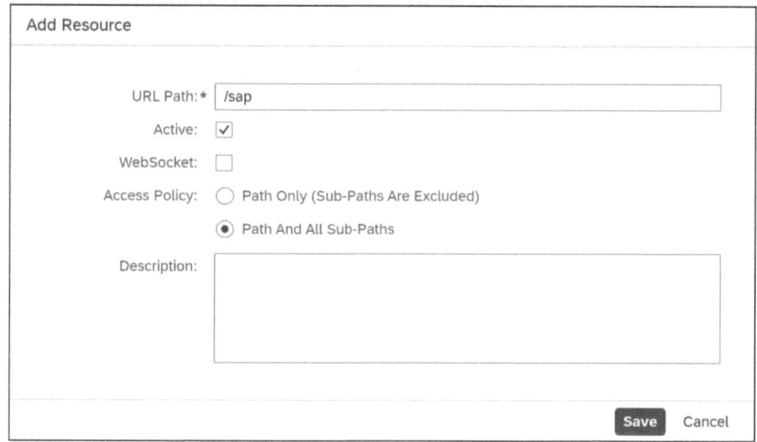

Abbildung 6.19 Ressource hinzufügen

Sie können nun auf der SAP-BTP-Seite prüfen, ob die Ressourcenfreigabe in der Übersicht der Cloud Connectors sichtbar ist. Navigieren Sie dazu in den Bereich **Connectivity • Cloud Connectors**. Dort können Sie im Bereich **Exposed Back-End Systems** sehen, dass Ressourcen verfügbar sind (siehe Abbildung 6.20).

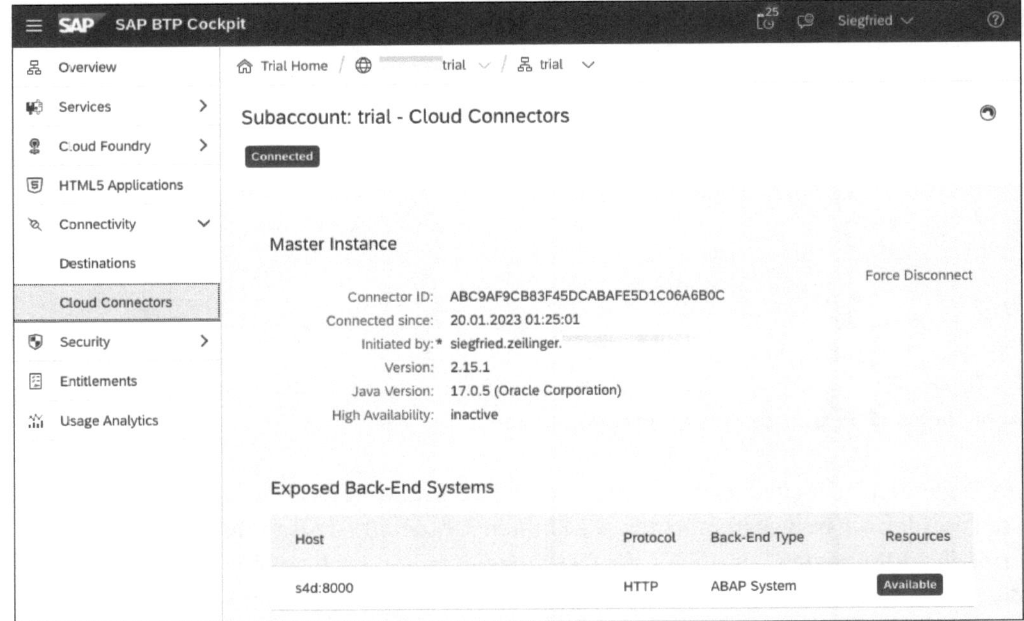

Abbildung 6.20 Verbindungsstatus im Cockpit von SAP BTP, Cloud Foundry Environment prüfen

Sie haben nun die erforderlichen Konfigurationsschritte im Cloud Connector abgeschlossen.

6.2.2 Einen OData-Service konsumieren

Die Nutzung von OData-Services ist ein üblicher Anwendungsfall in SAP-Fiori-Apps dar. Für die Entwicklung in SAP Business Application Studio bedeutet dies, dass der OData-Service über den SAP-Connectivity-Service angesprochen wird. Für Details siehe Kapitel 4, »Connectivity mit SAP Business Technology Platform«. In vielen Fällen werden die OData-Services von On-Premise-ABAP-Systemen konsumiert. Hier kommt der Cloud Connector ins Spiel. Sie müssen nur den virtuellen Hostnamen kennen.

[»]

SAP-BTP-Konnektivität

Damit die folgenden Schritte funktionieren, muss die Aktivierung des SAP-Destination-Service abgeschlossen sein, wie in Abschnitt 4.2, »SAP-Destination-Service im SAP BTP, Cloud Foundry Environment«, beschrieben.

Sie müssen eine Destination anlegen. Navigieren Sie dazu zum Bereich **Connectivity • Destinations** im Seitenmenü, wie in Abbildung 6.21 dargestellt. Klicken Sie nun auf **New Destination**, um eine neue Destination anzulegen.

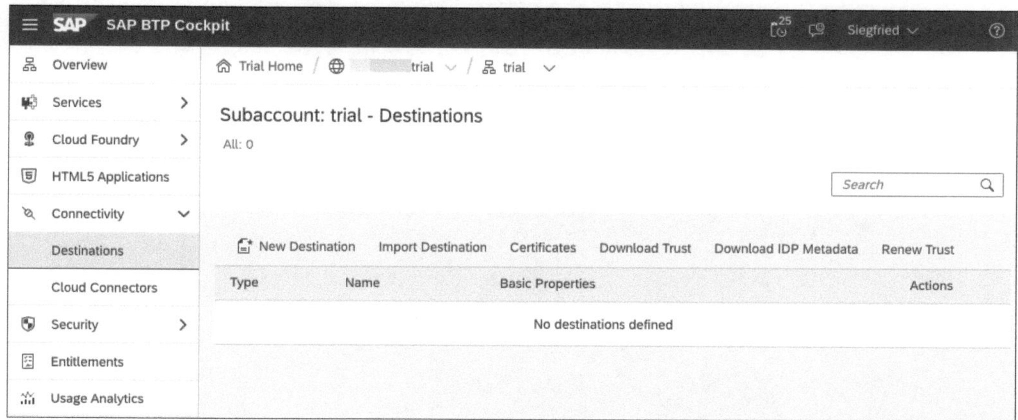

Abbildung 6.21 Übersicht der Destinations

Vergeben Sie einen beschreibenden Namen für die Destination. Geben Sie in das Feld **URL** den virtuellen Host und das Protokoll ein. In dem in Abbildung 6.22 gezeigten Beispiel geben wir z. B. »http://s4d:8000« ein. Wählen Sie für die Art des Proxy (**Proxy Type**) die Option **OnPremise**. Definieren Sie drei weitere Eigenschaften. Vergeben Sie einen beschreibenden Namen für die Eigenschaft **WebIDESystem**, z. B. die System-ID Ihres On-Premise-ABAP-Systems. Geben Sie »true« für die Eigenschaft **WebIDEEnabled** und für **HTML5.DynamicDestination** ein. Außerdem müssen Sie »odata_abap«, »dev_abap« und »ui5_execute_abap« als Eigenschaft bei **WebIDEUsage** eingeben. Klicken Sie abschließend auf **Save**, um die Destination zu speichern.

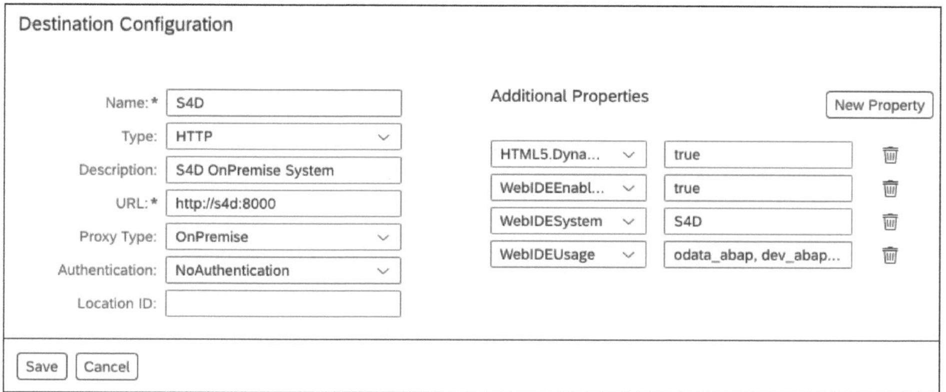

Abbildung 6.22 Destination hinzufügen

WebIDE

Beachten Sie, dass die Destination-Parameter für die Verbindung von der Entwicklungsumgebung SAP Business Application Studio mit der Destination immer noch mit WebIDE beginnen, aber auch für SAP Business Application Studio gültig sind.

Vergessen Sie nicht, einen Verbindungstest durchzuführen. Klicken Sie dazu auf **Check Connection**. Dieser Test sollte das in Abbildung 6.23 gezeigte Ergebnis liefern.

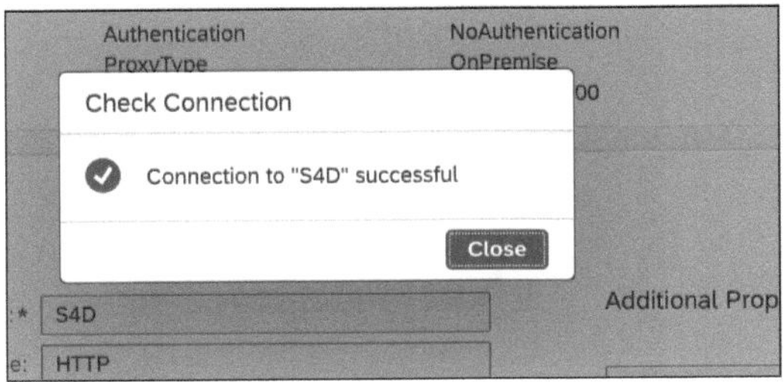

Abbildung 6.23 Erfolgreicher Verbindungstest

Sie sind nun bereit, den OData-Service aus SAP Business Application Studio heraus zu nutzen. Öffnen Sie dazu SAP Business Application Studio, und klicken Sie im linken Bereich auf das Symbol , um das Service Center zu öffnen, wie in Abbildung 6.24 dargestellt.

Abbildung 6.24 Service Center in SAP Business Application Studio

Unter dem Eintrag **Service Center** sehen Sie eine Liste Ihrer Subaccounts. Wenn Sie den Baumknoten öffnen, indem Sie auf den nach rechts zeigenden Pfeil [>] klicken, sehen Sie Ihre verbundenen Systeme. Öffnen Sie das System, das Sie gerade angelegt haben, wie in Abbildung 6.25 gezeigt.

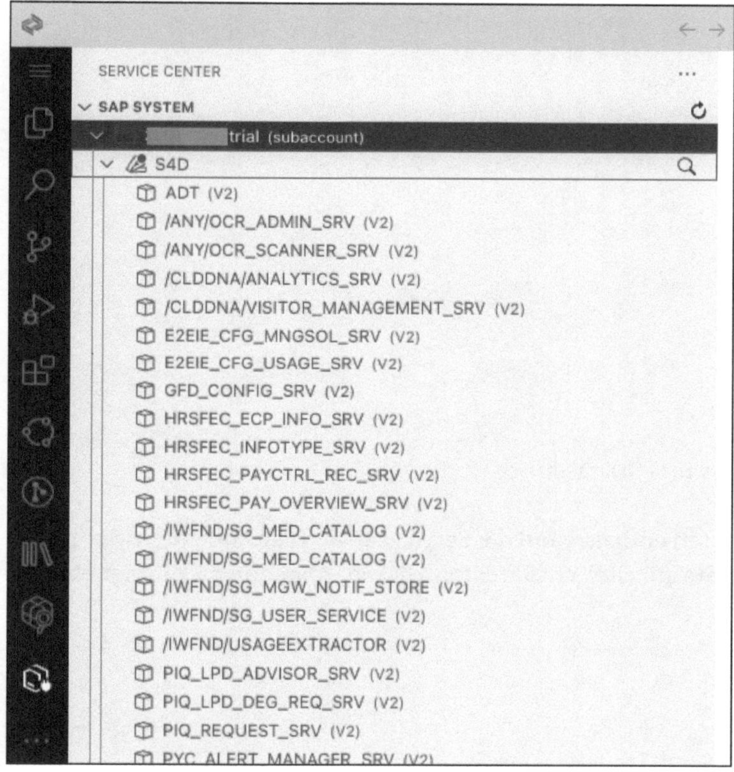

Abbildung 6.25 Serviceliste der On-Premise-Systeme

Hinweis

Möglicherweise müssen Sie sich mit dem Benutzernamen und dem Passwort Ihres Backend-Systembenutzers authentifizieren.

Wenn Sie nun einen der Services auf der linken Seite auswählen, sehen Sie den Servicenamen unter **Service Name**, die URL, die OData-Version (**Protocol**) und den Status. Unterhalb dieser Informationen sehen Sie die Entitäten und die Spezifikationen im Detailbereich auf der rechten Seite auf der Registerkarte **Entity Details** (siehe Abbildung 6.26).

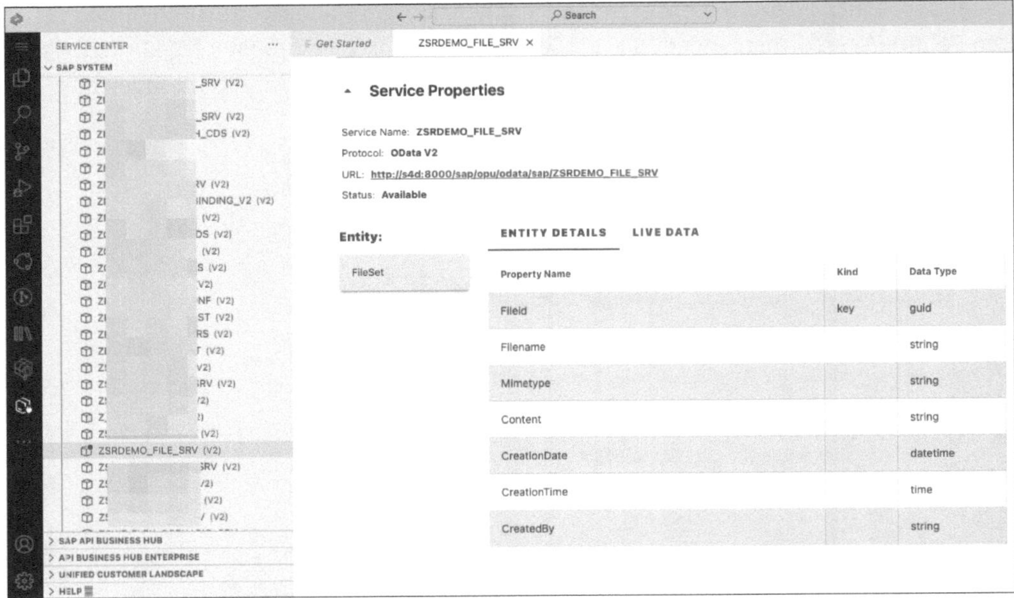

Abbildung 6.26 Details zum OData-Service

Wenn das System Daten enthält, kann der Services sogar reagieren, wenn Sie auf die Registerkarte **Live Data** für die Echtzeitdaten klicken. Abbildung 6.27 zeigt ein Beispiel.

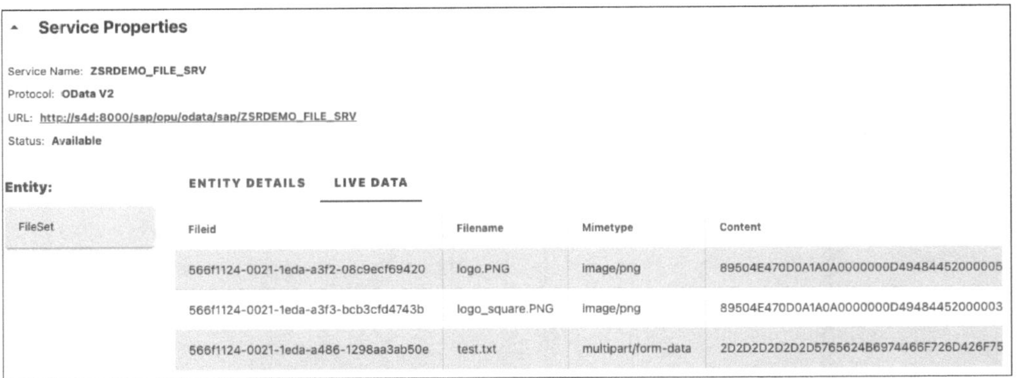

Abbildung 6.27 Beispiel für Live-Daten von einem On-Premise-OData-Service

Sie können nun Ihre On-Premise-Services für die Entwicklung in SAP Business Application Studio nutzen.

6.2.3 Einsatz in einem On-Premise-ABAP-System

Die Bereitstellung von SAP-Fiori-Apps aus SAP Business Application Studio auf einem On-Premise-ABAP-System erfordert die gleichen Voraussetzungen wie die Nutzung von OData-Services.

Die bequemste Option ist es, eine Deployment-Konfiguration aus dem Dialog zur Projekterstellung heraus hinzuzufügen. Dies sehen Sie, wenn Sie SAP Business Application Studio aufrufen und auf dem Startbildschirm auf **Start from Template** klicken, wie in Abbildung 6.28 dargestellt.

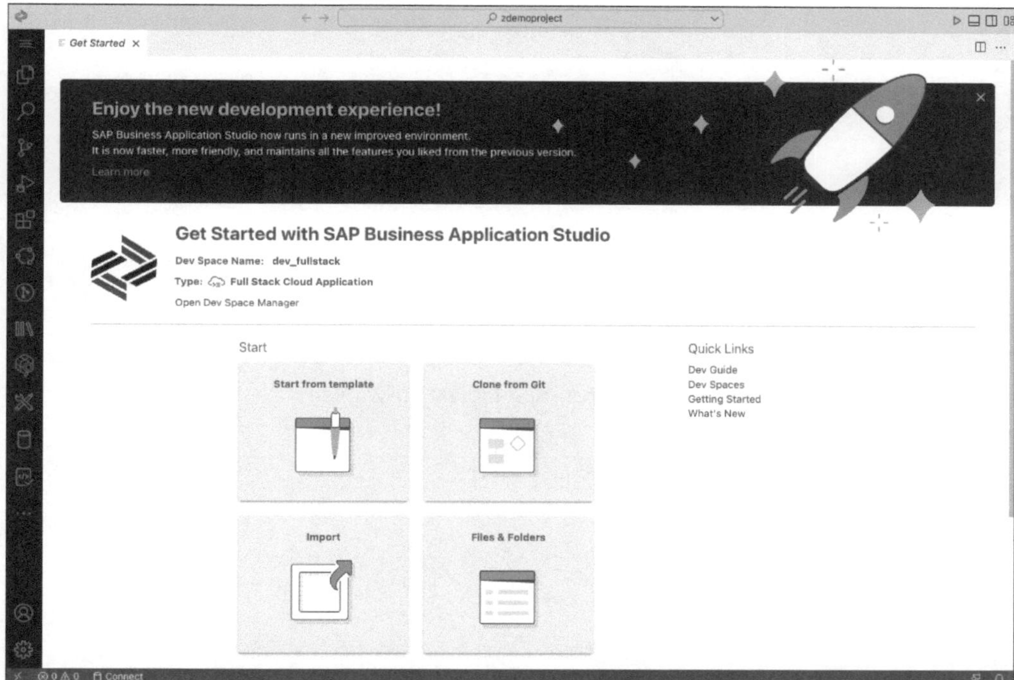

Abbildung 6.28 SAP Business Application Studio: Startbildschirm

Auf dem nächsten Bildschirm (siehe Abbildung 6.29) wählen Sie **SAP Fiori Application** und klicken auf **Start**.

Im nächsten Schritt wählen Sie **Worklist Page** und klicken auf den Button **Next** (siehe Abbildung 6.30).

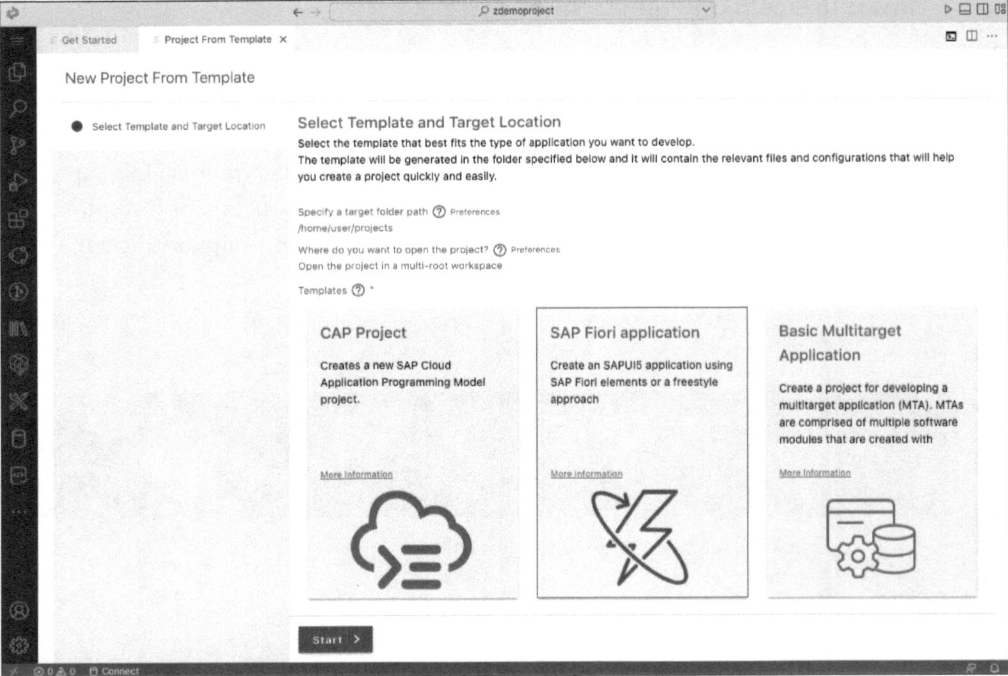

Abbildung 6.29 Vorlage für SAP-Fiori-App-Projekt auswählen

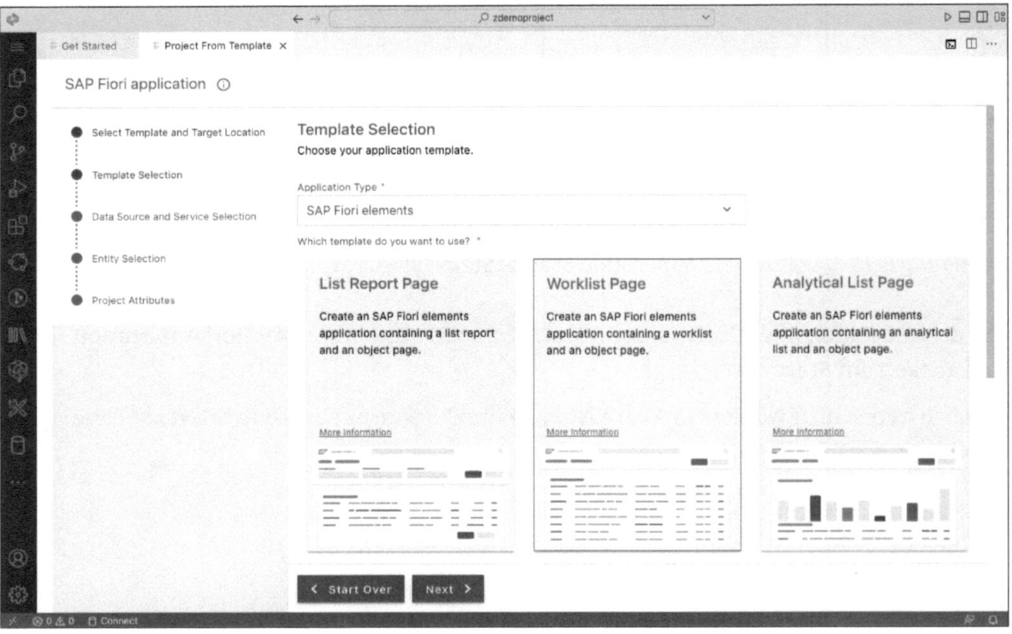

Abbildung 6.30 Verfügbare Vorlagen für eine SAP-Fiori-Elements-App

Wählen Sie nun im Dropdown-Menü **Data Source** die Option **Connect to a System**, um sich mit einem System zu verbinden; wählen Sie unter **System** das soeben erstellte System als Ziel (in unserem Beispiel S4D); und wählen Sie dann einen beliebigen Service (es ist von Vorteil, wenn es sich um einen operativen Service handelt, aber im Moment geht es nur um die Bereitstellungsoptionen). Klicken Sie dann auf **Next**. Sie können diese Auswahl in Abbildung 6.31 sehen.

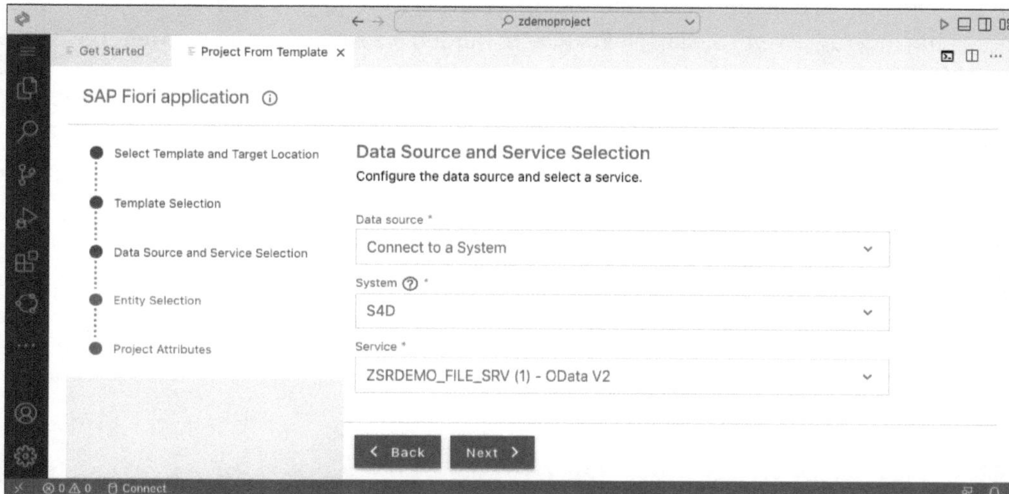

Abbildung 6.31 Datenquelle auswählen

Wählen Sie nun eine der Entitäten des Services für **Main entity** aus. In unserem Beispiel haben wir **FileSet** gewählt. Klicken Sie nun auf **Next** (siehe Abbildung 6.32).

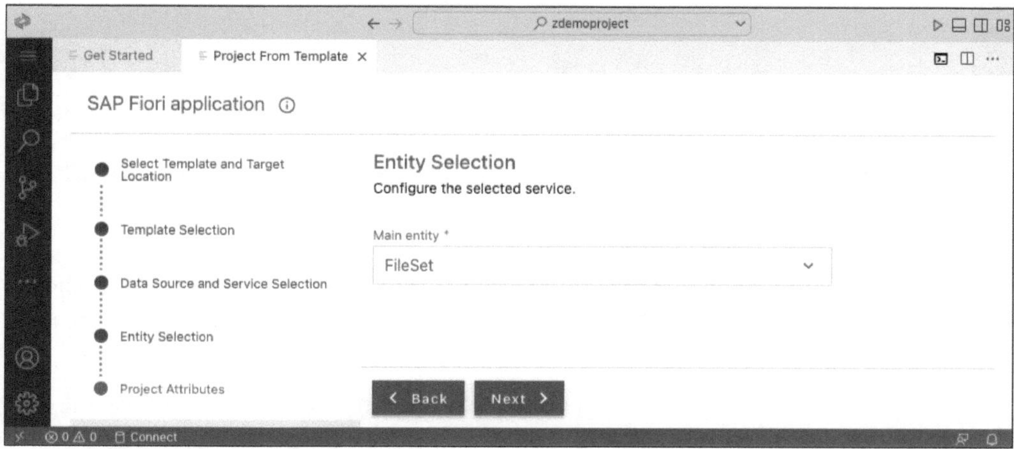

Abbildung 6.32 Main Entity auswählen

Im letzten Schritt (siehe Abbildung 6.33) müssen Sie, wenn Sie die Projektattribute festlegen, unter **Add Deployment Configuration** mit der Option **Yes** dafür sorgen, dass die Applikation auch bereitgestellt werden kann. Für die anderen Werte wählen Sie einfach Ihren eigenen Modulnamen für **Module name** als Anwendungsnamen und belassen die anderen Werte als Standardwerte. Nachdem Sie im Feld **Add Deployment Configuration** die Option **Yes** gewählt haben, wird auf der linken Seite ein zusätzlicher Schritt namens **Deployment Configuration** für die Bereitstellungseinstellungen hinzugefügt. Wenn Sie auf **Next** klicken, werden Sie zu diesem Schritt weitergeleitet.

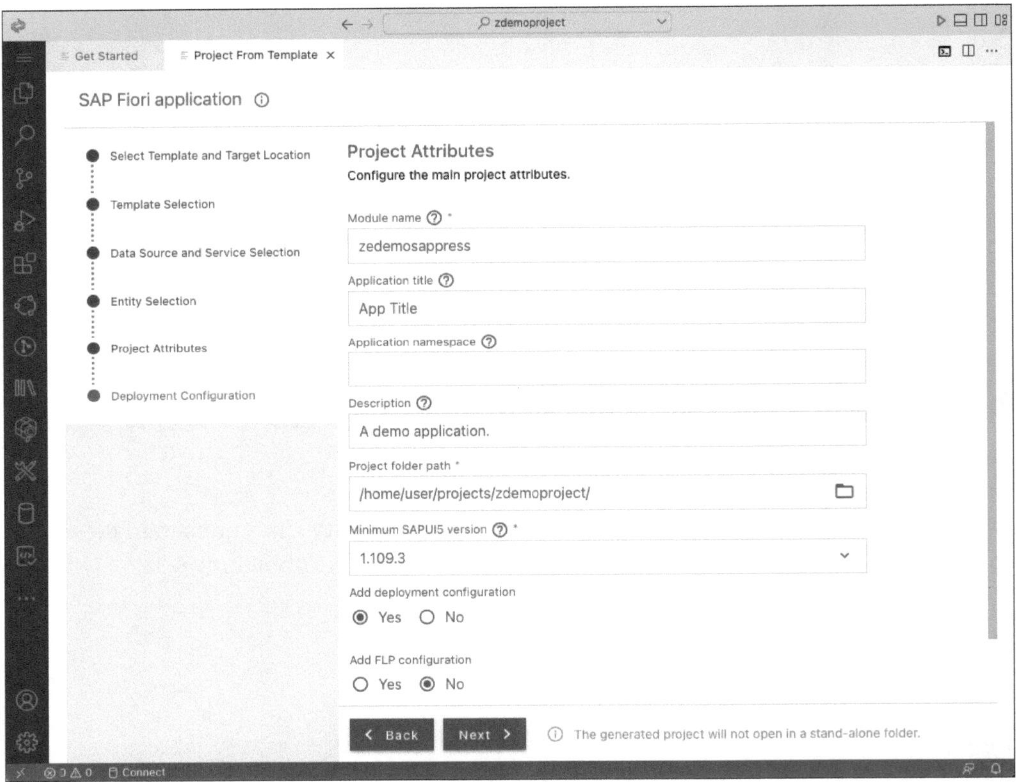

Abbildung 6.33 Projektattribute einstellen

Im nächsten Schritt, der in Abbildung 6.34 dargestellt ist, wählen Sie für **Please choose the target** die Option **ABAP** und unter **Destination** Ihr On-Premise-System (in unserem Fall S4D).

Für **SAPUI5 ABAP Repository** geben Sie den Namen des Web-Endpunktes auf dem ABAP-Server (auch bekannt als SAP-Internet-Communication-Framework-Knoten (SICF)) ein. Dieser Name hat eine maximale Länge von 15 Zeichen und beginnt idealerweise mit Z oder Y. Die übrigen drei Auswahlmöglichkeiten stammen aus der ABAP-Welt. Wenn ein ABAP-Paket (Feld **Package**) zugeordnet werden soll, können Sie den voreingestellten Wert »$tmp« durch den Namen eines im Backend-System verfügbaren Packages ersetzen. Handelt es sich nicht um $tmp (und damit um ein transportierbares Objekt), dann können Sie einen Transportauftrag zuordnen oder einen neuen anlegen, indem Sie die Option **Transport Request** auf **Create New** oder **Choose from Existing** (wenn dieser schon existiert) setzen. Für den Moment können Sie $tmp so belassen. Klicken Sie nun auf **Finish**.

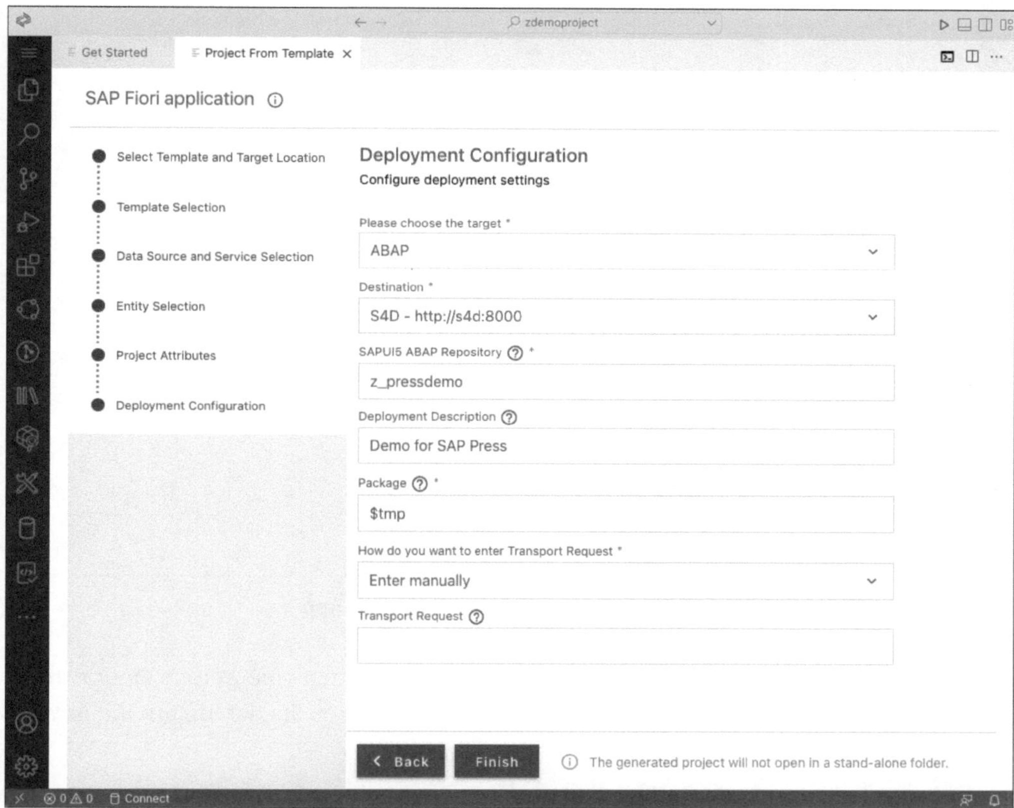

Abbildung 6.34 Deployment-Konfiguration für ABAP On-Premise

Nach einer kurzen Wartezeit öffnet sich das neue Projekt automatisch in SAP Business Application Studio und zeigt den Bildschirm **Application Information** mit den Anwendungsinformationen, wie in Abbildung 6.35 dargestellt. Im unteren Bereich sehen Sie eine Reihe von Kacheln. Beachten Sie die Kachel mit der Bezeichnung **Add Deploy Config**. Wenn Sie zuvor (in Abbildung 6.33) nicht **Add Deployment Configuration** gewählt haben, können Sie die Konfiguration hier jederzeit hinzufügen oder ändern. Es gibt hier zwar keine hübsche webbasierte Pflegeoberfläche, dafür steht Ihnen diese Option immer zur Verfügung, z. B. wenn noch keine Bereitstellungsinformationen zur Verfügung stehen oder wenn Sie ein fremdes Projekt importieren und diese Informationen hinzufügen möchten.

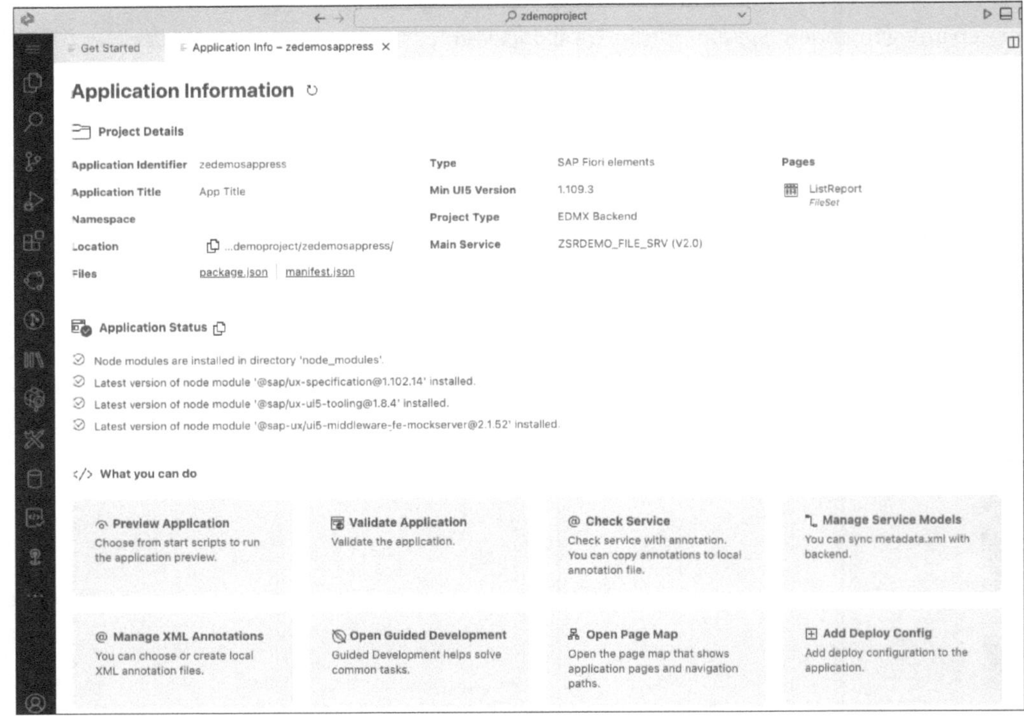

Abbildung 6.35 Anwendungsinformationen für SAP-Fiori-App

Wenn Sie nun ein wenig nach unten scrollen, wird Ihnen eine weitere Option angezeigt (siehe Abbildung 6.36): **Deploy Application**. Klicken Sie darauf, um die Anwendung bereitzustellen.

Es wird die Registerkarte **Terminal** geöffnet, wodurch der Build sofort gestartet wird. Dieser wird jedoch direkt angehalten, und Sie werden gefragt, ob Sie die Bereitstellung starten möchten. Drücken Sie die [Y]-Taste. Wenn alles richtig konfiguriert wurde, erhalten Sie ein Ergebnis wie in Abbildung 6.37. Beachten Sie, dass in einer der letzten Zeilen die URL zum Aufrufen der Anwendung angegeben ist. Diese URL wurde mit dem Namen des virtuellen Servers erstellt. Das kann bedeuten, dass Sie diesen Namen in den Namen Ihres lokalen Servers ändern müssen, wenn Sie von Ihrem lokalen Netzwerk aus auf die Anwendung zugreifen wollen.

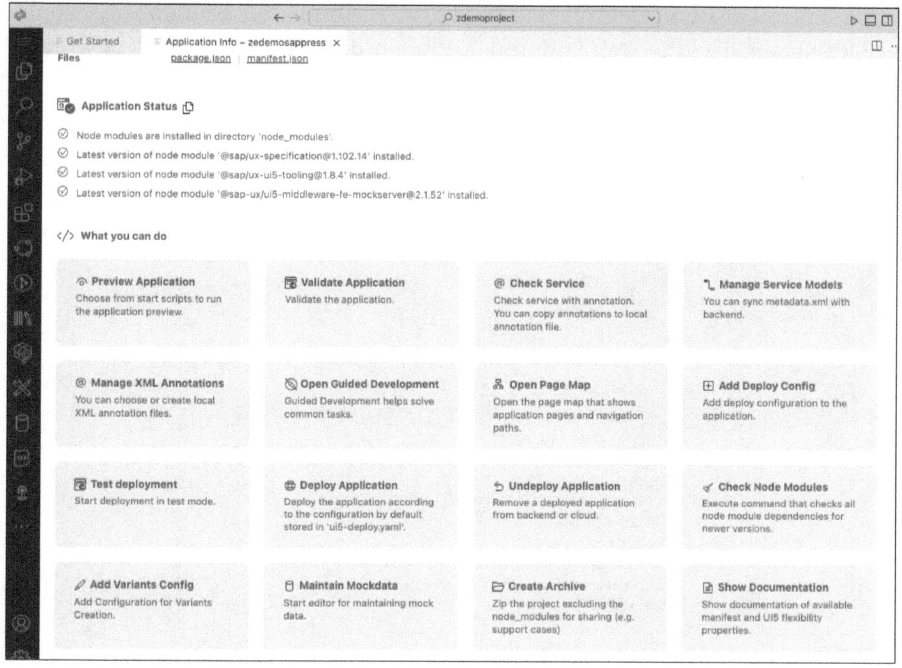

Abbildung 6.36 Weitere Kacheln unter den Anwendungsinformationen

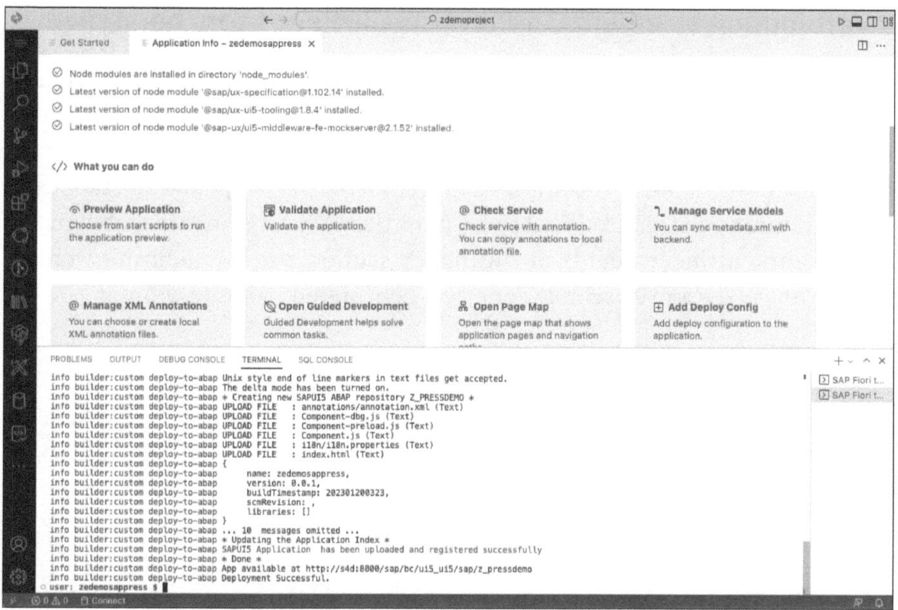

Abbildung 6.37 Erfolgreiche On-Premise-Implementierung eines SAP-Fiori-Projekts

Wenn Sie sich mit SAP GUI an Ihrem Backend-System anmelden, können Sie in Transaktion SICF sehen, dass die Web-Endpunktknoten ordnungsgemäß angelegt wurden (siehe Abbildung 6.38).

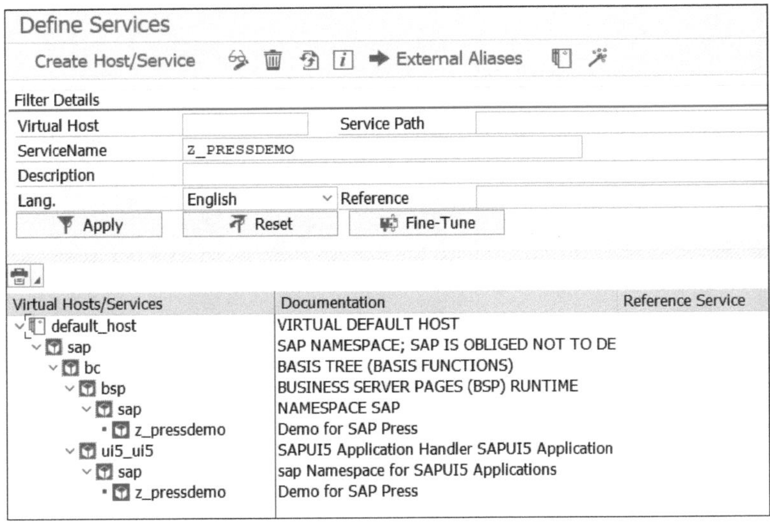

Abbildung 6.38 SICF-Web-Endpunkte auf dem On-Premise-Backend-System

6.3 Verbindung zu einem On-Premise-Git-Repository herstellen

Wenn Sie Anwendungen jeglicher Art entwickeln, werden Sie früher oder später mit der Frage konfrontiert, wie Sie Ihren Quellcode verwalten wollen. Dies geschieht einerseits, um die Entwicklung im Team zu vereinfachen, ist aber andererseits auch die Basis, um eine Continuous-Integration/Continuous-Delivery-Pipeline zu etablieren. Für die Verwaltung von Quellcode hat sich Git mittlerweile als Standard etabliert. Der Git-Server kann entweder öffentlich zugänglich sein oder privat gehostet werden. Wir werden uns in diesem Abschnitt der privat gehosteten Variante widmen.

Unterschied zwischen der Neo- und der Cloud-Foundry-Umgebung

In der Neo-Umgebung ist es nicht möglich, HTTPS für die Verbindung zum Git-Repository zu verwenden. In der Cloud-Foundry-Umgebung hingegen ist die Verwendung einer HTTPS-Verbindung zum Git-Server obligatorisch.

An dieser Stelle kommt wieder der Cloud Connector zum Einsatz. Sie müssen im ersten Schritt eine Zuordnung für den Git-Server im Cloud Connector anlegen. Öffnen

Sie dazu den Cloud Connector und, wie in Abbildung 6.39 dargestellt, die Verbindung zum Subaccount. Klicken Sie im Bereich **Access Control** für die Zugriffskontrolle auf das Symbol **+**.

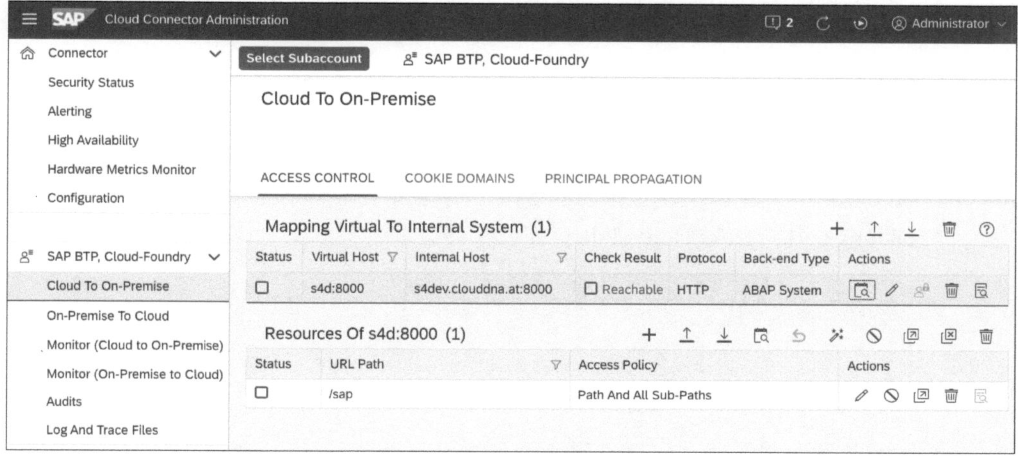

Abbildung 6.39 Cloud Connector: Git-Server hinzufügen

Wählen Sie für **Back-end Type** die Option **Non-SAP System** (siehe Abbildung 6.40). Klicken Sie dann auf **Next**.

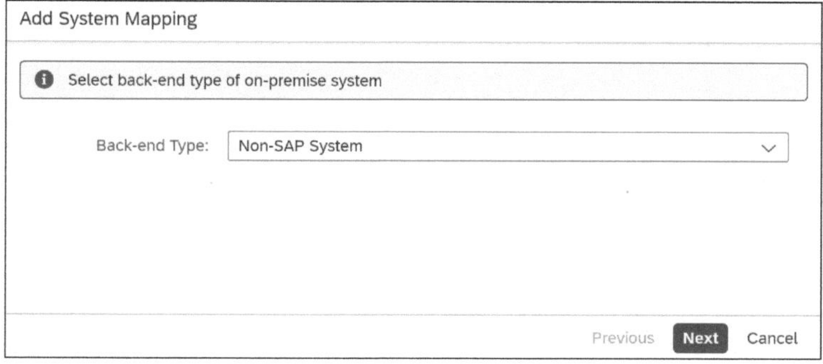

Abbildung 6.40 Backend-Typ auswählen

Bei der Auswahl des Protokolls wählen Sie **HTTPS** (siehe Abbildung 6.41). Wenn Sie fertig sind, klicken Sie auf **Next**.

Geben Sie nun den **Virtual Host** und **Virtual Port** ein, wie in Abbildung 6.42 dargestellt. Klicken Sie dann auf **Next**.

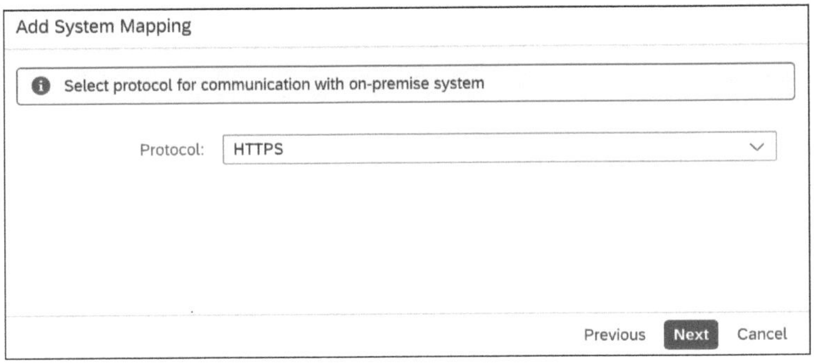

Add System Mapping

Select protocol for communication with on-premise system

Protocol: HTTPS

Previous Next Cancel

Abbildung 6.41 Protokoll auswählen

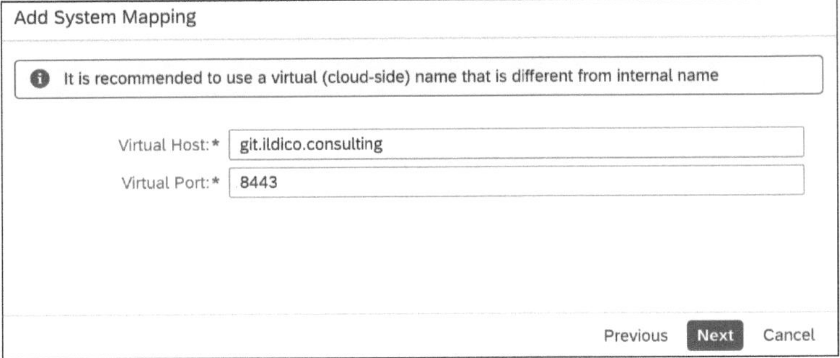

Abbildung 6.42 Internen Host eingeben

[»]

SSL-Zertifikat und Git

Beachten Sie bei diesen Schritten, dass, wenn der interne Hostname vom virtuellen Namen abweicht, Sie das Problem haben, dass das vom Backend vorgelegte SSL-Zertifikat für einen anderen Servernamen ausgestellt wird als den, den Sie als virtuellen Servernamen gewählt haben.

In unserem Beispiel ist die Domäne der beiden Server dieselbe, und der von uns verwendete Backend-Server hat ein Wildcard-Zertifikat installiert, das die gesamte Domäne als vertrauenswürdig ausweist.

Wenn Sie dies genauer konfigurieren müssen, lesen Sie Kapitel 2, »Sicherheitsgrundlagen«. Zur Fehlerbehebung lesen Sie bitte SAP-Hinweis 2837010.

Weisen Sie nun einen **Virtual Host** und **Virtual Port** zu, wie in Abbildung 6.43 dargestellt. Dies sind die Attribute, die in SAP BTP sichtbar sind. Klicken Sie dann auf **Next**.

Wählen Sie nun aus, ob eine Principal Propagation möglich sein soll (siehe Abbildung 6.44). Klicken Sie dann auf **Next**.

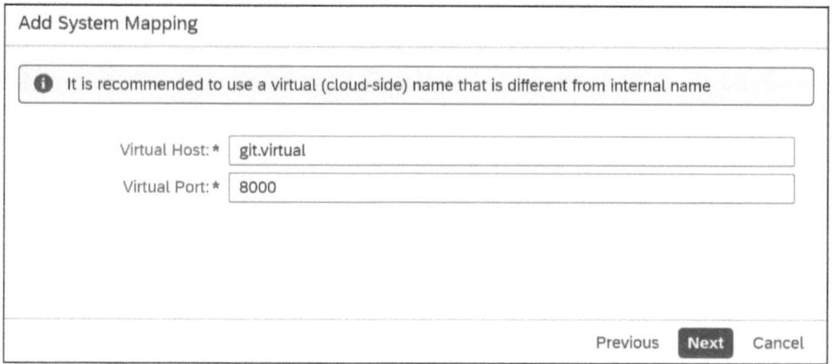

Abbildung 6.43 Virtual Host eingeben

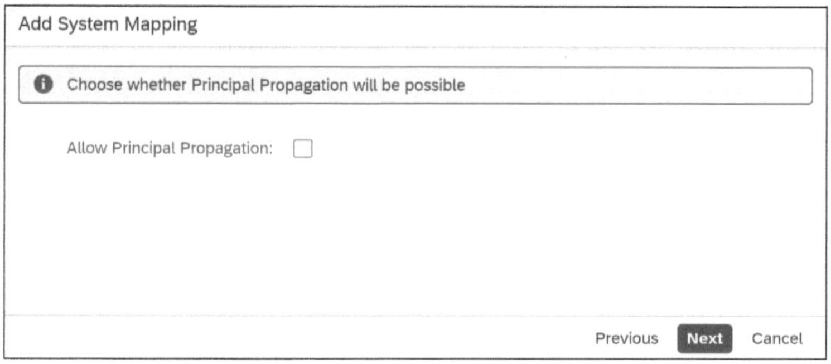

Add System Mapping
Choose whether Principal Propagation will be possible
Allow Principal Propagation:
Previous
Next
Cancel

Abbildung 6.44 Principal Propagation konfigurieren

Im nächsten Schritt müssen Sie den Wert festlegen, mit dem der Request Header Host gefüllt werden soll, wie in Abbildung 6.45 dargestellt. Der Wert muss in das Feld **Host in Request Header** eingetragen werden. Klicken Sie dann auf **Next**.

Abbildung 6.45 Host Origin auswählen

Nun können Sie optional eine Beschreibung eingeben (siehe Abbildung 6.46). Klicken Sie dann auf **Next**.

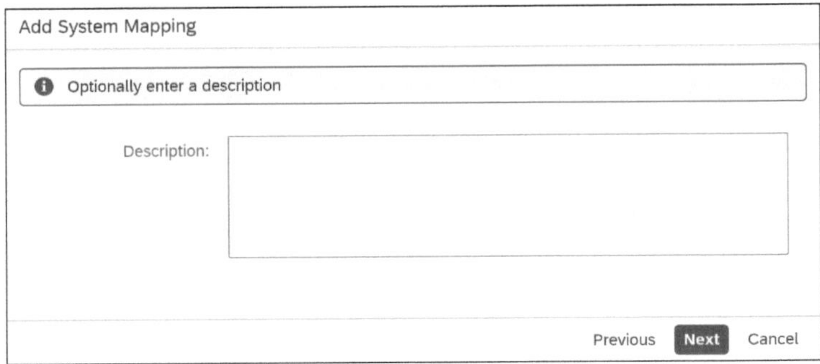

Abbildung 6.46 Beschreibung hinzufügen

Sie sehen nun eine Zusammenfassung der Einstellungen, wie in Abbildung 6.47 dargestellt. Klicken Sie auf **Finish**, um die Konfiguration fertigzustellen.

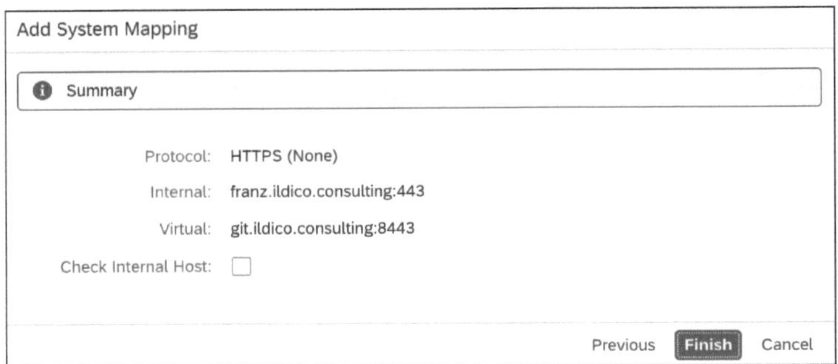

Abbildung 6.47 Zusammenfassung der Konfiguration

Nachdem die Konfiguration abgeschlossen ist, sollten Sie den in Abbildung 6.48 gezeigten Bildschirm sehen. Nun müssen Sie die Ressourcen zuweisen. Klicken Sie dazu zunächst auf das Symbol **+** im Bereich **Resources**.

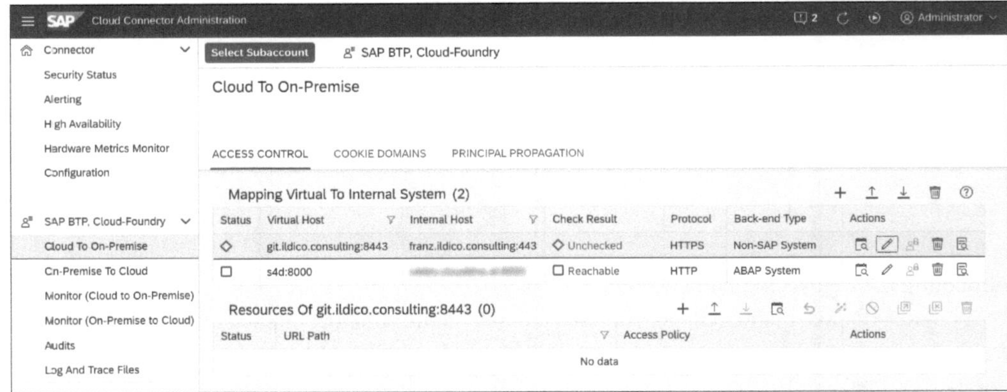

Abbildung 6.48 Übersicht über die Zugriffskontrolle

Wie in Abbildung 6.49 dargestellt, geben Sie im Feld **URL Path** den Pfad an, über den die Git-Repositorys auf Ihrem Git-Server zugänglich sind. Sie können entweder den Zugriff auf alle Git-Repositorys zulassen, wie im Beispiel gezeigt, oder alternativ den Zugriff auf einzelne Repositorys erlauben. Wählen Sie unter **Access Policy** die Option **Path and All Sub-Paths**.

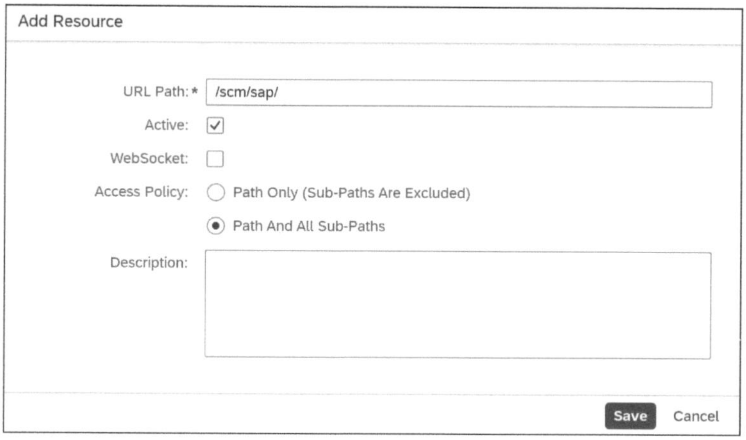

Add Resource
URL Path:* /scm/sap/
Active: ☑
WebSocket: ☐
Access Policy: ○ Path Only (Sub-Paths Are Excluded)
◉ Path And All Sub-Paths
Description:
Save Cancel

Abbildung 6.49 Ressource hinzufügen

Nachdem Sie die Einstellungen gesichert haben, sollten Sie den Git-Server im SAP BTP Cockpit unter **Exposed Back-End Systems** sehen (siehe Abbildung 6.50).

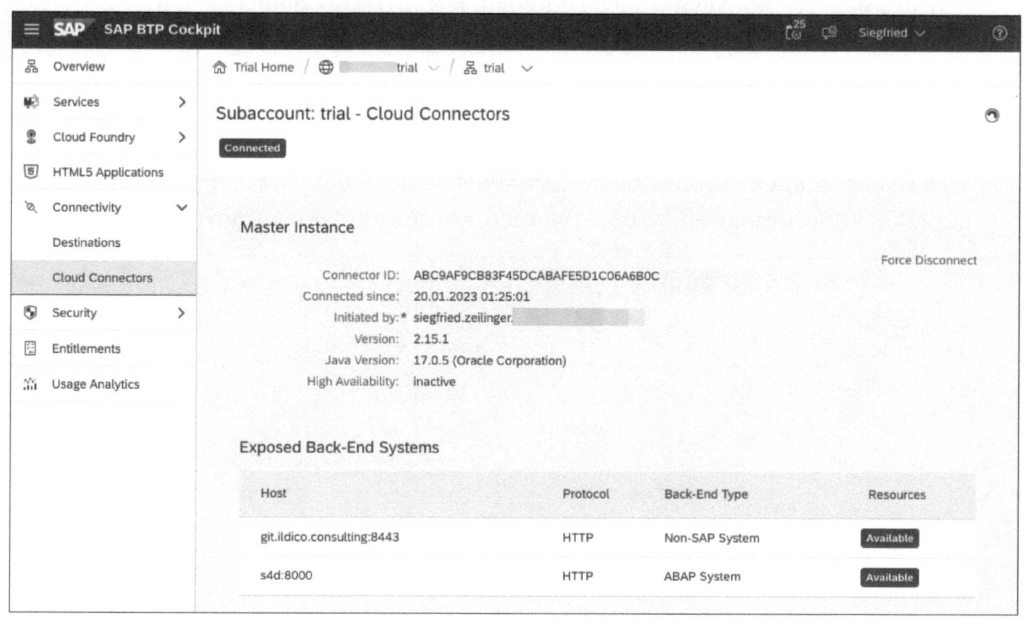

Abbildung 6.50 Cloud-Connector-Details

Navigieren Sie nun zum Abschnitt **Connectivity • Destinations** im Seitenmenü (siehe Abbildung 6.51). Klicken Sie dort auf **New Destination**, um eine neue Destination anzulegen.

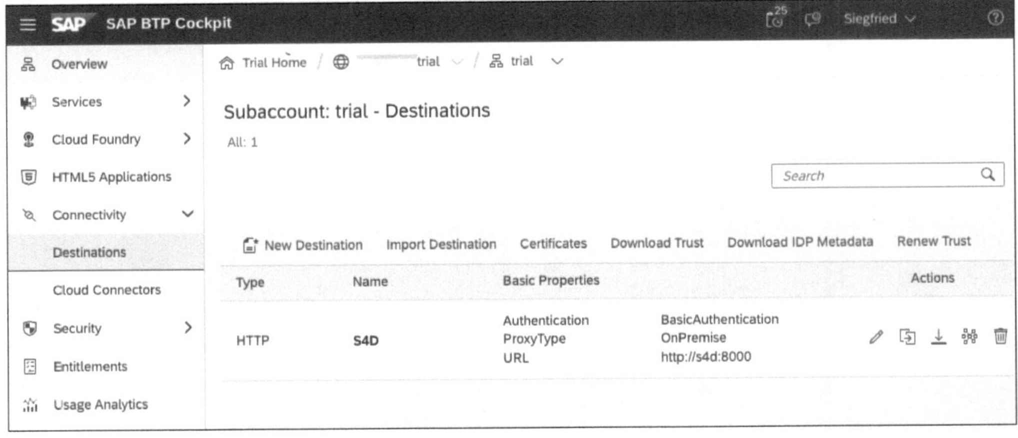

Abbildung 6.51 Neue Destination hinzufügen

Sie können nun die Eigenschaften der Destination wie gewohnt pflegen (siehe Abbildung 6.52). Für die Eigenschaft **URL** müssen Sie den virtuellen Host und den virtuellen Port verwenden. Legen Sie vier zusätzliche Eigenschaften unter **Additional Properties** an. Sie können die Namen der zusätzlichen Eigenschaften aus der Dropdown-Liste auswählen. Weisen Sie für die Eigenschaft **WebIDEUsage** den Wert »git« zu. Weisen Sie für das Attribut **WebIDEEnabled** und für **HTML5.DynamicDestination** den Wert »true« zu. Für das Attribut **WebIDEAdditionalData** müssen Sie eine von SAP definierte Namenskonvention einhalten. Der Wert muss mit »git_host_« beginnen. Danach müssen Sie den Namen des virtuellen Hosts anhängen. Da im Beispiel der virtuelle Host »git.ildico.consulting« verwendet wird, muss hier der Wert »git_host_ git.ildico.consulting« eingetragen werden. Klicken Sie dann auf **Save**.

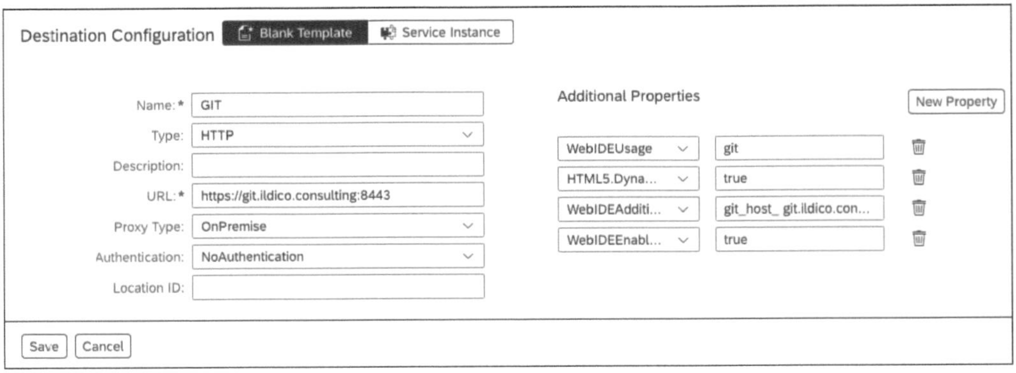

Destination Configuration | Blank Template | Service Instance

Name:* GIT
Type: HTTP
Description:
URL:* https://git.ildico.consulting:8443
Proxy Type: OnPremise
Authentication: NoAuthentication
Location ID:

Additional Properties | New Property

WebIDEUsage | git
HTML5.Dyna... | true
WebIDEAdditi... | git_host_ git.ildico.con...
WebIDEEnabl... | true

Save | Cancel

Abbildung 6.52 Zielkonfiguration eingeben

Nachdem Sie gespeichert haben, können Sie auf [icon] klicken, um einen Verbindungstest durchzuführen. Dieser sollte ein positives Ergebnis liefern, wie in Abbildung 6.53 dargestellt.

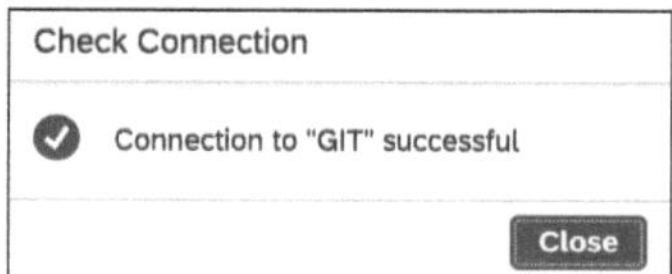

Abbildung 6.53 Verbindung zum Git-Server prüfen

In SAP Business Application Studio befindet sich auf der linken Seite des Bildschirms ein Symbol für die Versionsverwaltung **Source Control**. Dort können Sie u. a. Quellen verwalten. Die geöffnete Ansicht sehen Sie in Abbildung 6.54.

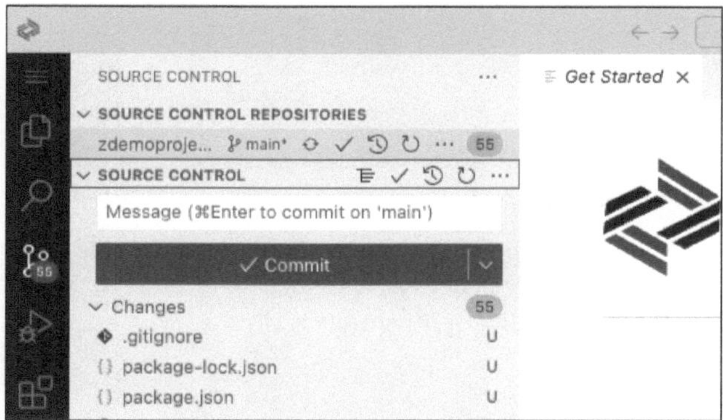

Abbildung 6.54 Versionskontrolle in SAP Business Application Studio

Um nun mit dem Git-Repository zu arbeiten, müssen Sie die Anmeldedaten festlegen. Sie haben die drei folgenden Optionen:

- ein Git-Zugangsdaten-Cache für die temporäre Speicherung
- ein Git-Anmeldespeicher für die dauerhafte Speicherung Ihrer Anmeldedaten
- ein persönliches Zugriffstoken, wenn Sie ein Zugriffstoken von Ihrem Git-Repository haben

Weitere Einzelheiten finden Sie in der SAP-Hilfe unter *https://help.sap.com/docs/bas/sap-business-application-studio/connecting-to-corporate-git-repository*.

Zu Demonstrationszwecken geben Sie den Code in Listing 6.1 in die Befehlszeile von SAP Business Application Studio ein. Die Befehlszeile rufen Sie durch Klicken auf [icon] (siehe Abbildung 6.55) auf.

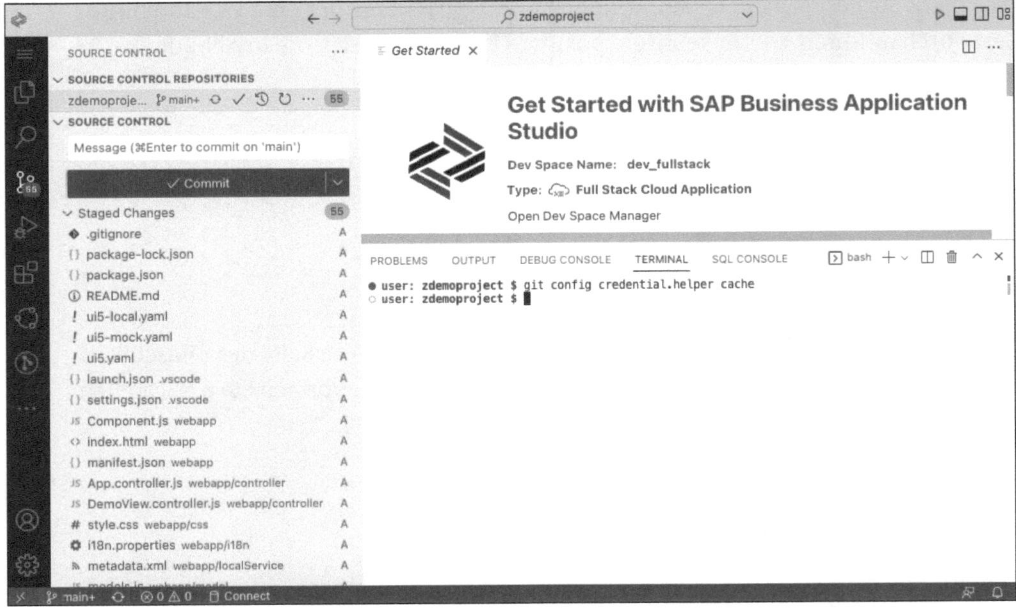

Abbildung 6.55 Zugriff auf die Befehlszeile für Git-Anmeldeinformationen

```
$ git config credential.helper 'cache --timeout=3600'
$ git push https://git.ildico.consulting:8443/<reponame>.git
Benutzername: <Git-Benutzername>
Kennwort: <Git-Kennwort>
```

Listing 6.1 Git-Anmeldeinformationen erfassen

Wenn Sie diesen Schritt abgeschlossen haben, können Sie eine Stunde lang mit den Anmeldeinformationen für das Git-Repository arbeiten – danach müssen Sie sie erneut eingeben.

Weiterführende Lektüre

Um mehr über den Git-Cache zu erfahren, besuchen Sie *https://git-scm.com/docs/git-credential-cache*.

Als Beispiel fügen wir nun die Quellen der aktuellen Entwicklungen (aus Abschnitt 5.2.2, »Einen OData-Service konsumieren«) zum Repository hinzu. Unter **Source Control** sehen Sie ein Symbol mit drei Punkten [...], mit dem Sie das Menü aufrufen können. Navigieren Sie dort zu **Remote • Add Remote...** (siehe Abbildung 6.56).

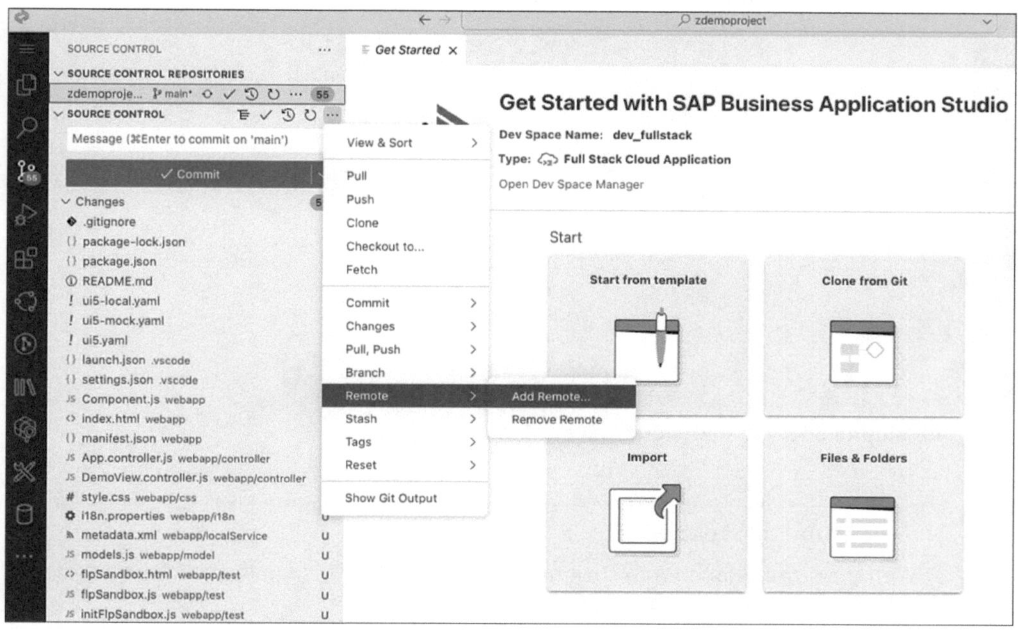

Abbildung 6.56 Dialogfeld »Add Remote«

Dann geben Sie im Suchfeld des SAP Business Application Studios den Git-Server ein, wie in Abbildung 6.57 dargestellt.

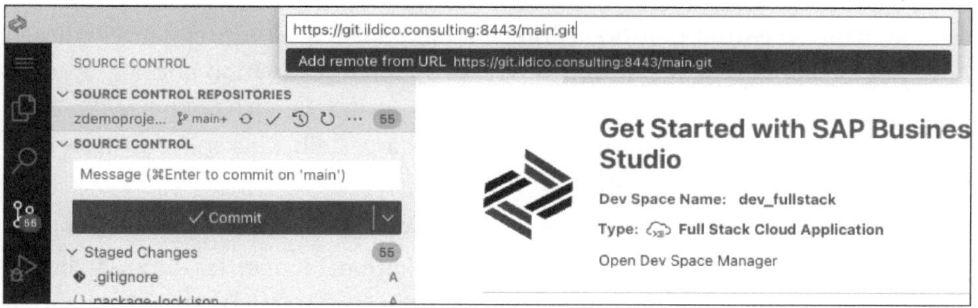

Abbildung 6.57 Remote-Git-Repository hinzufügen

Im nächsten Schritt können Sie der Git-Verbindung einen Namen zuweisen. Für unser Beispiel haben wir »ConsultingGit« gewählt (siehe Abbildung 6.58).

Nachdem Sie einen Namen zugewiesen haben, können Sie das Repository in SAP Business Application Studio durchgängig verwenden. Viele der Operationen sind in SAP Business Application Studio selbst integriert, während andere über das Terminal ausgeführt werden müssen.

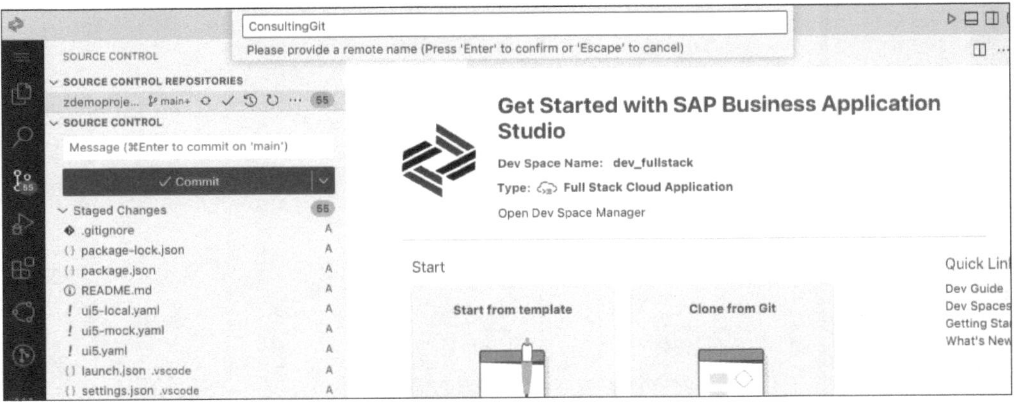

Abbildung 6.58 Git-Verbindung einen Namen zuweisen

Weiterführende Lektüre

Weitere Informationen zur Arbeit mit Git und SAP Business Application Studio finden Sie unter *http://s-prs.de/v970705*.

6.4 Einen OData-Service aus einem Cloud-System konsumieren

Die Möglichkeit zur Nutzung von OData-Services aus einem Cloud-System ist ein weiterer häufiger Grund, den Cloud Connector mit SAP BTP zu verwenden. Für diesen Anwendungsfall muss auch im SAP BTP Cockpit eine Destination angelegt werden angelegt werden. Navigieren Sie im SAP BTP Cockpit zum Bereich **Connectivity • Destinations** des Subaccounts, wie in Abbildung 6.59 dargestellt. Klicken Sie auf **New Destination**, um eine neue Destination anzulegen.

Pflegen Sie nun die Eigenschaften der Destination wie Sie es bereits kennengelernt haben (siehe Abbildung 6.60). Fügen Sie unter **Additional Properties** die zusätzlichen Eigenschaften **WebIDEEnabled** mit dem Wert »true«, **HTML5.DynamicDestination** mit dem Wert »true« und **WebIDEUsage** mit dem Wert »odata_gen« hinzu. Geben Sie für das Feld **URL** den Wert »https://services.odata.org« ein. Klicken Sie auf **Save**.

Führen Sie nun einen Verbindungstest durch, indem Sie auf klicken. Dieser sollte ein positives Ergebnis liefern, wie in Abbildung 6.61 dargestellt.

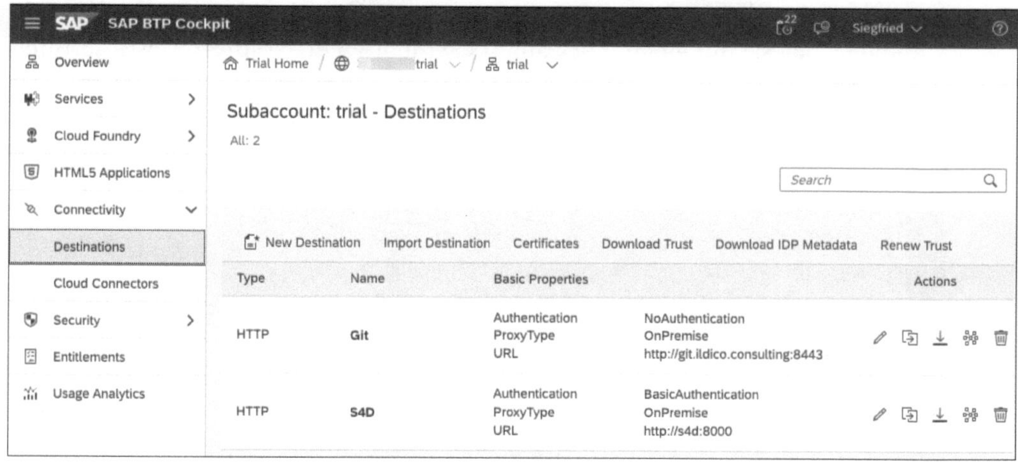

Abbildung 6.59 Destinations innerhalb des SAP BTP Cockpit

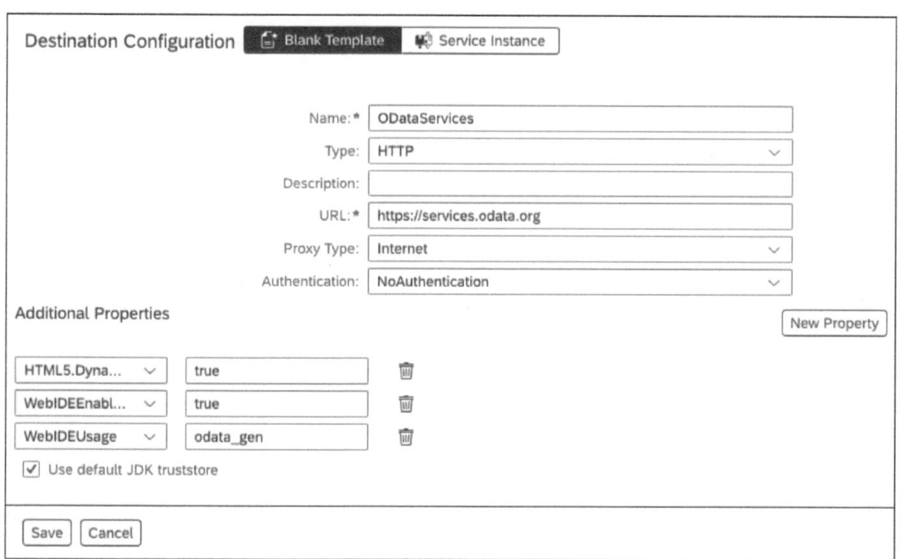

Abbildung 6.60 HTTP-Destination für Cloud-API erstellen

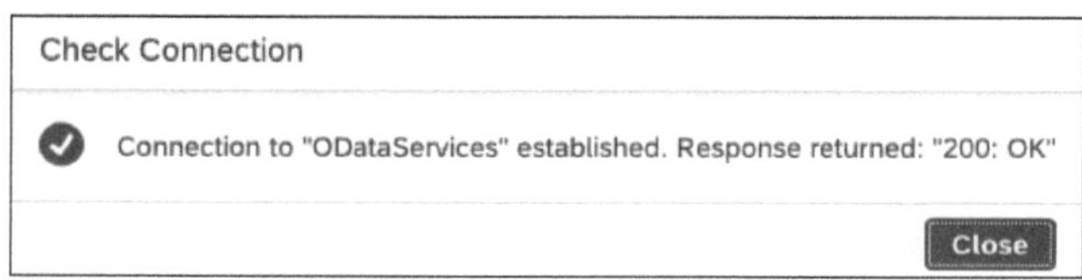

Abbildung 6.61 Verbindungstest

In SAP Business Application Studio können Sie den Service über das Service Center einbinden, das Sie mit einem Klick auf das Symbol in der linken Leiste aufrufen (siehe Abbildung 6.62).

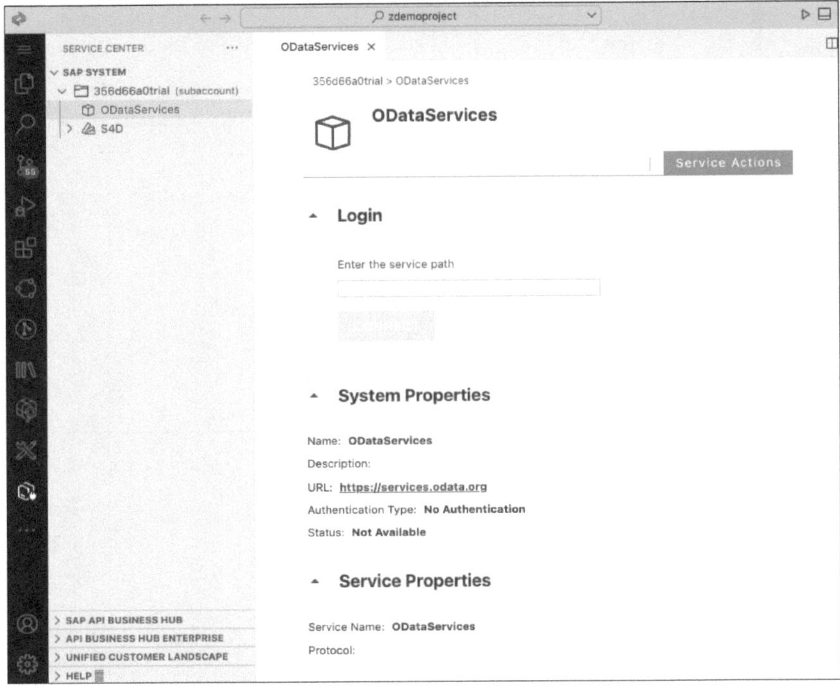

Abbildung 6.62 OData-Service zu SAP Business Application Studio hinzufügen

Geben Sie nun den Servicepfad ein. In unserem Beispiel haben wir »/V2/Northwind/Northwind.svc/« eingegeben. Nachdem Sie zum Verbinden auf **Connect** geklickt haben, sollten Sie ein grünes Symbol über dem Würfel neben dem Namen der Destination sehen (siehe Abbildung 6.63).

Praktischerweise können Sie nun die Eigenschaften des Services genauer ansehen, wenn Sie zu den Eigenschaften bei **Service Properties** nach unten blättern. Nachdem Sie überprüft haben, ob der Service Ihren Anforderungen entspricht, haben Sie zwei Möglichkeiten:

- Erstellen Sie ein SAP-Fiori-Projekt aus dem Service heraus (**Create Project from Service**).
- Fügen Sie den Service zu einem bestehenden SAP-Cloud-Application-Programming-Model-Projekt hinzu (**Add External Data Model to CAP Project**).

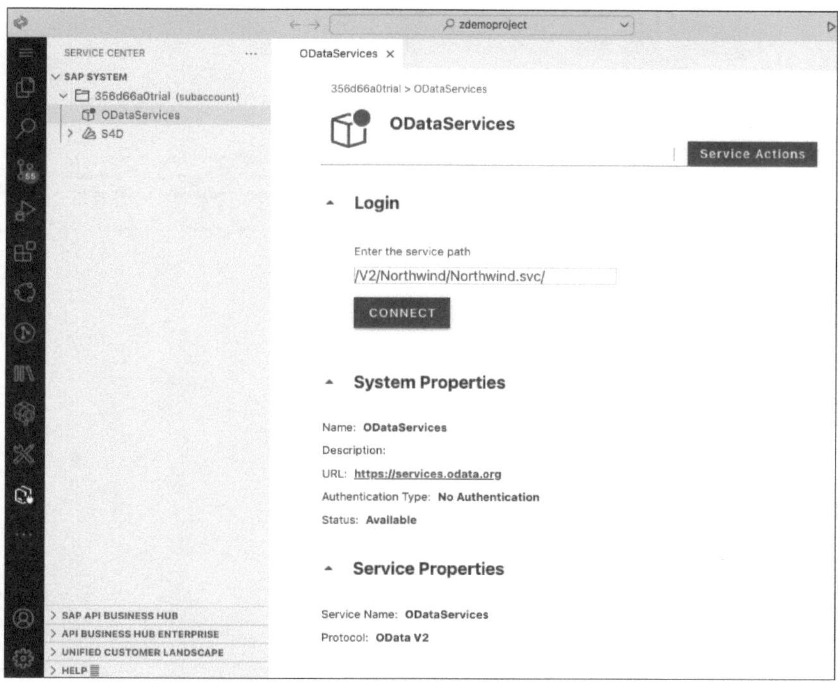

Abbildung 6.63 Service Path eingeben und Verbindung validieren

Beide Optionen können durch Anklicken der entsprechenden Schaltfläche **Service Actions** ausgewählt werden (siehe Abbildung 6.64).

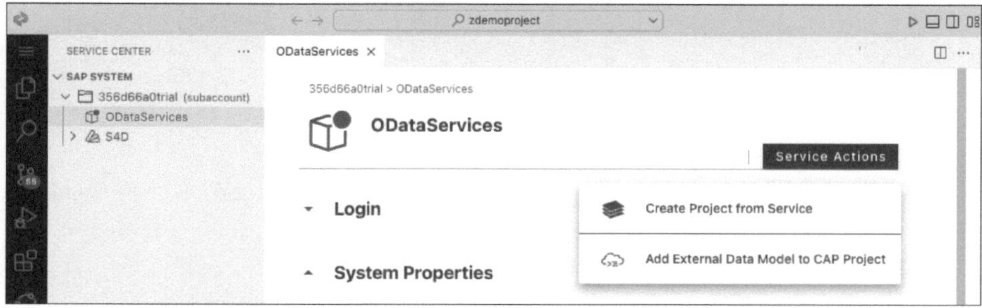

Abbildung 6.64 Serviceaktionen für den OData-Service

Ein Klick auf die erste Option führt Sie zum Fenster für die Generierung Ihres SAP-Fiori-Projekts (siehe Abbildung 6.65).

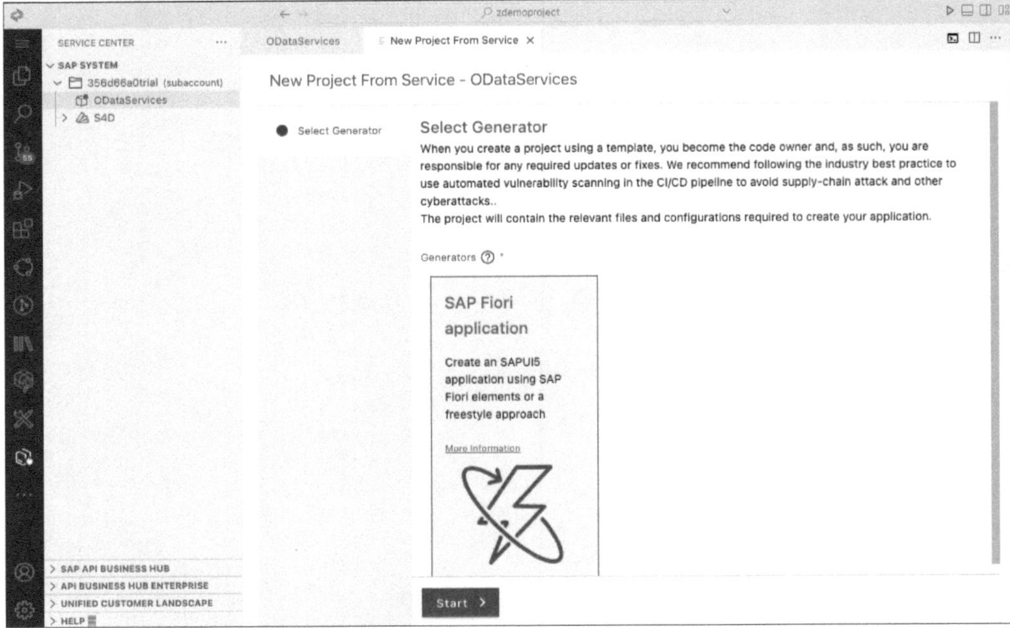

Abbildung 6.65 SAP-Fiori-App aus einem OData-Service erstellen

Nachdem Sie ein neues Projekt erstellt haben, können Sie in der Datei **metadata.xml** sehen, dass das **NorthwindModel** importiert und zugeordnet wurde. Sie können sofort mit der Entwicklung beginnen, ohne sich um das Modell kümmern zu müssen. Das Ergebnis können Sie in Abbildung 6.66 sehen.

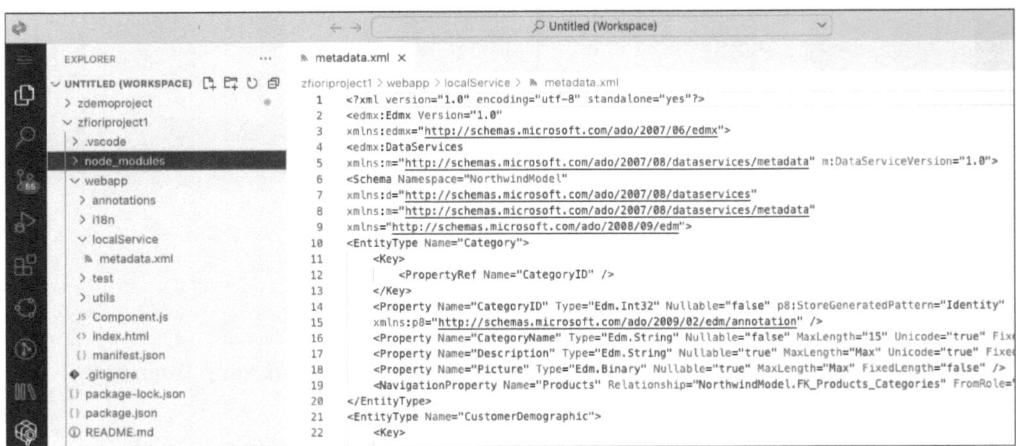

Abbildung 6.66 Generiertes SAP-Fiori-Projekt

Die andere Option aus Abbildung 6.64 besteht darin, den Dienst zu einem bestehenden SAP-Cloud-Application-Programming-Model-Projekt hinzuzufügen. Dies führt dazu, dass der Service zum Verzeichnis **Services** Ihres SAP-Cloud-Application-Programming-Model-Projekts hinzugefügt wird, wie in Abbildung 6.67 dargestellt.

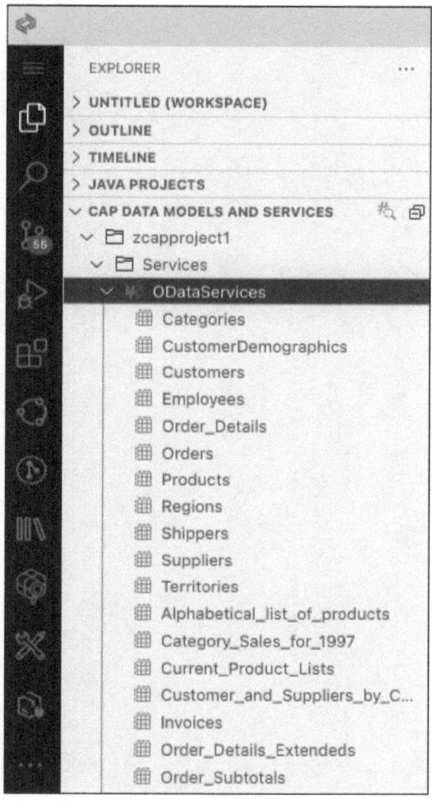

Abbildung 6.67 SAP-Cloud-Application-Programming-Model-Projekt mit hinzugefügtem Service

6.5 Zusammenfassung

In diesem Kapitel ging es um SAP Business Application Studio. Wir begannen in Abschnitt 6.1, »Aktivierung und Konfiguration«, mit der Aktivierung von SAP Business Application Studio und dem Anlegen eines Dev-Spaces. In Abschnitt 6.2, »Integration mit On-Premise-ABAP-Systemen«, haben wir gezeigt, wie OData-Services von SAP BTP on-premise genutzt werden können. In Abschnitt 6.3, »Verbindung zu einem On-Premise-Git-Repository herstellen«, wurde beschrieben, wie man ein On-Premise-

Git-Repository mit SAP Business Application Studio verbindet. Schließlich wurde in Abschnitt 6.4, »Einen OData-Service aus einem Cloud-System konsumieren«, erläutert, wie OData-Services aus SAP Business Application Studio heraus genutzt werden können, entweder um sie in SAP-Fiori-Apps oder in SAP-Cloud-Application-Programming-Model-Projekten zu verwenden.

Kapitel 7
SAP Integration Suite

Die SAP Integration Suite ist ein One-Stop-Shop für alle Aspekte von Schnittstellen und APIs in SAP BTP. Sie umfasst eine breite Palette von Funktionen, darunter zwei wesentliche: Cloud Integration und API Management.

In diesem Kapitel konzentrieren wir uns auf die *SAP Integration Suite*, einen der am häufigsten genutzten Services in SAP BTP. In Abschnitt 7.1, »Die Evolution der SAP Integration Suite«, wird die SAP Integration Suite vorgestellt, eine Sammlung verschiedener Produkte, die sich auf die Integration konzentrieren. Diese Produkte wurden früher einzeln lizenziert und sind nun in Form von Capabilitys Teil der SAP Integration Suite. Von besonderem Interesse ist die Capability *Cloud Integration*, die wir in Abschnitt 7.2, »Cloud Integration«, näher betrachten werden: Sie ist die Datendrehscheibe zwischen allen Cloud- und On-Premise-SAP-Systemen und bietet die Möglichkeit, bestehende Artefakte von *SAP Process Orchestration* (SAP PO) zu übernehmen. Darüber hinaus spielt auch die zentrale Bereitstellung von APIs eine Rolle. Zu diesem Zweck wird die Capability *API Management* bereitgestellt. Wir stellen das API Management in Abschnitt 7.3, »API Management«, vor.

7.1 Die Evolution der SAP Integration Suite

In hybriden Systemlandschaften spielt die Integration eine wichtige Rolle. Gerade für Softwarehersteller, die beide Welten mit geeigneten Produkten bedienen, ist die Integration zwischen Cloud- und On-Premise-Systemen von entscheidender Bedeutung. SAP hat dies frühzeitig erkannt und mit *SAP HANA Cloud Integration* ein Cloud-Middleware-Produkt auf den Markt gebracht, das genau diese Anforderungen erfüllt. Dieses Produkt war die moderne Alternative zu *SAP Process Integration* (SAP PI) und dessen Nachfolger SAP PO in der Cloud. SAP traf die kluge Entscheidung, *Apache Camel* als technologische Basis zu verwenden. Im Vergleich zu SAP PI bzw. SAP PO zeichnete sich SAP HANA Cloud Integration durch eine sehr flache Lernkurve aus. Nach nur wenigen Tagen Schulung können neue Anwenderinnen und Anwender bereits komplexe Schnittstellen implementieren.

SAP hat auch erkannt, dass vorgefertigte Inhalte der Schlüssel zum Erfolg sind. Daher wurden von Anfang an vorgefertigte Inhalte geliefert. Dies hat sich besonders im *Business-to-Government*-Umfeld (B2G) bewährt. Die Integration mit verschiedenen Behörden ist mit wenigen Klicks erledigt. Aber auch Inhalte für die Integration von On-Premise-SAP-Produkten wie SAP S/4HANA oder *SAP Business Suite* mit Software-as-a-Service-Lösungen (SaaS) wie SAP SuccessFactors, SAP Fieldglass oder SAP Customer Experience werden ausgeliefert. Damit lassen sich Standardszenarien wie die Replikation von Geschäftspartnern sehr einfach umsetzen.

Zwischen 2016 und 2020 wurde SAP HANA Cloud Integration in *SAP Cloud Platform Integration* (CPI) umbenannt und dann in *SAP Cloud Integration*. Damals war nur die Neo-Umgebung verfügbar, inzwischen ist auch die Cloud-Foundry-Umgebung hinzugekommen. Allerdings ist die Migration mit erheblichem manuellen Aufwand verbunden.

Neben der Integration waren auch die sichere Bereitstellung, Dokumentation und der Betrieb von APIs für interne und externe Entwicklerinnen und Entwickler wichtig. Zu diesem Zweck stellte SAP ein weiteres Produkt namens *SAP Cloud Platform API Management* (jetzt nur noch *API Management*) zur Verfügung. Damit wurde auch die kommerzielle Verwertung von Schnittstellen einfach und effizient.

Jedes SAP-Cloud-Platform-Produkt musste separat lizenziert und deployt werden. Infolgedessen wurde SAP Cloud Platform API Management oft nicht genutzt. Inbesondere das Lizenzierungsmodell war dem Erfolg des Produkts nicht gerade zuträglich. Mit dem strategischen Richtungswechsel von der Neo-Umgebung zu Cloud Foundry musste SAP die Produkte für den Einsatz in Cloud Foundry anpassen. Im Zuge dieser Umstellung wurde die SAP Integration Suite eingeführt. Die SAP Integration Suite umfasst verschiedene Produkte mit dem Schwerpunkt Integration. Sie bietet zusätzlich einen zentralen Einstiegspunkt in alle Capabilitys.

Mit der SAP Integration Suite lassen sich alle Aspekte der Integration und Bereitstellung von Schnittstellen abdecken. Die folgenden Produkte sind in der SAP Integration Suite enthalten:

- Cloud Integration
- API Management
- Open Connectors
- Integration Advisor
- Event Mesh
- Trading Partner Management
- Integration Assessment

7.2 Cloud Integration

Cloud Integration hilft Ihnen, Cloud- und On-Premise-Anwendungen zu verbinden. Dabei spielt es keine Rolle, ob es sich um SAP- oder Nicht-SAP-Anwendungen bzw. -Produkte handelt. Es spielt auch keine Rolle, ob diese Anwendungen in der Cloud oder on-premise ausgeführt werden. Cloud Integration ist im Wesentlichen der moderne und leichtgewichtige Nachfolger von SAP PO in der Cloud.

Cloud Integration ist eine zentrale Komponente der SAP Integration Suite. Technisch gesehen handelt es sich um eine Middleware. SAP setzt auf Apache Camel als technologische Basis. Apache Camel ist eine Open-Source-Technologie, die von SAP um Funktionen erweitert wurde, die typische Anforderungen von Unternehmen mit SAP-Software abdecken. Die folgenden Szenarien können dabei abgebildet werden:

- Application to Application (A2A)
- Business to Business (B2B)
- Business to Government (B2G)

Die Verbindungen zu den jeweiligen Systemen basieren auf gängigen Protokollen und Technologien wie HTTPS, FTP, SFTP, SOAP, OData, REST, JDBC, IMAP und dergleichen. Diese Protokolle werden technisch über Adapter abgebildet. Neben den klassischen Technologieadaptern liefert SAP auch Adapter aus, die speziell für SAP-Cloud-Produkte und -Anwendungen entwickelt wurden. So gibt es z. B. einen Adapter für SAP SuccessFactors und einen für SAP Ariba. Im B2G-Umfeld liefert SAP den ERiC/Elster-Adapter aus. Wenn Sie Anforderungen haben, die mit den vorhandenen Adaptern nicht abgebildet werden können, können Sie mit dem *Adapter Development Kit* (ADK) auch eigene Adapter entwickeln und einsetzen.

In Abschnitt 7.2.1, »Verbindung zu SAP Process Orchestration«, wird beschrieben, wie Sie eine Verbindung zu SAP PO herstellen. Danach, in Abschnitt 7.2.2, »Verbindung zu einem ABAP-On-Premise-System herstellen«, gehen wir auf die Integration eines ABAP-Systems ein. In Abschnitt 7.2.3, »Verbindung zu einer lokalen Datenbank«, erfahren Sie, wie Sie eine Datenbank in der On-Premise-Landschaft über den Cloud Connector integrieren.

7.2.1 Verbindung zu SAP Process Orchestration

In Cloud Integration haben Sie die Möglichkeit, verschiedene Designtime-Artefakte aus dem *Enterprise Service Repository* (ESR) von SAP Process Orchestration wiederzuverwenden. Dies erfordert die Verwendung des Cloud Connectors. In diesem Abschnitt zeigen wir Ihnen die Schritte, die erforderlich sind, um den Zugriff auf ESR zu konfigurieren.

Wir gehen davon aus, dass Sie den Cloud Connector bereits mit dem Subaccount verbunden haben, in dem die SAP Integration Suite läuft. Öffnen Sie diesen Subaccount im Cloud Connector. Sie müssen zunächst ein System-Mapping erstellen (siehe Abbildung 7.1). Klicken Sie auf der Registerkarte **Access Control** auf das Symbol **+**.

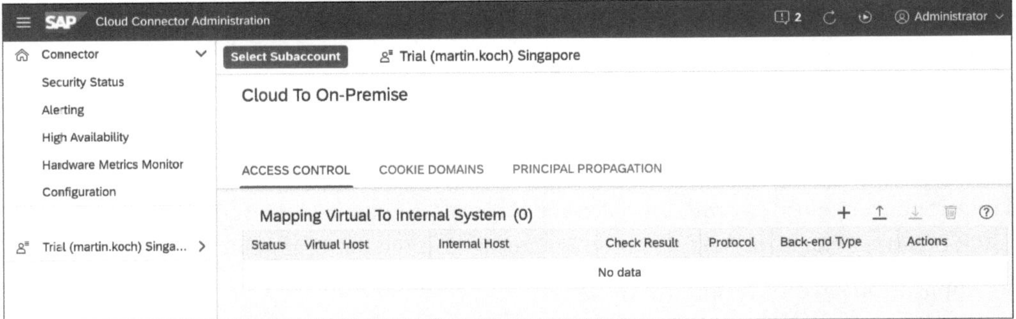

Abbildung 7.1 System-Mapping hinzufügen

Wählen Sie **SAP Process Integration** aus der Dropdown-Liste **Back-end Type** (siehe Abbildung 7.2). Klicken Sie dann auf **Next**.

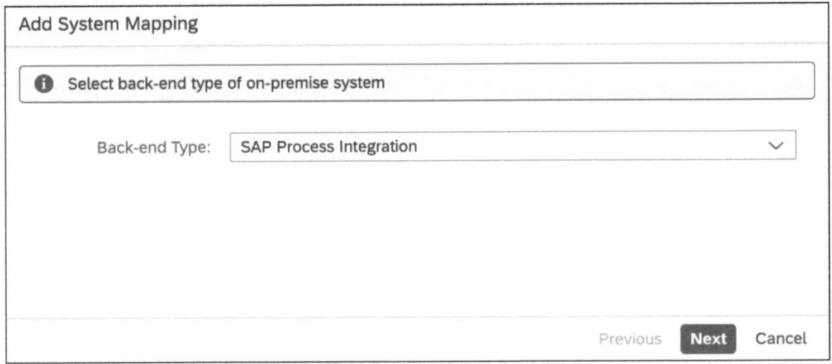

Abbildung 7.2 Backend-Typ auswählen

Wählen Sie nun das unterstützte Protokoll aus der Dropdown-Liste **Protocol**, abhängig von Ihrem SAP-PO-System (siehe Abbildung 7.3). Sie können **HTTP** oder **HTTPS** wählen. Klicken Sie auf **Next**.

Pflegen Sie nun die Werte **Internal Host** und **Internal Port** (siehe Abbildung 7.4). Dies sind der Hostname und der Port, unter denen das SAP-PO-System vom Cloud Connector angesprochen werden kann. Klicken Sie auf **Next**.

Add System Mapping
Select protocol for communication with on-premise system
Protocol:
HTTP
Previous
Next
Cancel

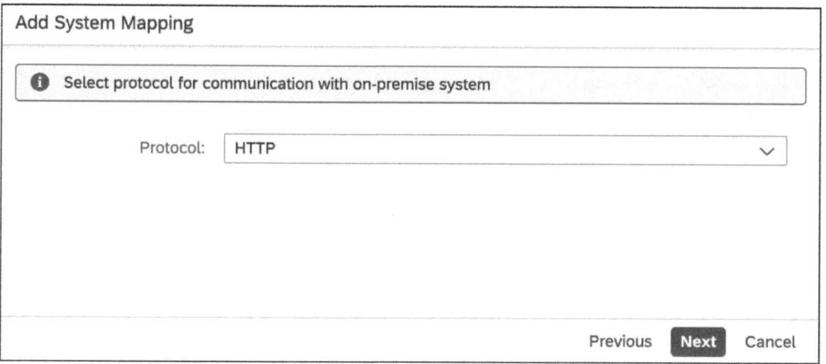

Abbildung 7.3 Protokoll auswählen

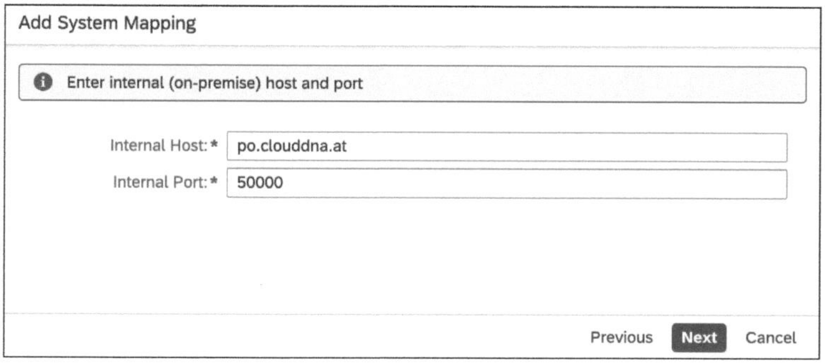

Add System Mapping
Enter internal (on-premise) host and port
Internal Host: *
po.clouddna.at
Internal Port: *
50000
Previous
Next
Cancel

Abbildung 7.4 Internen Host pflegen

Pflegen Sie nun die Werte für **Virtual Host** und **Virtual Port** (siehe Abbildung 7.5). Das System ist in SAP BTP unter diesem Host und Port erreichbar. Klicken Sie auf **Next**.

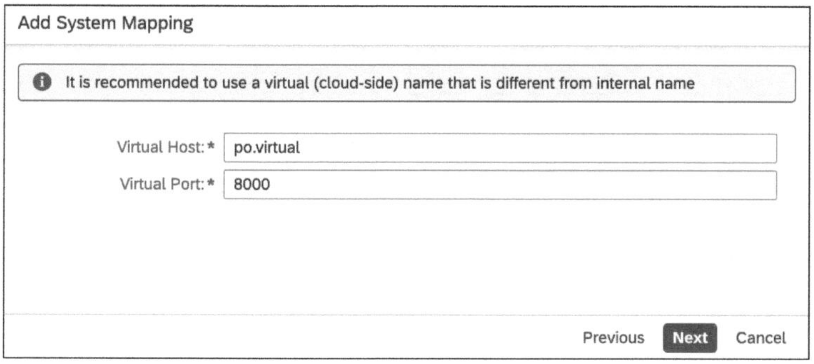

Add System Mapping
It is recommended to use a virtual (cloud-side) name that is different from internal name
Virtual Host: *
po.virtual
Virtual Port: *
8000
Previous
Next
Cancel

Abbildung 7.5 Virtuellen Host zuweisen

Legen Sie nun fest, ob Sie die Principal Propagation unterstützen wollen (siehe Abbildung 7.6). Klicken Sie dann auf **Next**.

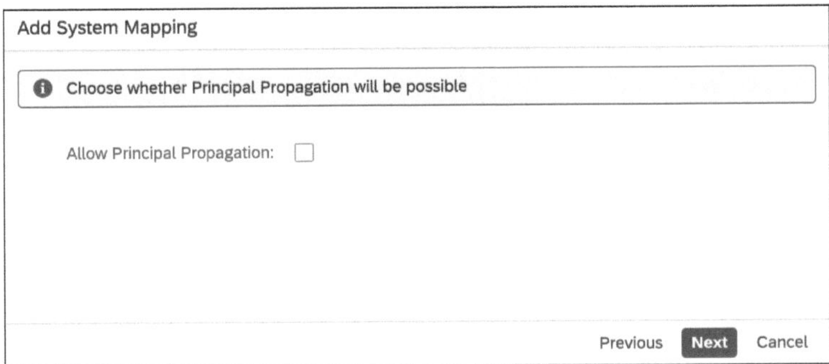

Abbildung 7.6 Principal Propagation

Sie können nun eine Beschreibung eingeben (siehe Abbildung 7.7). Klicken Sie dann auf **Next**.

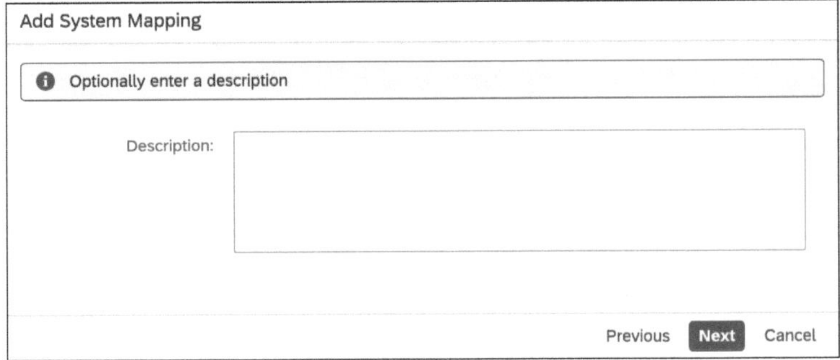

Abbildung 7.7 Beschreibung pflegen

Es wird eine Zusammenfassung des Mappings angezeigt (siehe Abbildung 7.8). Klicken Sie nun auf **Finish**.

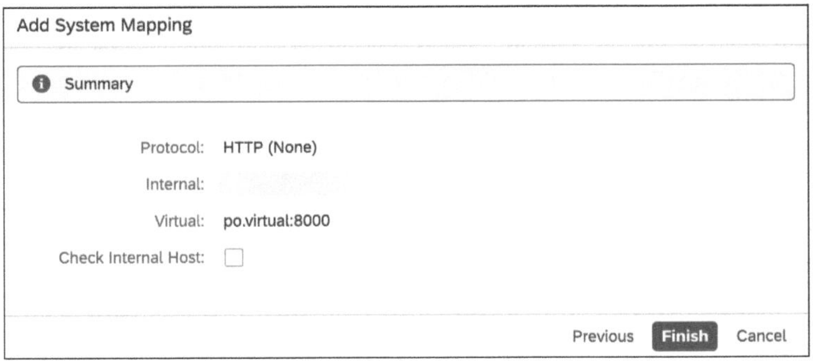

Add System Mapping
Summary
Protocol: HTTP (None)
Internal:
Virtual: po.virtual:8000
Check Internal Host:
Previous
Finish
Cancel

Abbildung 7.8 Zusammenfassung des Mappings

Nun sollten Sie eine Prüfung im Subaccount von SAP BTP durchführen. Melden Sie sich dazu bei SAP BTP an, und öffnen Sie den Subaccount. Navigieren Sie im Seitenmenü zum Bereich **Connectivity • Cloud Connectors** (siehe Abbildung 7.9). Dort sollten Sie den Cloud Connector und die zuvor konfigurierten Backend-Systeme sehen.

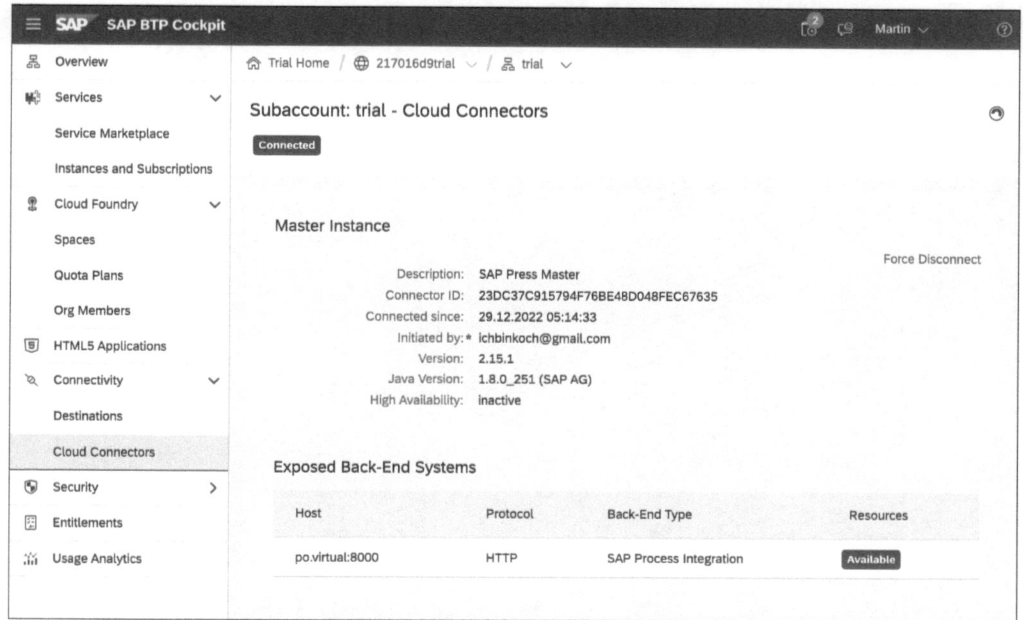

Abbildung 7.9 SAP BTP Cloud Connector – Überblick

Um das ESR in der Cloud Integration verwenden zu können, müssen Sie ein Sicherheitsmaterial erstellen, das die Credentials des SAP-PO-Users speichert. Navigieren Sie dazu im Seitenmenü der SAP Integration Suite zum Bereich **Monitor • Integrations**. Klicken Sie im Bereich **Manage Security** auf die Kachel **Security Material** (siehe Abbildung 7.10).

Klicken Sie im Bildschirm **Manage Security Material** auf das Dropdown-Menü **Create**, und wählen Sie **User Credentials** (siehe Abbildung 7.11).

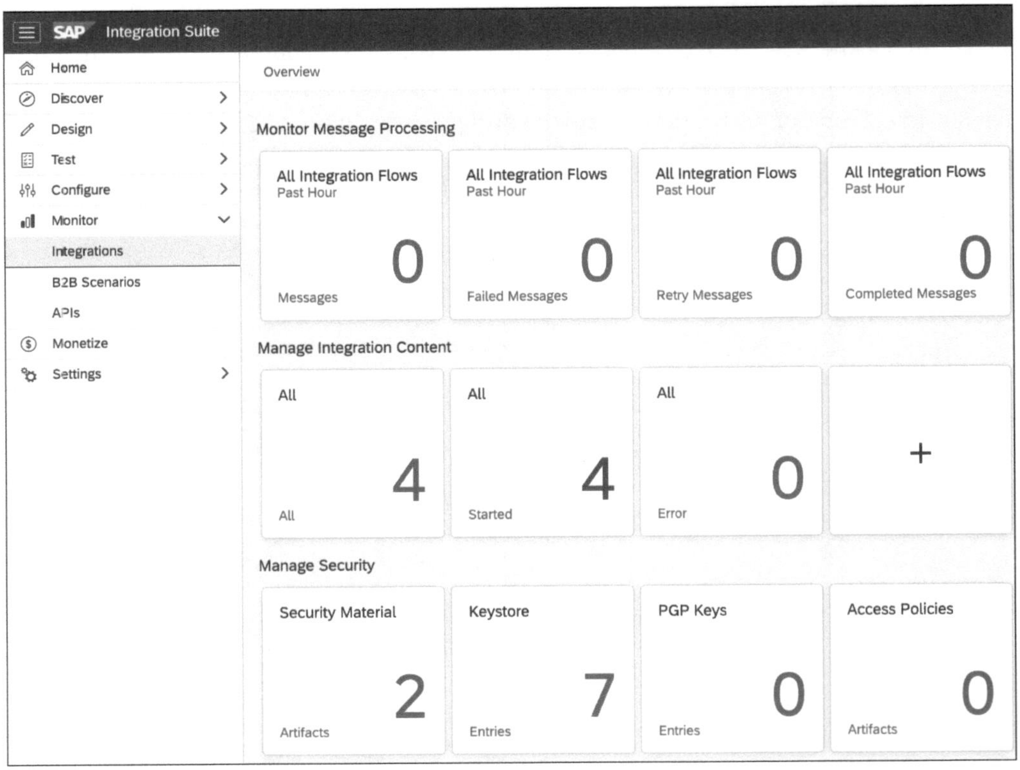

Abbildung 7.10 Sicherheitsmaterial in Cloud Integration

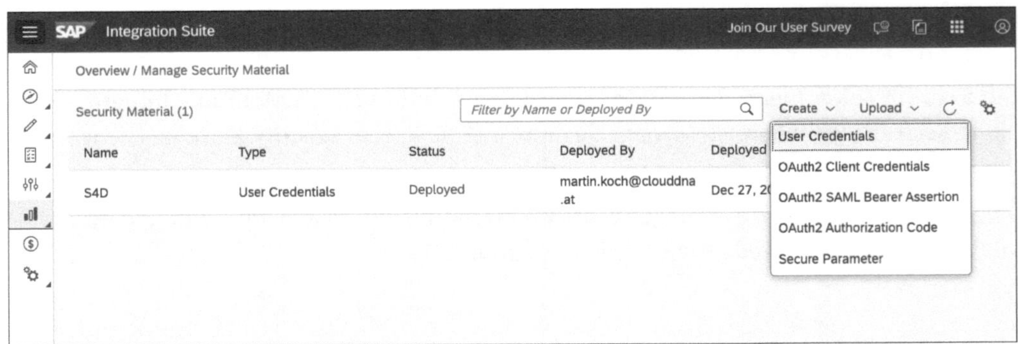

Abbildung 7.11 User Credentials erstellen

Geben Sie nun unter **Name** einen Namen ein, wie in Abbildung 7.12 dargestellt, sowie den **User** und das **Password** eines SAP-PO-Users. Als **Type** müssen Sie **User Credentials** auswählen. Klicken Sie abschließend auf **Deploy**.

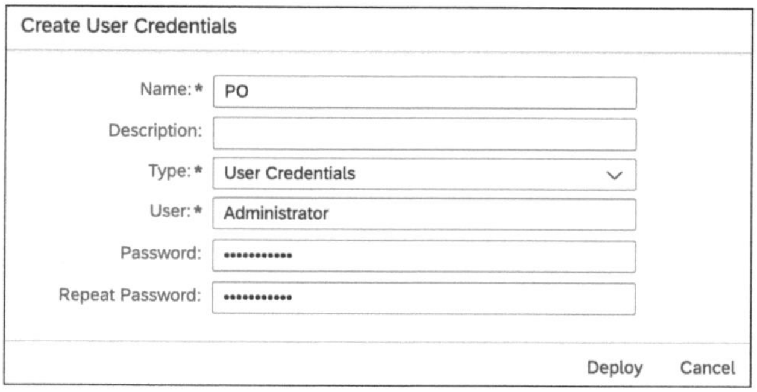

Create User Credentials

Name:* PO
Description:
Type:* User Credentials
User:* Administrator
Password: ••••••••••••
Repeat Password: ••••••••••••

Deploy Cancel

Abbildung 7.12 User Credentials – Details

Der nächste Schritt ist die Konfiguration der Verbindung zum ESR. Navigieren Sie dazu zum Abschnitt **Settings • Integrations** im Seitenmenü (siehe Abbildung 7.13). Öffnen Sie die Registerkarte **ES Repository**, und klicken Sie auf **Edit**.

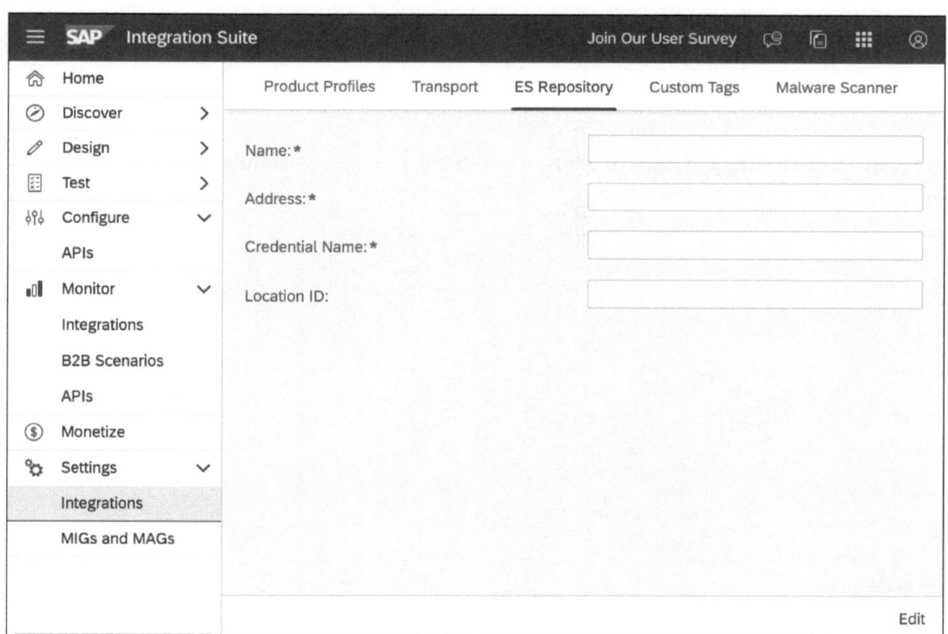

Abbildung 7.13 ESR-Konfiguration

Pflegen Sie nun die Daten des ESR, wie in Abbildung 7.14 dargestellt. Weisen Sie ihm einen Namen unter **Name** zu. Für das Attribut **Address** pflegen Sie den virtuellen Host und Port sowie das verwendete Protokoll. Als **Credential Name** geben Sie den Namen des zuvor erstellten User Credentials ein. Klicken Sie abschließend auf **Save**.

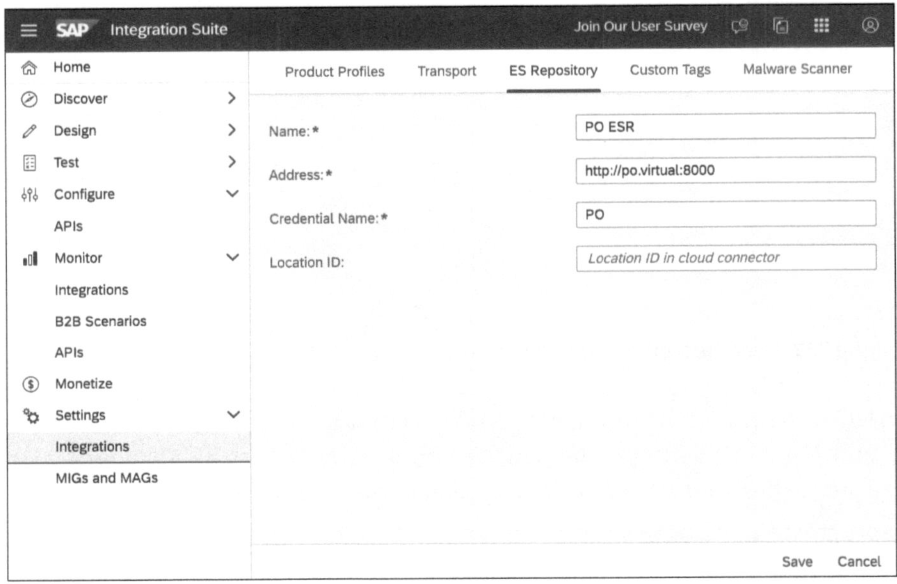

Abbildung 7.14 ESR-Details

Sie können nun das ESR verwenden. Abbildung 7.15 zeigt ein Beispiel für den Import von ESR-Artefakten in einen iFlow.

Abbildung 7.15 Import von ESR-Artefakten

7.2.2 Verbindung zu einem ABAP-On-Premise-System herstellen

In vielen Fällen ist es erforderlich, dass Cloud-Services mit SAP-Systemen in der On-Premise-Landschaft kommunizieren. On-Premise-Systeme sind die Systeme, die Sie in Ihrem eigenen Rechenzentrum oder bei einem Hosting-Anbieter betreiben. Das bedeutet, dass ein System, das z. B. bei SAP in der SAP HANA Enterprise Cloud läuft, in diesem Zusammenhang auch als On-Premise-System betrachtet wird. Die Kommunikation mit diesen Systemen aus SAP BTP kann entweder direkt oder über den Cloud Connector erfolgen. In diesem Abschnitt konzentrieren wir uns ausschließlich auf die Variante mit dem Cloud Connector. Die Installation des Cloud Connectors wird in diesem Abschnitt nicht behandelt; sie wurde in Kapitel 3, »Einrichtung des Cloud Connectors«, ausführlich beschrieben. Für die Kommunikation mit SAP-Systemen stehen die Protokolle RFC und HTTP zur Verfügung. Dies eröffnet ein breites Spektrum an Möglichkeiten.

Das Protokoll HTTP ist eine moderne Technologie für den Zugriff auf SAP-Systeme. Sie können SOAP-Services oder OData-Services oder sogar REST-Services aufrufen. Cloud Integration bietet dafür verschiedene Adapter an, wie den HTTP-Adapter, den SOAP-Adapter oder den OData-Adapter. Aus Sicht des Cloud Connectors spielt es keine Rolle, ob Sie über SOAP, REST oder OData auf das SAP-System zugreifen. Daher werden wir uns im Folgenden auf den OData-Adapter konzentrieren. Das liegt daran, dass der OData-Adapter sowohl zur Entwicklungszeit als auch zur Laufzeit Zugriff auf das SAP-System benötigt. Wir verzichten an dieser Stelle auf eine umfassende Einführung in OData, müssen aber einige Grundlagen erläutern.

Open Data Protocol (OData) ist ein von ISO/IEC genehmigter OASIS-Standard, der eine Reihe von Best Practices für die Erstellung und Verwendung von RESTful APIs definiert. Mit OData können Sie Entitäten und die Beziehungen zwischen Entitäten definieren und sie als zustandslose Schnittstelle bereitstellen. Sie können die Modellierung von Entitäten in OData-Services mit der Modellierung von Datenbanken auf der Grundlage des Entity Relationship Model vergleichen. Aus diesem Grund wird OData oft als die *Open Database Connectivity* (ODBC) des Webs bezeichnet.

Das Herzstück von OData sind *Feeds*, d. h. Sammlungen von typisierten Entitäten. Ein OData-Service stellt ein *Servicedokument* zur Verfügung, das alle Top-Level-Feeds auflistet, sodass die Konsumenten sie erkennen und die Adressen der einzelnen Feeds finden können. OData-Services können auch ein sogenanntes *Service-Metadatendokument* bereitstellen, das das Datenmodell des Service beschreibt, welches zur Kommunikation mit dem HTTP-Endpunkt verwendet werden kann. Die Beschreibung umfasst unter anderem die einzelnen Attribute der Entitäten, einschließlich ihrer Typisierung, das Schlüsselfeld oder die Schlüsselfelder, sowie die Einschränkungen und Beziehungen zu anderen Entitäten. Dieses Metadatendokument wird von Cloud Integration zum Zeitpunkt der Entwicklung benötigt.

In den nächsten Abschnitten erfahren Sie zunächst, wie Sie einen OData-Service aus einem iFlow konsumieren können. Anschließend erklären wir, wie Sie mit SAP-Systemen über das RFC-Protokoll kommunizieren können.

Einen OData-Service aus einem iFlow konsumieren

In diesem Abschnitt beschreiben wir die Schritte, die erforderlich sind, um einen OData-Service von einem iFlow zu konsumieren. Wir gehen davon aus, dass Sie den Cloud Connector bereits mit dem Subaccount verbunden haben, in dem die SAP Integration Suite läuft. Öffnen Sie diesen Subaccount im Cloud Connector. Sie müssen zunächst ein **System-Mapping** erstellen (siehe Abbildung 7.16). Klicken Sie auf der Registerkarte **Access Control** auf das Symbol **+**.

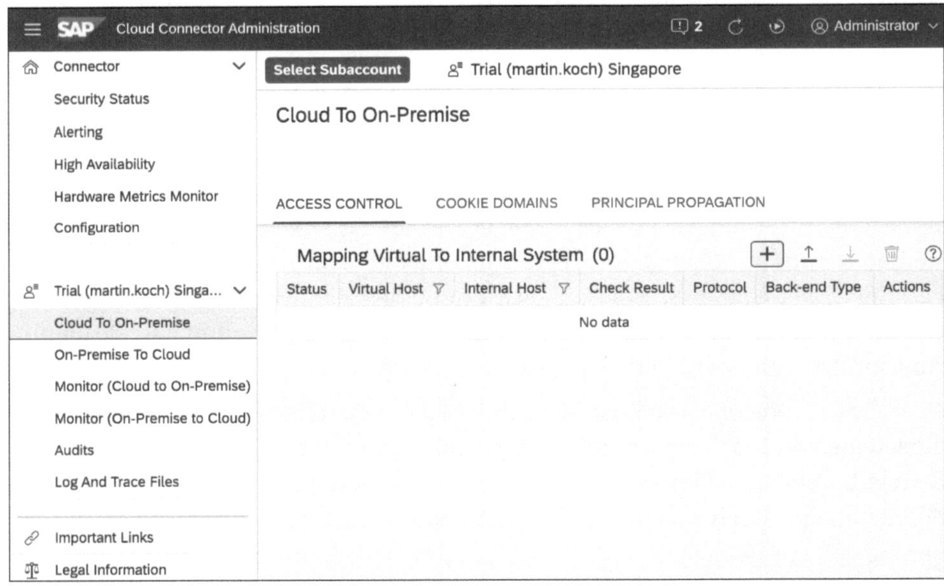

Abbildung 7.16 System-Mapping erstellen

Wählen Sie in der Dropdown-Liste **Back-end Type** die Option **ABAP System** (siehe Abbildung 7.17). Klicken Sie dann auf **Next**.

Wählen Sie nun das unterstützte Protokoll für das Attribut **Protocol** in Abhängigkeit von Ihrem ABAP-System (siehe Abbildung 7.18). Sie können **HTTP** oder **HTTPS** wählen. Klicken Sie dann auf **Next**.

Pflegen Sie nun die Werte **Internal Host** und **Internal Port** (siehe Abbildung 7.19). Dies sind der Hostname und der Port, unter denen das SAP-System vom Cloud Connector angesprochen werden kann. Klicken Sie auf **Next**.

Add System Mapping
Select back-end type of on-premise system
Back-end Type:
ABAP System
Previous
Next
Cancel

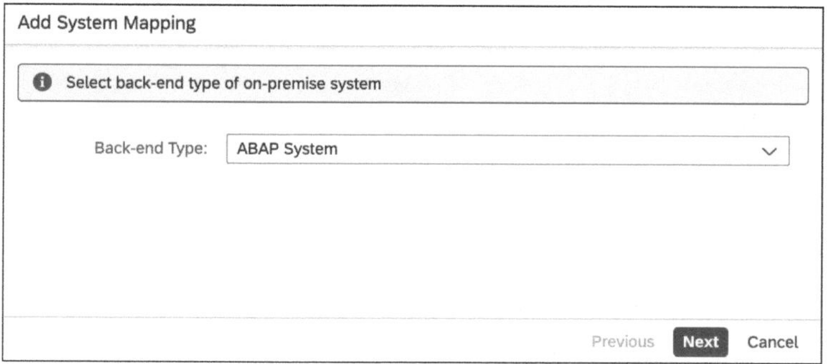

Abbildung 7.17 Backend-Typ auswählen

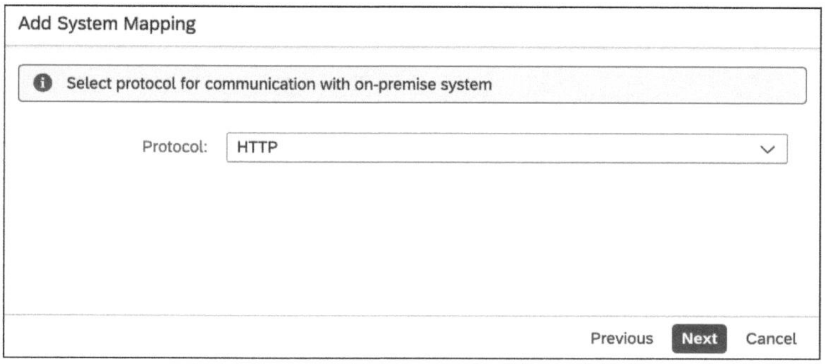

Add System Mapping
Select protocol for communication with on-premise system
Protocol:
HTTP
Previous
Next
Cancel

Abbildung 7.18 Protokoll auswählen

Add System Mapping
Enter internal (on-premise) host and port
Internal Host: *
Internal Port: *
Previous
Next
Cancel

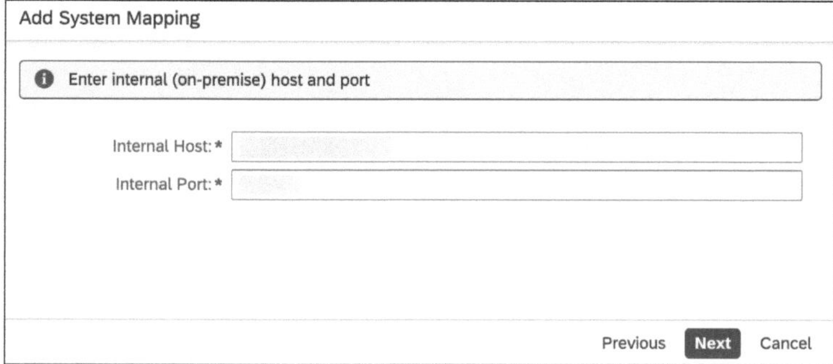

Abbildung 7.19 Internen Host und Port pflegen

Pflegen Sie nun die Werte für **Virtual Host** und **Virtual Port** (siehe Abbildung 7.20). Das System ist in SAP BTP unter diesem Host und Port erreichbar. Klicken Sie auf **Next**.

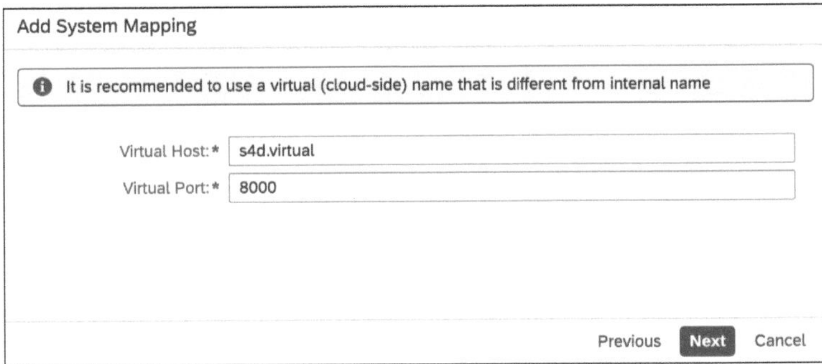

Abbildung 7.20 Virtual Host und Port pflegen

Legen Sie nun fest, ob Sie die **Principal Propagation** unterstützen wollen (siehe Abbildung 7.21). Klicken Sie dann auf **Next**.

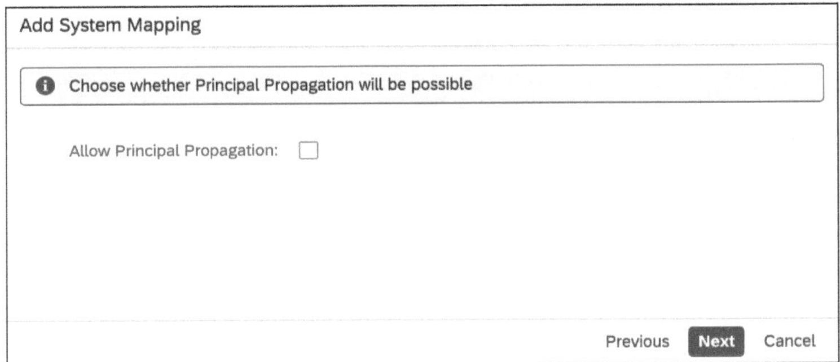

Abbildung 7.21 Principal Propagation

Legen Sie nun fest, ob für die Anmeldung ein Systemzertifikat verwendet werden soll (siehe Abbildung 7.22). Klicken Sie dann auf **Next**.

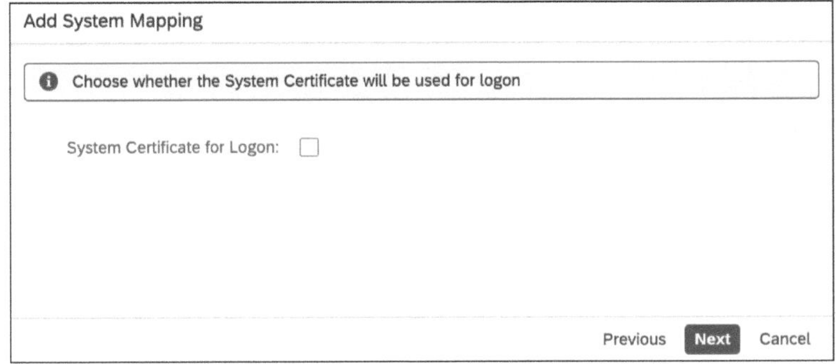

Abbildung 7.22 Anmeldung mit Systemzertifikat konfigurieren

Nun können Sie festlegen, welcher Host im Request-Header verwendet werden soll (siehe Abbildung 7.23). Klicken Sie dann auf **Next**.

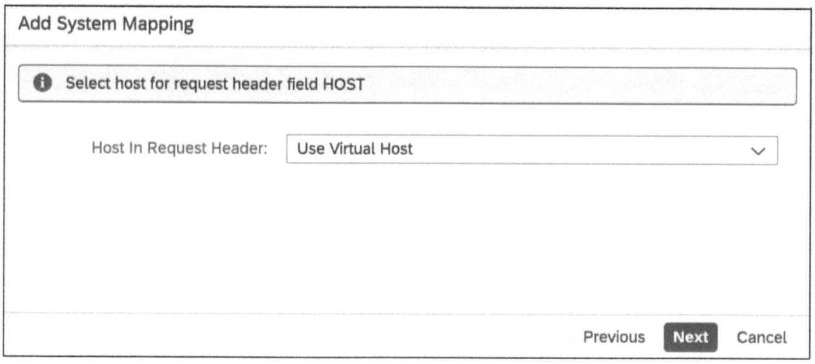

Abbildung 7.23 Request-Header Herkunft

Sie können nun eine Beschreibung pflegen (siehe Abbildung 7.24). Klicken Sie dann auf **Next**.

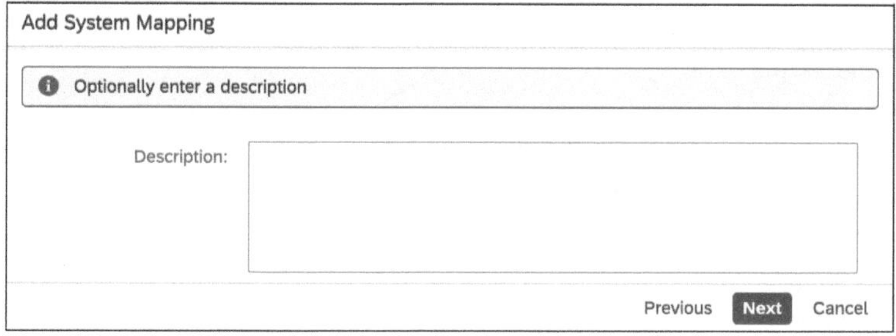

Abbildung 7.24 Beschreibung pflegen

Es wird eine Zusammenfassung des Mappings angezeigt (siehe Abbildung 7.25). Klicken Sie abschließend auf **Finish**.

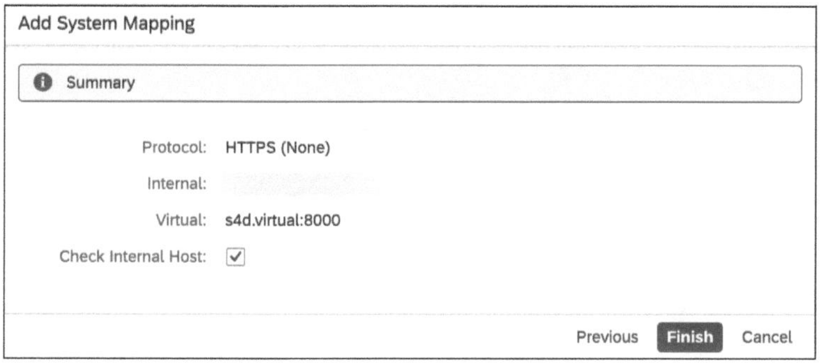

Abbildung 7.25 Zusammenfassung des System-Mappings

Sie sollten nun die in Abbildung 7.26 gezeigte Zuordnung sehen. Als nächstes müssen Sie die gewünschten Ressourcen freigeben. Klicken Sie dazu im Bereich **Resources** auf das Symbol **+**.

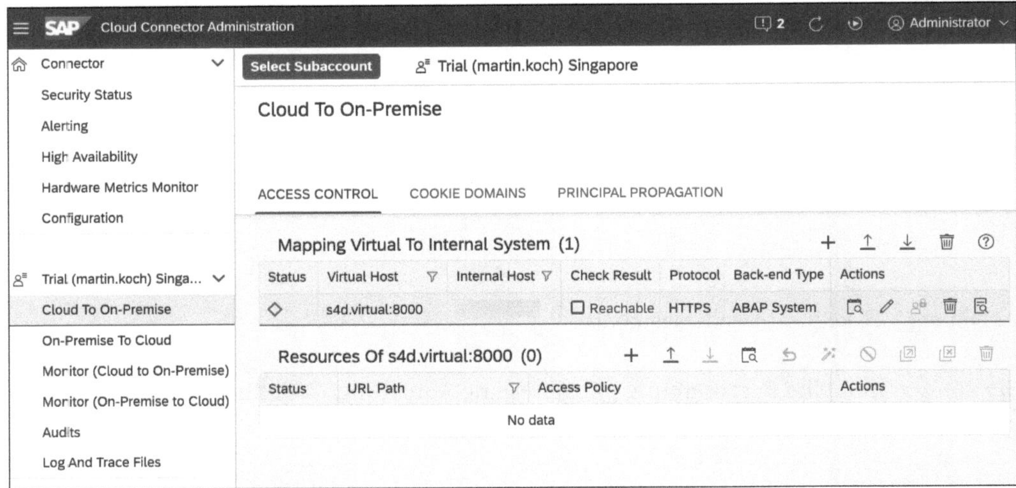

Abbildung 7.26 Mapping-Übersicht

Geben Sie »/sap/opu/odata« in das Feld **URL Path** ein (siehe Abbildung 7.27). Wählen Sie für **Access Policy** die Option **Path and All Sub-Paths**. Klicken Sie dann auf **Save**.

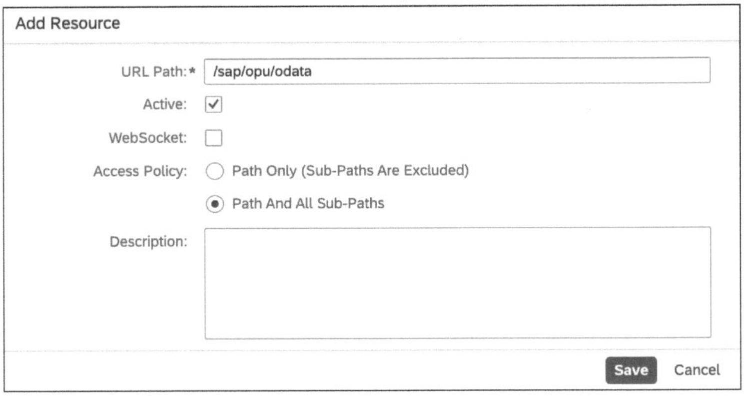

Abbildung 7.27 Ressource konfigurieren

Sie sollten nun das Mapping und die gemeinsamen Ressourcen sehen, wie in Abbildung 7.28 dargestellt.

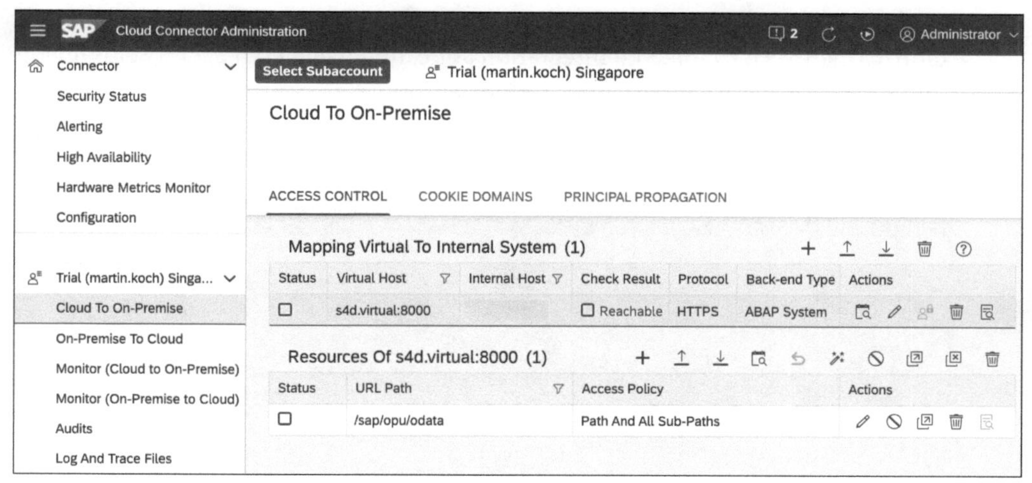

Abbildung 7.28 Zusammenfassung des Mappings

Nun sollten Sie eine Prüfung im Subaccount von SAP BTP durchführen. Melden Sie sich dazu bei SAP BTP an, und öffnen Sie den Subaccount. Navigieren Sie im Seitenmenü zum Bereich **Connectivity • Cloud Connectors** (siehe Abbildung 7.29). Dort sollten Sie den Cloud Connector und die zuvor konfigurierten Backend-Systeme sehen.

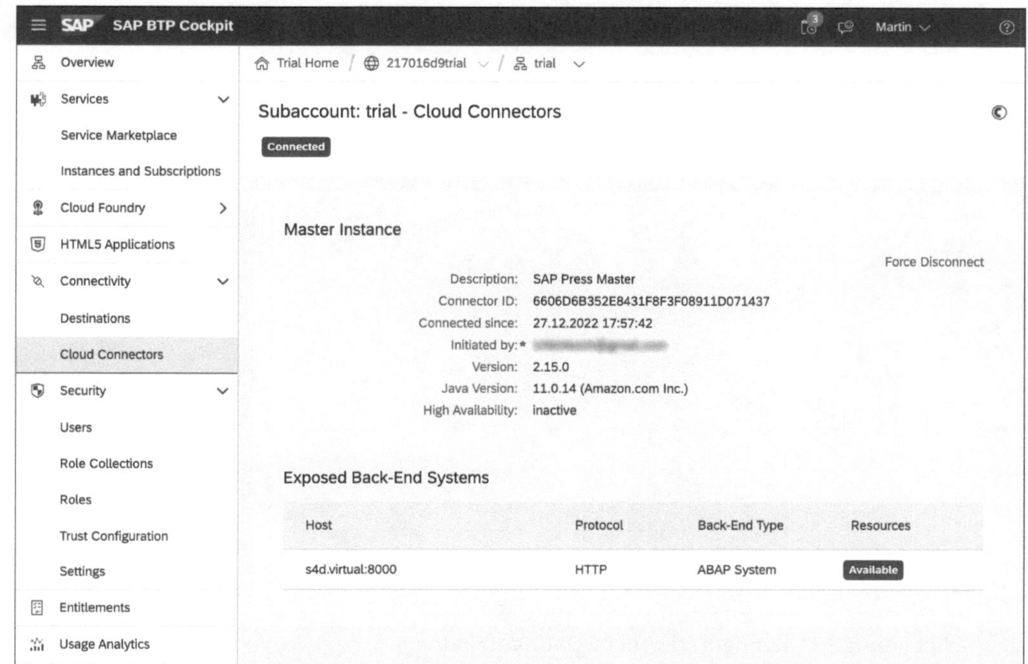

Abbildung 7.29 SAP BTP Cloud Connector

Sie können nun in Cloud Integration testen, ob der Cloud Connector erreicht werden kann. Öffnen Sie dazu die SAP Integration Suite, und navigieren Sie im Seitenmenü zum Bereich **Monitor • Integrations**. Öffnen Sie dort die Registerkarte **Cloud Connector**, und klicken Sie anschließend auf **Send**. Sie sollten das in Abbildung 7.30 dargestellte Ergebnis sehen.

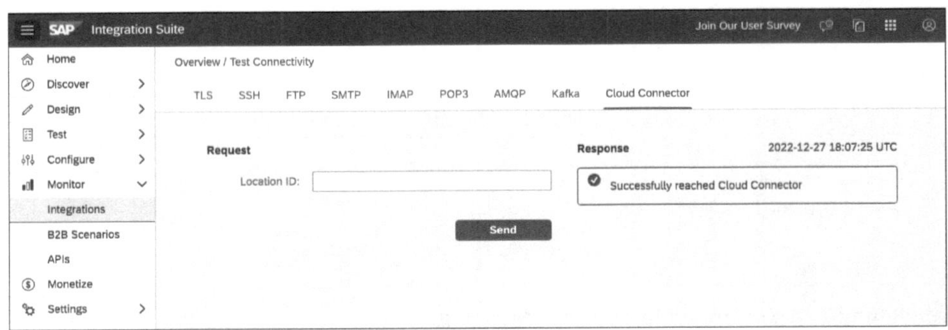

Abbildung 7.30 Cloud-Connector-Test

Sie können nun den OData-Service im iFlow im OData-Empfängeradapter aufrufen. Der Cloud Connector wird dort an zwei Stellen verwendet. Öffnen Sie dazu im iFlow die Konfiguration des OData-Receiver-Adapters (siehe Abbildung 7.31).

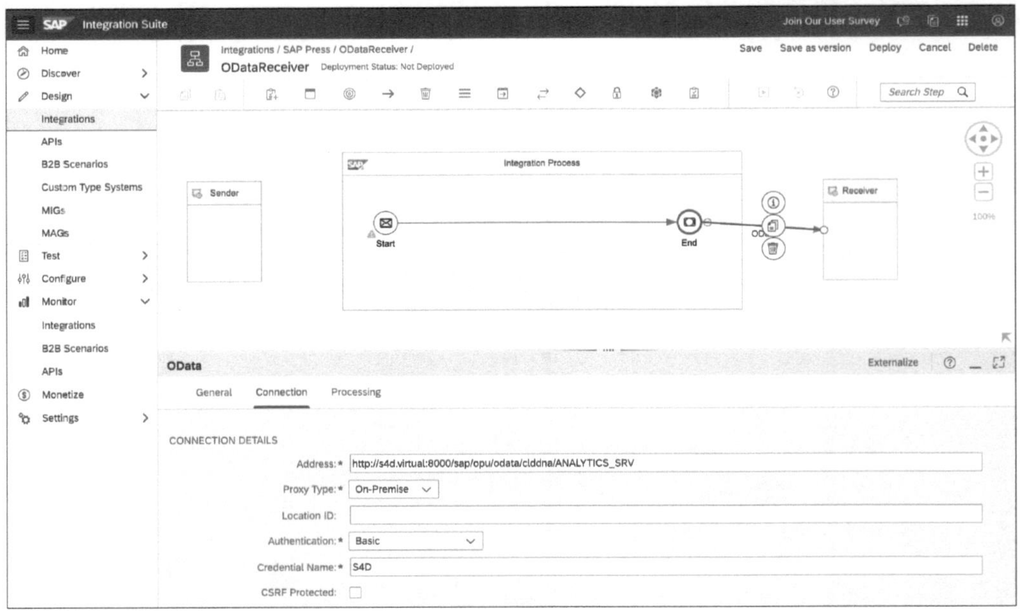

Abbildung 7.31 Konfiguration der OData-Verbindung

Öffnen Sie die Registerkarte **Connection**. Geben Sie die Adresse des OData-Service in das Feld **Address** ein. Verwenden Sie den zuvor definierten virtuellen Host und virtuellen Port. Wählen Sie dann den Authentifizierungstyp im Feld **Authentication**. Sie können **Basic, None** oder **Principal Propagation** wählen.

Öffnen Sie nun die Registerkarte **Processing**. Hier werden die Einstellungen für den Aufruf der gewünschten Entität vorgenommen (siehe Abbildung 7.32). Klicken Sie auf die Schaltfläche **Select** rechts neben dem Feld **Resource Path**.

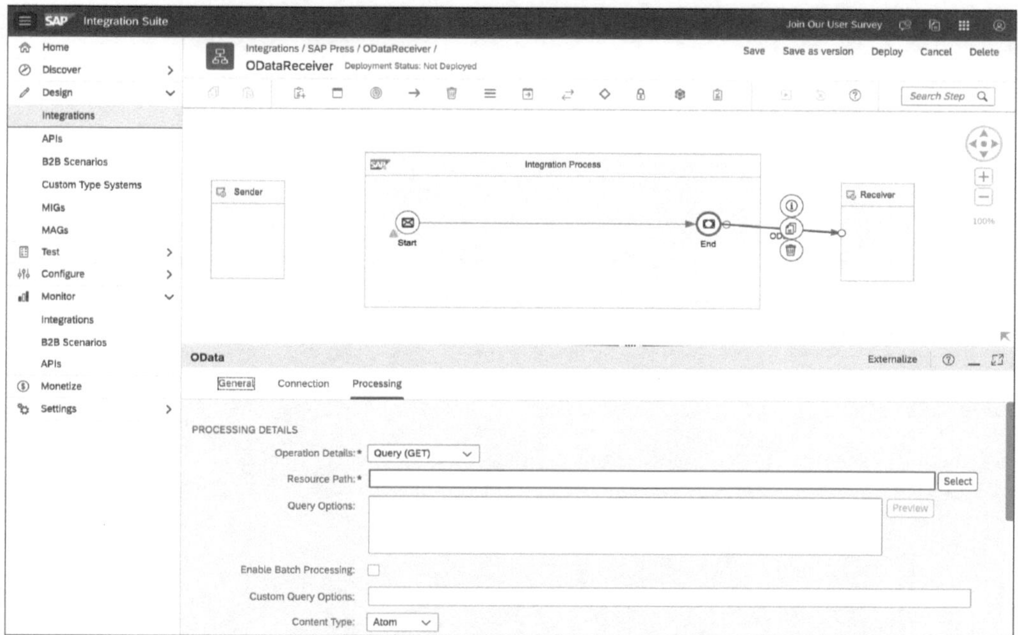

Abbildung 7.32 Processing-Einstellungen

Sie müssen nun die Verbindung zum System überprüfen (siehe Abbildung 7.33). Die Metadaten des OData-Service werden geladen. Im Feld **Authentication** können Sie für die Authentifizierung **None** oder **Basic** wählen. Klicken Sie dann auf **Step 2**.

Wählen Sie die gewünschte Operation für das Attribut **Operation**. Klicken Sie dann auf das Suchsymbol mit der Lupe im Feld **Select Entity** (siehe Abbildung 7.34).

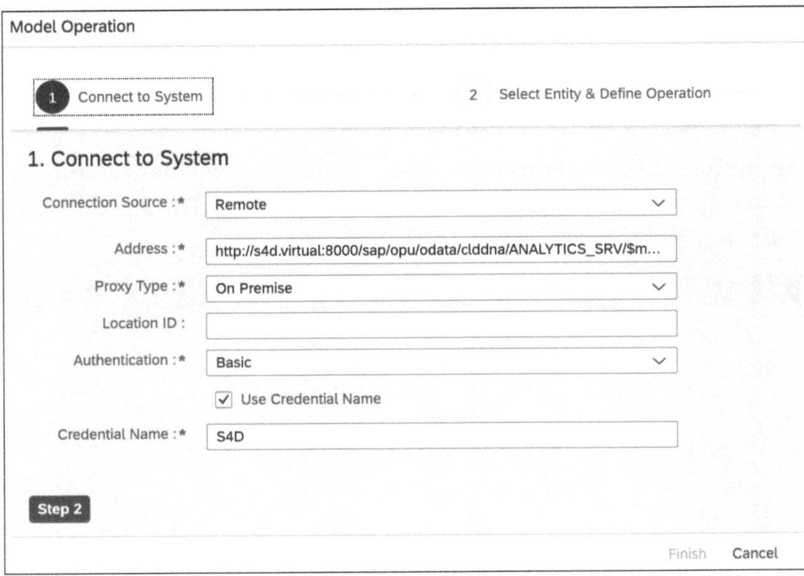

Abbildung 7.33 Konfiguration der Systemverbindung

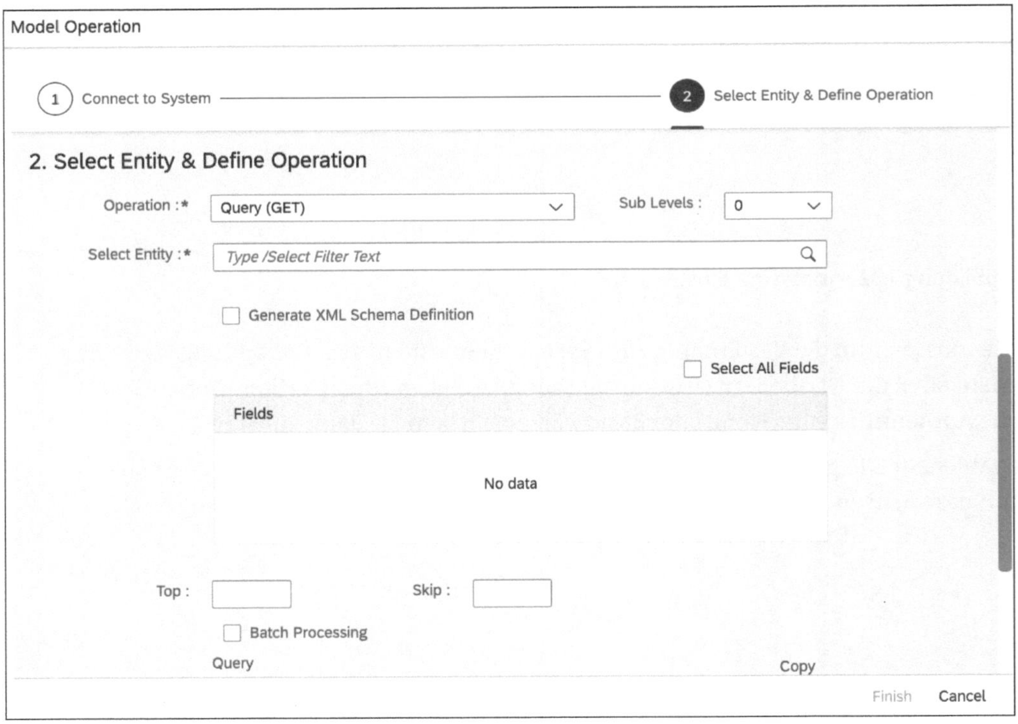

Abbildung 7.34 Entität auswählen

Sie können dann mit der Konfiguration nach Belieben fortfahren. Abbildung 7.35 zeigt ein Beispiel. Klicken Sie abschließend auf **Finish**.

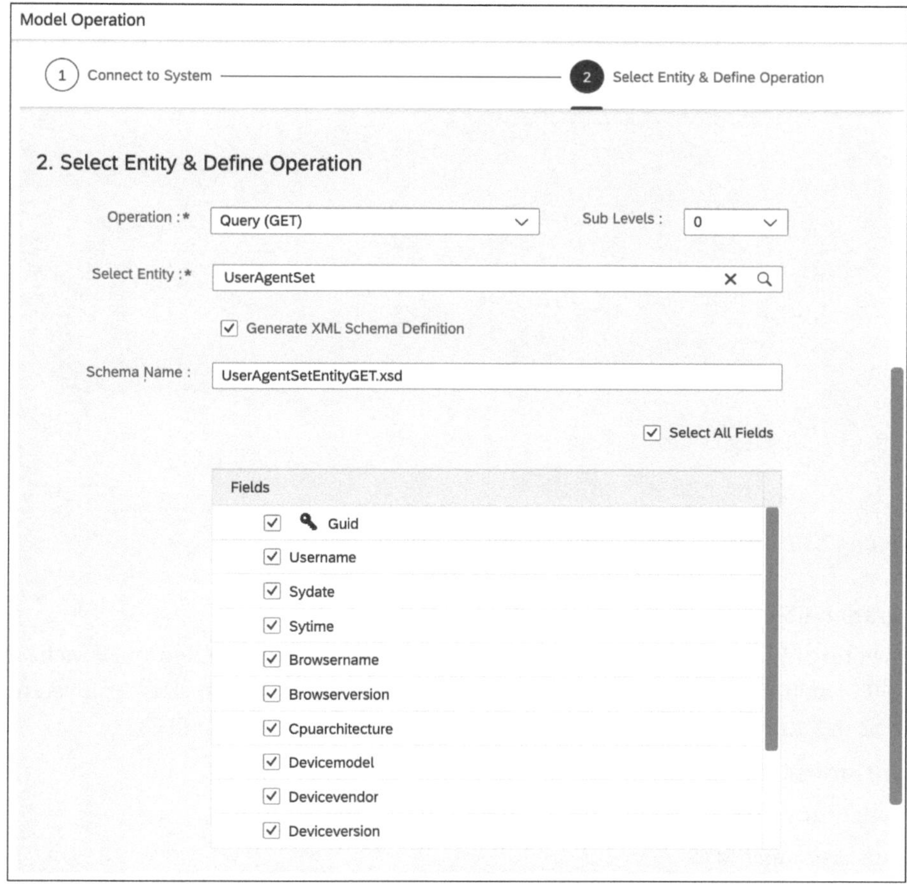

Abbildung 7.35 Einstellungen der Entität pflegen

Sie können die Konfiguration nun erneut testen und ggf. noch weitere Anpassungen vornehmen (siehe Abbildung 7.36).

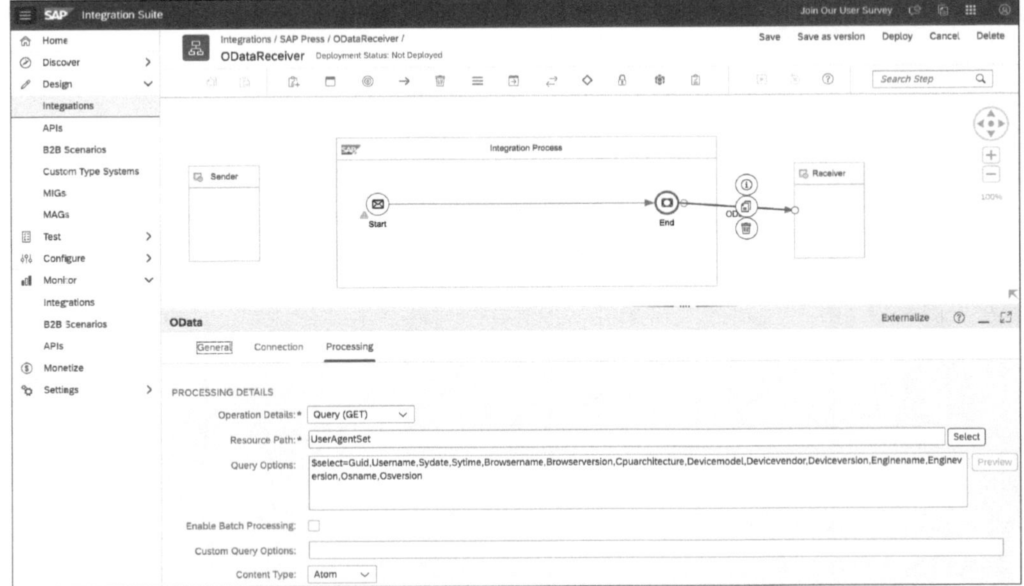

Abbildung 7.36 Konfiguration prüfen

Integration über Remote Function Calls

Eine weitere Möglichkeit der Integration von SAP-Systemen ist der Remote Function Call (RFC), d. h. der Aufruf eines Funktionsbausteins, der in einem anderen System läuft als das aufrufende Programm. Es gibt die folgenden Arten von RFCs:

- synchroner RFC
- asynchroner RFC
- transaktionaler RFC
- queued RFC
- Hintergrund-RFC (engl. Background-RFC)
- Local Data Queue

Technisch gesehen werden alle RFC-Typen über Transmission Control Protocol/Internet Protocol (TCP/IP) oder Common Programming Interface for Communications (CPI-C) angesprochen. CPI-C ist eine standardisierte Schnittstelle für die systemübergreifende Kommunikation von Programmen. TCP/IP ist ein Softwareprotokoll, das für die Kommunikation zwischen Computern entwickelt wurde.

Obwohl es verschiedene RFC-Typen gibt, unterstützt der RFC-Adapter in Cloud Integration nur den synchronen RFC und den transaktionalen RFC. Die Remote Function Calls bieten Ihnen vor allem dort Vorteile, wo SAP bereits entsprechende Funktionalität im Standard ausliefert oder Sie Eigenentwicklungen wiederverwenden wollen.

Wir empfehlen Ihnen den Einsatz moderner Technologien, aber wenn Sie mit der vorhandenen Funktionalität auskommen wollen, führt oft kein Weg an RFC vorbei. Deshalb beschreiben wir im Folgenden, wie Sie die RFC-Technologie von Cloud Integration über den Cloud Connector ansprechen können.

Im ersten Schritt müssen Sie die Voraussetzungen im Cloud Connector schaffen. Navigieren Sie dazu im gewünschten Subaccount im Seitenmenü zum Bereich **Cloud To On-Premise** (siehe Abbildung 7.37). Klicken Sie dann auf der Registerkarte **Access Control** im Bereich **Mappings** auf **+**.

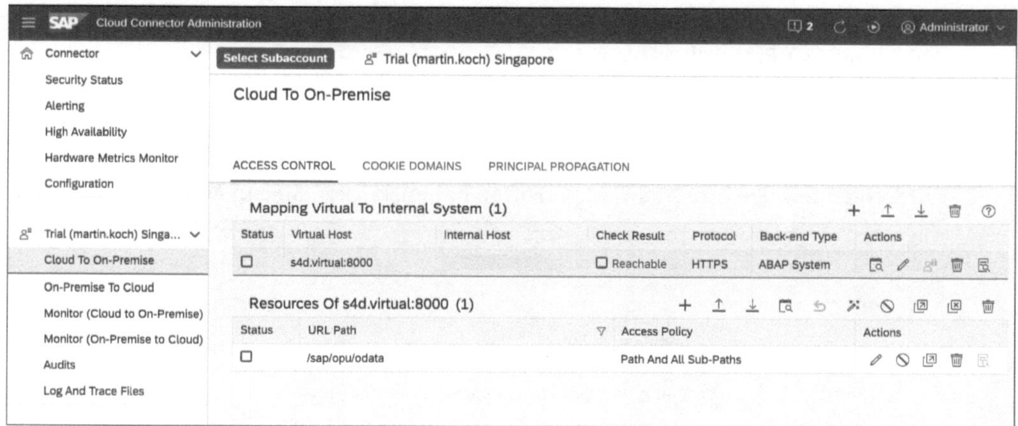

Abbildung 7.37 System-Mapping erstellen

Wählen Sie die Option **ABAP System** für das Dropdown-Menü **Backend Type** (siehe Abbildung 7.38). Klicken Sie dann auf **Next**.

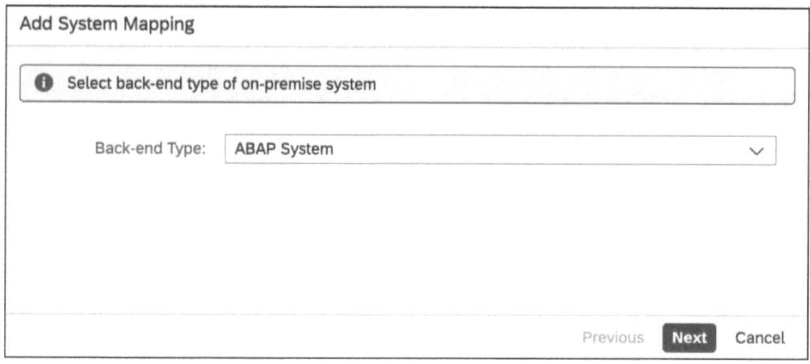

Abbildung 7.38 Backend-Typ auswählen

Wählen Sie **RFC** für das Dropdown-Menü **Protocol**, wie in Abbildung 7.39 gezeigt. Klicken Sie dann auf **Next**.

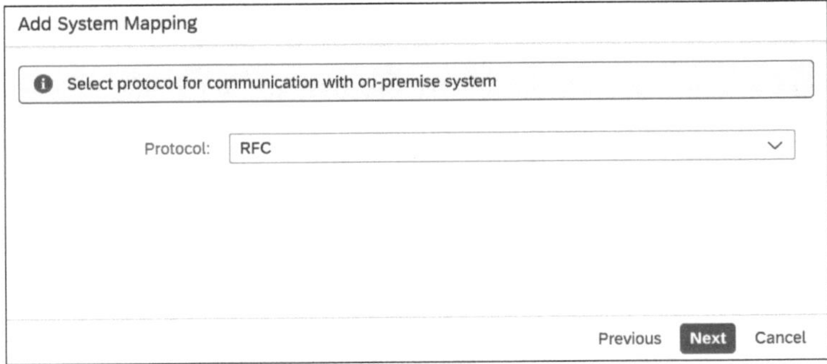

Abbildung 7.39 Protokoll wählen

Sie müssen nun den **Connection Type** auswählen (siehe Abbildung 7.40). Hier können Sie festlegen, ob das System mit Load Balancing oder ohne Load Balancing aufgerufen wird. Nachdem Sie Ihre Auswahl getroffen haben, klicken Sie auf **Next**.

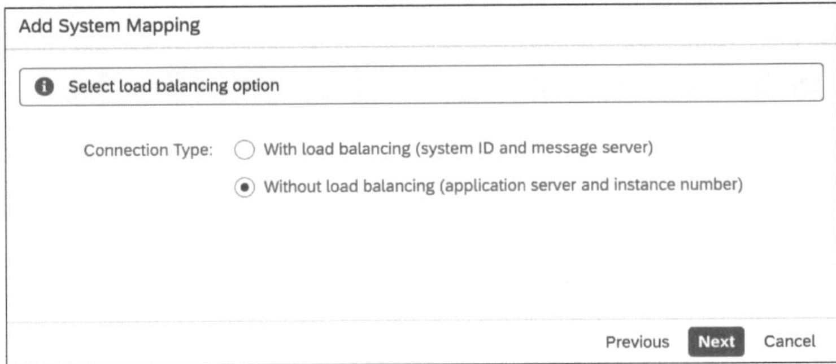

Abbildung 7.40 Verbindungstyp wählen

Geben Sie nun die entsprechenden Werte für die Felder **Application Server** und **Instance Number** ein (siehe Abbildung 7.41). Klicken Sie dann auf **Next**.

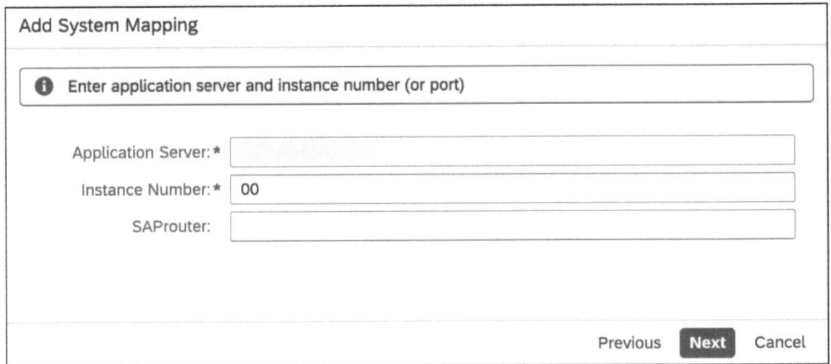

Abbildung 7.41 Applikationsserver und Instanznummer pflegen

Legen Sie nun die Werte für **Virtual Application Server** und **Virtual Instance Number** fest (siehe Abbildung 7.42). Klicken Sie dann auf **Next**.

Add System Mapping

It is recommended to use a virtual (cloud-side) name that is different from internal name

Virtual Application Server:* s4d.virtual

Virtual Instance Number:* 00

Previous Next Cancel

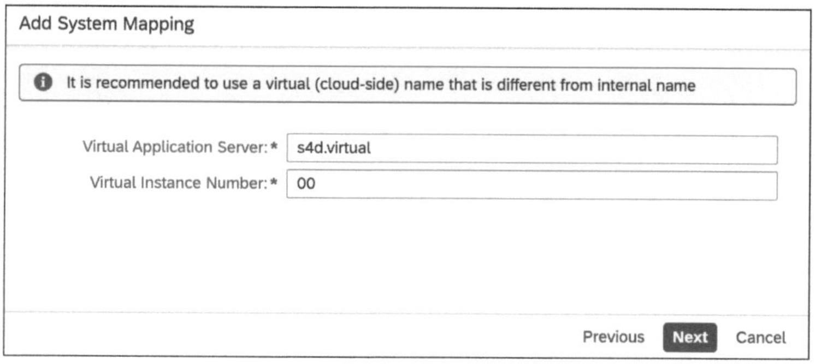

Abbildung 7.42 Virtuellen Anwendungsserver und Instanznummer pflegen

Sie können nun eine optionale Beschreibung eingeben (siehe Abbildung 7.43). Klicken Sie dann auf **Next**.

Add System Mapping

Optionally enter a description

Description:

Previous Next Cancel

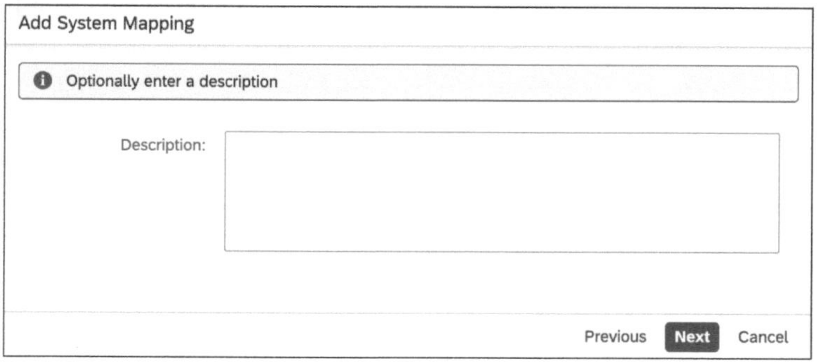

Abbildung 7.43 Beschreibung pflegen

Es wird eine Zusammenfassung der Einstellungen angezeigt (siehe Abbildung 7.44). Klicken Sie nun auf **Finish**.

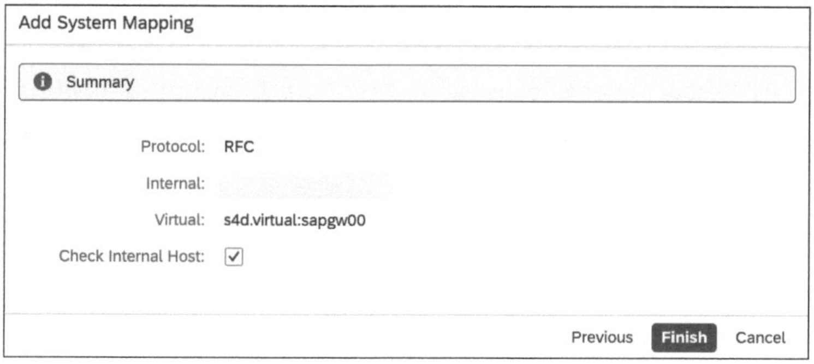

Add System Mapping

Summary

Protocol: RFC

Internal:

Virtual: s4d.virtual:sapgw00

Check Internal Host: ☑

Previous Finish Cancel

Abbildung 7.44 Zusammenfassung der Einstellungen

Klicken Sie nun auf **+** im Bereich **Resources** (siehe Abbildung 7.45).

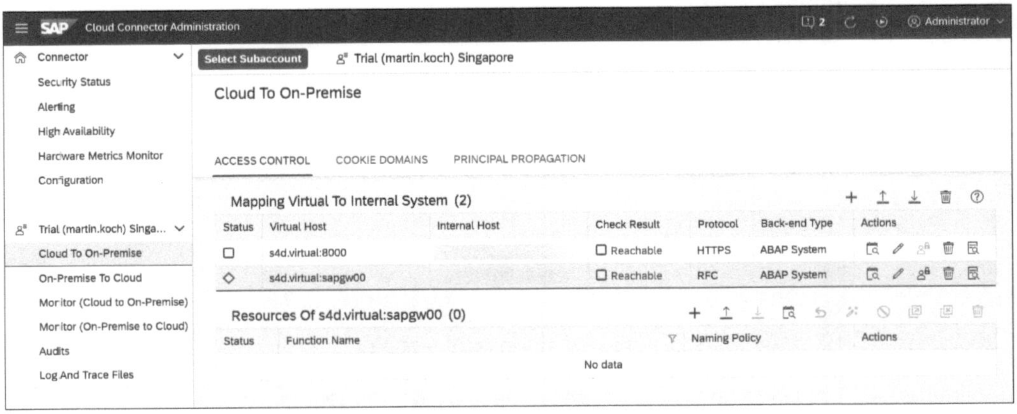

Abbildung 7.45 Ressourcen hinzufügen

Hier legen Sie im Feld **Function Name** den Namen des gewünschten Funktionsbausteins fest. Sie können den genauen Namen oder ein Präfix eingeben (siehe Abbildung 7.46). Klicken Sie auf **Save**.

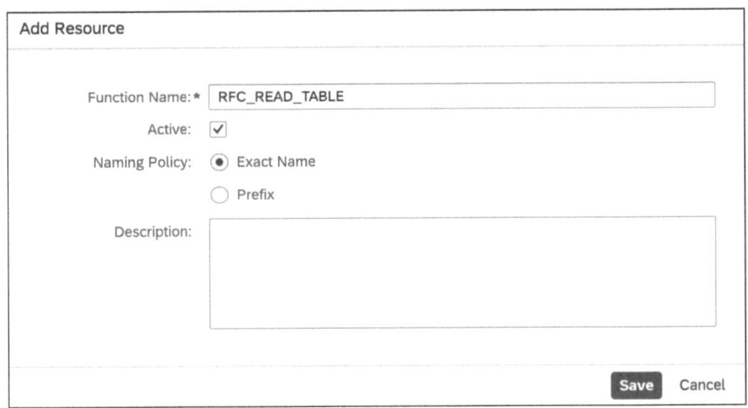

Abbildung 7.46 Ressource hinzufügen

Sie können nun SAP BTP auf der Ebene des Subaccounts überprüfen, um zu sehen, ob das Backend-System angezeigt wird. Navigieren Sie dazu zum Bereich **Connectivity • Cloud Connectors** im Seitenmenü (siehe Abbildung 7.47).

Sie müssen nun eine Destination erstellen, um den Funktionsbaustein in Cloud Integration zu verwenden. Navigieren Sie dazu im Seitenmenü zum Bereich **Connectivity • Destinations** (siehe Abbildung 7.48). Klicken Sie dann auf **New Destination**.

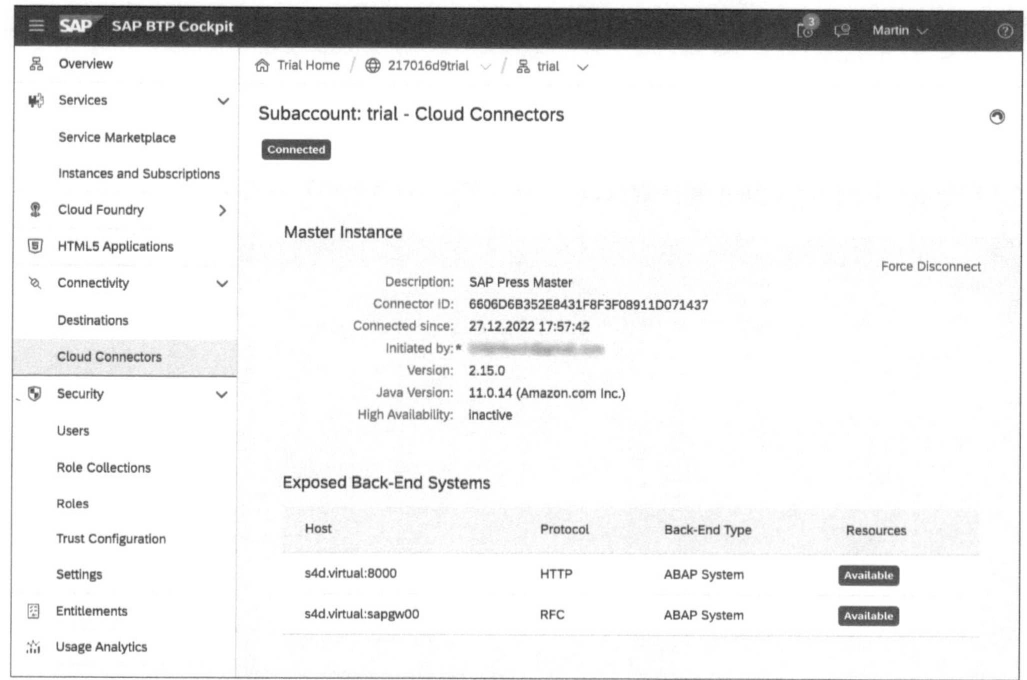

Abbildung 7.47 Cloud Connector im Subaccount prüfen

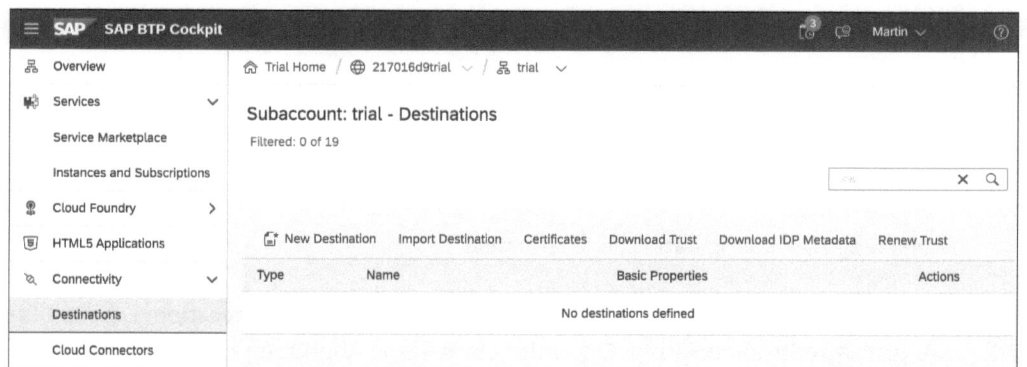

Abbildung 7.48 Destination erstellen

Pflegen Sie nun die erforderlichen Attribute der Destination (siehe Abbildung 7.49). Wählen Sie **RFC** für die Dropdown-Liste **Type** und **OnPremise** für die Dropdown-Liste **Proxy Type**. Weisen Sie gültige Anmeldedaten eines Benutzers des SAP-Systems für die Felder **User** und **Password** sowie für **Repository User** und **Repository Password** zu. Fügen Sie dann bei **Additional Properties** Folgendes hinzu:

7

- jco.client.ashost
- jco.client.client
- jco.client.lang
- jco.client.sysnr

Klicken Sie abschließend auf **Save**.

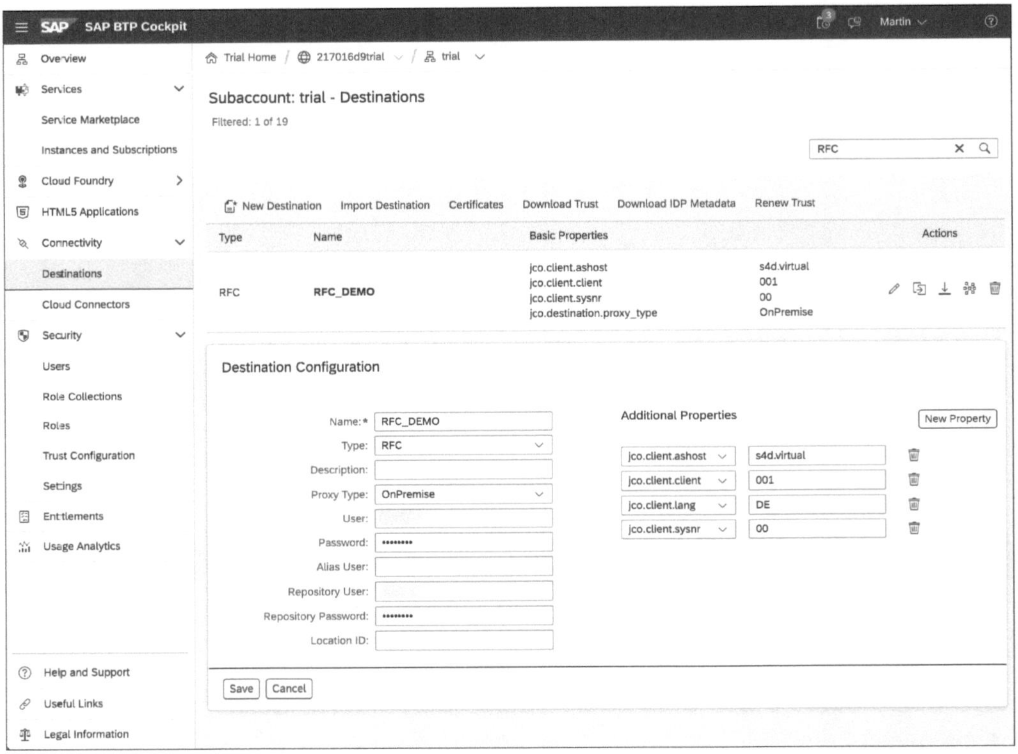

Abbildung 7.49 Konfiguration der Destination

Sie können das Ziel nun testen. Klicken Sie dazu auf **Check Connection**. Der Verbindungstest sollte ein positives Ergebnis liefern (siehe Abbildung 7.50).

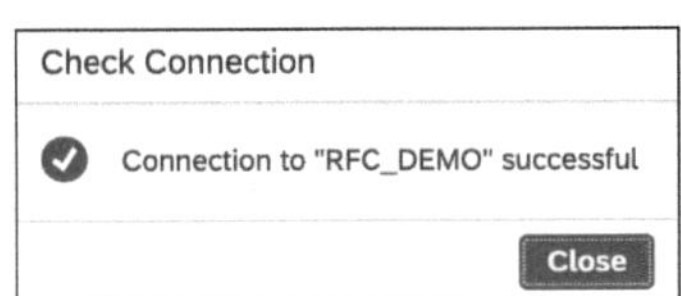

Abbildung 7.50 Verbindungstest

Sie können die Destination nun in einem iFlow innerhalb der SAP Integration Suite verwenden. Dazu müssen Sie lediglich den Namen der zuvor angelegten Destination für das Attribut **Destination** im RFC-Receiver-Adapter pflegen (siehe Abbildung 7.51).

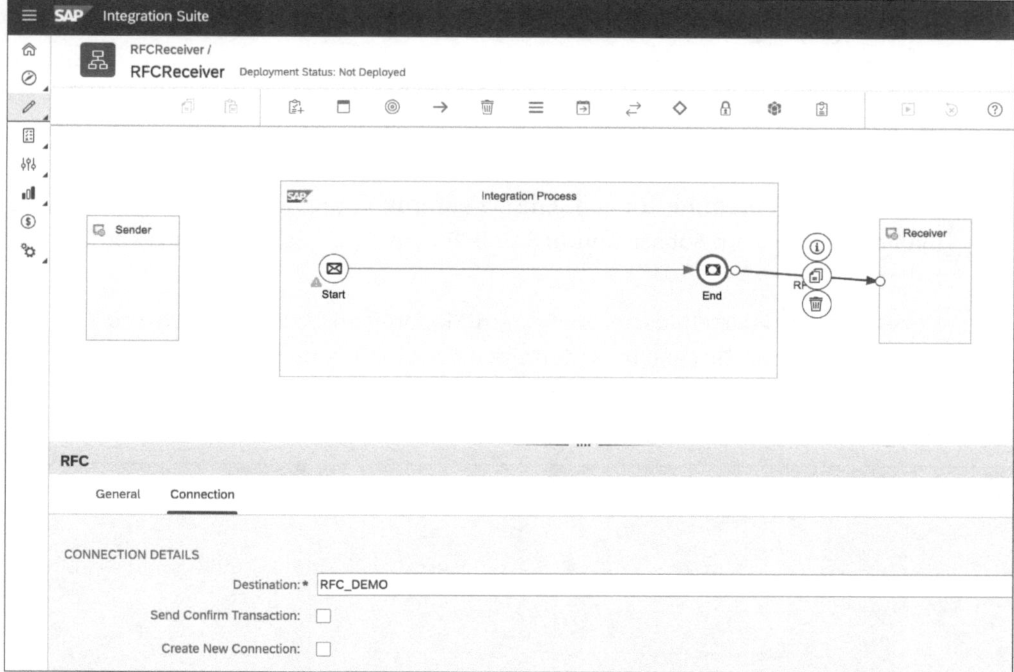

Abbildung 7.51 iFlow-RFC-Receiveradapter

7.2.3 Verbindung zu einer lokalen Datenbank

Cloud Integration bietet die Möglichkeit, sich mit Datenbanken zu verbinden. Es wird zwischen Cloud- und On-Premise-Datenbanken unterschieden. Sie können sich derzeit mit den folgenden On-Premise-Datenbanken verbinden:

- DB2
- Microsoft SQL Server
- Oracle
- Postgres
- SAP HANA

Darüber hinaus können Sie sich mit den folgenden Cloud-Datenbanken verbinden:

- Microsoft SQL Server
- Oracle
- Postgres

- SAP HANA Cloud
- SAP-HANA-Service für SAP BTP, Neo Environment
- SAP-ASE-Dienst auf SAP BTP, Neo Environment

Technologisch basiert dies auf *Java Database Connectivity* (JDBC), einer Java-API für die Verbindung und Ausführung von Abfragen mit der Datenbank. Dies ist ein integraler Bestandteil des Java-Standards. Die JDBC-API verwendet JDBC-Treiber zur Verbindung mit der Datenbank. Sie müssen diese Treiber in Cloud Integration bereitstellen. An dieser Stelle wird nur gezeigt, wie man auf On-Premise-Datenbanken zugreift, da hier der Cloud Connector zum Einsatz kommt. Voraussetzung dafür ist, dass Sie die Verbindung zum Subaccount in SAP BTP vom Cloud Connector aus konfiguriert haben.

Der erste Schritt besteht darin, ein System-Mapping im Cloud Connector zu konfigurieren. Navigieren Sie dazu im Seitenmenü des Cloud Connectors zum Bereich **Cloud To On-Premise** (siehe Abbildung 7.52). Öffnen Sie dann die Registerkarte **Access Control**, und klicken Sie auf **+**.

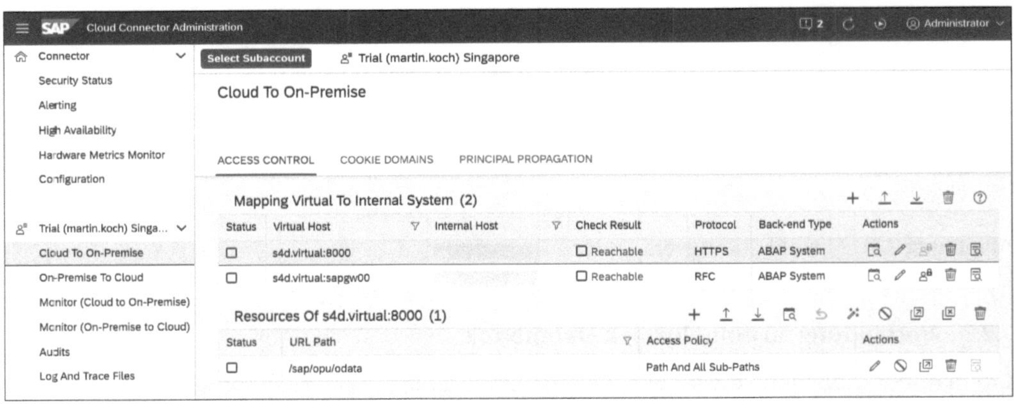

Abbildung 7.52 System-Mapping erstellen

Wählen Sie **Non-SAP System** für das Dropdown-Menü **Back-end Type** (siehe Abbildung 7.53). Klicken Sie dann auf **Next**.

Wählen Sie **TCP** für das Dropdown-Menü **Protocol** (siehe Abbildung 7.54). Klicken Sie dann auf **Next**.

Pflegen Sie den Wert **Internal Host** für den Datenbankserver und den entsprechenden Wert für **Port or Port Range** (siehe Abbildung 7.55). Klicken Sie dann auf **Next**.

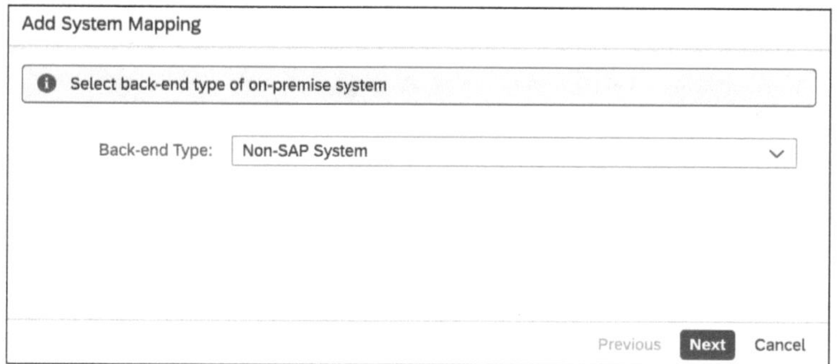

Abbildung 7.53 Backend-Typ auswählen

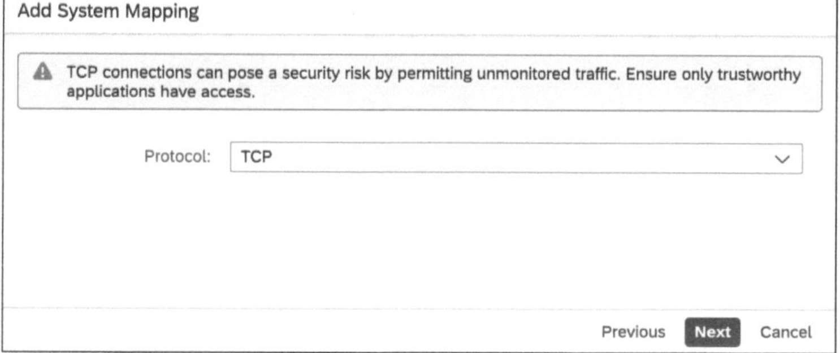

Abbildung 7.54 Protokoll auswählen

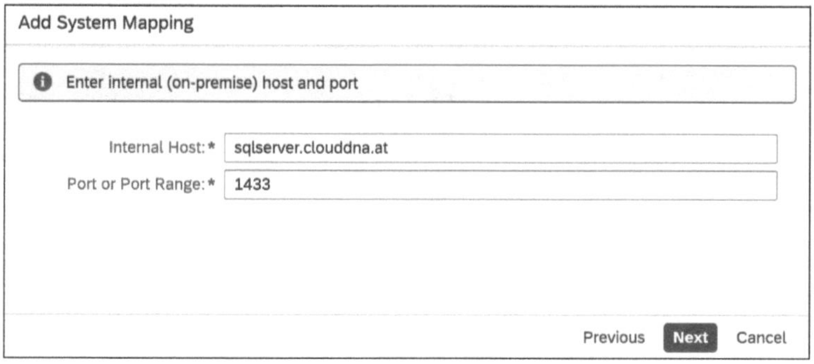

Abbildung 7.55 Internen Host und Port pflegen

Weisen Sie die Werte für **Virtual Host** und **Virtual Port** zu (siehe Abbildung 7.56). Diese werden für den Zugriff auf die Datenbank in SAP BTP verwendet. Klicken Sie auf **Next**.

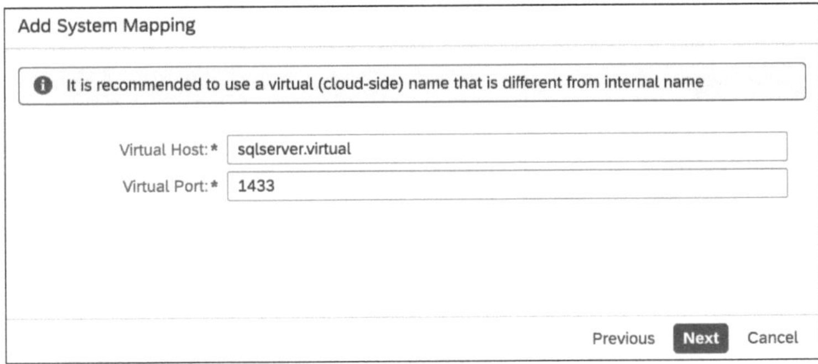

Abbildung 7.56 Virtual Host und Port pflegen

Optional können Sie eine Beschreibung eingeben (siehe Abbildung 7.57). Klicken Sie dann auf **Next**.

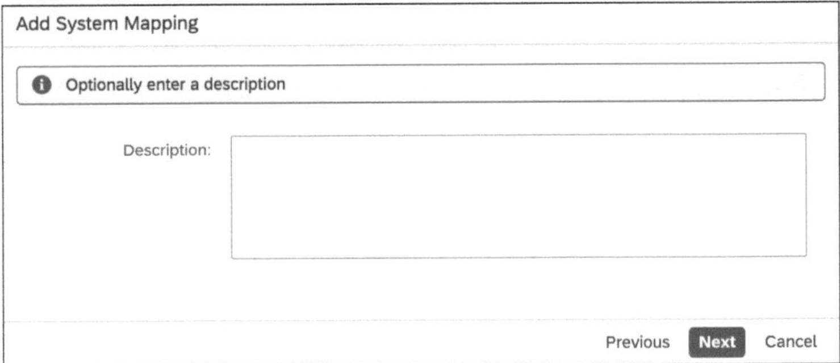

Abbildung 7.57 Beschreibung pflegen

Überprüfen Sie die Zusammenfassung, wie in Abbildung 7.58 gezeigt, und klicken Sie dann auf **Finish**.

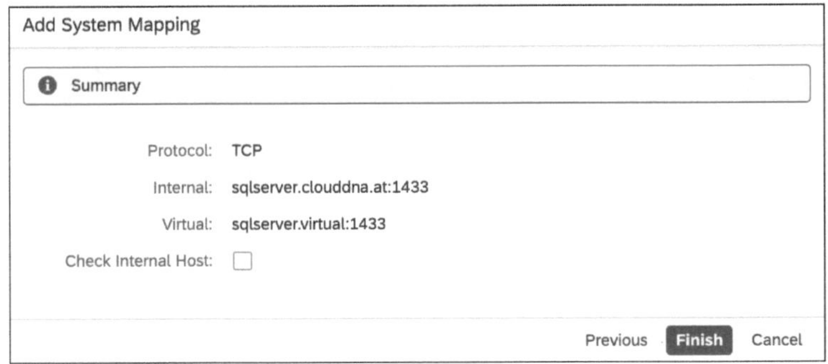

Abbildung 7.58 Zusammenfassung des System-Mappings

Sie können nun in SAP BTP überprüfen, ob das Backend-System angezeigt wird. Navigieren Sie dazu zum Bereich **Connectivity • Cloud Connectors** im Seitenmenü des Subaccounts, wie in Abbildung 7.59 dargestellt.

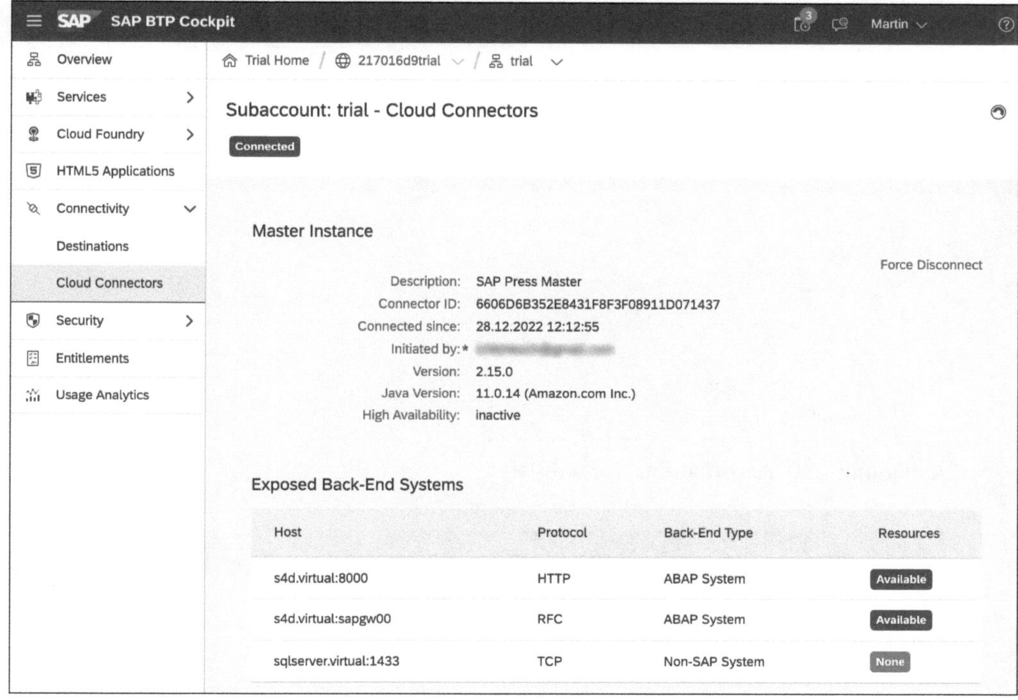

Abbildung 7.59 Cloud-Connector-Backend-Systeme prüfen

Sie können nun Ihre Datenbank in der SAP Integration Suite über den Cloud Connector ansprechen. Zuvor müssen Sie jedoch das JDBC-Material konfigurieren. Öffnen Sie dazu im Seitenmenü den Bereich **Monitor • Integrations**. Klicken Sie dann im Bereich **Manage Security** auf die Kachel **JDBC Material** (siehe Abbildung 7.60).

Der erste Schritt besteht darin, den entsprechenden JDBC-Treiber hochzuladen. Prüfen Sie dazu in der Dokumentation zu Cloud Integration (*http://s-prs.de/v970706*), welche Version des Treibers für die gewünschte Datenbank unterstützt wird. Öffnen Sie die Registerkarte **JDBC Driver** (siehe Abbildung 7.61), und klicken Sie auf **Add**.

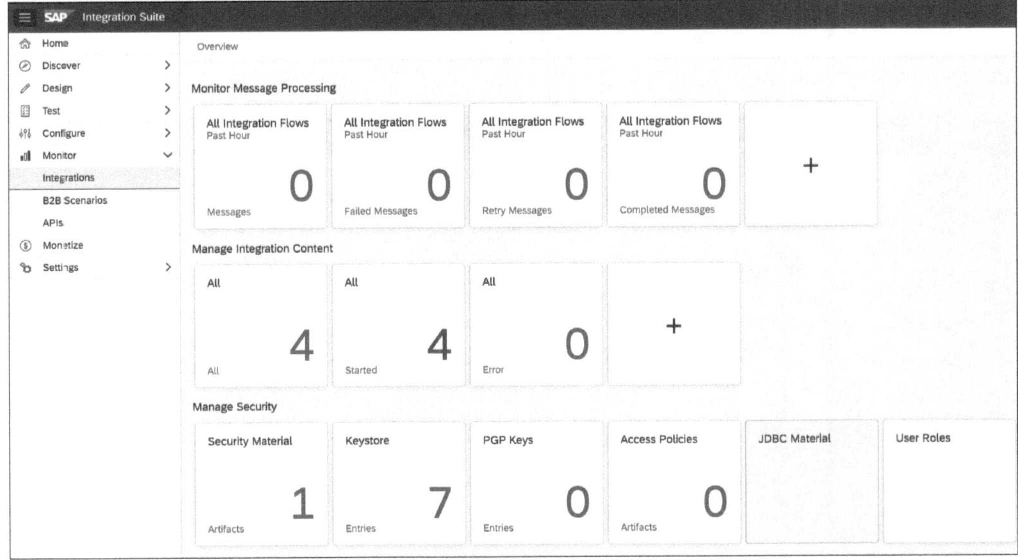

Abbildung 7.60 Zugriff auf JDBC-Material

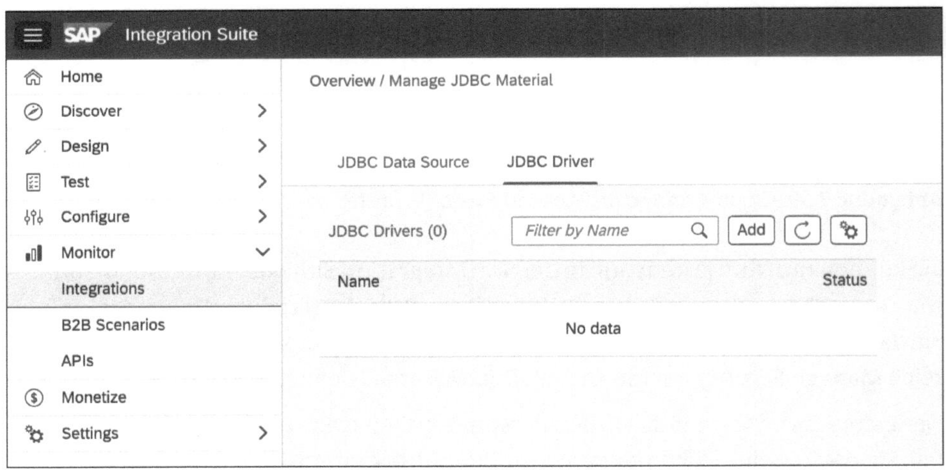

Abbildung 7.61 JDBC-Treiber erstellen

Wählen Sie nun den **Database Type**, und klicken Sie auf **Browse...**, um den Treiber auf Ihrem lokalen Computer auszuwählen (siehe Abbildung 7.62). Klicken Sie abschließend auf **Deploy**.

Wie in Abbildung 7.63 dargestellt, sehen Sie nun einen weiteren Deployment-Hinweis. Lesen Sie den Hinweis sorgfältig durch, und bestätigen Sie ihn durch Klicken auf **Continue**.

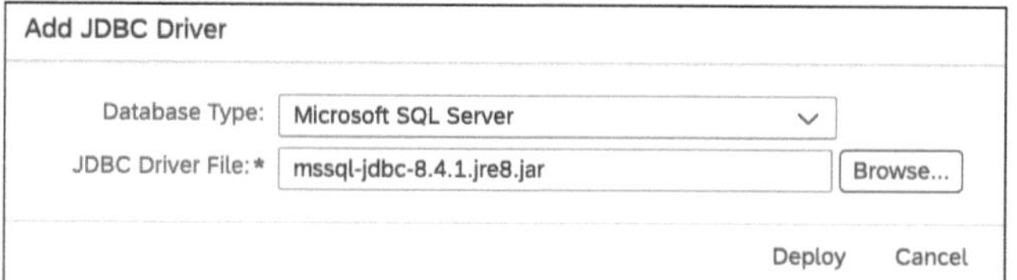

Abbildung 7.62 JDBC-Treiber hochladen

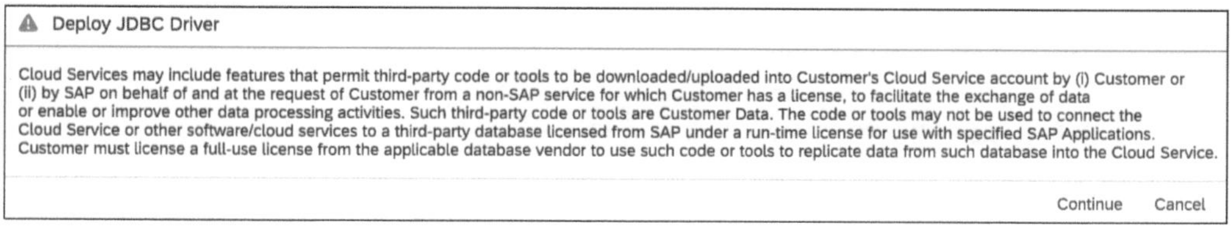

Deploy JDBC Driver

Cloud Services may include features that permit third-party code or tools to be downloaded/uploaded into Customer's Cloud Service account by (i) Customer or (ii) by SAP on behalf of and at the request of Customer from a non-SAP service for which Customer has a license, to facilitate the exchange of data or enable or improve other data processing activities. Such third-party code or tools are Customer Data. The code or tools may not be used to connect the Cloud Service or other software/cloud services to a third-party database licensed from SAP under a run-time license for use with specified SAP Applications. Customer must license a full-use license from the applicable database vendor to use such code or tools to replicate data from such database into the Cloud Service.

Continue Cancel

Abbildung 7.63 Deployment bestätigen

Nachdem Sie den JDBC-Treiber implementiert haben, müssen Sie eine JDBC-Datenquelle erstellen. Dazu öffnen Sie die Registerkarte **JDBC Data Source** (siehe Abbildung 7.64) und klicken auf **Add**.

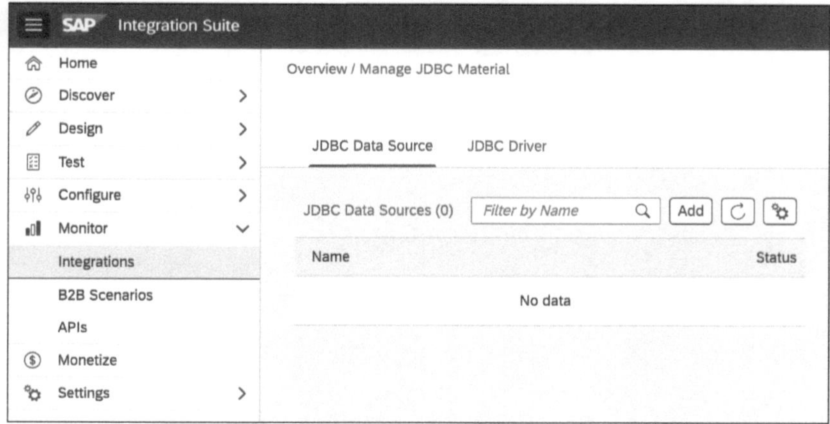

Abbildung 7.64 JDBC-Datenquelle erstellen

Vergeben Sie einen Namen. Dieser wird verwendet, um die Datenquelle in einem iFlow zu adressieren. Wählen Sie den gewünschten **Database Type** (siehe Abbildung 7.65). Pflegen Sie den User und das Passwort des Datenbankbenutzers. Definieren Sie dann die **JDBC URL**. Diese hängt von der verwendeten Datenbank und dem JDBC-Treiber ab und ist auch in der Dokumentation zu Cloud Integration zu finden. Es ist wichtig, dass Sie an dieser Stelle den zuvor definierten virtuellen Host und den virtuellen Port verwenden. Klicken Sie abschließend auf **Deploy**.

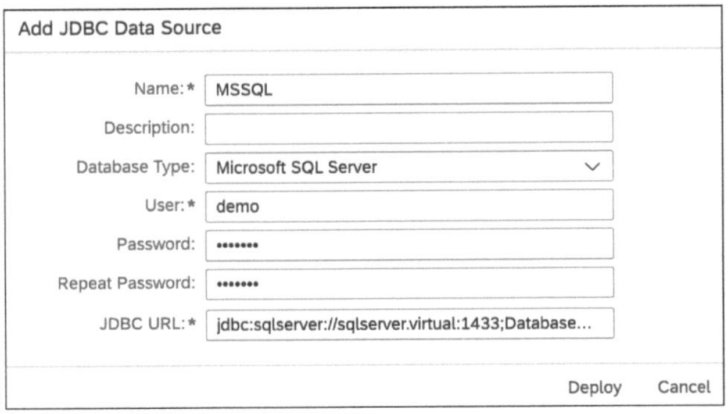

Add JDBC Data Source

Name:* MSSQL
Description:
Database Type: Microsoft SQL Server
User:* demo
Password: •••••••
Repeat Password: •••••••
JDBC URL:* jdbc:sqlserver://sqlserver.virtual:1433;Database...

Deploy Cancel

Abbildung 7.65 JDBC-Datenquelle konfigurieren

Sie können nun die JDBC-Datenquelle in Ihren iFlows im JDBC-Empfängeradapter verwenden. Dazu müssen Sie lediglich den Namen der JDBC-Datenquelle in das Feld **JDBC Data Source Alias** eingeben, wie in Abbildung 7.66 gezeigt. Der Name der JDBC-Datenquelle wird dann im JDBC-Receiver-Adapter verwendet.

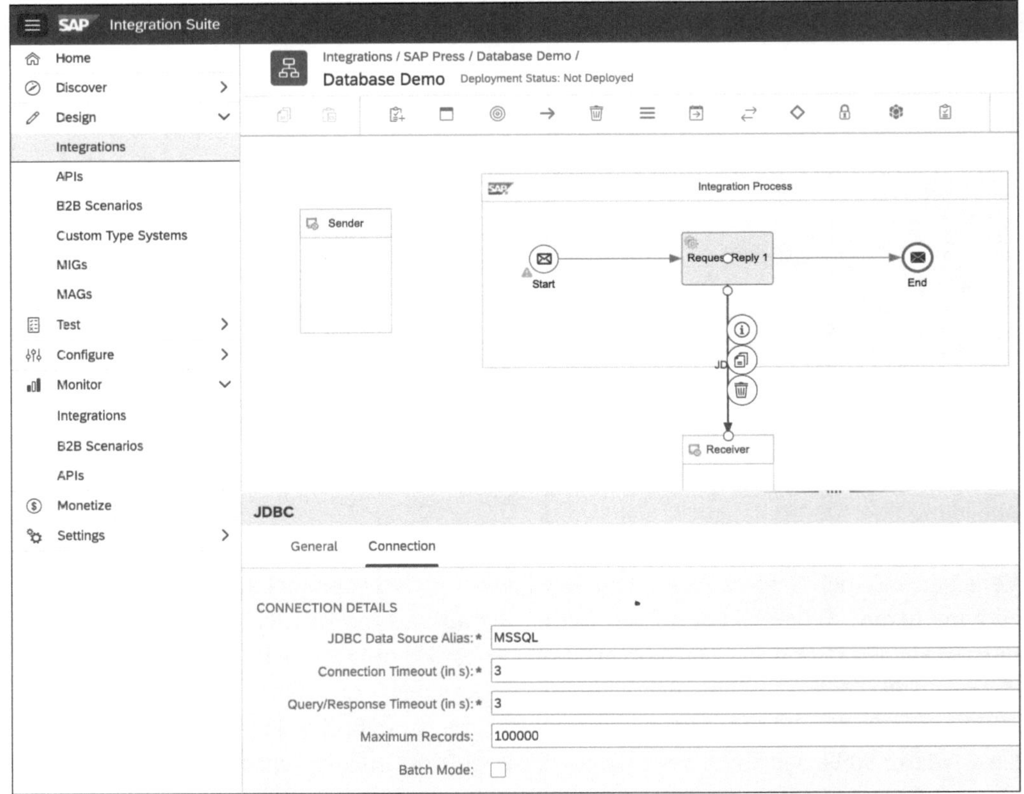

Abbildung 7.66 Konfiguration des JDBC-Receiver-Adapters

7.3 API Management

Mit der Capability API Management als Teil der SAP Integration Suite können Sie APIs in einer sicheren und skalierbaren Umgebung veröffentlichen, bereitstellen und überwachen. Deshalb geben wir Ihnen in Abschnitt 7.3.1, »Einführung«, eine kompakte Einführung in das Thema API Management. Anschließend erfahren Sie in Abschnitt 7.3.2, »Einen OData-Service aus einem ABAP-On-Premise-System konsumieren«, wie Sie einen OData-Service aus einem ABAP-System in Ihrer On-Premise-Landschaft konsumieren können.

7.3.1 Einführung

API Management trägt den Begriff API in seinem Namen – daher müssen Sie zuerst verstehen, was eine API eigentlich ist. Eine Anwendungsprogrammierschnittstelle auf Englisch auch *Application Programming Interface* (API) genannt, ist eine Schnittstelle, die es verschiedenen Anwendungen ermöglicht, miteinander zu kommunizieren und Daten auszutauschen. Eine API kann entweder in Form eines *Software Development Kits* (SDK) oder über bestimmte offene und proprietäre Protokolle wie RFC oder HTTP integriert werden. Im SAP-Kontext werden Sie typischerweise mit SOAP-, OData- und REST-APIs zu tun haben.

Stellen Sie sich vor, Sie haben Hunderte dieser APIs. Hört sich das für Sie unrealistisch an? Dennoch ist es ein reales Beispiel aus der SAP Business Suite und SAP S/4HANA. Jede SAP-Fiori-App nutzt eine oder mehrere OData-APIs. Wenn die APIs nur intern konsumiert werden, wird die Überwachung der APIs im Betrieb oft vernachlässigt. Möchte man APIs auch externen Entwicklerinnen und Entwicklern zur Nutzung in eigenen Apps zur Verfügung stellen, rücken plötzlich Anforderungen wie Dokumentation, Abrechnung, Sicherheit und Überwachung in den Fokus. Genau hier hilft Ihnen API Management. Die Capability ermöglicht es Ihnen, Ihre Schnittstellen zentral bereitzustellen, zu dokumentieren und deren laufenden Betrieb zu überwachen.

Die Umstellung von On-Premise-SAP-Fiori-Apps auf die Nutzung von OData-APIs über API Management ergibt prinzipiell wenig Sinn, da API Management nur in SAP BTP angeboten wird und somit die gesamte Netzwerkkommunikation über SAP BTP laufen würde. Für mobile Apps oder SAP-Fiori-Apps, die über SAP BTP bereitgestellt werden, ist dies jedoch sehr viel sinnvoller. Der gravierendste Vorteil von API Management ist für uns die zentrale Überwachung. Damit haben Sie einen Überblick über alle APIs und können Fehler und Probleme sofort erkennen.

API Management besteht aus zwei Hauptkomponenten: dem *API Designer* und dem *Developer Portal*. Mit dem API Designer erstellen und modellieren Sie Ihre APIs. Sie können Produkte erstellen und eine oder mehrere APIs von einem oder mehreren Anbietern in diese integrieren. Sie können in den Datenfluss eingreifen und z. B.

einen *API-Key* überprüfen oder Daten zwischenspeichern. Auch die Anzahl der Anfragen innerhalb eines bestimmten Zeitraums kann mit einem Spike-Arrest begrenzt werden.

Die Implementierung von API Management ist grundsätzlich sehr einfach. Sie müssen lediglich die Capability in der SAP Integration Suite aktivieren, und schon können Sie loslegen. Natürlich sollten Sie sich im Vorfeld Gedanken über die Sicherheit und die geplanten Szenarien machen.

7.3.2 Einen OData-Service aus einem ABAP-On-Premise-System konsumieren

Die Nutzung eines OData-Service in API Management ist nahezu identisch mit der in Cloud Integration. Im ersten Schritt müssen Sie sicherstellen, dass der Cloud Connector mit dem Subaccount verbunden ist, in dem die SAP Integration Suite eingesetzt wird. Öffnen Sie dazu im Seitenmenü des SAP BTP Cockpit den Bereich **Connectivity • Cloud Connectors**, wie in Abbildung 7.67 dargestellt. Prüfen Sie, ob das gewünschte SAP-System mit dem HTTP-Protokoll im Bereich **Exposed Back-End Systems** angezeigt wird. Der angezeigte Host wird anschließend in API Management benötigt.

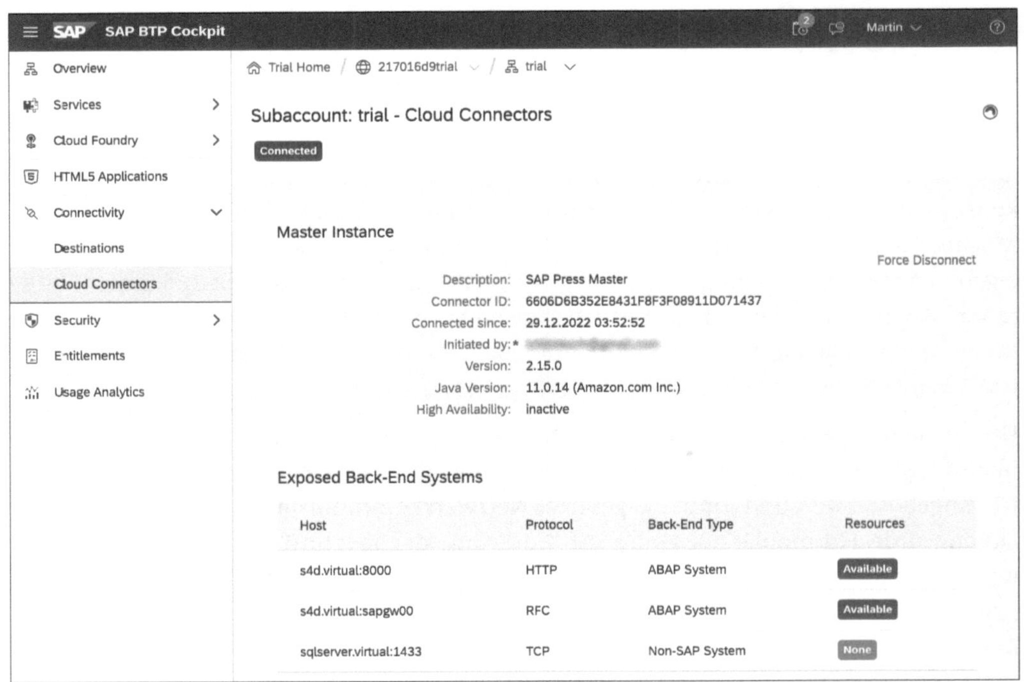

Abbildung 7.67 Cloud-Connector-Backend-Systeme

Für die Nutzung von OData-Services in API Management muss ein API-Provider erstellt werden. Dies ist ein System, das APIs bereitstellt. Navigieren Sie dazu im Seitenmenü der SAP Integration Suite zum Bereich **Configure • APIs** (siehe Abbildung 7.68). Öffnen Sie die Registerkarte **API Providers**, und klicken Sie dann auf **Create**.

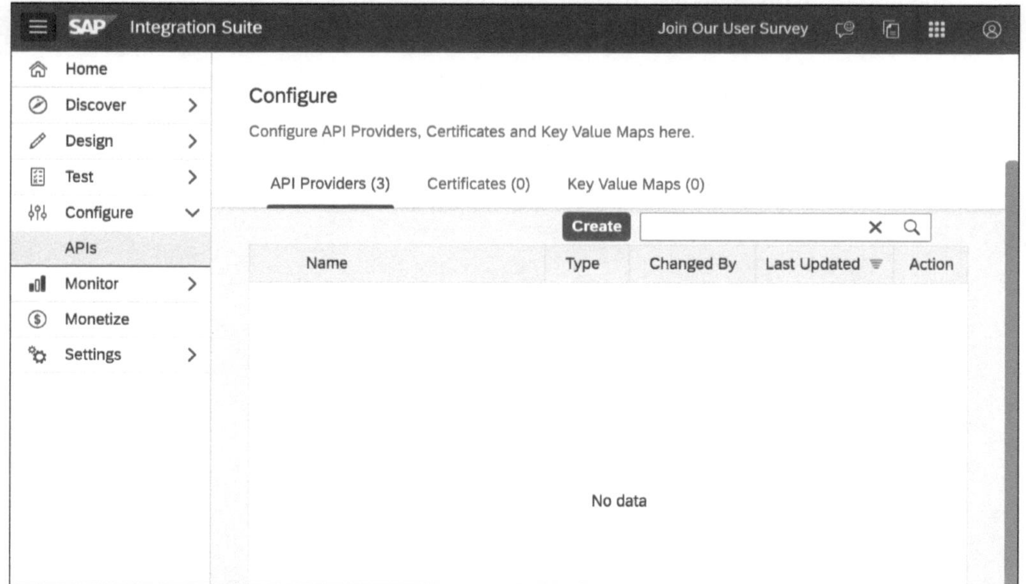

Abbildung 7.68 API-Provider – Übersicht

Im ersten Schritt müssen Sie über das Attribut **Name** einen Namen für den API-Provider vergeben, wie in Abbildung 7.69 dargestellt. Der Name sollte aussagekräftig sein, z. B. die System-ID des zugrunde liegenden SAP-Systems.

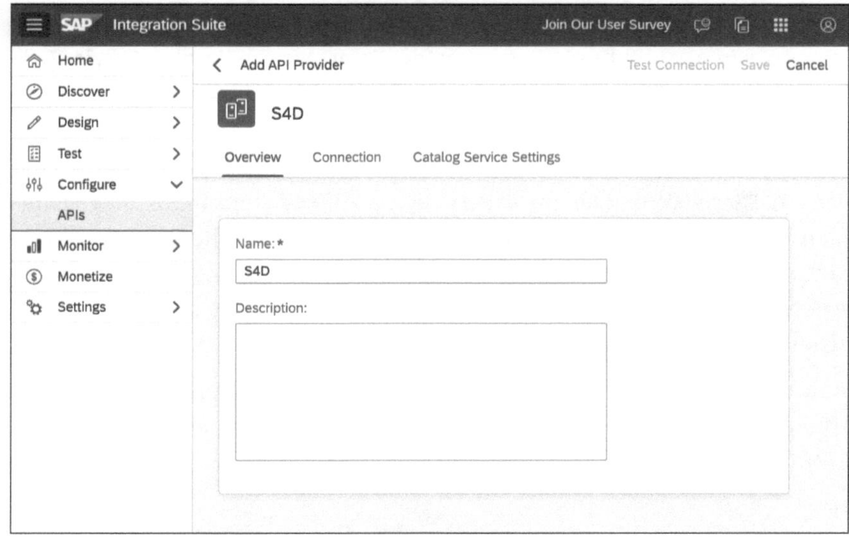

Abbildung 7.69 API-Provider – allgemeine Informationen

Öffnen Sie nun die Registerkarte **Connection** (siehe Abbildung 7.70). Wählen Sie im Dropdown-Menü **Type** die Option **On Premise**. Geben Sie den zuvor festgelegten virtuellen Hostnamen für das Attribut **Host** und den virtuellen Port für das Attribut **Port** ein. Für **Authentication** können Sie **None** oder **Principal Propagation** wählen.

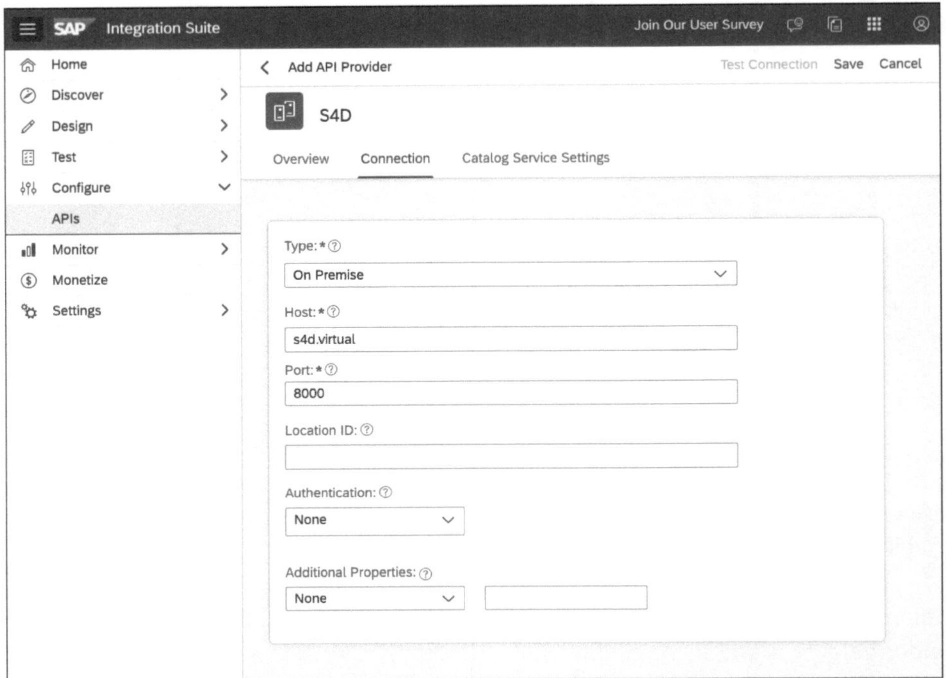

Abbildung 7.70 Verbindungseinstellungen

Öffnen Sie dann, wie in Abbildung 7.71 gezeigt, die Registerkarte **Catalog Service Settings**. Geben Sie in das Feld **Path Prefix** den Wert »/sap/opu/odata« ein. Dies entspricht dem ersten Teil des Pfades, der zum Auffinden des Servicekatalogs verwendet wird. Geben Sie im Feld **Service Collection URL** den Pfad zur Service Collection des Katalogservice ein. Diese können Sie im SAP-System z. B. über Transaktion SICF ermitteln. Wählen Sie anschließend im Feld **Authentication** die Authentifizierungsart. Diese wird für die Authentifizierung beim Laden der OData-Services über den Katalogservice verwendet. In unserem Beispiel haben wir **Basic** gewählt, um eine einfache Authentifizierung zu verwenden. Klicken Sie abschließend auf **Save**.

Sie sollten nun testen, ob die konfigurierten Einstellungen funktionieren, indem Sie einen Verbindungstest durchführen. Klicken Sie dazu auf **Test Connection** (siehe Abbildung 7.72).

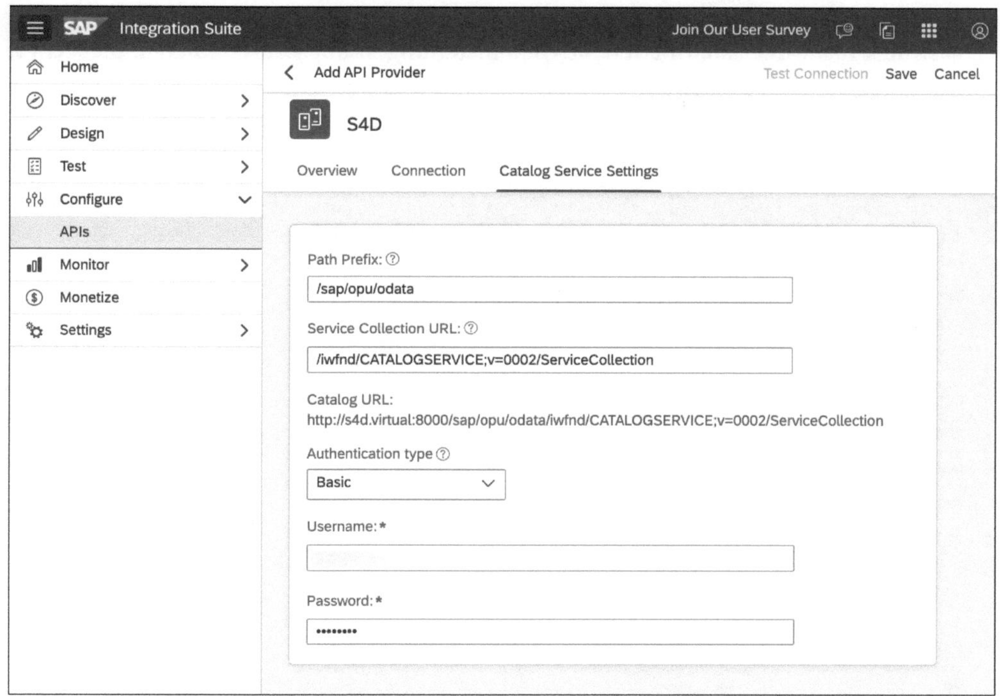

Abbildung 7.71 Einstellung für den Katalogservice

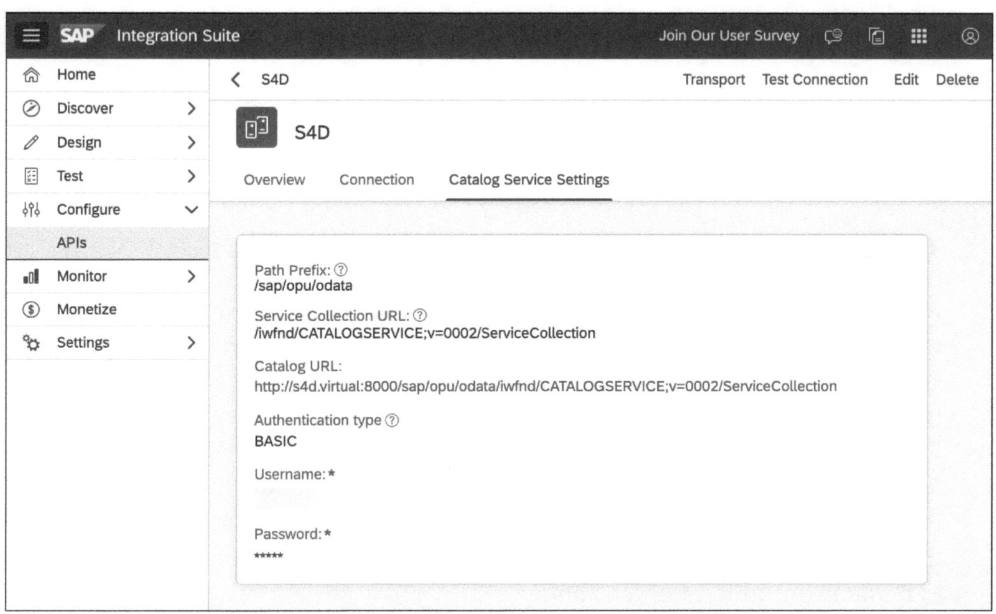

Abbildung 7.72 API-Provider – Zusammenfassung und Verbindungstest

Sie sollten nun den HTTP-Antwortcode 200 sehen, wie in Abbildung 7.73 dargestellt. Ist dies nicht der Fall, müssen Sie die Einstellungen überprüfen: Stellen Sie sicher, dass die Anmeldeinformationen korrekt sind und dass der Benutzer entsprechend autorisiert ist. Sie können nun den API-Provider verwenden und auf jeden OData-Service zugreifen, der über ihn bereitgestellt wird.

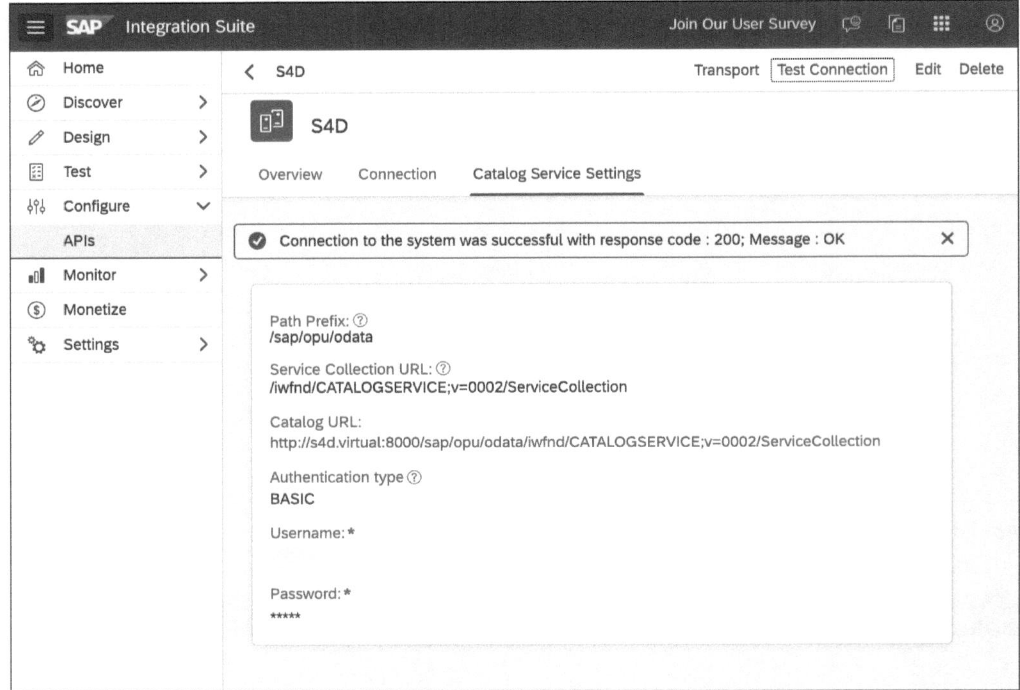

Abbildung 7.73 Ergebnis des Verbindungstests

7.4 Zusammenfassung

In diesem Kapitel haben Sie in Abschnitt 7.1, »Die Evolution der SAP Integration Suite«, eine allgemeine Einführung in die SAP Integration Suite erhalten. Anschließend haben wir uns in Abschnitt 7.2, »Cloud Integration«, mit der Capability Cloud Integration beschäftigt. In diesem Zusammenhang wurde die Integration des ESR aus SAP PO gezeigt. Danach wurde die Integration von On-Premise-ABAP-Systemen wie SAP Business Suite oder SAP S/4HANA beschrieben, sowie die Integration von On-Premise-Datenbanken. In Abschnitt 7.3, »API Management«, wurde dann die Capability API Management vorgestellt und gezeigt, wie OData-Services von On-Premise-Systemen konsumiert werden können.

Kapitel 8
SAP Build Work Zone, Standard Edition

Es gibt mehrere Optionen für den externen Zugriff auf das SAP Fiori Launchpad. SAP Build Work Zone, Standard Edition ist eine sehr elegante und leichtgewichtige Option. Damit können Sie auch ein zentrales SAP Fiori Launchpad in SAP BTP bereitstellen, das Anwendungen aus verschiedenen Systemen integrieren kann.

SAP Build Work Zone, Standard Edition (ehemals *SAP Launchpad Service*; Umbenennung im November 2022) ermöglicht es Unternehmen, einen zentralen Zugangspunkt für SAP-S/4HANA-Systeme, kundenspezifische Anwendungen sowie Anwendungen und Erweiterungen von Drittanbietern einzurichten. Dabei spielt es keine Rolle, ob der genutzte Content in der Cloud oder on-premise bereitgestellt wird. SAP Build Work Zone, Standard Edition kann mit anderen SAP-UI-Clients kombiniert werden, um einen zentralen Zugangspunkt zu allen SAP-Inhalten zu schaffen.

SAP Build Work Zone, Standard Edition bietet Werkzeuge und Funktionen, die Administratorinnen und Administratoren zum Erstellen und Verwalten von Business Sites verwenden können. In diesem Kapitel gehen wir davon aus, dass Sie bereits mit SAP Build Work Zone, Standard Edition vertraut sind, und zeigen Ihnen bewusst nur die Funktionen, bei denen der Cloud Connector verwendet wird. Wir werden uns ausschließlich auf die Integration von SAP-On-Premise-Systemen konzentrieren.

Um Ihre SAP-S/4HANA-Launchpad-Inhalte mit den *Launchpad-Sites* in SAP BTP zu integrieren, müssen Sie die Inhalte im SAP-S/4HANA-System auswählen, die in SAP BTP angezeigt werden sollen. Wir werden dies in Abschnitt 8.1, »Backend-Konfiguration in SAP S/4HANA«, näher erläutern. Um die Inhalte in SAP BTP sicher konsumieren zu können, wird der Cloud Connector verwendet. Die erforderliche Konfiguration ist in Abschnitt 8.2, »Konfiguration des Cloud Connectors«, dargestellt.

Der Destination-Service dient als Gegenstück zum Cloud Connector in SAP BTP. Damit er als Content-Provider fungieren kann, müssen Sie in SAP BTP auf Subaccount-Ebene zwei Destinationen anlegen, die auf das SAP-S/4HANA-System zeigen. Dazu müssen Sie eine Destination für die Designtime und eine für die Laufzeit anlegen. Wir werden dies in Abschnitt 8.3, »Konfiguration des SAP-BTP-Subaccounts«, besprechen.

Schließlich muss SAP Build Work Zone, Standard Edition entsprechend konfiguriert werden. Zunächst muss ein Content-Provider für das SAP-S/4HANA-System erstellt werden. Dann können die Rollen aus dem SAP-S/4HANA-System zur Launchpad-Site hinzugefügt werden. Wir werden dies in Abschnitt 8.4, »Konfiguration von SAP Build Work Zone, Standard Edition«, näher erläutern.

8.1 Backend-Konfiguration in SAP S/4HANA

Administratorinnen und Administratoren können *SAP-Fiori-Launchpad-Content* mit SAP Build Work Zone, Standard Edition auf SAP BTP teilen, indem sie bestimmte Rollen auswählen. Die zugehörigen Inhalte, wie z. B. Gruppen, Kataloge, Pages oder Spaces, können dann in Launchpad-Sites auf SAP BTP konsumiert werden.

Um Rollen für SAP Build Work Zone, Standard Edition auf SAP BTP anzuzeigen, zu bearbeiten oder freizugeben, müssen Sie zunächst im gewünschten On-Premise-System Transaktion /UI2/CDM3_EXP_SCOPE starten (siehe Abbildung 8.1).

[»]

Anforderungen

Vergewissern Sie sich vorher, dass der Seitencache aktiv ist. Gehen Sie dazu in der Benutzerpflege (Transaktion SU01) auf die Registerkarte **Parameters** und entfernen Sie ggf. den Benutzerparameter `/UI2/PAGE_CACHE_OFF` aus der Liste.

Wählen Sie aus, welche Rollen Sie für SAP Build Work Zone, Standard Edition auf SAP BTP verfügbar machen möchten. Wählen Sie eines der folgenden Optionsfelder:

- **All Roles**
- **Select Single Roles**

Klicken Sie dann auf **Save Selected Roles**, um Ihre Auswahl zu speichern. Sie können nun die ausgewählten Rollen für SAP BTP verfügbar machen, indem Sie auf **Expose** klicken. Bei diesem Vorgang wird der Inhalt in das File Repository geschrieben und kann dann von SAP BTP abgerufen werden.

Nachdem die Rollen veröffentlicht wurden, sehen Sie im Protokoll eine Zusammenfassung aller veröffentlichten Artefakte (siehe Abbildung 8.2). Überprüfen Sie unbedingt, ob es Fehler oder Warnungen gibt.

[+]

Job einplanen

Da sich Rollen im Laufe der Zeit ändern können, empfiehlt es sich, die Exposition der Rollen als Job einzuplanen. Dazu legen Sie in Transaktion SM36 einen neuen Job für den Report /UI2/CDM3_EXP_PUBLISH an.

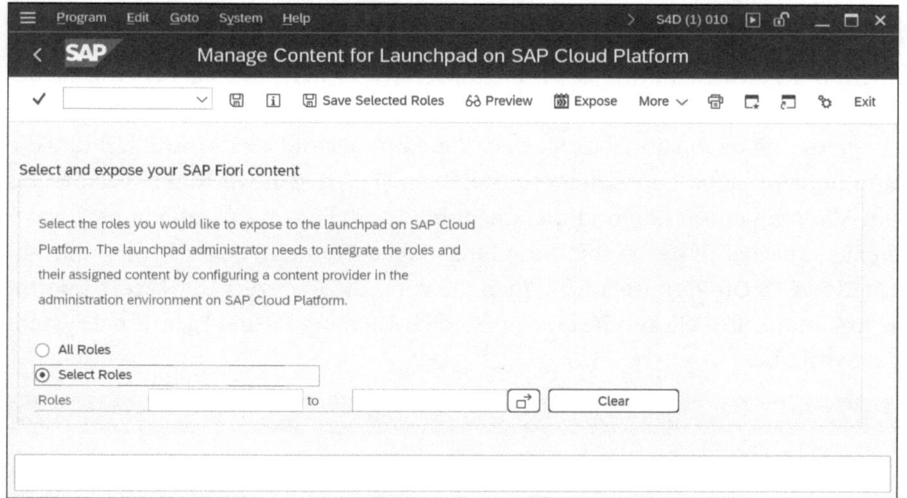

Abbildung 8.1 Verwalten von Launchpad-Content

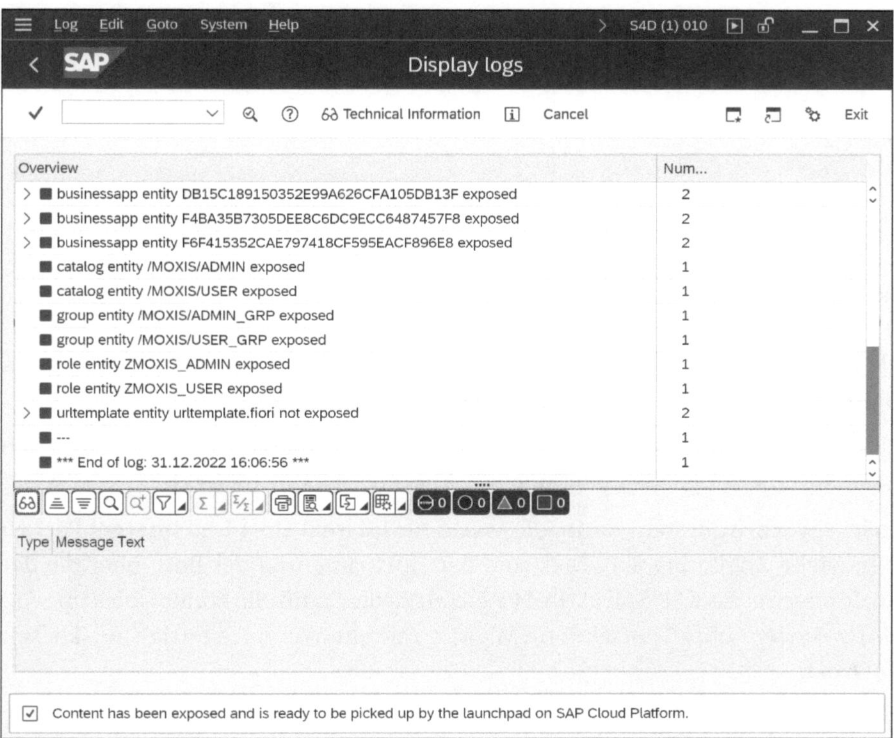

Abbildung 8.2 Protokoll prüfen

Sie haben nun die Konfiguration mit dem SAP-S/4HANA-System abgeschlossen.

8.2 Konfiguration des Cloud Connectors

Nachdem der gewünschte Inhalt im SAP-S/4HANA-System freigegeben wurde, besteht der nächste Schritt darin, den Cloud Connector einzurichten. In diesem Abschnitt gehen wir davon aus, dass Sie den Cloud Connector bereits installiert und die Verbindung zum Subaccount hergestellt haben. Hier zeigen wir Ihnen, wie Sie das System-Mapping einrichten und die Ressourcen gemeinsam nutzen können. Navigieren Sie zunächst in der Verbindung Ihres Subaccounts im Seitenmenü zum Abschnitt **Cloud To On-Premise**, und öffnen Sie dann die Registerkarte **Access Control** (siehe Abbildung 8.3). Klicken Sie dort im Bereich **Mapping Virtual To Internal System** auf das Symbol **+**.

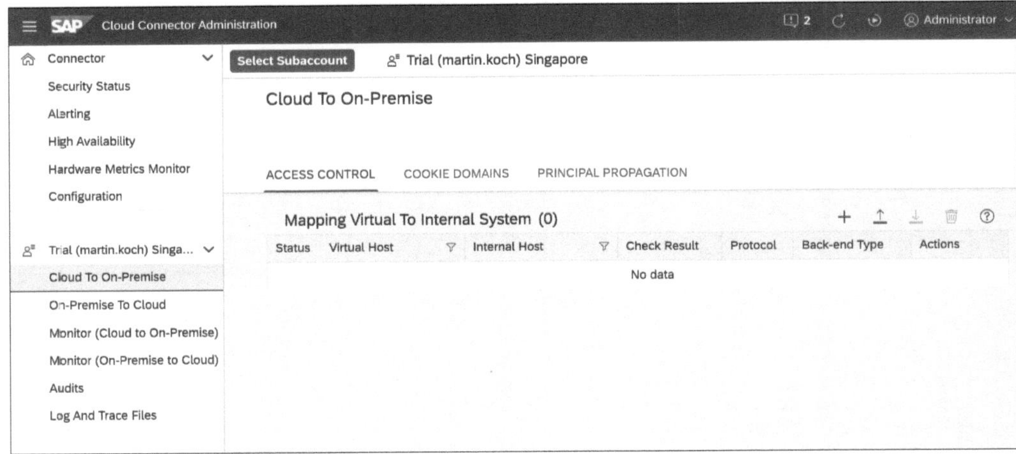

Abbildung 8.3 System-Mapping

Wählen Sie im Popup-Fenster aus der Dropdown-Liste **Back-end Type** die Option **ABAP System** aus (siehe Abbildung 8.4). Klicken Sie dann auf **Next**.

Wählen Sie nun aus der Dropdown-Liste **Protocol** entweder **HTTP** oder **HTTPS**, je nach Backend-System, aus (siehe Abbildung 8.5). Klicken Sie dann auf **Next**.

Der nächste Schritt besteht darin, die Werte für **Internal Host** und **Internal Port** zu pflegen (siehe Abbildung 8.6). Dies sind der Hostname und der Port, über die der Cloud Connector das SAP-S/4HANA-System erreichen kann. Sie können dies im SAP-S/4HANA-System über Transaktion SMICM ermitteln. Wenn Sie fertig sind, klicken Sie auf **Next**.

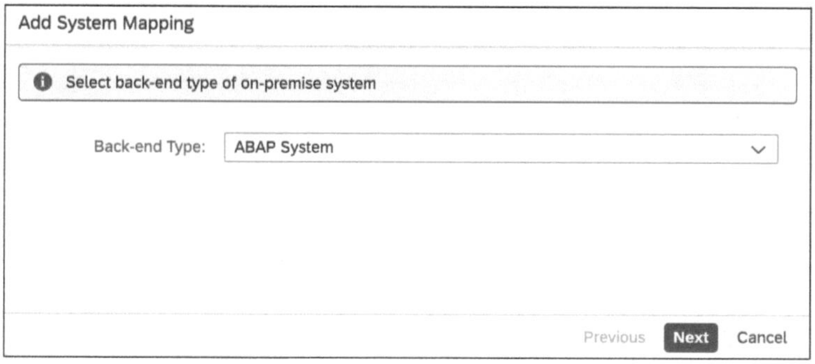

Abbildung 8.4 Backend-Typ auswählen

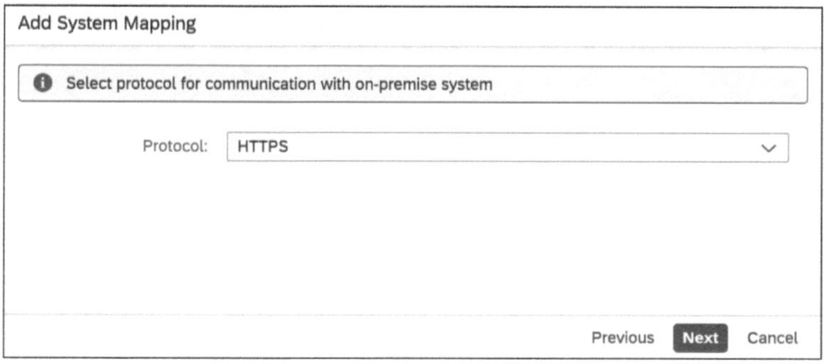

Abbildung 8.5 Protokoll auswählen

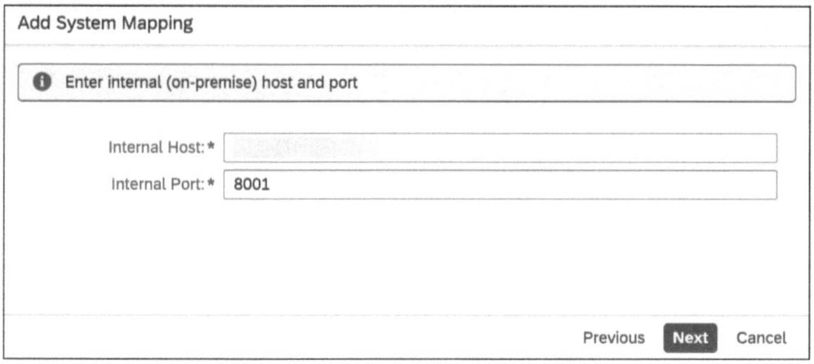

Abbildung 8.6 Internen Host und Port wählen

Dann müssen Sie die Werte für **Virtual Host** und den **Virtual Port** zuweisen (siehe Abbildung 8.7). Dies sind der Host und der Port, die in SAP BTP sichtbar sind. Die Destination kann das SAP-S/4HANA-System über diese Angaben ansprechen. Wenn Sie fertig sind, klicken Sie auf **Next**.

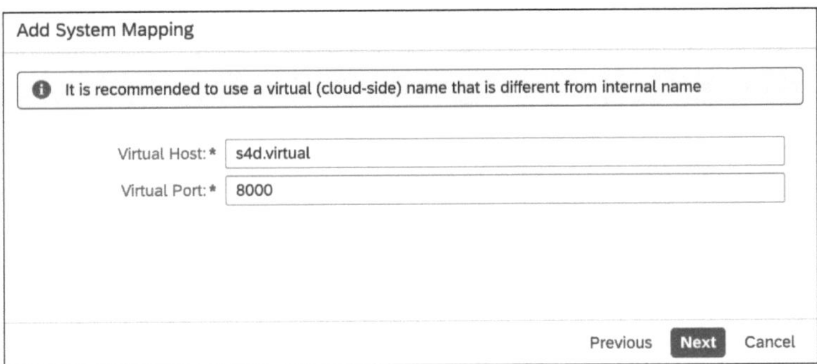

Abbildung 8.7 Virtuellen Host und Port definieren

Legen Sie nun fest, ob Sie eine **Principal Propagation** zulassen wollen (siehe Abbildung 8.8). Klicken Sie dann auf **Next**.

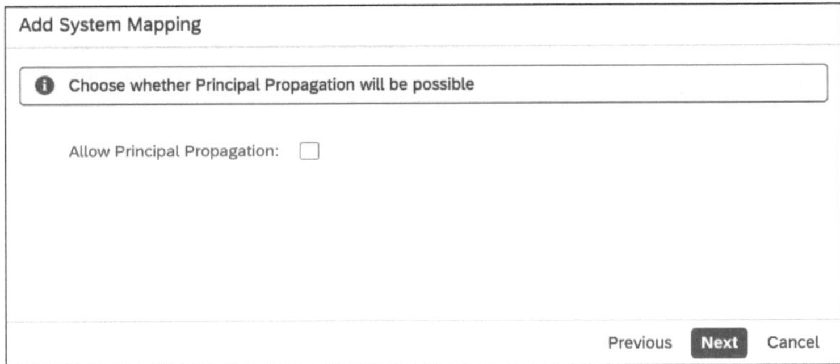

Abbildung 8.8 Principal Propagation

Im nächsten Schritt können Sie festlegen, ob ein Systemzertifikat für die Anmeldung verwendet werden soll (siehe Abbildung 8.9). Klicken Sie dann auf **Next**.

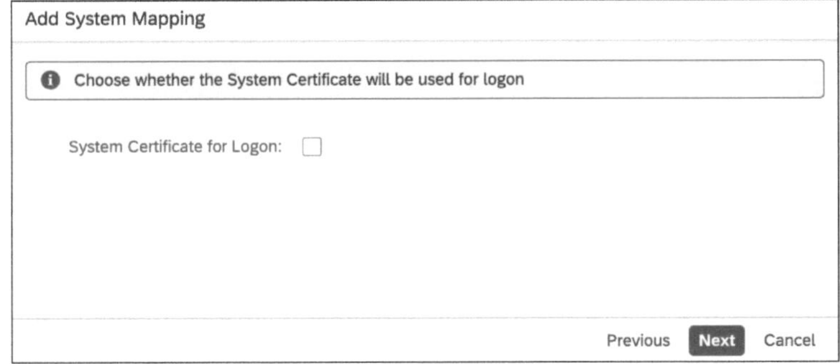

Abbildung 8.9 Anmeldung mit Systemzertifikat

Nun müssen Sie festlegen, welcher Hostname im Request-Header gesetzt werden soll (siehe Abbildung 8.10). Obwohl dieser Schritt obligatorisch ist, wird er in der Regel vom SAP-S/4HANA-System nicht ausgewertet und nur in den Protokollen gespeichert. Klicken Sie auf **Next**.

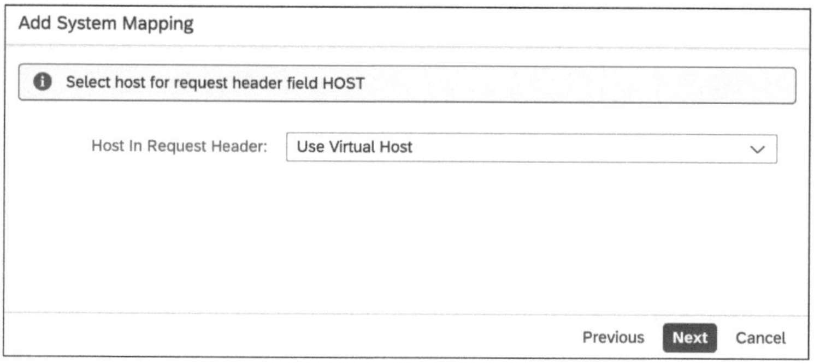

Abbildung 8.10 Ursprung für Request-Header-Host festlegen

Im nächsten Schritt können Sie optional eine Beschreibung vergeben (siehe Abbildung 8.11). Klicken Sie dann auf **Next**.

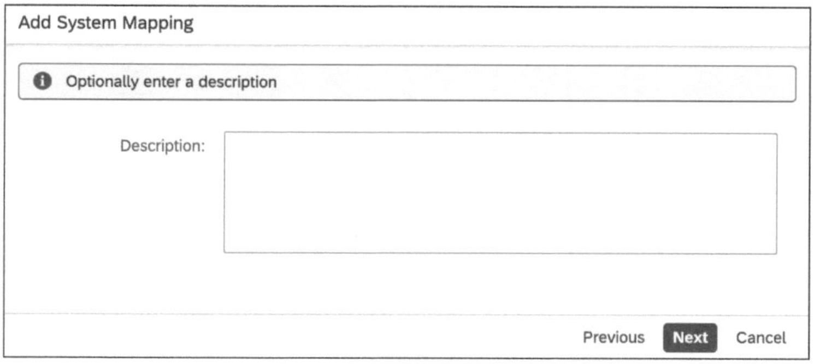

Abbildung 8.11 Beschreibung vergeben

Schließlich wird eine Zusammenfassung der zuvor durchgeführten Konfiguration angezeigt (siehe Abbildung 8.12). Klicken Sie auf **Finish**, um das System-Mapping zu erstellen.

Sie müssen nun die gewünschten Ressourcen des ABAP-Systems freigeben. Klicken Sie dazu zunächst auf die Schaltfläche **+** im Bereich **Resources**, wie in Abbildung 8.13 dargestellt.

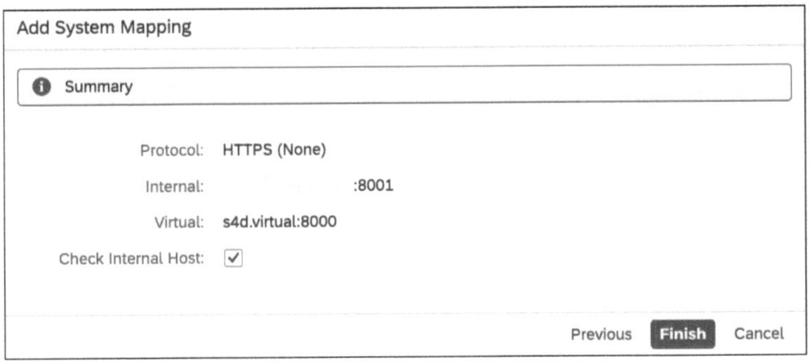

Add System Mapping

Summary

Protocol: HTTPS (None)
Internal: :8001
Virtual: s4d.virtual:8000
Check Internal Host: ☑

Previous Finish Cancel

Abbildung 8.12 Zusammenfassung des System-Mappings

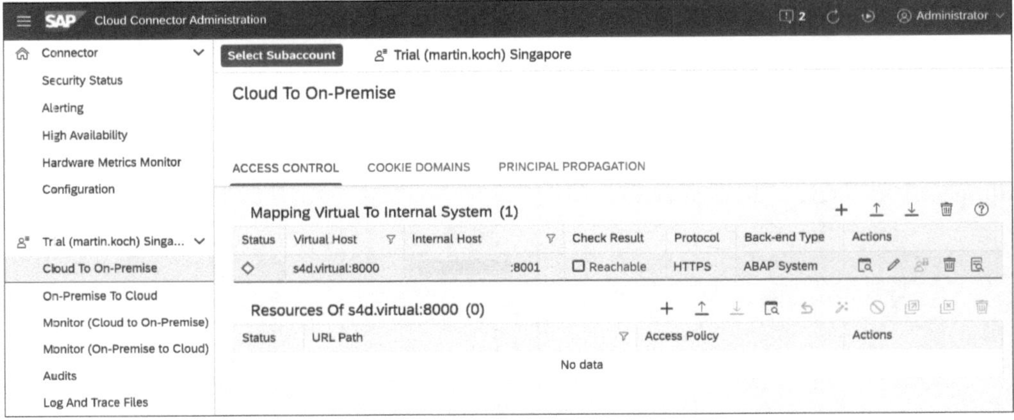

Abbildung 8.13 Ressourcen

Der Einfachheit halber geben Sie in diesem Beispiel alle Ressourcen frei. Geben Sie daher in das Feld **URL Path** den Wert »/« ein. Wählen Sie bei **Access Policy** die Option **Path and All Sub-Paths** (siehe Abbildung 8.14). Klicken Sie abschließend auf **Save**.

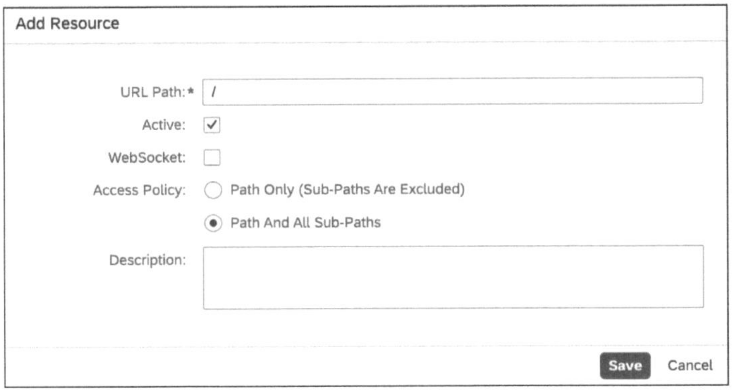

Add Resource

URL Path:* /
Active: ☑
WebSocket: ☐
Access Policy: ○ Path Only (Sub-Paths Are Excluded)
◉ Path And All Sub-Paths
Description:

Save Cancel

Abbildung 8.14 Konfiguration der Ressourcen

Sie haben nun die notwendige Konfiguration im Cloud Connector vorgenommen und damit die Voraussetzungen geschaffen, dass das SAP-S/4HANA-System in SAP BTP über den Cloud Connector angesprochen werden kann.

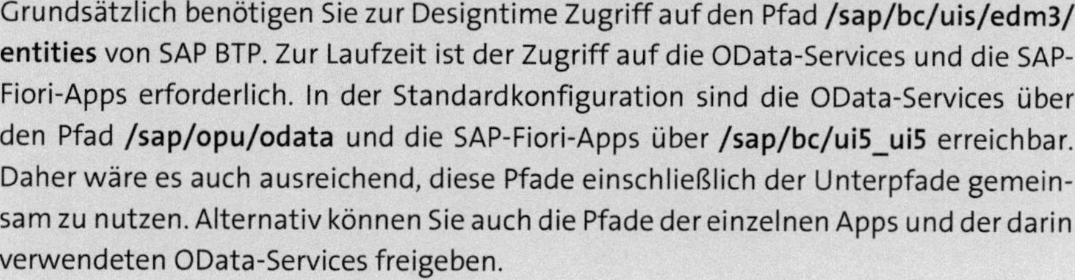

Erforderliche Ressourcen

Grundsätzlich benötigen Sie zur Designtime Zugriff auf den Pfad **/sap/bc/uis/edm3/entities** von SAP BTP. Zur Laufzeit ist der Zugriff auf die OData-Services und die SAP-Fiori-Apps erforderlich. In der Standardkonfiguration sind die OData-Services über den Pfad **/sap/opu/odata** und die SAP-Fiori-Apps über **/sap/bc/ui5_ui5** erreichbar. Daher wäre es auch ausreichend, diese Pfade einschließlich der Unterpfade gemeinsam zu nutzen. Alternativ können Sie auch die Pfade der einzelnen Apps und der darin verwendeten OData-Services freigeben.

8.3 Konfiguration des SAP-BTP-Subaccounts

In SAP BTP müssen Sie in dem Subaccount, in dem der Launchpad-Service läuft, zwei Destinationen anlegen. Melden Sie sich dazu in SAP BTP an, und öffnen Sie das SAP BTP Cockpit des Subaccounts. Zunächst sollten Sie prüfen, ob der Cloud Connector mit dem Subaccount verbunden ist. Navigieren Sie dazu zum Bereich **Connectivity • Cloud Connectors** im Seitenmenü, wie in Abbildung 8.15 dargestellt.

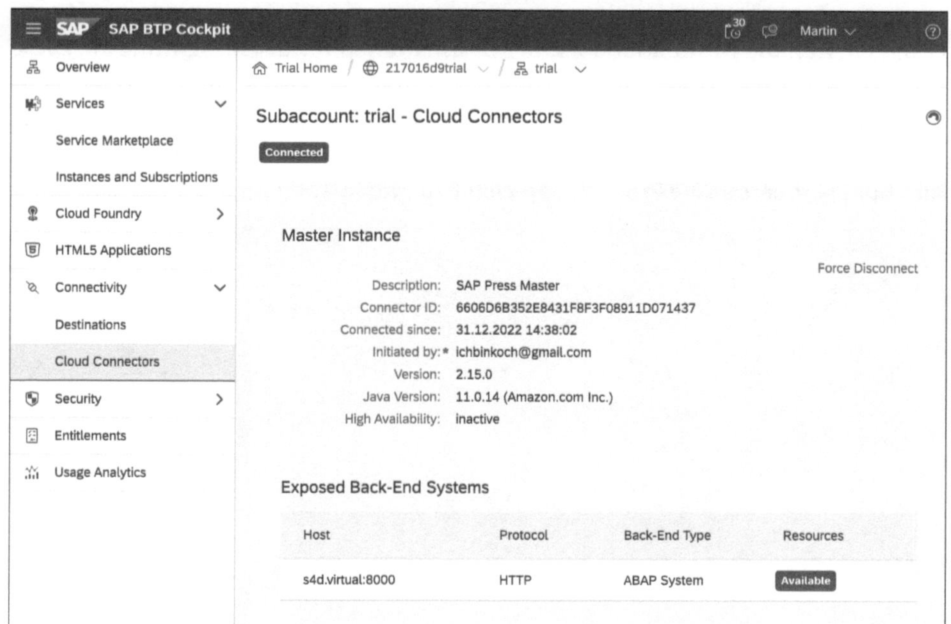

Abbildung 8.15 Cloud Connector – Statusprüfung

Dort sollten Sie den Bereich **Exposed Back-End Systems** sehen. In diesem Bereich sehen Sie den virtuellen Host und den Port des zuvor definierten System-Mappings.

Navigieren Sie im Seitenmenü zum Abschnitt **Connectivity • Destinations** (siehe Abbildung 8.16). Klicken Sie dort auf **New Destination**.

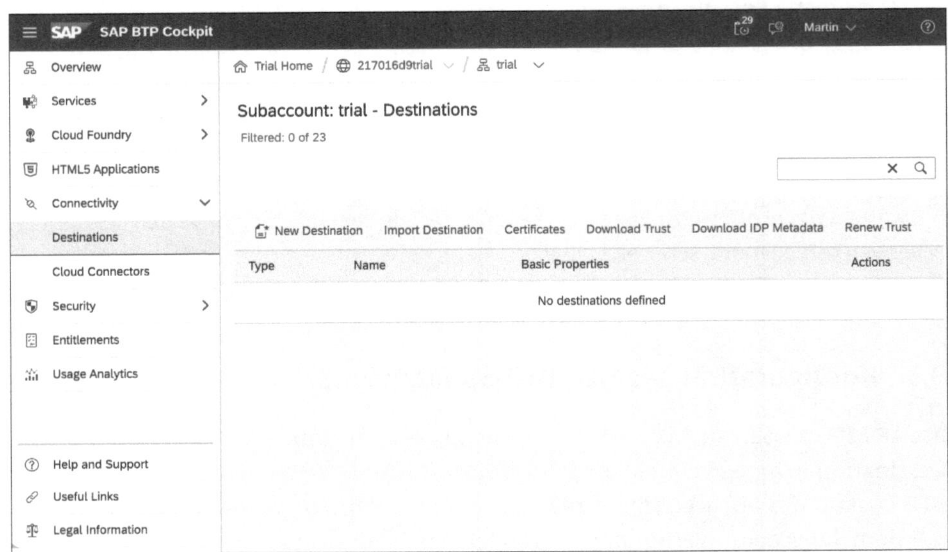

Abbildung 8.16 Destination – Übersicht

Legen Sie nun die Destination bzw. die Destinationen für die Designtime an. Diese wird für den Import der im SAP-S/4HANA-System bereitgestellten Artefakte benötigt. Die Reihenfolge, in der Sie die Destinationen anlegen, spielt keine Rolle. Geben Sie als Name der Destination den Wert »s4hanadt« ein, und weisen Sie unter **Additional Properties** die Property **sap-client** zu, wie in Abbildung 8.17 dargestellt.

Destination Configuration

Name:* s4hanadt
Type: HTTP
Description:
URL:* http://s4d.virtual:8000/sap/bc/ui2/cdm3/entities
Proxy Type: OnPremise
Authentication: BasicAuthentication
Location ID:
User:*
Password: ••••••••

Additional Properties
sap-client 010

Edit Clone Export Delete Check Connection

Abbildung 8.17 Destination für die Designtime erstellen

Speichern Sie dann die Konfiguration der Destination, und führen Sie einen Verbindungstest durch, indem Sie auf **Check Connection** klicken. Sie sollten ein positives Ergebnis sehen, wie in Abbildung 8.18 dargestellt.

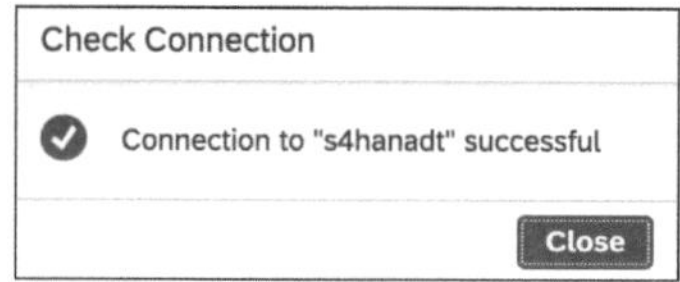

Abbildung 8.18 Designtime-Destination – Verbindungstest

Erstellen Sie nun eine weitere Destination, und geben Sie als Namen »s4hanart« ein. Diese wird zur Laufzeit für den Zugriff auf das SAP-S/4HANA-System benötigt. Weisen Sie **Type** die Option **http**, **URL** den Wert »http://s4d.virtual:8000«, **Proxy Type** die Option **OnPremise** und **Authentication** die Option **BasicAuthentication** zu. Sie müssen auch die Parameter **User** und **Password** eingeben, wie in Abbildung 8.19 gezeigt. Vergewissern Sie sich auch, dass die **Additional Properties** eingestellt sind. Die Eigenschaft **sap-sysid** entspricht der System-ID des SAP-S/4HANA-Systems. Die Eigenschaft **sap-service** beginnt mit 32 (SAP-Standard-Port-Bereich), gefolgt von der Instanznummer des ABAP-Anwendungsservers – für die Instanznummer 00 würden Sie also 3200 eingeben. Wenn Sie fertig sind, sichern Sie die Destination. Sie sollten immer sicherstellen, dass die Principal Propagation für die Laufzeit-Destination anstelle der Basic Authentication konfiguriert ist, damit die Identität des Benutzers an das Backend-System übertragen wird. Dazu muss die Principal Propagation im Cloud Connector konfiguriert werden. Details dazu erfahren Sie in Kapitel 12, »Principal Propagation«.

Destination Configuration

Please note that you should never set your own personal credentials in the User and Password fields. Always use a technical user instead

Name:* s4hanart
Type: HTTP
Description:
URL:* http://s4d.virtual:8000
Proxy Type: OnPremise
Authentication: BasicAuthentication
Location ID:
User:*
Password: ••••••••

Additional Properties | New Property

sap-sysid	S4D
HTML5.Dyna...	true
sap-client	010
sap-platform	ABAP
sap-service	3200

Save | Cancel

Abbildung 8.19 Runtime-Destination erstellen

Klicken Sie auf **Check Connection**, um einen Verbindungstest durchzuführen. Dieser sollte ein positives Ergebnis liefern, wie in Abbildung 8.20 dargestellt.

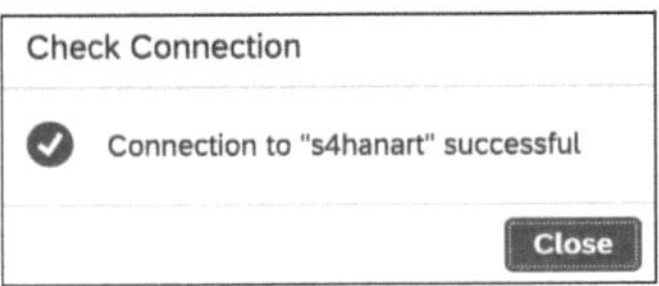

Abbildung 8.20 Runtime-Destination – Verbindungstest

Sie haben nun alle Voraussetzungen im Subaccount geschaffen, damit die Inhalte aus dem SAP-S/4HANA-System in SAP Build Work Zone, Standard Edition zur Designtime konfiguriert und zur Runtime angezeigt werden können.

8.4 Konfiguration von SAP Build Work Zone, Standard Edition

Im nächsten Schritt müssen Sie SAP Build Work Zone, Standard Edition so konfigurieren, dass sie die Inhalte aus dem SAP-S/4HANA-System konsumiert. Zu diesem Zweck müssen Sie einen Content-Provider erstellen. Wir gehen an dieser Stelle davon aus, dass Sie SAP Build Work Zone, Standard Edition bereits abonniert haben. Öffnen Sie SAP Build Work Zone, Standard Edition, und navigieren Sie zum Abschnitt **Channel Manager** im Seitenmenü (siehe Abbildung 8.21). Klicken Sie auf **+ New**, um einen neuen Content-Provider zu erstellen.

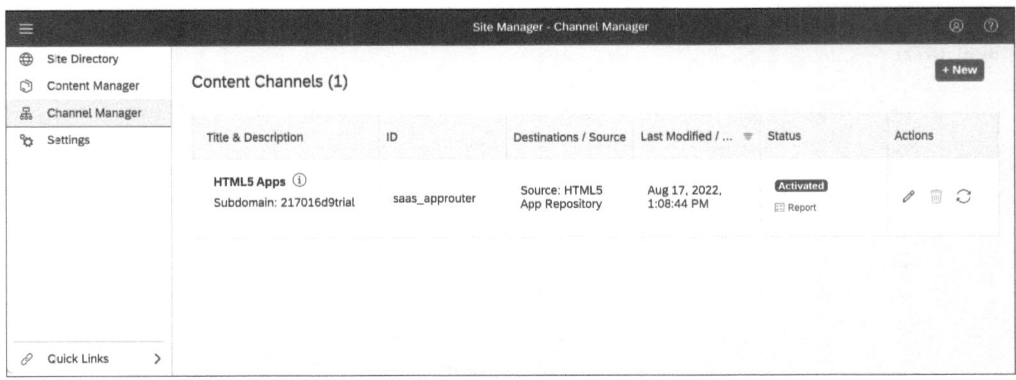

Abbildung 8.21 Content-Kanal hinzufügen

Weisen Sie dem Content-Provider die in Abbildung 8.22 gezeigten Eigenschaften zu. Die Werte für **Title**, **Description** und **ID** können frei gewählt werden.

Die Eigenschaft **Design-Time Destination** sollte auf die zuvor erstellte Destination mit dem Namen **s4hanadt** verweisen, und die **Runtime Destination** sollte auf **s4hanart** verweisen. Die Eigenschaft **Runtime Destination for Dynamic Data** kann auf **Use**

Default Runtime Destination gesetzt werden. Diese Destination wird z. B. verwendet, wenn dynamische Werte in einer Kachel angezeigt werden sollen. Sie können den Wert für die Eigenschaft **Content Addition Mode** entweder auf **Manual** oder **Automatic** setzen. Klicken Sie abschließend auf **Save**.

New Content Provider

Title*

S4D

Description

S4HANA

ID*

S4D

Design-Time Destination*

s4hanadt

Runtime Destination*

s4hanart

Runtime Destination for Dynamic Data

Use default runtime destination

Content Addition Mode

Manual addition of selected content items

Use the Identity Provisioning service to provision user authorizations.

Include group and catalog assignments to roles

Save Cancel

Abbildung 8.22 Content-Provider konfigurieren

Nachdem Sie den Content-Provider erstellt haben, werden die Daten aus dem dahinter liegenden System abgerufen. Dieser Vorgang kann ein paar Sekunden dauern. Warten Sie, bis dieser Schritt erfolgreich abgeschlossen ist, wie in Abbildung 8.23 dargestellt.

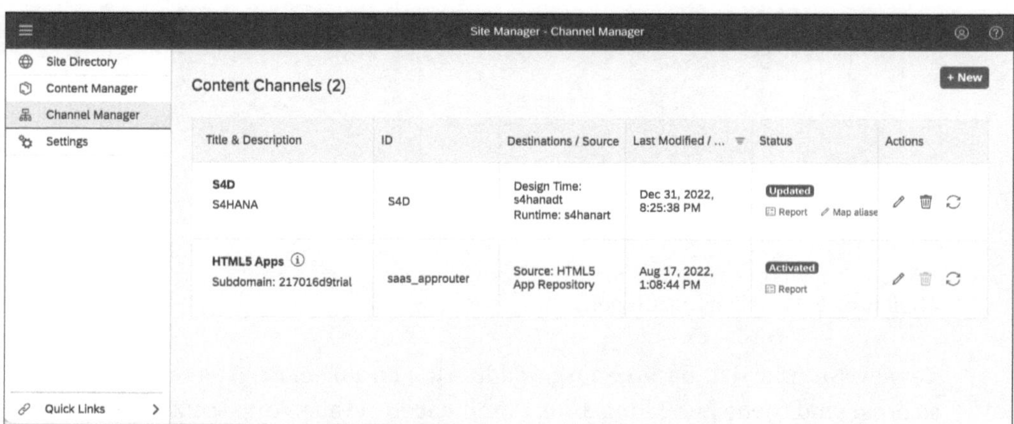

Abbildung 8.23 Übersicht der Content-Channel

Sie können nun die Inhalte aus dem SAP-S/4HANA-System konsumieren. Navigieren Sie dazu im Seitenmenü zum Bereich **Content Manager**. Öffnen Sie die Registerkarte **Content Explorer**, und klicken Sie auf die Kachel, die den zuvor erstellten Content-Provider darstellt (siehe Abbildung 8.24).

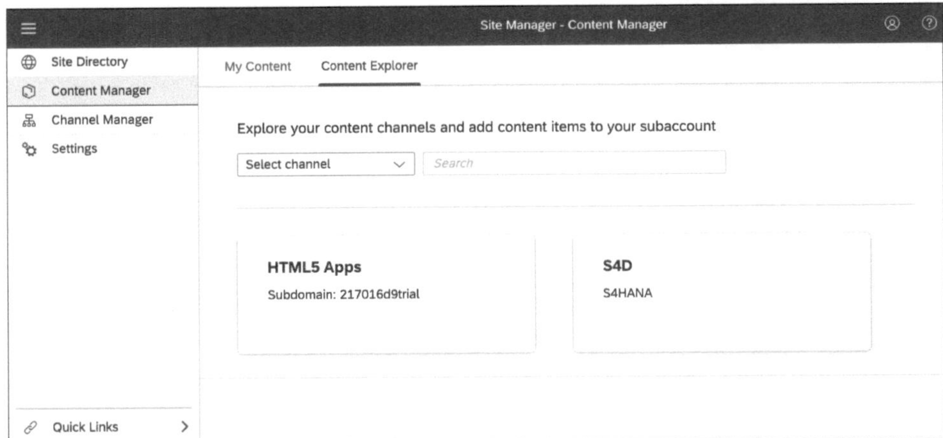

Abbildung 8.24 Content Explorer starten

Wählen Sie nun, wie in Abbildung 8.25 dargestellt, die gewünschten Rollen aus der Tabelle **Items** aus, und klicken Sie dann auf **+ Add to My Content**.

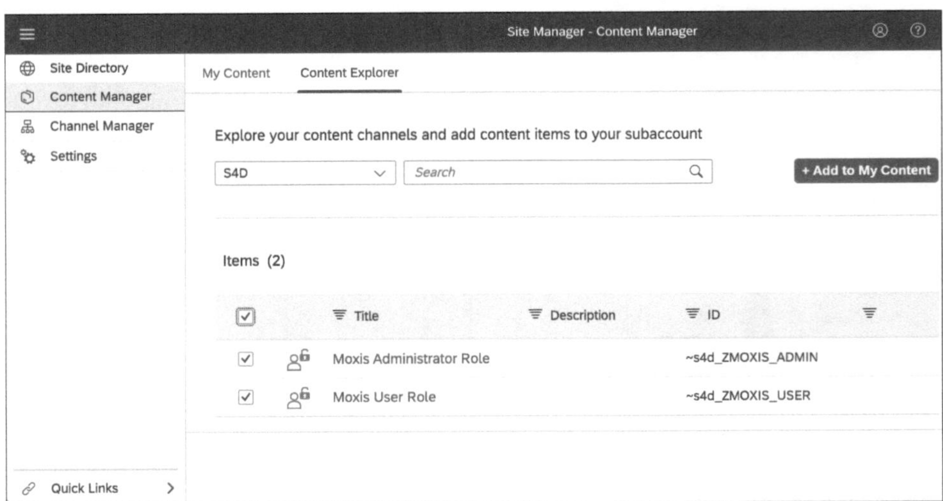

Abbildung 8.25 Rollen hinzufügen

Vergewissern Sie sich, dass die ausgewählten Rollen auf der Registerkarte **My Content** sichtbar sind (siehe Abbildung 8.26). Damit haben Sie alle Voraussetzungen geschaffen, um die Rollen einer Launchpad-Site zuzuweisen.

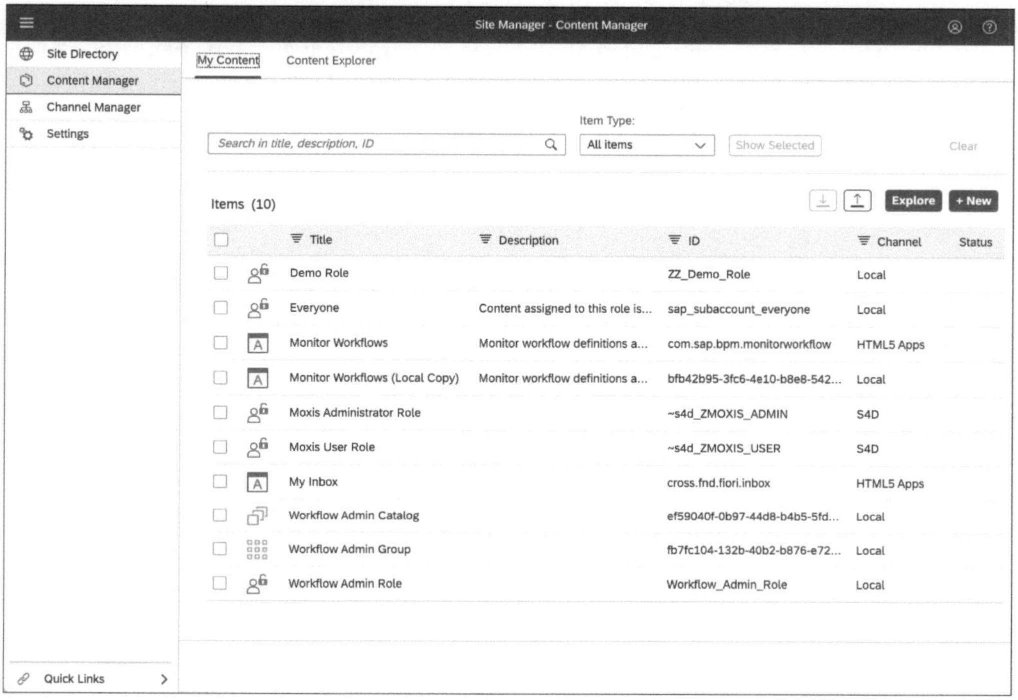

Site Manager - Content Manager

Site Directory
Content Manager
Channel Manager
Settings
Quick Links

My Content | Content Explorer

Item Type: All items | Show Selected | Clear

Search in title, description, ID

Items (10) | Explore | + New

Title	Description	ID	Channel	Status
Demo Role		ZZ_Demo_Role	Local	
Everyone	Content assigned to this role is...	sap_subaccount_everyone	Local	
Monitor Workflows	Monitor workflow definitions a...	com.sap.bpm.monitorworkflow	HTML5 Apps	
Monitor Workflows (Local Copy)	Monitor workflow definitions a...	bfb42b95-3fc6-4e10-b8e8-542...	Local	
Moxis Administrator Role		~s4d_ZMOXIS_ADMIN	S4D	
Moxis User Role		~s4d_ZMOXIS_USER	S4D	
My Inbox		cross.fnd.fiori.inbox	HTML5 Apps	
Workflow Admin Catalog		ef59040f-0b97-44d8-b4b5-5fd...	Local	
Workflow Admin Group		fb7fc104-132b-40b2-b876-e72...	Local	
Workflow Admin Role		Workflow_Admin_Role	Local	

Abbildung 8.26 »My Content« prüfen

Navigieren Sie im nächsten Schritt zum Abschnitt **Site Directory** im Seitenmenü (siehe Abbildung 8.27). Klicken Sie auf das Symbol ⚙ unter der Site, zu der Sie die Rollen hinzufügen möchten.

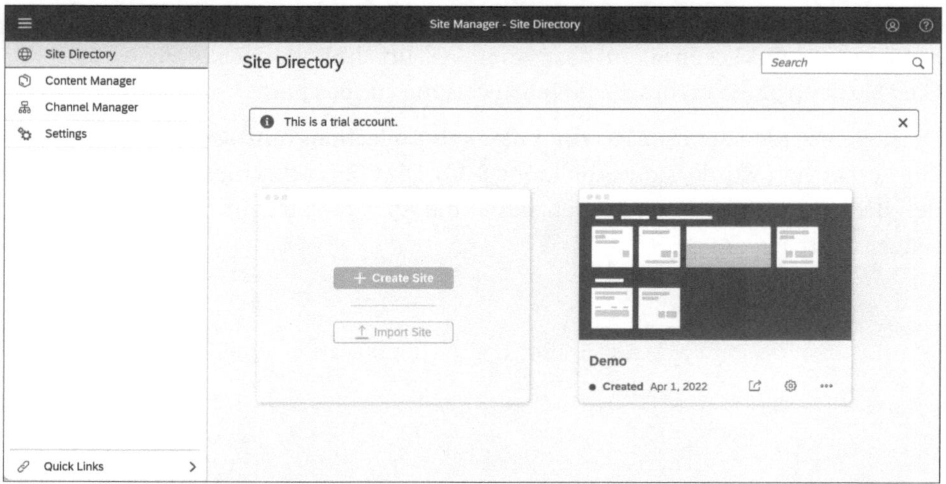

Abbildung 8.27 Launchpad-Site öffnen

Sie sehen nun die Site-Einstellungen auf der linken Seite und die zugewiesenen Rollen auf der rechten Seite, wie in Abbildung 8.28 dargestellt. Um eine neue Rolle zuzuweisen, müssen Sie in den Bearbeitungsmodus wechseln. Klicken Sie dazu auf **Edit**.

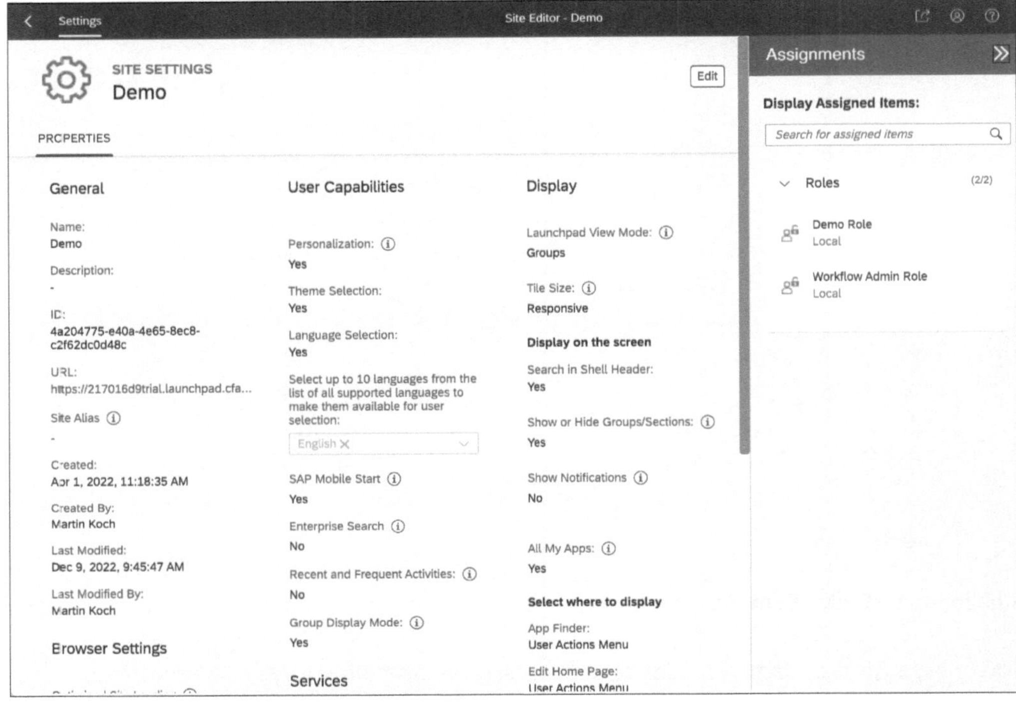

Abbildung 8.28 Site-Einstellungen

Sie können nun im Bereich **Assignments** nach den gewünschten Rollen suchen (siehe Abbildung 8.29). Klicken Sie auf das Symbol [+], um die Rolle der Site zuzuweisen. Klicken Sie dann auf **Save**, um die Rollenzuweisung zu speichern.

Die Rollen werden dem Subaccount unter **Role Collections** hinzugefügt, nachdem die Site gespeichert wurde (siehe Abbildung 8.30). Die Collections müssen nun nur noch den Benutzern zugewiesen werden, damit die Apps in den Launchpad-Sites der Benutzer sichtbar werden.

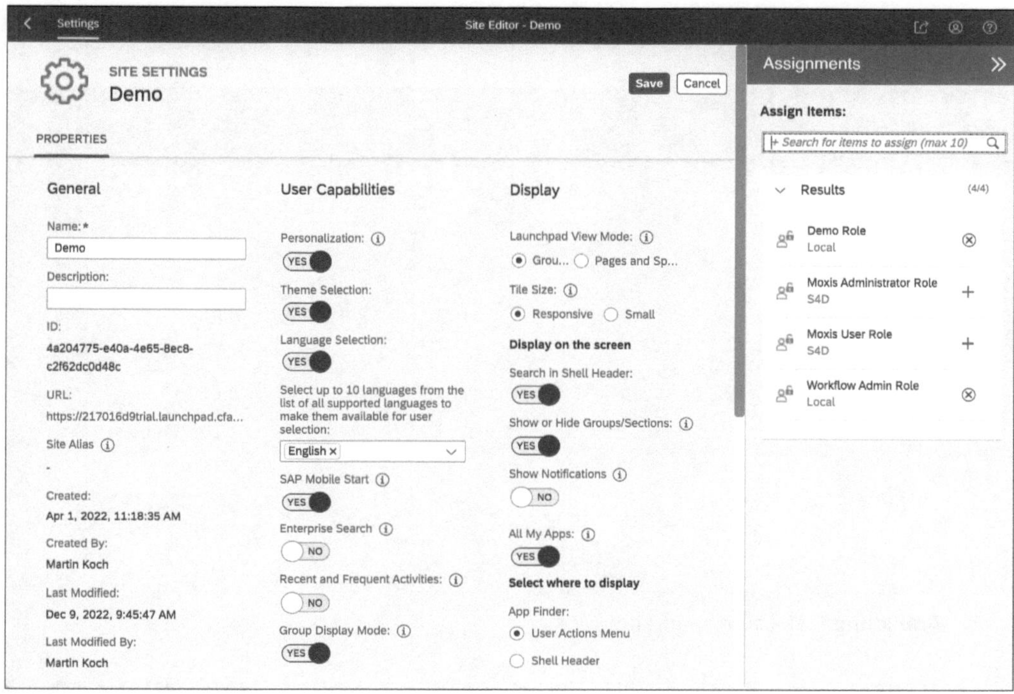

Abbildung 8.29 Rollen zuweisen

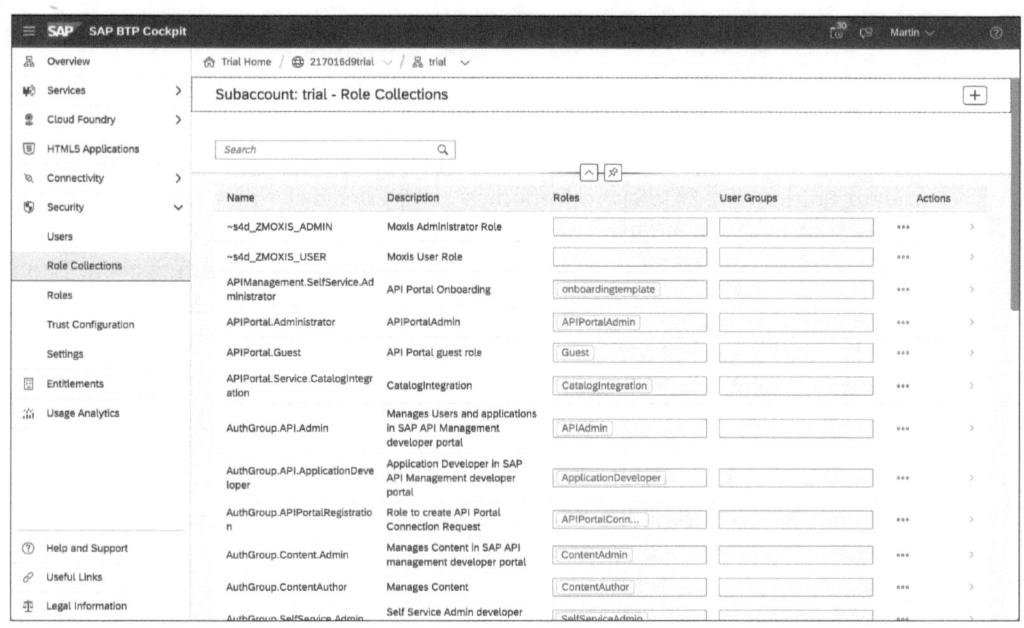

Abbildung 8.30 Role Collections

Sie können nun die Launchpad-Site öffnen, um zu testen, ob die Apps sichtbar sind (siehe Abbildung 8.31).

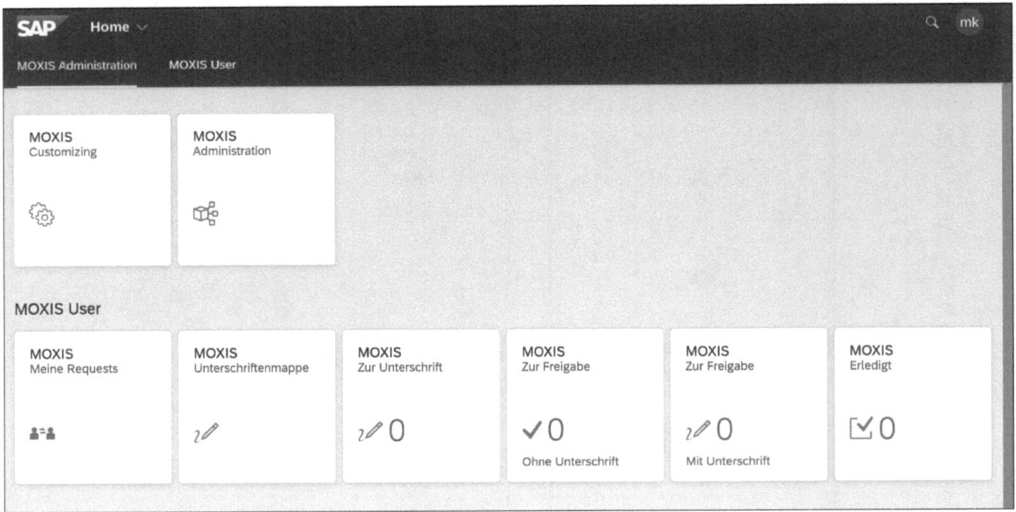

Abbildung 8.31 Launchpad-Site

Sie haben nun alle notwendigen Schritte kennengelernt, um SAP-S/4HANA-Inhalte erfolgreich in eine Launchpad-Site in SAP BTP zu integrieren.

8.5 Zusammenfassung

In diesem Kapitel haben Sie die Konfigurationen kennengelernt, die für die Integration von SAP-Fiori-Apps aus einem SAP-S/4HANA-System in SAP Build Work Zone, Standard Edition auf SAP BTP erforderlich sind. Zunächst müssen Sie, wie in Abschnitt 8.1, »Backend-Konfiguration in SAP S/4HANA«, beschrieben, die gewünschten Rollen im SAP-S/4HANA-System für die Verwendung in SAP BTP freigeben. Dann müssen Sie den Cloud Connector konfigurieren, wie in Abschnitt 8.2, »Konfiguration des Cloud Connectors«, beschrieben. Danach müssen Sie in SAP BTP auf Subaccount-Ebene eine Destination für die Designtime und eine für die Runtime anlegen. Dies wurde in Abschnitt 8.3, »Konfiguration des SAP-BTP-Subaccounts«, ausführlich besprochen. Schließlich müssen Sie in SAP Build Work Zone, Standard Edition die gewünschten Rollen hinzufügen und sie den Launchpad-Sites zuweisen. Dies wurde in Abschnitt 8.4, »Konfiguration von SAP Build Work Zone, Standard Edition«, behandelt.

TEIL III

Administration und Betrieb

Kapitel 9
Sichere Konfiguration

Die Sicherheit ist beim Betrieb einer Cloud-Architektur von größter Bedeutung. Nachdem wir in den vorherigen Kapiteln die Grundlagen behandelt haben, werden wir uns in diesem Kapitel mit einigen fortgeschrittenen Themen befassen, die Ihnen helfen, Ihre Cloud-Connector-Architektur so aufzubauen, dass Ihre On-Premise-Systeme sicher bleiben und Ihre SAP-BTP-Subaccounts sicher kommunizieren.

Mit dem Übergang zu einer hybriden Systemlandschaft steigt die Komplexität jeder Systemarchitektur. Daher ist es für den IT-Betrieb entscheidend, eine sichere Konfiguration zu betreiben und zu pflegen. In diesem Kapitel werden wir den sicheren Betrieb und die Konfiguration des Cloud Connectors beschreiben.

In Abschnitt 9.1, »UI-Zertifikate ersetzen«, wird erklärt, wie der Zugriff auf die Benutzeroberfläche des Cloud Connectors gesichert werden kann, indem die UI-Zertifikate durch sichere Zertifikate ersetzt werden. In Abschnitt 9.2, »Benutzer gegenüber dem LDAP-Service authentifizieren«, wird die LDAP-Benutzerpersistenz für den Cloud Connector eingeführt. Abschnitt 9.3, »Trust Store pflegen«, erklärt den Trust Store und wie man ihn richtig verwaltet und sichert. Abschnitt 9.4, »HTTPS Mutual Authentication«, befasst sich mit der gegenseitigen HTTPS-Authentifizierung, und Abschnitt 9.5, »Secure Network Communication«, behandelt die Einrichtung und Kommunikation der Secure Network Communication (SNC).

9.1 UI-Zertifikate ersetzen

Standardmäßig wird der Cloud Connector mit einem selbstsignierten Zertifikat geliefert. Aus diesem Grund wird bei der ersten Anmeldung eine Zertifikatswarnung ausgegeben. Der Browser erwartet, dass der Hostname derselbe ist wie der im vorgelegten Zertifikat.

Sie können das aktuelle UI-Zertifikat überprüfen, und zwar in der Cloud-Connector-Administration unter **Configuration • UI-Certificate**. Abbildung 9.1 zeigt das Standard-SCC-Zertifikat (SCC steht hier für SAP Cloud Connector), das selbstsigniert ist (d. h. nicht von einer Zertifizierungsstelle signiert).

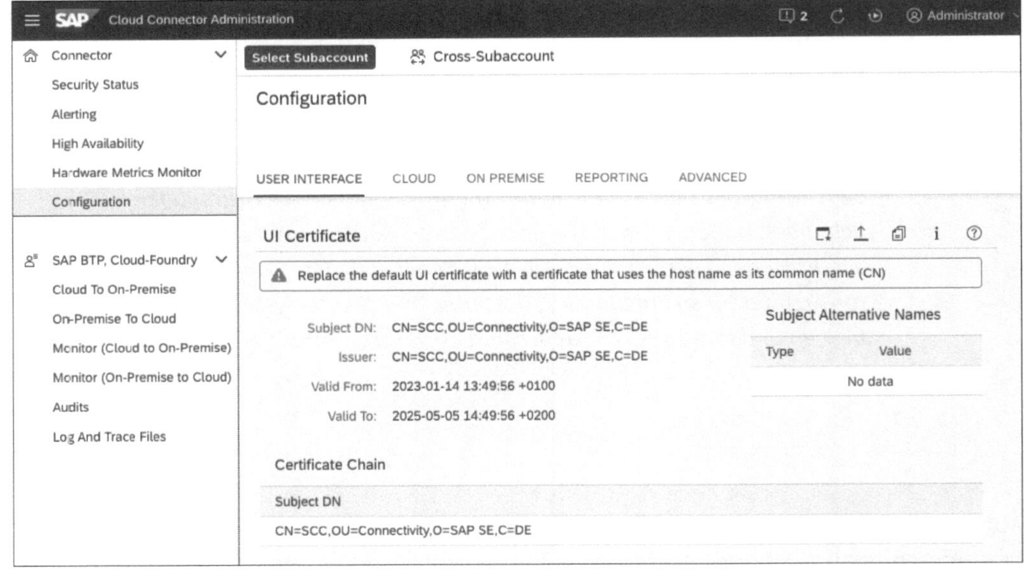

Abbildung 9.1 Standardkonfiguration mit selbstsigniertem UI-Zertifikat

Zunächst müssen Sie sicherstellen, dass der Server, auf dem der Cloud Connector läuft, einen richtigen DNS-Namen hat. Ohne einen DNS-Namen, der von den Client-Geräten der Administratorinnen und Administratoren aufgelöst werden kann, macht ein Zertifikat keinen Sinn. Für unsere Demo haben wir *scc.ildico.consulting* als DNS gewählt.

Wenn Sie diesen DNS-Namen anpingen, indem Sie »ping scc.ildico.consulting« in die Befehlszeile eingeben, können Sie sehen, dass er ordnungsgemäß aufgelöst wird: Der erste Schritt zu HTTPS ist abgeschlossen, wie in Abbildung 9.2 dargestellt.

```
PING scc.ildico.consulting (10.22.4.115): 56 data bytes
64 bytes from 10.22.4.115: icmp_seq=0 ttl=64 time=0.776 ms
64 bytes from 10.22.4.115: icmp_seq=1 ttl=64 time=0.151 ms
```

Abbildung 9.2 DNS-zu-IP-Auflösung

Wenn Sie nun auf den Cloud Connector zugreifen, wird sich der Browser trotzdem beschweren, dass das Zertifikat nicht mit dem Hostnamen des Servers übereinstimmt (siehe Abbildung 9.3).

Im bereits erwähnten Bereich **Configuration • UI-Certificate** der Cloud-Connector-Verwaltung haben Sie drei Möglichkeiten, dieses Problem zu lösen:

- Erstellen Sie eine *Zertifikatssignierungsanforderung* (engl. Certificate Signing Request, CSR), und senden Sie die Anforderung mithilfe des Symbols an eine Zertifizierungsstelle (engl. Certificate Authority, CA).

- Laden Sie mithilfe des Symbols [⇧] ein Zertifikat mit einer Zertifikatskette und einem privaten Schlüssel hoch.
- Kopieren Sie mithilfe des Symbols [⧉] das Systemzertifikat als UI-Zertifikat.

Abbildung 9.3 Browser-Zertifikatsprobleme mit selbstsigniertem Zertifikat

Die erste Option ist das klassische Szenario. Die zweite Option ist praktisch, wenn Sie z. B. Ihr eigenes Wildcard-Zertifikat haben und dieses direkt laden möchten. Bei der letzten Option wird das Systemzertifikat aus dem Trust Store verwendet. Diese letzte Option wird in Abschnitt 9.3, »Trust Store pflegen«, erläutert und ergibt nur Sinn, wenn der Name Ihres Admin-Servers und der Name des UI-Servers identisch sind.

So können z. B. SAP-On-Premise-Systeme auf scc.ildico.consulting zugreifen, und Administratorinnen und Administratoren können dieselbe URL verwenden. Dann können Sie ein einziges Zertifikat sowohl für die Benutzeroberfläche als auch für das System verwenden. Wenn Ihr Administrationsnetzwerk unterschiedlich ist, z. B., wenn Ihre Server innerhalb der Domäne ildico.com kommunizieren, während Ihre Benutzer auf ihre UI-Ressourcen im Netzwerk ildico.consulting zugreifen, dann ist dies nicht sinnvoll.

Sehen wir uns die beiden Upload-Optionen genauer an:

- **Hochladen einer CSR-Antwort**
  Das bedeutet, dass der private Schlüssel und die CSR-Anfrage vom Cloud Connector generiert wurden, aber alles andere (Root-CA, optionale Zwischenzertifikate und das UI-Zertifikat, das mit dem privaten Schlüssel übereinstimmt) wird hochgeladen.
- **Hochladen einer PKCS#12-Datei**
  Diese Datei wird auch den privaten Schlüssel enthalten. In den meisten Fällen ist dieser Dateityp durch ein Passwort geschützt.

Um eine PKCS#12-Datei hochzuladen, klicken Sie auf das Symbol im Bereich **Configuration • UI-Certificate** der Cloud-Connector-Administration. Sie werden aufgefordert, eine PKCS#12-Datei und das zugehörige Passwort anzugeben (siehe Abbildung 9.4).

Abbildung 9.4 Signiertes Zertifikat inklusive privatem Schlüssel in PKCS#12-Datei hochladen

Nach dem Hochladen ist das neue Zertifikat in der Verwaltungsoberfläche sichtbar, wie in Abbildung 9.5 dargestellt.

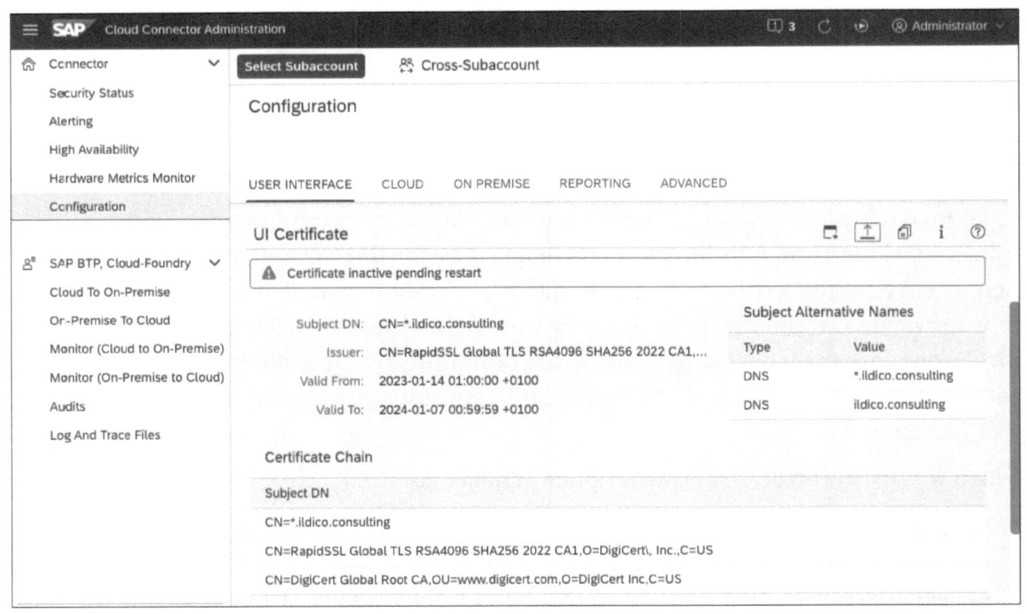

Abbildung 9.5 Geändertes UI-Zertifikat

Achten Sie auf die Warnmeldung: Sie müssen den Cloud Connector neu starten, damit die Zertifikatsänderung wirksam wird. Daher können Sie in der Befehlszeile den

Prozess unterbrechen (dies ist betriebssystemabhängig; normalerweise drücken Sie [Strg] + [C]) und geben dann »./go.sh« erneut ein. Wenn Sie den Cloud Connector als Service installiert haben, stoppen Sie den Service und starten ihn neu.

Jetzt ist das Zertifikat des Cloud Connectors vertrauenswürdig: Sie erkennen es an dem neben der URL angezeigten Schloss (siehe Abbildung 9.6).

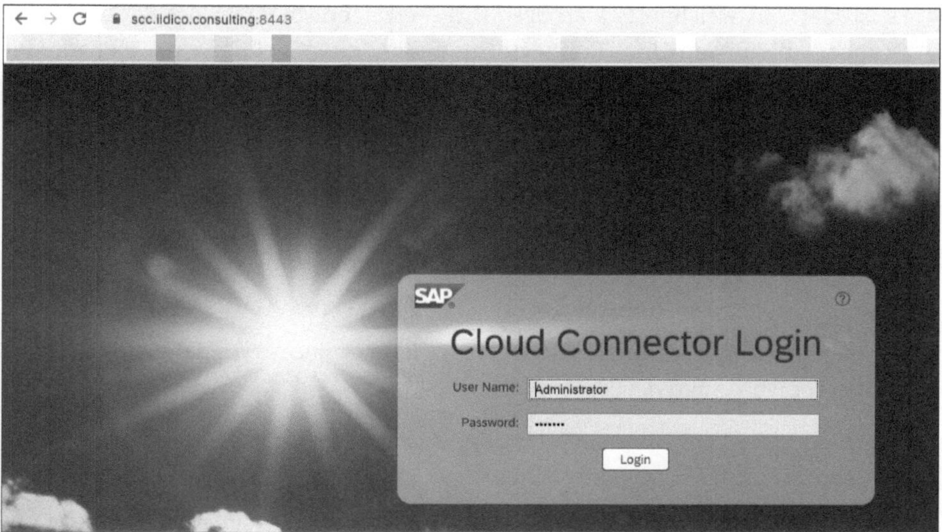

Abbildung 9.6 Vertrauenswürdiges UI-Zertifikat

Ein Hinweis zu Zertifikatsänderungen

Bei einigen Webbrowsern verschwindet die rote Warnung erst, nachdem Sie den Browser geschlossen und wieder geöffnet haben.

Sie haben nun die UI-Zertifikate für den Cloud Connector geändert und können einen verschlüsselten Kommunikationskanal zum Server nutzen.

9.2 Benutzer gegenüber dem LDAP-Service authentifizieren

Wenn viele Personen Zugriff auf Anwendungen haben sollen, die über den Cloud Connector verbunden sind, wird empfohlen, eine Verbindung zu einem LDAP-fähigen Verzeichnisdienst herzustellen. Die Konfiguration der Authentifizierung über LDAP ist einer der wichtigsten Schritte bei der Konfiguration des Cloud Connectors. Daher wollen wir uns diese Konfiguration anhand eines Beispiels ansehen. In diesem Beispiel gehen wir davon aus, dass sich nicht nur der Verwaltungsbenutzer beim Cloud Connector anmelden muss. Nehmen wir z. B. an, dass ein Entwickler oder eine

Entwicklerin ein Interesse daran hat, die Verbindungen im Falle von Störungen zu überprüfen. Ihr Unternehmen nutzt bereits einen LDAP-Verzeichnisdienst, den Sie nun auch für die Anmeldung am Cloud Connector nutzen wollen.

Die folgenden Voraussetzungen müssen erfüllt sein, damit Sie die in diesem Abschnitt beschriebenen Schritte durchführen können:

- Es ist klar, aus welchen Pfaden des LDAP-Verzeichnisdienstes die Benutzer und Gruppen, die auf den Cloud Connector zugreifen sollen, zu lesen sind. Dies wird typischerweise mit dem LDAP-Admin-Team abgestimmt. Die Ausgabe sollte eine `roleBase` und eine `userBase` mit dem entsprechenden Pfad sein, aus denen die relevanten LDAP-Benutzer und -Gruppen gelesen werden. Außerdem können die Rollen und Benutzer gefiltert werden. Ein Beispiel ist in Abbildung 9.8 zu sehen. Best Practices finden Sie unter *http://s-prs.de/v970707*.
- Es ist klar, welche Attribute abgebildet werden sollen.
- Es ist klar, welcher Systembenutzer sich bei dem LDAP-Service anmelden darf.
- Die technische Verbindung zwischen dem Cloud Connector und dem LDAP Connector wurde aktiviert.

Konfigurieren Sie zunächst den Cloud Connector wie folgt für die Authentifizierung gegenüber Ihrem LDAP-Verzeichnisdienst:

1. Melden Sie sich beim Cloud Connector an, und wählen Sie den Menübereich **Configuration**.
2. Scrollen Sie auf der Registerkarte **User Interface** zum Abschnitt **Authentication** (siehe Abbildung 9.7).
3. Klicken Sie auf das Doppelpfeilsymbol ⟲, um den Bereich **General LDAP Configuration** zu öffnen.
4. Stimmen Sie die Werte mit denen Ihres LDAP-Verzeichnisdienstes ab, und klicken Sie auf **Activate** (siehe Abbildung 9.8).

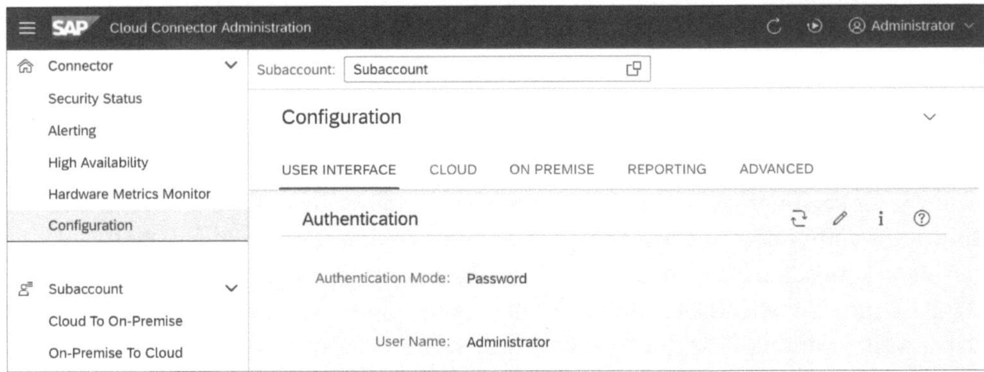

Abbildung 9.7 Erste Schritte mit der LDAP-Verbindung

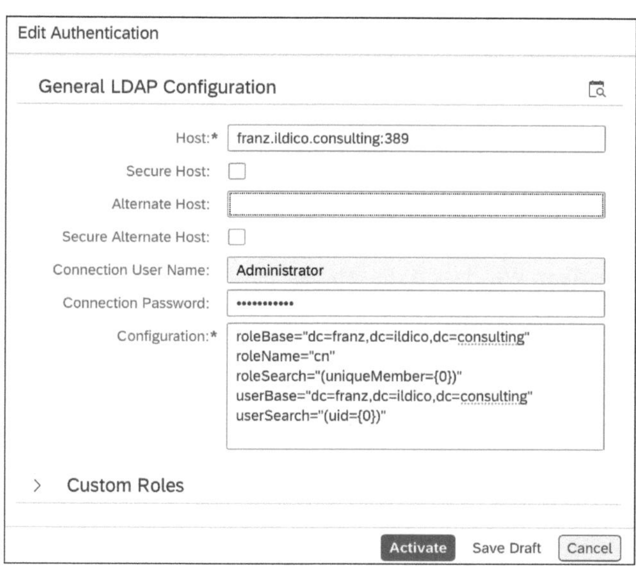

Abbildung 9.8 LDAP-Authentifizierung konfigurieren

5. Beachten Sie die Einstellungen unter **Custom Roles**. Dort können Sie den vier Standardrollen des Cloud Connectors Ihre eigenen Rollen in Ihrem LDAP-Verzeichnis zuweisen: **Administrator Role**, **Support Role**, **Display Role** und **Monitoring Role** (siehe Abbildung 9.9).

Wenn Sie die Rolle **Display Role** allen Benutzern zuweisen möchten, können Sie im Feld **Display Role** den Wert »every_user« eingeben, z. B., wenn im LDAP-Verzeichnisdienst eine Rolle namens `every_user` für alle Benutzer existiert.

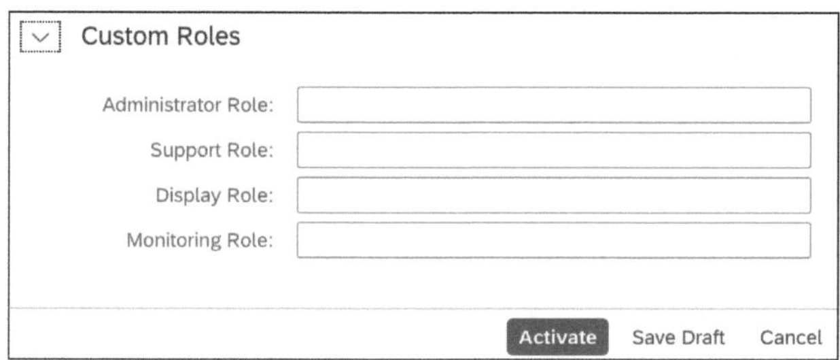

Abbildung 9.9 Zuweisung von benutzerdefinierten Rollen zu Standardrollen

Der Cloud Connector wird nun neu gestartet. Sie können sich mit Ihren LDAP-Anmeldedaten beim Cloud Connector anmelden. Über die Schaltfläche **Test LDAP Configuration** im Bereich **General LDAP Configuration** können Sie die Konfiguration testen.

9.3 Trust Store pflegen

Der Trust Store teilt dem Cloud Connector mit, welchen Backends er vertrauen soll. Standardmäßig wird Servern, die nicht in der vertrauenswürdigen Liste enthalten sind, nicht vertraut, und sie werden daher als nicht verfügbar gemeldet.

Um den Trust Store zu erklären, zeigen wir Ihnen ein Beispiel. Es gibt einen internen Host namens franz.ildico.consulting mit aktivem SSL an Port 5002 und mit einem von einer CA signierten Zertifikat. Wir haben diesen Server als Backend-Verbindung für eine Cloud-to-Premise-Verbindung konfiguriert (siehe Kapitel 4, »Connectivity mit SAP Business Technology Platform«, für Details), wie in Abbildung 9.10 dargestellt.

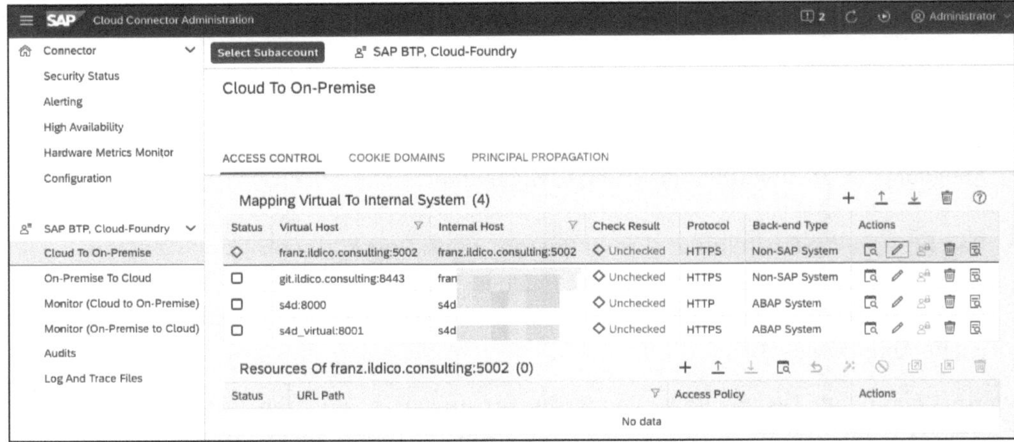

Abbildung 9.10 HTTPS-Verbindung im Cloud-to-On-Premise-Szenario

Um die Konfiguration zu testen, klicken Sie auf das Symbol. Das Ergebnis ist in Abbildung 9.11 dargestellt: In der Spalte **Check Result** wird der Wert **Not Reachable** angezeigt.

Denken Sie daran, dass dies nicht nur bedeuten kann, dass sie technisch unerreichbar ist, sondern auch – wie in diesem Fall –, dass kein Vertrauen besteht.

Sie können dies ganz einfach überprüfen, indem Sie in der Administration des Cloud Connectors zur Konfiguration unter **Configuration** gehen, die Registerkarte **On Premise** auswählen, dann zum Abschnitt **Trust Store** navigieren und die Schaltfläche **Determining Trust Through Allowlist** von **ON** für eingeschaltet auf **OFF** für ausgeschaltet stellen (siehe Abbildung 9.12).

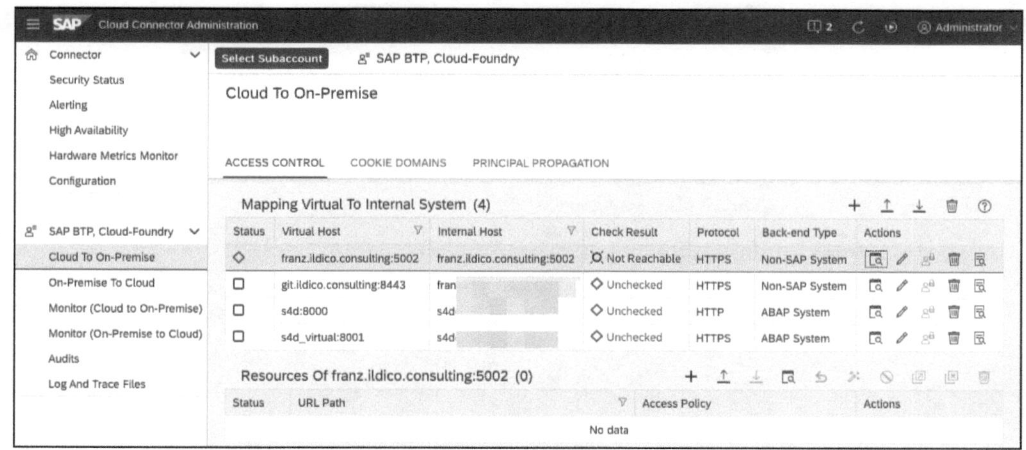

Abbildung 9.11 Nicht erfolgreiches Prüfergebnis

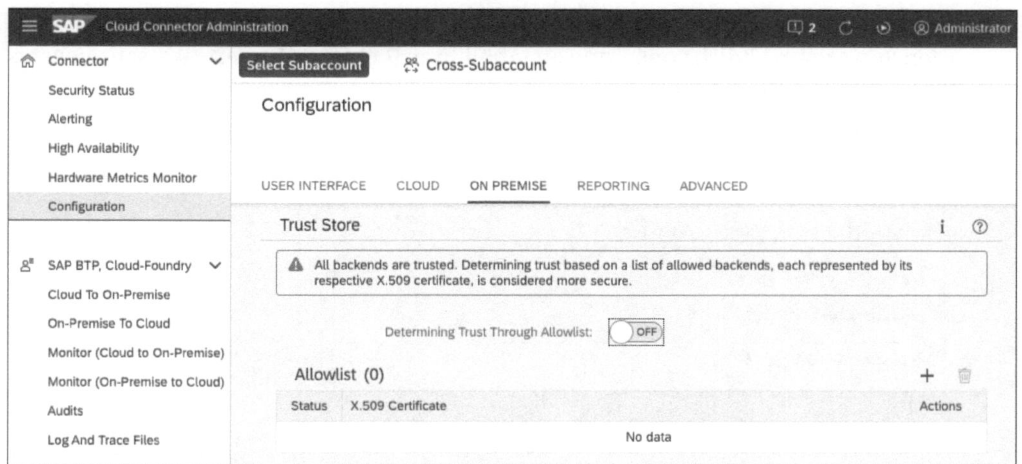

Abbildung 9.12 Vertrauenskonfiguration ausgeschaltet

Wenn Sie die den Schalter auf **OFF** lassen und zur Destination zurückkehren, ist der Test bestanden, wie in Abbildung 9.13 gezeigt.

Dies ist eines der ersten Dinge, die Sie beim Umgang mit Zertifikaten beachten sollten: Wenn es Probleme mit Servern gibt, deren Zertifikate abgelaufen sind, oder wenn es Probleme mit der Erreichbarkeit von Servern ohne Grund gibt, ist es sinnvoll, dies zu testen, indem Sie die Vertrauenskonfiguration für einen kurzen Zeitraum ausschalten.

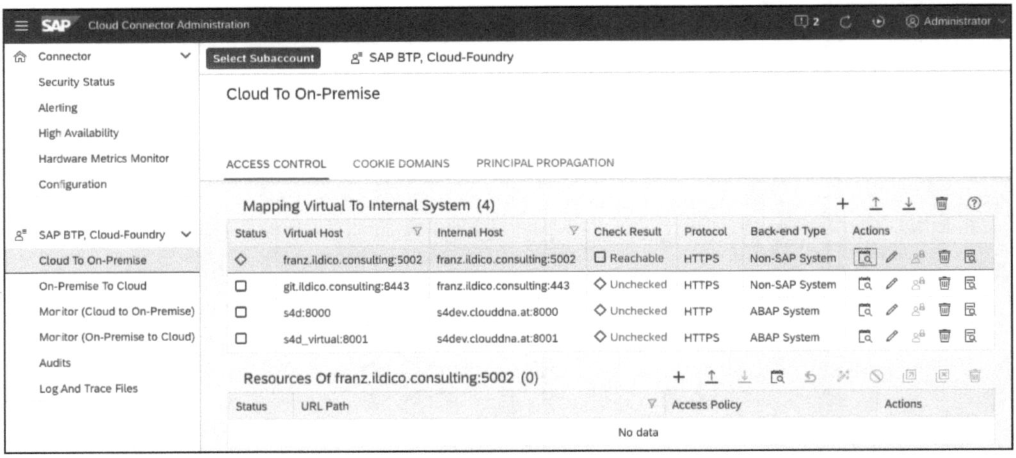

Abbildung 9.13 System im generellen Trust und vom Cloud Connector erreichbar

Aber wie kann man dieses Problem beheben? Schauen wir uns die Zertifikatskette für den Server franz.ildico.consulting an. Abbildung 9.14 zeigt die Zertifikatsanzeige des Webbrowsers; der Browser in unserem Beispiel ist Google Chrome. Sie gelangen dorthin, indem Sie auf das Schlosssymbol vor dem URL-Feld in der Adressleiste des Browsers klicken.

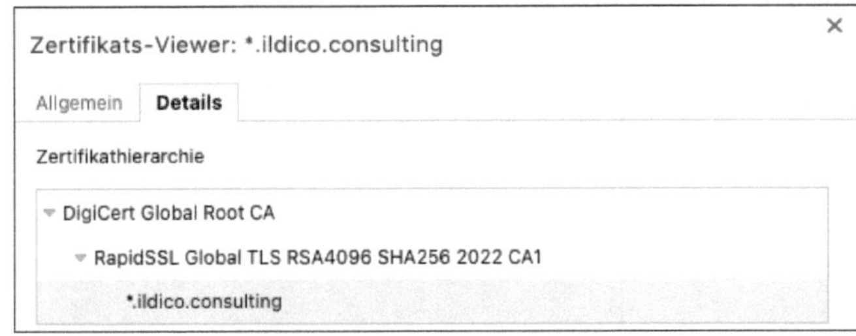

Abbildung 9.14 Zertifikatskette im Webbrowser

Sie werden sehen, dass es eine *Root-CA* gibt (DigiCert Global Root CA), einen Zwischenserver (RapidSSL TLS DV RSA Mixed SHA256 2022 CA-1) und den Server selbst (in unserem Fall ein Wildcard-Zertifikat von *.ildico.consulting).

Versuchen wir nun, die DigiCert Global Root CA zum Trust Store hinzuzufügen, indem wir sie hochladen (durch Drücken der Schaltfläche **+** auf dem in Abbildung 9.12 dargestellten Bildschirm). Das Ergebnis des Uploads sieht wie in Abbildung 9.15 dargestellt aus.

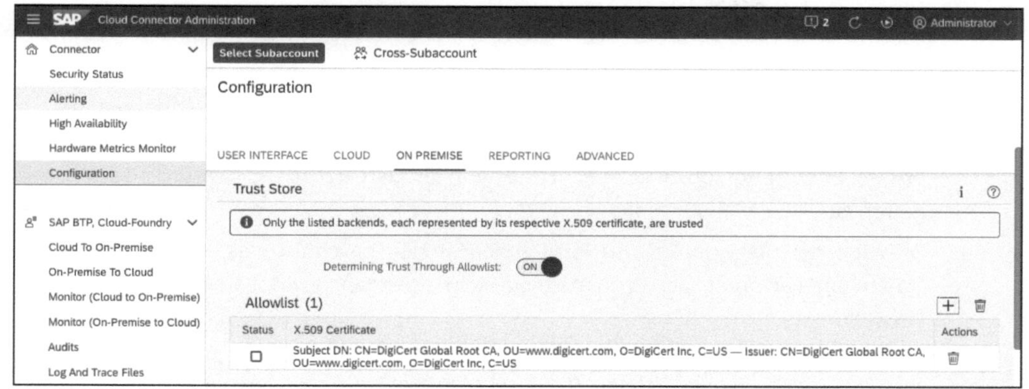

Abbildung 9.15 Root-CA im Trust Store: Das ist falsch! Tun Sie das nicht!

Denken Sie daran, dass Sie dort nur ein einziges Zertifikat haben. Lassen Sie uns nun den Test erneut durchführen. Klicken Sie erneut auf die Schaltfläche . Das Ergebnis können Sie in Abbildung 9.16 sehen.

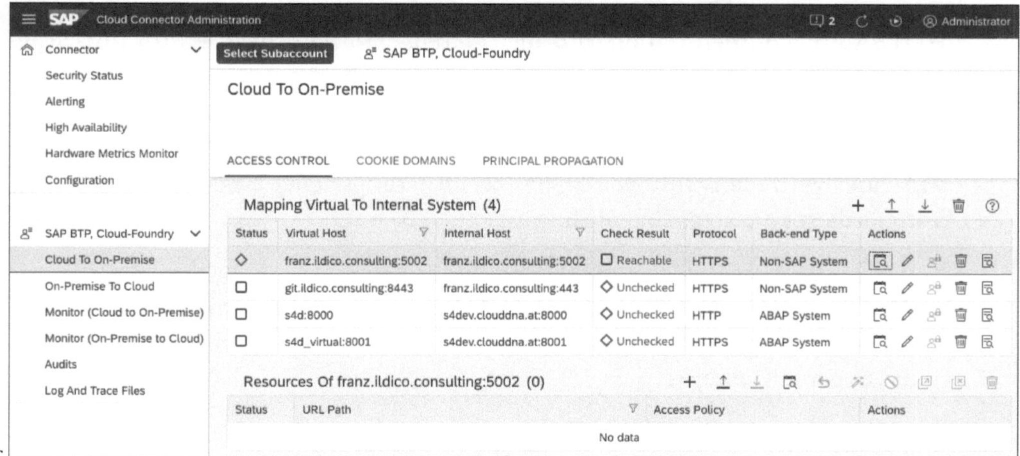

Abbildung 9.16 Erreichbares System

Was ist also passiert? Wir vertrauten allen Servern, denen die Root-CA vertraut – nicht nur franz.ildico.consulting!

Zertifikatsketten versus Trust Allow Lists

Man kann es nicht oft genug betonen: In den meisten Fällen, in denen wir über die Vertrauenswürdigkeit von Servern in der HTTPS-Kommunikation sprechen, geht es um das Vertrauen in eine Zertifikatskette. Sie vertrauen einem Server nur dann, wenn die Zertifizierungskette vorhanden ist, d. h., wenn der Stammzertifizierung vertraut wird, wird den von der Stammzertifizierung ausgestellten Zwischenzertifikaten und den Serverzertifikaten durch Stamm- oder Zwischenzertifikate vertraut.

Wenn solche Zertifikate innerhalb eines Vertrauensszenarios verwendet werden, muss der Server – in diesem Fall der Cloud Connector – die Zertifikatskette nicht überprüfen. Er prüft nur, ob eines der Zertifikate in der Liste der zulässigen Zertifikate enthalten ist.

Die wichtigste Regel lautet also: Verwenden Sie klein geschnittenes, elementares Vertrauen und vertrauen Sie, wenn möglich, nicht einer ganzen Root-CA innerhalb dieser Einstellungen.

In unserem Beispiel wäre es am besten gewesen, ein separates Zertifikat für franz.ildico.consulting auszustellen (ohne Verwendung eines Platzhalterzertifikats) und nur dieses spezielle Zertifikat in den Trust Store hochzuladen.

9.4 HTTPS Mutual Authentication

HTTPS Mutual Authentication wird auch *Mutual Transport Layer Security* (mTLS) genannt, weil sie die Sicherheit auf der Transportschicht des HTTP-Protokolls verbessert (siehe Abschnitt 2.1.1, »HTTP/HTTPS«). Das Grundkonzept besteht darin, dass alle Teilnehmer an einer HTTPS-Kommunikation über ein X.509-Zertifikat verfügen, das von einer vertrauenswürdigen Stelle (Zertifizierungsstelle) ausgestellt wurde. Die Vorteile dieses Ansatzes sind die folgenden:

- Nur zugelassene Stellen können kommunizieren.
- Dies kann auf ein Zero-Trust-Szenario ausgedehnt werden: Vertrauen Sie keinem Teilnehmer innerhalb der Systeme des gesamten Unternehmens, solange er nicht das Gegenteil beweist.

Ein Nachteil ist, dass Sie einen Weg finden müssen, um die Verteilung und Verwaltung der Zertifikate zu steuern. Sie müssen auch Szenarien für die Sperrung (Widerruf von Zertifikaten) in Betracht ziehen.

Abbildung 9.17 und Abbildung 9.18 veranschaulichen beide den Prozess der Überprüfung. Abbildung 9.17 zeigt den Standardfall in öffentlichen Internetszenarien, bei dem der Server den Client nicht »kennt« und seine Identität nicht überprüfen kann.

Abbildung 9.18 zeigt den gegenseitigen Fluss mit Mutual Certificate Exchange (dt. gegenseitiger Zertifikatsaustausch). In diesem Fall funktioniert die Authentifizierung nur, wenn der Client auch vom Server identifiziert werden kann.

Wie können wir eine Mutual Authentication im Bereich des Cloud Connectors erreichen? Nun, wir müssen zwischen zwei verschiedenen Arten der Einrichtung gegenseitiger Verbindungen unterscheiden: mTLS für das Backend und mTLS sowohl für das Backend als auch für das Frontend.

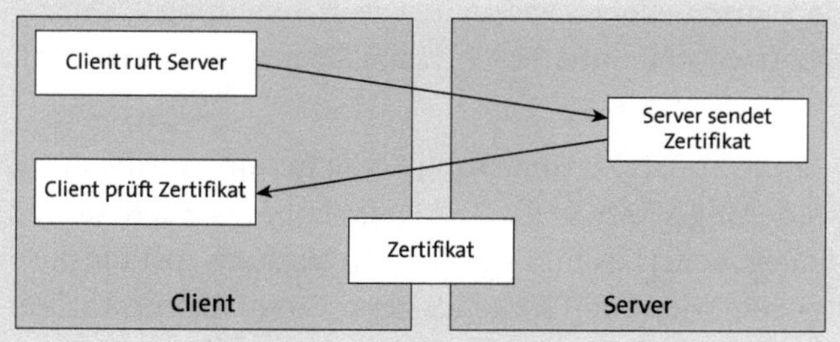

Abbildung 9.17 Standardprozess für die HTTPS/TLS-Zertifikatsprüfung

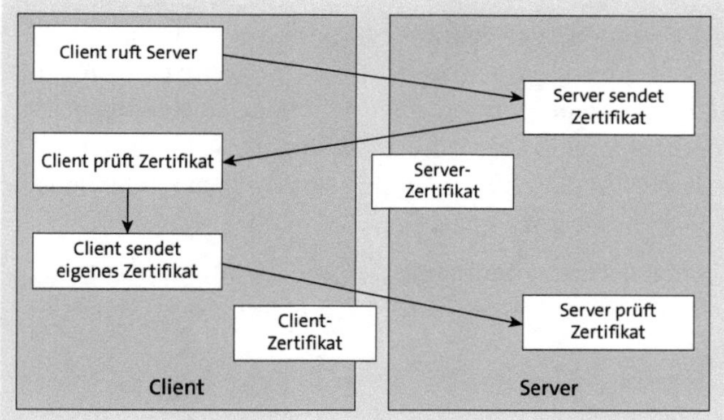

Abbildung 9.18 Prozess der gegenseitigen HTTPS/TLS-Zertifikatsprüfung

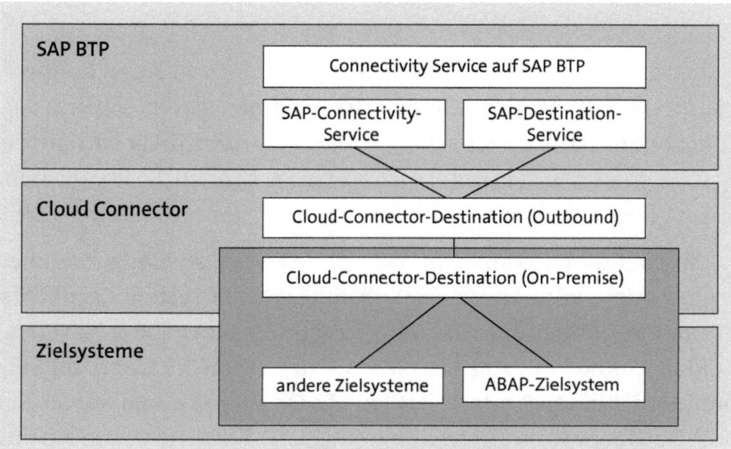

Abbildung 9.19 Mutual TLS zwischen Backend-Systemen

9.4.1 mTLS für Backends

Die erste Option ist die Verwendung von mTLS nur zwischen Backends, d. h. zwischen dem Cloud Connector und den verschiedenen Backends, wie in Abbildung 9.19 dargestellt. Auf dieses Szenario gehen wir in Kapitel 12, »Principal Propagation«, ebenfalls ein.

Die Idee ist, dass der Cloud Connector als Zertifizierungsstelle für die verschiedenen Backends dient. In jeder Anforderung, die er an die Backends sendet, werden Authentifizierungsinformationen angegeben. Dies hilft bei der Verwendung zustandsloser Kommunikation und stellt sicher, dass die Backends dem Cloud Connector vertrauen.

Cloud Connector als Zertifizierungsstelle

Sie können Ihre eigene CA verwenden oder dem Cloud Connector seine eigene CA überlassen. Beide Szenarien sind sinnvoll. Wenn Sie den Cloud Connector eine CA sein lassen, haben Sie den Vorteil, dass Sie bei den vertrauenswürdigen Einstellungen im Backend gezielt Cloud-Konnektoren aktivieren können, während Sie andere (nicht vertrauenswürdige) deaktivieren. Auf diese Weise können Sie zwischen Produktions- und Entwicklungs-Cloud-Konnektoren unterscheiden.

Soll der Cloud Connector hingegen in die unternehmenseigene CA-Infrastruktur integriert werden, ist es sinnvoller, ein Unternehmenszertifikat aus dem Cloud Connector heraus zu verwenden.

An dieser Stelle zeigen wir Ihnen für das Backend-Szenario, wo Sie die Einstellungen finden. Die Einrichtung der CA und der Ziele sowie die Vertrauenseinstellungen innerhalb eines ABAP-Backends werden in Kapitel 12, »Principal Propagation«, ausführlich erläutert.

Gehen Sie zur Administration des Cloud Connectors, und navigieren Sie zu **Configuration**, wählen Sie dann die Registerkarte **On-Premise**, und navigieren Sie zum Abschnitt **System Certificate**. Hier können Sie sehen, ob ein Systemzertifikat vorhanden ist (siehe Abbildung 9.20). Weiter unten, unter **CA Certificate**, können Sie überprüfen, ob ein CA-Zertifikat auf dem Cloud Connector vorhanden ist (siehe Abbildung 9.21).

Wenn Sie möchten, dass der Cloud Connector das eigene Zertifikat sendet, wenn er Daten vom Backend anfordert, können Sie das Kontrollkästchen **System Certificate at Logon** in der Destination-Konfiguration aktivieren. Um die Einstellung zu sehen, navigieren Sie zur Cloud-Connector-Administration, und wählen Sie einen der verbundenen Subaccounts aus. Klicken Sie dort auf **Cloud To On-Premise**, und wählen Sie eine verfügbare ABAP-Destination aus (siehe Abbildung 9.22). Klicken Sie nun auf das Symbol **Change** 🖉 zum Ändern.

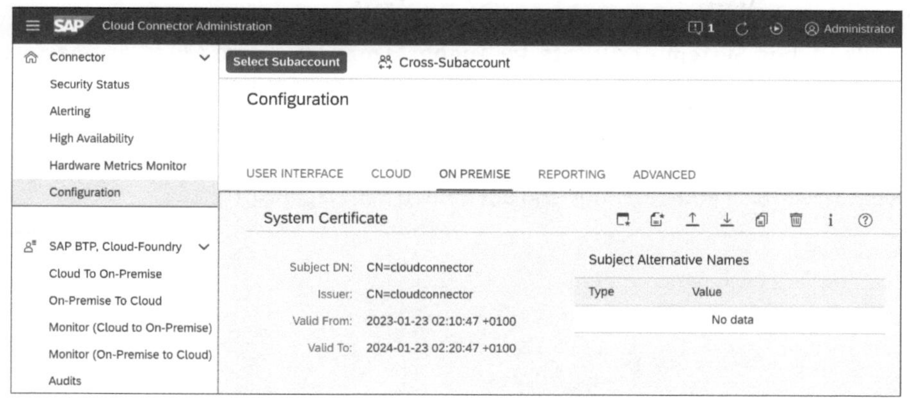

Abbildung 9.20 Systemzertifikat in der Cloud-Connector-Verwaltung

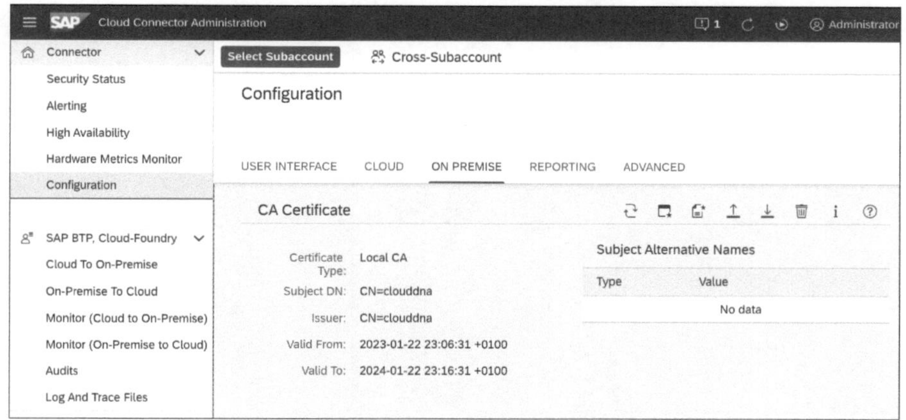

Abbildung 9.21 CA-Zertifikat in der Cloud-Connector-Verwaltung

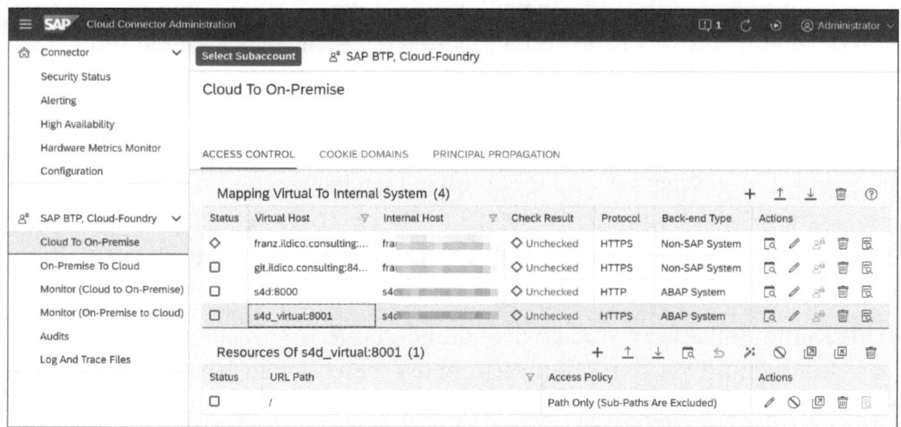

Abbildung 9.22 Destination auswählen in der Cloud-Connector-Administration

Auf dem folgenden Bildschirm, der in Abbildung 9.23 dargestellt ist, sehen Sie das Kontrollkästchen **System Certificate for Logon**. Damit wird dem Cloud Connector mitgeteilt, dass er sein eigenes Zertifikat zusammen mit den an diese Destination gerichteten Anforderungen senden soll. Wenn Sie eine HTTPS-Destination verwenden, das sich auf diese Weise authentifiziert, werden die Zertifikate vom Cloud Connector und vom ABAP-Backend gesendet und auf beiden Seiten geprüft.

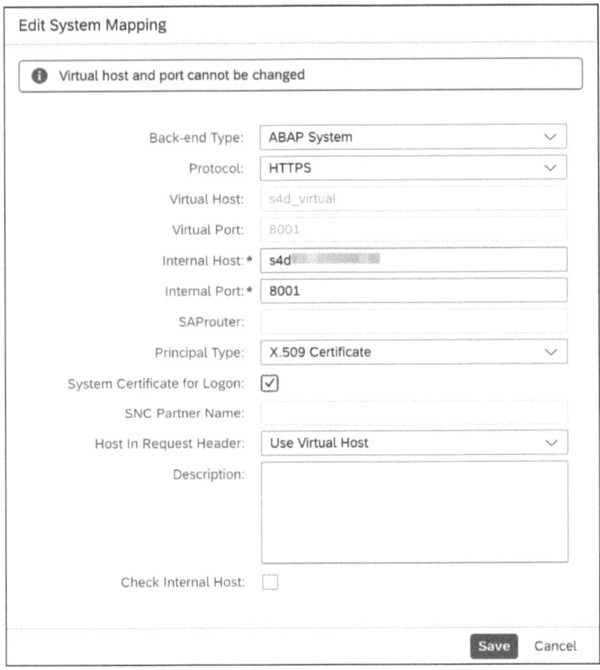

Abbildung 9.23 Systemzertifikat für die Anmeldung verwenden

Wie bereits erwähnt, werden die Einstellungen auf der ABAP-Backend-Seite für das Akzeptieren dieser Zertifikate in Kapitel 12, »Principal Propagation«, erläutert.

9.4.2 mTLS für Backend und Frontend

In einem erweiterten Szenario wird mTLS mit beiden Backends und sowohl mit dem SAP-Destination-Service als auch mit dem SAP-Connectivity-Service verwendet (Einzelheiten siehe Kapitel 4, »Connectivity mit SAP Business Technology Platform«). Das erweiterte Szenario ist in Abbildung 9.24 dargestellt.

Wenn die Kommunikation zwischen dem Cloud Connector und den Backend-Systemen, wie in Abschnitt 9.4.1, »mTLS für Backends«, beschrieben, besteht der Teil zwischen dem ausgehenden Cloud Connector und dem SAP-Destination-Service und dem SAP-Connectivity-Service lediglich aus dem Kommunikationskanal. Dieser

Kanal wird ohnehin mTLS verwenden, da beim Einrichten der Kommunikation mit Ihrem Subaccount Zertifikate ausgetauscht und validiert werden.

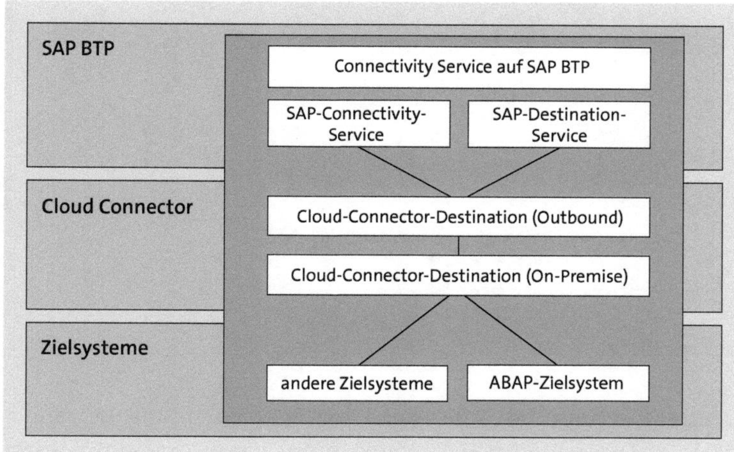

Abbildung 9.24 Mutual TLS, einschließlich SAP-BTP-Anfragen

Sie können dies in der Cloud-Connector-Administration unter der Hauptseite Ihres Subaccounts sehen, wie in Abbildung 9.25 dargestellt. Wenn Sie auf [ooo] klicken, können Sie das Zertifikat aktualisieren. Das Zertifikat selbst stammt aus dem Abschnitt **System Certificate** auf der Registerkarte **ON PREMISE** des Bildschirms **Configuration** (siehe Abbildung 9.26).

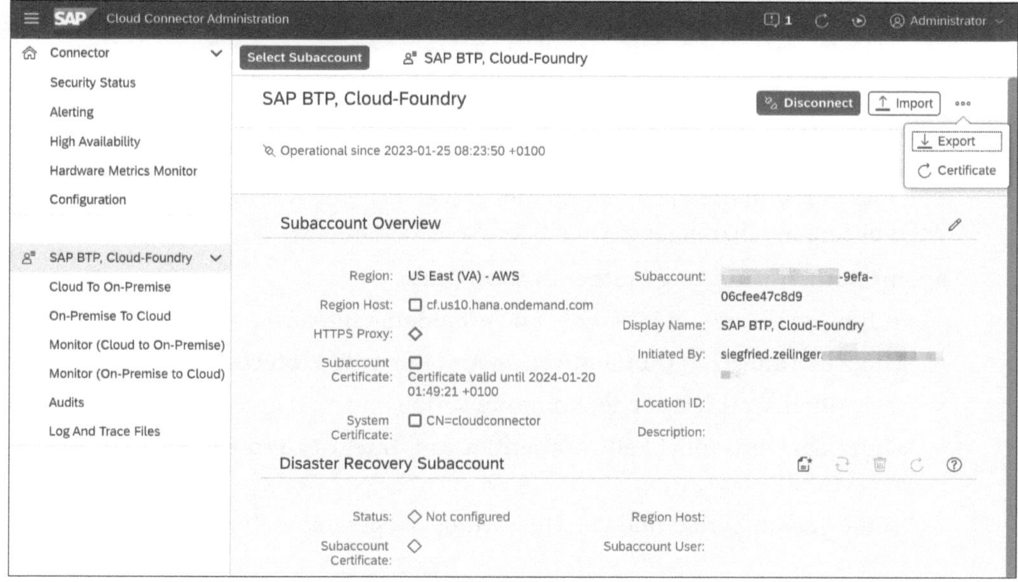

Abbildung 9.25 Mit SAP-BTP-Kommunikation verwendetes Zertifikat

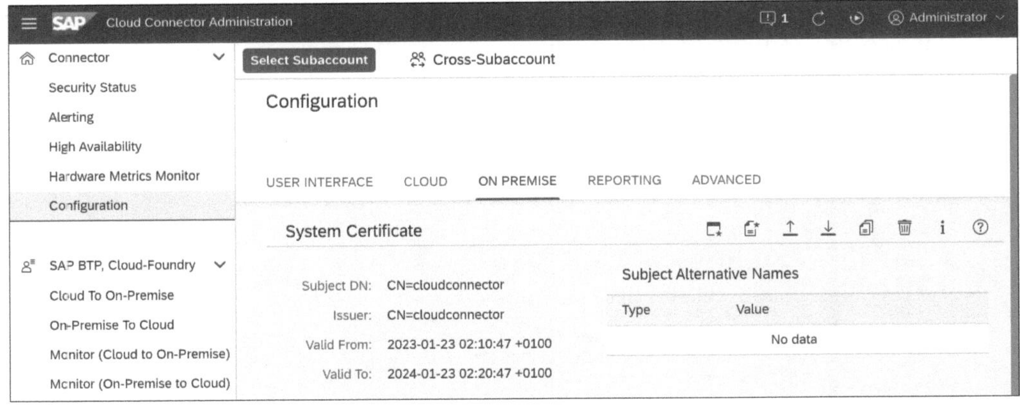

Abbildung 9.26 Systemzertifikat

Es muss also sichergestellt werden, dass mTLS auch von der Anwendung verwendet wird, die auf SAP BTP läuft. Dies wird durch die Verwendung der in Kapitel 12 besprochenen Principal Propagation erreicht.

[+]

Entwicklungstipp

Für die ordnungsgemäße Entwicklung einer SAP-BTP-Anwendung unter Verwendung von mTLS gibt es eine sehr gute Anleitung in einem Blogbeitrag, der unter *http://s-prs.de/v970708* verfügbar ist.

9.5 Secure Network Communication

Secure Network Communication (SNC) ist eine Methode zur Sicherung der Verbindung zwischen Clients und Backends über *Remote-Function-Call*-Kommunikation (RFC). Es gibt grundsätzlich drei Methoden der sicheren Kommunikation (auch Sicherheitsgrade genannt (engl. Quality of Protection Levels):

- **Nur Authentifizierung (Authentication Only)**
  Prüfung von Client und Server beim Verbindungsaufbau
- **Schutz der Integrität (Authentication And Integrity Protection)**
  Überprüfen der Integrität der Kommunikation und ob Daten manipuliert wurden
- **Schutz der Vertraulichkeit (Authentication, Integrity Protection, And Privacy Protection)**
  Prüfung der Integrität und Verschlüsselung der gesamten Kommunikation

SNC verwendet eine spezielle SNC-Bibliothek für die Verschlüsselung und Authentifizierung. Diese Bibliothek kann von SAP (siehe SAP-Hinweis 1525059) oder von Drittanbietern übernommen werden.

Sie müssen auf beiden Seiten dieselbe Bibliothek verwenden – im Backend und im Cloud Connector.

Warum ist die SNC-Bibliothek nicht im Lieferumfang des Cloud Connectors enthalten?

Die Bibliothek ist nicht standardmäßig verfügbar, da in einigen Ländern die Verschlüsselung von Nachrichten reglementiert ist. In einigen Ländern dürfen Sie z. B. keine Verschlüsselung verwenden, die eine bestimmte Schlüssellänge überschreitet. Wenn Sie also SAP-Produkte verwenden, können Sie immer auf eine Bibliothek zugreifen, die den Anforderungen Ihres Landes entspricht.

In der Befehlszeile des Cloud Connectors stehen Ihnen zwei Skripte zur Verfügung, die Sie wie folgt unterstützen:

```
snc_create_pse.<ext>
snc_import_ca_response.<ext>
```

Unter Windows entspricht <ext> den **.bat**-Dateien; unter Linux und Mac-Betriebssystemen entsprechen sie den **.sh**-Dateien. Abbildung 9.27 zeigt, dass diese Dateien im Stammordner der Cloud-Connector-Installation vorhanden sind (z. B. **C:\Programme\SAP\CloudConnector**; siehe SAP-Hinweis 2743903 für Linux).

```
auditor
bin
changeAuditLogPath.sh
changeLogAndTracePath.sh
changeport.sh
conf
config
config_master
configurator.jar
fixKeystore.sh
foss
go.sh
impl
lib
log
props.ini
scc_config
snc_create_pse.sh
snc_import_ca_response.sh
temp
useFileUserStore.sh
version.properties
webapps
work
```

Abbildung 9.27 Skripte im Cloud-Connector-Stammordner

Sie müssen diese Skripte nicht verwenden, aber es wird dringend empfohlen, dies zu tun. Die Konfigurationsschritte für die Befehlszeile finden Sie unter *http://s-prs.de/v970709*.

Das Ergebnis ist eine Zertifikatsanforderung. Nachdem die Anforderung von Ihrer CA signiert wurde, enthält die PSE-Datei ein Zertifikat, das Ihren Backend-Systemen angezeigt werden kann.

Nach erfolgreicher Generierung rufen Sie die Cloud-Connector-Administration auf und navigieren zum Bildschirm **Configuration**, dort zur Registerkarte **On Premise** und zum Abschnitt **SNC**.

Sie können die SNC-Einstellungen ändern, indem Sie auf das Symbol klicken. In dem erscheinenden Popup-Fenster (siehe Abbildung 9.28) stellen Sie Folgendes ein:

- Geben Sie den Pfad zu Ihrer SNC-Bibliothek auf dem Server in das Feld **Library** ein.
- Geben Sie die Identität, für die Sie ein Zertifikat anzeigen möchten, in das Feld **My Name** ein.
- Wählen Sie eine Option aus der Dropdown-Liste **Quality of Protection** für den Sicherheitsgrad. Je höher der Grad, desto stärker wirkt sich die Verschlüsselung auf die Leistung aus.

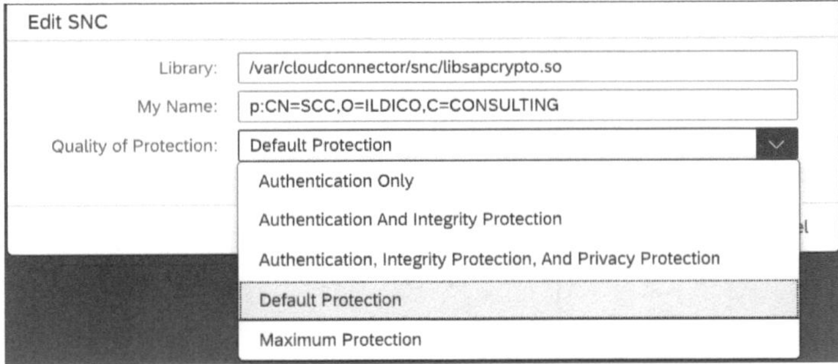

Abbildung 9.28 SNC-Konfiguration in der Cloud-Connector-Verwaltung

Wenn Sie fertig sind, klicken Sie auf **Save**. Sie sollten eine Bestätigung wie die in Abbildung 9.29 sehen.

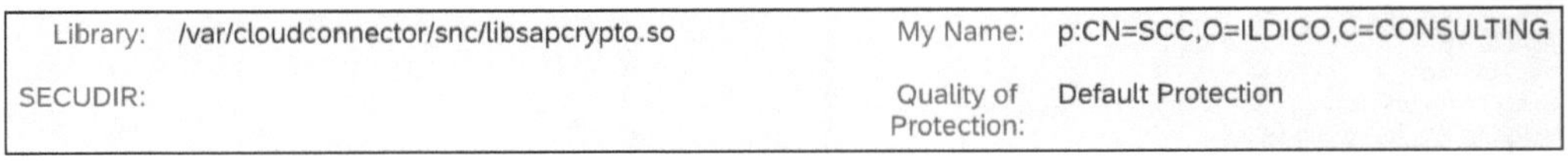

Library: /var/cloudconnector/snc/libsapcrypto.so
My Name: p:CN=SCC,O=ILDICO,C=CONSULTING
SECUDIR:
Quality of Protection: Default Protection

Abbildung 9.29 Bestätigung der SNC-Einstellungen

Damit Sie SNC verwenden können, müssen Sie eine Destination erstellen, die auf SNC basiert. Navigieren Sie zu Ihrem Subaccount in der Cloud-Connector-Administration und dann zu **Cloud To On-Premise** und der Registerkarte **Access Control**, wie in Abbildung 9.30 dargestellt.

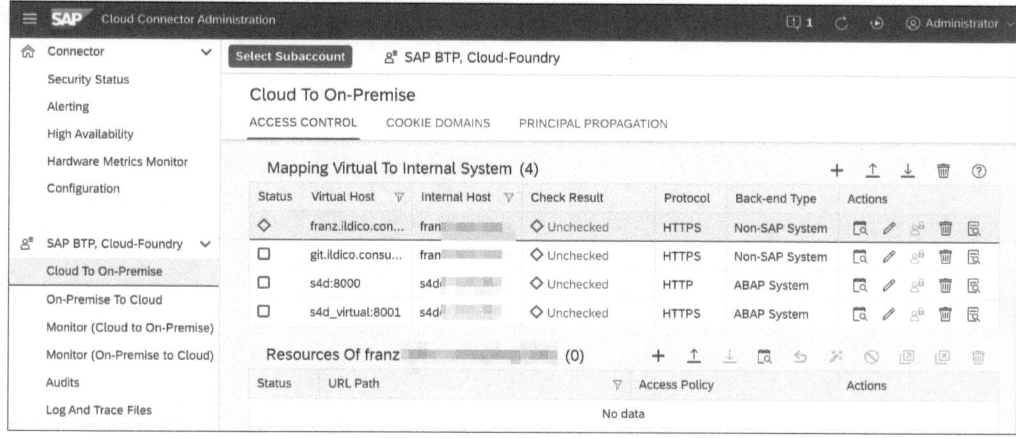

Abbildung 9.30 Destination in der Cloud-Connector-Administration

Klicken Sie auf die Schaltfläche **+**, um eine neue Destination anzulegen. Auf dem nächsten Bildschirm wählen Sie unter **Back-end Type** die Option **ABAP System** aus (siehe Abbildung 9.31). Klicken Sie auf **Next**.

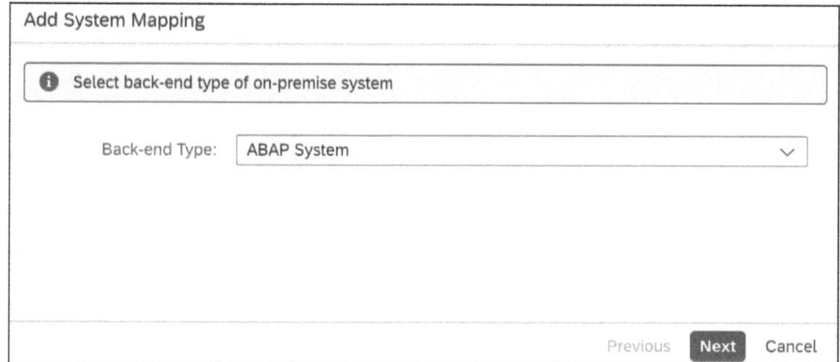

Abbildung 9.31 Systemtyp auswählen

Für **Protocol** wählen Sie **RFC SNC** (siehe Abbildung 9.32). Klicken Sie auf **Next**.

Auf dem nächsten Bildschirm stellen Sie den Verbindungstyp wie von Ihrem Systemadministrator vorgegeben unter **Connection Type** ein (siehe Abbildung 9.33). Klicken Sie auf **Next**.

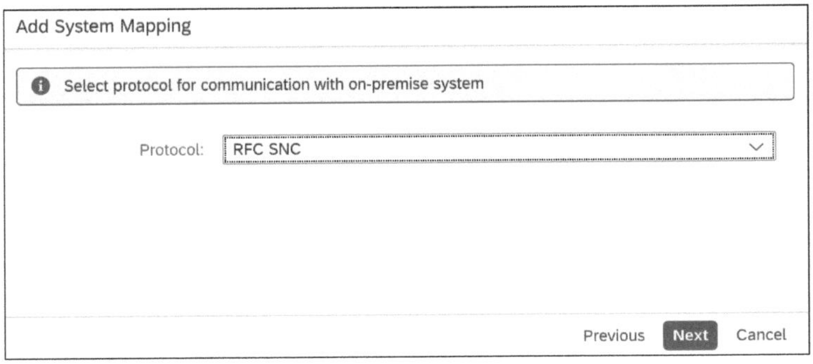

Add System Mapping
Select protocol for communication with on-premise system
Protocol:
RFC SNC
Previous
Next
Cancel

Abbildung 9.32 Protokoll auswählen

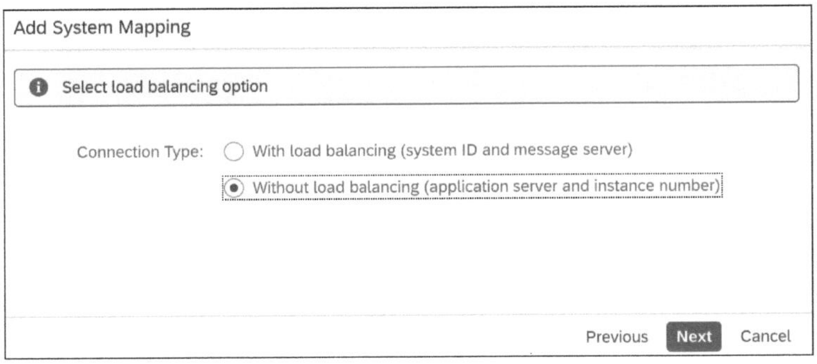

Add System Mapping
Select load balancing option
Connection Type:
With load balancing (system ID and message server)
Without load balancing (application server and instance number)
Previous
Next
Cancel

Abbildung 9.33 Verbindungstyp festlegen

Auf dem nächsten Bildschirm können Sie einen **Message Server** oder einen **Application Server** (je nach vorheriger Wahl des Verbindungstyps im Feld **Connection Type** in Abbildung 9.33), die Instanznummer unter **Instance Number** und optional eine Zeichenfolge **SAProuter** eingeben, je nach vorheriger Wahl (siehe Abbildung 9.34). Klicken Sie auf **Next**.

Add System Mapping
Enter application server and instance number (or port)
Application Server:*
s4d
Instance Number:*
00
SAProuter:
Previous
Next
Cancel

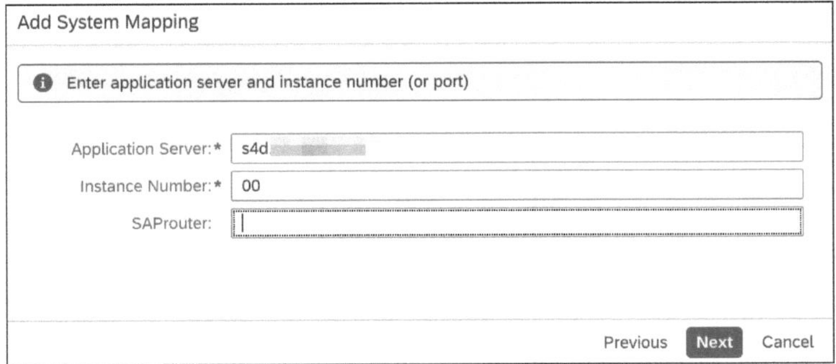

Abbildung 9.34 Anwendungsserver einstellen

Einige Hinweise zum nächsten Bildschirm in Abbildung 9.35: Wenn Sie **Principal Type** auf **None** setzen, verwenden Sie einen technischen Benutzer für die Verbindung mit dem Backend. Wenn Sie dies auf **X.509 Certificates** umstellen, haben Sie die Möglichkeit, Principal Propagation zu verwenden. Das bedeutet, dass das Client-Zertifikat, das von SAP BTP kommt, vom Cloud Connector weitergeleitet wird. Mehr zu diesem Thema erfahren Sie in Kapitel 12, »Principal Propagation«.

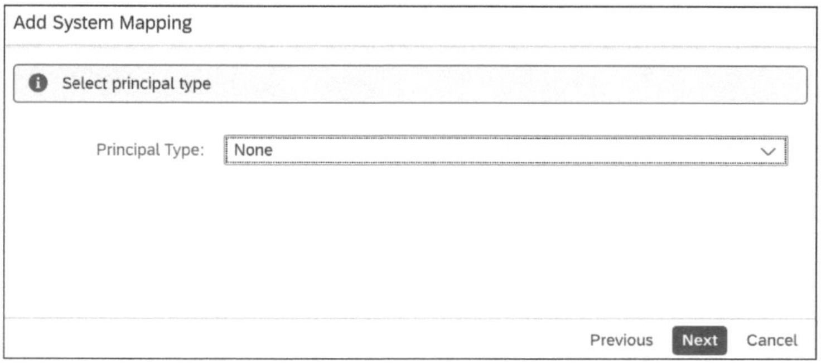

Abbildung 9.35 Principal-Typ konfigurieren

Nun müssen Sie, wie in Abbildung 9.36 dargestellt, den SNC-Partnernamen unter **SNC Partner Name** festlegen. Dies ist die SNC des Servers. Um sicherzustellen, dass Sie hier die richtigen Werte verwenden, können Sie den Wert **SNC (SAPCryptolib)** in Transaktion STRUST im ABAP-Backend überprüfen. Wenn Sie fertig sind, klicken Sie auf **Next**.

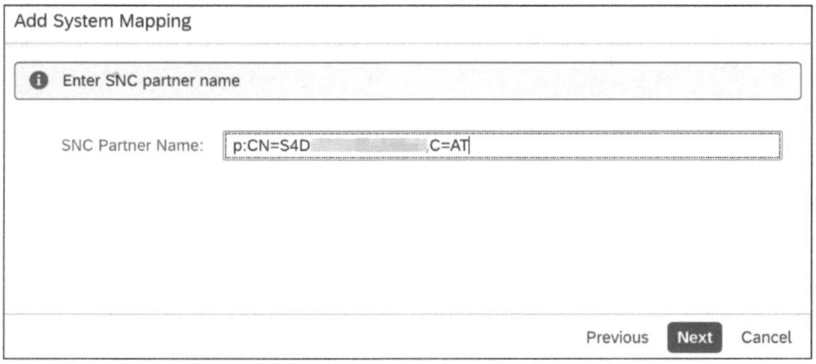

Abbildung 9.36 SNC-Partnernamen festlegen

Optional können Sie auf dem nächsten Bildschirm eine Beschreibung unter **Description** erfassen (siehe Abbildung 9.37). Fahren Sie mit **Next** fort.

Nun sollten die eingegebenen Informationen einer letzten Prüfung unterzogen werden. Klicken Sie auf **Finish**, um die Destination zu erstellen (Abbildung 9.38).

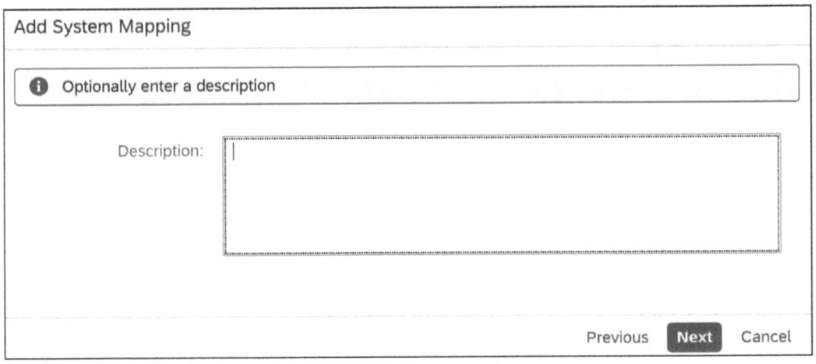

Add System Mapping

Optionally enter a description

Description:

Previous Next Cancel

Abbildung 9.37 Optional: Beschreibung eingeben

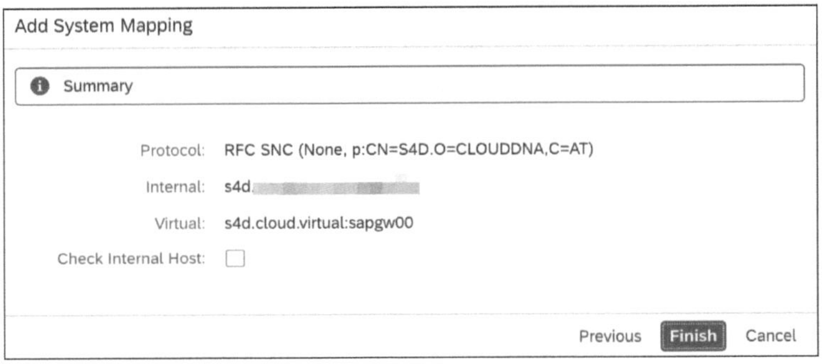

Add System Mapping

Summary

Protocol: RFC SNC (None, p:CN=S4D.O=CLOUDDNA,C=AT)

Internal: s4d.

Virtual: s4d.cloud.virtual:sapgw00

Check Internal Host:

Previous Finish Cancel

Abbildung 9.38 Zusammenfassung für die Systemerstellung

Die neue Destination, die SNC unterstützt, ist nun verfügbar (siehe Abbildung 9.39).

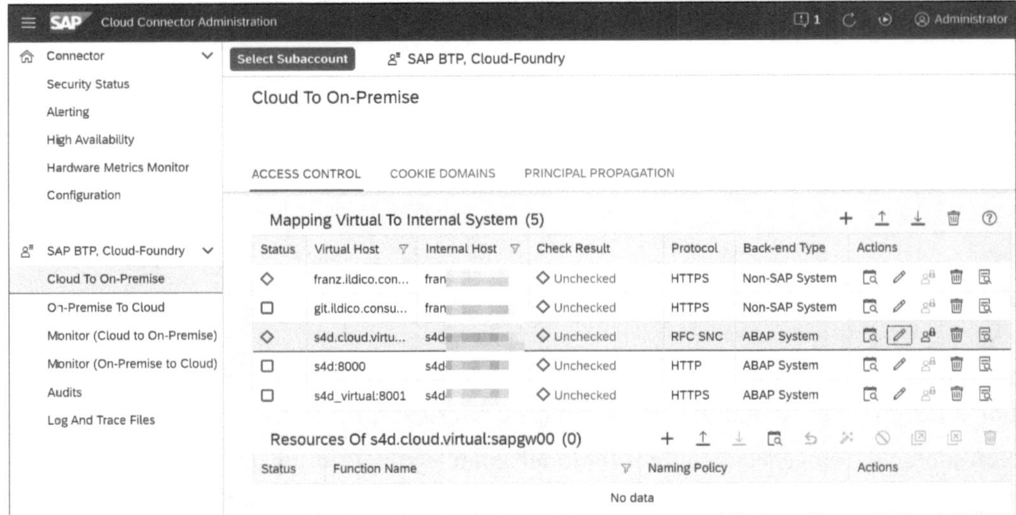

Abbildung 9.39 Destinations in der Cloud-Connector-Administration

Stellen Sie sicher, dass der technische Benutzer, mit dem Sie sich verbinden, einen aktiven SNC-Eintrag im Benutzerstamm hat. Sie können dies in Transaktion SU01 im ABAP-Backend überprüfen (siehe Abbildung 9.40). Wenn der Eintrag nicht vorhanden ist, muss er je nach den Verzeichniseinstellungen angelegt werden. Normalerweise hat er das Format `p:<Benutzername>@<Domäne>`.

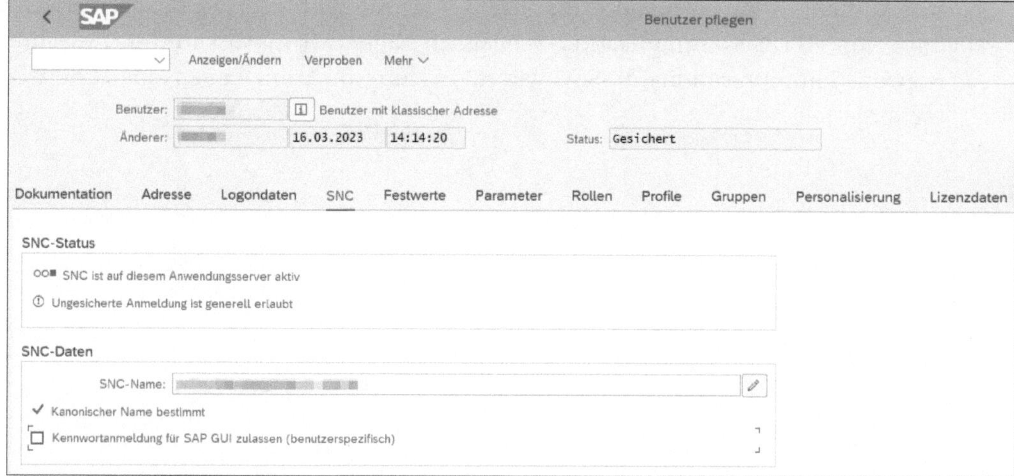

Abbildung 9.40 SNC-Namenspflege auf ABAP-Seite

Jetzt haben wir alles zusammengefügt:

- SNC-Bibliothek installiert und signiertes SNC-PSE-Zertifikat im Cloud Connector eingerichtet
- SNC-Konfiguration über den Cloud Connector vorgenommen
- Destination im Cloud Connector erstellt
- in der Transaktion SU01 im ABAP-Backend die Benutzerinformationen gemapped

Weitere Lektüre

Bei Problemen empfehlen wir SAP-Hinweis 1525059.

9.6 Zusammenfassung

Wir haben Ihnen nun einige weitere Grundsätze der sicheren Konfiguration des Cloud Connectors gezeigt. In Abschnitt 9.1, »UI-Zertifikate ersetzen«, haben wir Zertifikate zur Verschlüsselung des HTTP-Verkehrs der Cloud-Connector-Verwaltungsoberfläche eingerichtet. In Abschnitt 9.2, »Benutzer gegenüber dem LDAP-Service authentifizieren«, haben wir Ihnen gezeigt, wie Sie die LDAP-Authentifizierung für die Administrationsoberfläche konfigurieren, damit Sie die Benutzer des Cloud Connectors nicht selbst pflegen müssen.

In Abschnitt 9.3, »Trust Store pflegen«, haben wir den Trust Store als eine Art Zugriffskontrollliste für die Backend-Verbindungen untersucht. Abschnitt 9.4, »HTTPS Mutual Authentication«, behandelt die gegenseitige Authentifizierung bei der Verwendung von HTTPS-Kommunikation. Schließlich haben wir in Abschnitt 9.5, »Secure Network Communication«, die SNC-Verschlüsselungsfunktion für den Cloud Connector vorgestellt.

Kapitel 10
Administration

Der Cloud Connector ist eine Softwarekomponente, mit der die Endbenutzerinnen und Endbenutzer nicht direkt arbeiten. Die Administratorinnen und Administratoren hingegen müssen mit ihm arbeiten, um die gewünschten Funktionen zu verwalten. Es ist auch wichtig, den Cloud Connector und die JVM so aktuell wie möglich zu halten, um zu verhindern, dass potenzielle Angreifer Zugriff erhalten.

In diesem Kapitel gehen wir auf die Administration des Cloud Connectors ein. Wir beginnen in Abschnitt 10.1, »Rollen«, mit einer Einführung in die verfügbaren Rollen. Diese sind nur relevant, wenn Sie die Benutzer des Cloud Connectors an einem LDAP-Server authentifizieren, was die Empfehlung von SAP ist.

Der Cloud Connector stellt eine Verbindung zu Subaccounts auf SAP BTP her. Daher sollten Sie die wichtigsten Funktionen zur Verwaltung der Subaccounts kennen. Darauf gehen wir in Abschnitt 10.2, »Verwaltung der Subaccounts«, ein. In Abschnitt 10.3, »Sicherung und Wiederherstellung«, zeigen wir Ihnen, wie Sie eine Sicherungskopie Ihrer Konfiguration auf dem Cloud Connector erstellen und diese wiederherstellen können.

Der Cloud Connector sollte regelmäßig auf die neueste Version aktualisiert werden. Das Verfahren zur Aktualisierung des Cloud Connectors und der zugrunde liegenden JVM wird in Abschnitt 10.4, »Upgrade«, beschrieben. Schließlich zeigen wir Ihnen in Abschnitt 10.5, »APIs für die Verwaltung«, welche APIs der Cloud Connector für die Integration mit Anwendungen von Drittanbietern bietet.

10.1 Rollen

Der Cloud Connector läuft standardmäßig mit dateibasierter Authentifizierung. Das bedeutet, dass der Cloud Connector nicht mehrbenutzerfähig ist. Es wird nur ein Benutzer in der Rolle des Administrators angelegt. Wir empfehlen, die LDAP-basierte Benutzerverwaltung für den Cloud Connector so zu konfigurieren, dass sich nur Benutzer aus dem LDAP an der Administrationsoberfläche anmelden können. Dies gewährleistet die Nachvollziehbarkeit von Änderungen an der Konfiguration des Cloud Connectors über das Cloud-Connector-Audit-Protokoll. Wenn Sie den standardmäßigen und eingebauten Administratorbenutzer verwenden, können Sie die Personen, die Änderungen an der Konfiguration vornehmen, nicht identifizieren. Außerdem können Sie nicht verschiedene Arten von Benutzergruppen verwenden. Die Konfiguration der LDAP-basierten Authentifizierung wurde in Abschnitt 9.2, »Benutzer gegenüber dem LDAP-Service authentifizieren«, erläutert. Dies gibt Ihnen die Möglichkeit, Benutzer unterschiedlich zu autorisieren. Der Cloud Connector wird mit den folgenden Rollen ausgeliefert:

- **Administrator (sccadmin)**
  Ermöglicht Ihnen die vollständige Verwaltung des Cloud Connectors.
- **Subaccount Administrator (sccsubadmin)**
  Ermöglicht Ihnen die Verwaltung aller Subaccounteinstellungen. Dazu gehören typische Support-Aktivitäten wie das Ändern von Trace-Levels und das Erstellen eines Thread-Dumps.
- **Display (sccdisplay)**
  Ermöglicht Ihnen den Nur-Lese-Zugriff auf den Cloud Connector.
- **Support (sccsupport)**
  Ermöglicht Ihnen den Zugriff auf den Cloud Connector im schreibgeschützten Modus. Sie können auch Support-Aufgaben durchführen, wie z. B. Trace-Levels einstellen oder einen Thread-Dump erstellen.
- **Monitoring (sccmonitoring)**
  Ermöglicht Ihnen den Zugriff auf die Monitoring-APIs und wird insbesondere von der SAP-Solution-Manager-Infrastruktur verwendet.

Auf die in den folgenden Abschnitten in Screenshots dargestellten Bildschirme wurde mit einem Benutzer in der Administrator-Rolle zugegriffen.

10.2 Verwaltung der Subaccounts

Ab Version 2.2 des Cloud Connectors können Sie sich mit mehreren Subaccounts innerhalb einer einzigen Cloud-Connector-Instanz verbinden. Diese Subaccounts können in verschiedenen Rechenzentren sowohl in der Neo- als auch in der Cloud-Foundry-Umgebung ausgeführt werden. Jeder dieser Subaccounts kann den Cloud Connector unabhängig von den anderen Subaccounts nutzen.

Wir empfehlen, dass Sie nur Subaccounts derselben Systemebene in einer einzigen Installation zusammenführen:

- Test- und Entwicklungs-Subaccounts können zusammengelegt werden. Dies hängt von der Gruppe der Benutzer ab, die mit diesen Subaccounts arbeiten sollen. Der bevorzugte logische Ansatz ist jedoch, getrennte Entwicklungs- und Testinstallationen zu haben.

- Produktions-Subaccounts sollten sich auf einer Cloud-Connector-Instanz befinden, die nur für Produktions-Subaccounts verwendet wird.

Melden Sie sich beim Cloud Connector an, und navigieren Sie zum Abschnitt **Connector** im Seitenmenü, um einen Überblick über alle Subaccounts zu erhalten (siehe Abbildung 10.1). Klicken Sie auf **+ Add Subaccount**, um eine neue Verbindung zu einem Subaccount hinzuzufügen.

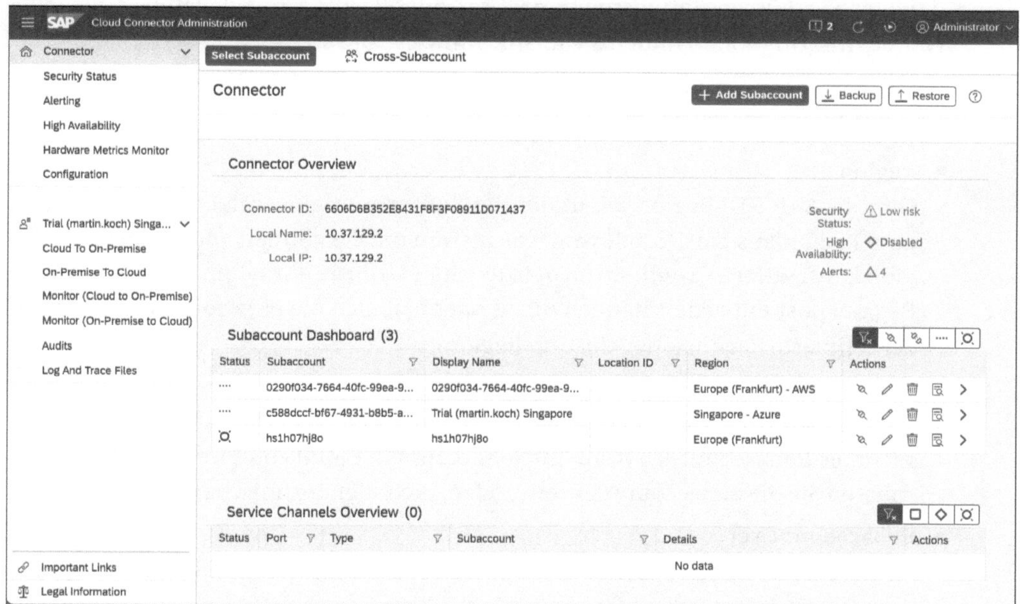

Abbildung 10.1 Cloud Connector – Übersicht

Damit sich der Cloud Connector mit einem Subaccount auf SAP BTP verbinden kann, müssen Sie einen Benutzer mit entsprechenden Berechtigungen verwenden. Die Berechtigungen hängen von der Umgebung und dem Feature Set ab. Es gibt die folgenden Anforderungen:

- **Neo-Umgebung**
  Dem Benutzer muss die Standardrolle Cloud Connector Admin oder Administrator zugewiesen werden. Alternativ können Sie dem Benutzer eine benutzerdefinierte Rolle zuweisen, die die Berechtigung `manageSCCTunnels` enthält.
- **Cloud-Foundry-Umgebung, Feature Set A**
  Der Benutzer muss ein Mitglied des Global Accounts sein, zu dem der Subaccount gehört. Alternativ können Sie den Benutzer als Sicherheitsadministrator zuweisen.
- **Cloud-Foundry-Umgebung, Feature Set B**
  Weisen Sie mindestens eine der folgenden Standard-Role-Collections zu: Sub-

account Administrator, Cloud Connector Administrator oder Connectivity and Destination Administrator. Alle Role Collections enthalten die Rolle des Cloud Connector Administrators. Alternativ können Sie dem Benutzer eine benutzerdefinierte Role Collection zuweisen, die die Rolle des Cloud Connector Administrators enthält.

Beachten Sie, dass der Cloud Connector derzeit keinen Support für die *SAP Universal ID* bietet. Sie müssen stattdessen Ihre *S-User-* oder *P-User*-Anmeldedaten verwenden. Weitere Informationen finden Sie in SAP-Hinweis 3085908.

Wenn Sie ein Subaccount hinzufügen, müssen Sie die folgenden Parameter festlegen (siehe Abbildung 10.2):

- **Region**
  Gibt die SAP-BTP-Region an, in der der Subaccount eingesetzt wird. Sie können eine Region aus der Dropdown-Liste auswählen. Sie können auch selbst eine Region konfigurieren, wenn sie nicht in der Standardliste enthalten ist. Fügen Sie den Regionshost entweder manuell hinzu oder erstellen Sie eine so genannte benutzerdefinierte Region (engl. Custom Region).
- **Subaccount**
  Für die Neo-Umgebung geben Sie den technischen Namen des Subaccounts ein, nicht die Subaccount-ID. Wenn Ihr Subaccount in Cloud Foundry ausgeführt wird, müssen Sie die Subaccount-ID verwenden, nicht den technischen Namen.
- **Subaccount User**
  Geben Sie hier den gewünschten S-User oder P-User ein. Verwenden Sie die E-Mail-Adresse des Benutzers.
- **Password**
  Geben Sie das zum S-User oder P-User gehörende Passwort ein.

Optional können Sie die folgenden Parameter festlegen:

- **Display Name**
  Damit können Sie ein bestimmtes Subaccount in der Benutzeroberfläche leichter erkennen als mit dem technischen Subaccountnamen.
- **Location ID**
  Die ID muss pro Subaccount eindeutig sein und sollte ein Bezeichner sein, der in einem URI verwendet werden kann. Um Anfragen von SAP BTP an einen Cloud Connector mit einer Location ID weiterzuleiten, muss die Location ID in der zugehörigen Destination angegeben werden. Wenn Sie keinen Wert angeben, wird der Standardwert verwendet. Durch die Verwendung einer Location ID können sich mehrere Cloud-Connector-Instanzen mit demselben Subaccount verbinden.
- **Description**
  Diese wird in den Details des Subaccounts angezeigt.

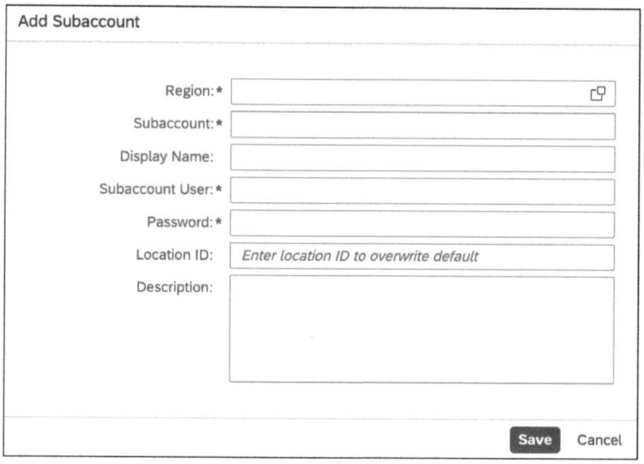

Add Subaccount

Region: *
Subaccount: *
Display Name:
Subaccount User: *
Password: *
Location ID: Enter location ID to overwrite default
Description:

Save Cancel

Abbildung 10.2 Subaccount hinzufügen

Klicken Sie abschließend auf **Save**, um die Konfiguration zu speichern. Es wird eine Verbindung mit dem Subaccount hergestellt und ein Client-Zertifikat für den Benutzer generiert und im Dateisystem des Cloud Connectors gespeichert.

Klicken Sie in der Übersicht des Cloud Connectors auf **Select Subaccount** (wie in Abbildung 10.1 dargestellt), um ein Subaccount auszuwählen. Daraufhin wird die Übersicht des Subaccounts geladen (siehe Abbildung 10.3).

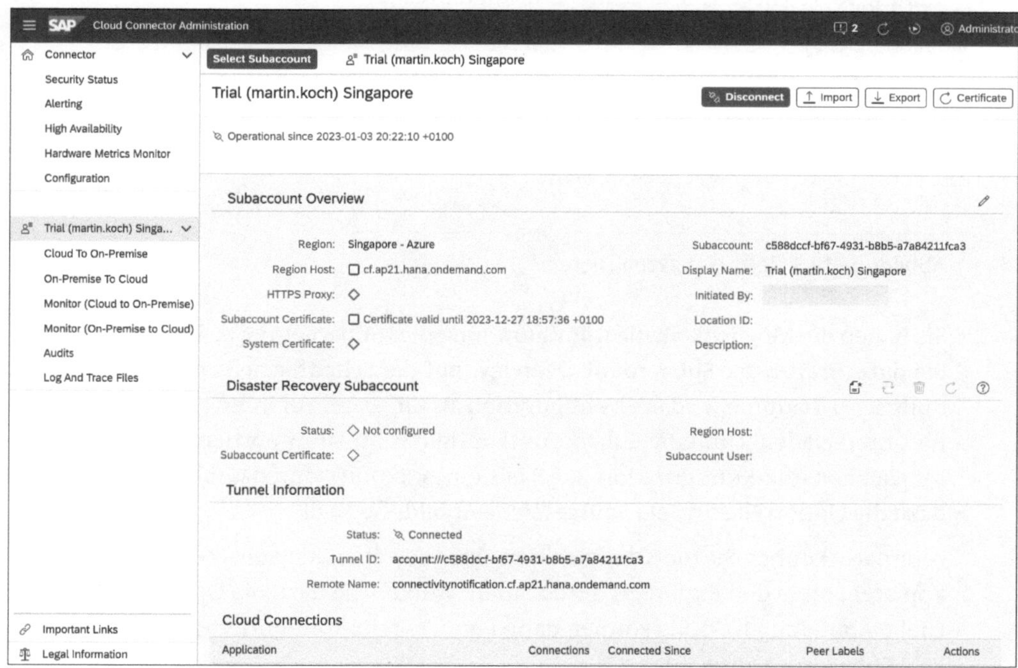

Abbildung 10.3 Subaccount – Übersicht

Klicken Sie im Bereich **Subaccount Overview** auf das Symbol , um einige grundlegende Informationen zu ändern. Sie können die Werte für **Display Name, Location ID** und **Description** ändern, wie in Abbildung 10.4 dargestellt. Klicken Sie auf **Save**, um die Änderungen zu speichern.

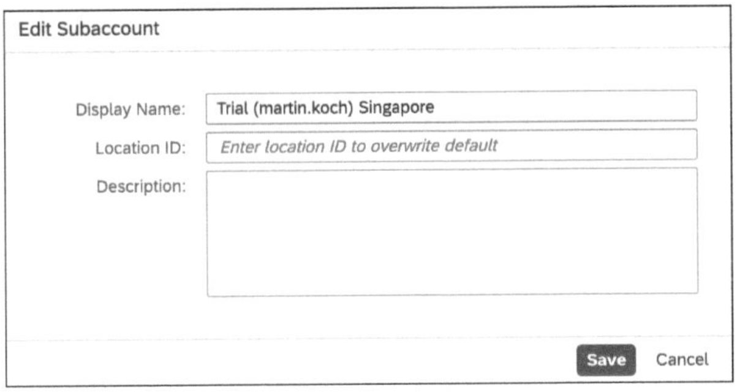

Edit Subaccount
Display Name:
Trial (martin.koch) Singapore
Location ID:
Enter location ID to overwrite default
Description:
Save
Cancel

Abbildung 10.4 Subaccount bearbeiten

Die Client-Zertifikate, die der Cloud Connector zur Authentifizierung des Benutzers für den Subaccount verwendet, werden mit einer begrenzten Gültigkeitsdauer ausgestellt. Klicken Sie auf die Schaltfläche **Certificate** in der **Subaccount Overview** (wie in Abbildung 10.3 gezeigt), um das Zertifikat zu erneuern. Es ist zwingend erforderlich, dass Sie das Passwort des S-Users oder P-Users kennen, den Sie verwenden (siehe Abbildung 10.5). Klicken Sie abschließend auf **Refresh**.

Refresh Certificate
User Name: *
Password: *
Refresh
Cancel

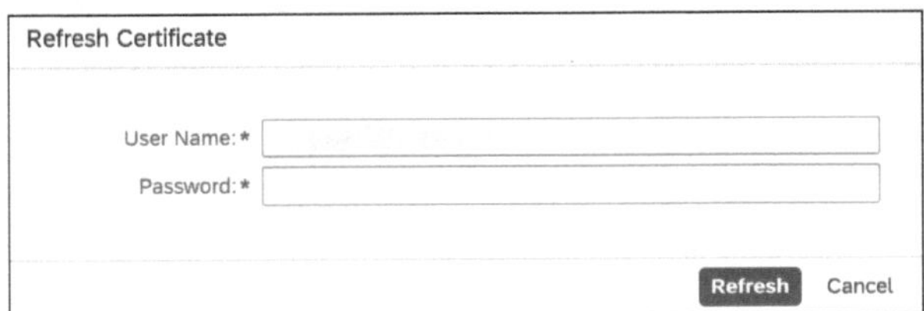

Abbildung 10.5 Zertifikat aktualisieren

Sie haben die Möglichkeit, die Konfiguration eines Subaccounts zu kopieren. Klicken Sie dazu im Fenster **Subaccount Overview** auf die Schaltfläche **Export** (siehe Abbildung 10.3). Dadurch wird die Konfiguration als ZIP-Datei auf Ihren lokalen Computer heruntergeladen. Um eine Subaccountkonfiguration zu importieren, haben Sie die Möglichkeit, die Konfiguration auf Basis eines Exports durchzuführen. Wählen Sie dazu die Option **File** im Feld **Source** (siehe Abbildung 10.6).

Alternativ können Sie die Konfiguration eines bestehenden Subaccounts auch direkt kopieren, ohne den Export zu durchlaufen. Wählen Sie dazu die Option **Subaccount** (siehe Abbildung 10.7). Sie können dann einen bereits konfigurierten Subaccount im Feld **Subaccount** auswählen.

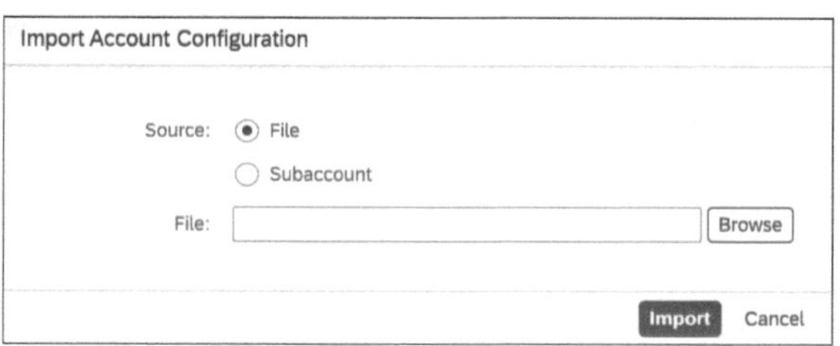

Abbildung 10.6 Importieren aus Datei

Import Account Configuration

Source: File

Subaccount

Subaccount: 0290f034-7664-40fc-99ea-9d7e8ffce527

Import Cancel

Abbildung 10.7 Aus bestehendem Subaccount importieren

Sie haben die Möglichkeit, die Audit-Einstellungen für die Subaccounts unabhängig voneinander zu ändern. Navigieren Sie dazu im Seitenmenü des Subaccounts in den Bereich **Audits** (siehe Abbildung 10.8). Dort sehen Sie die aktuellen Einstellungen im Bereich **Settings**. Klicken Sie auf das Symbol , um sie zu ändern.

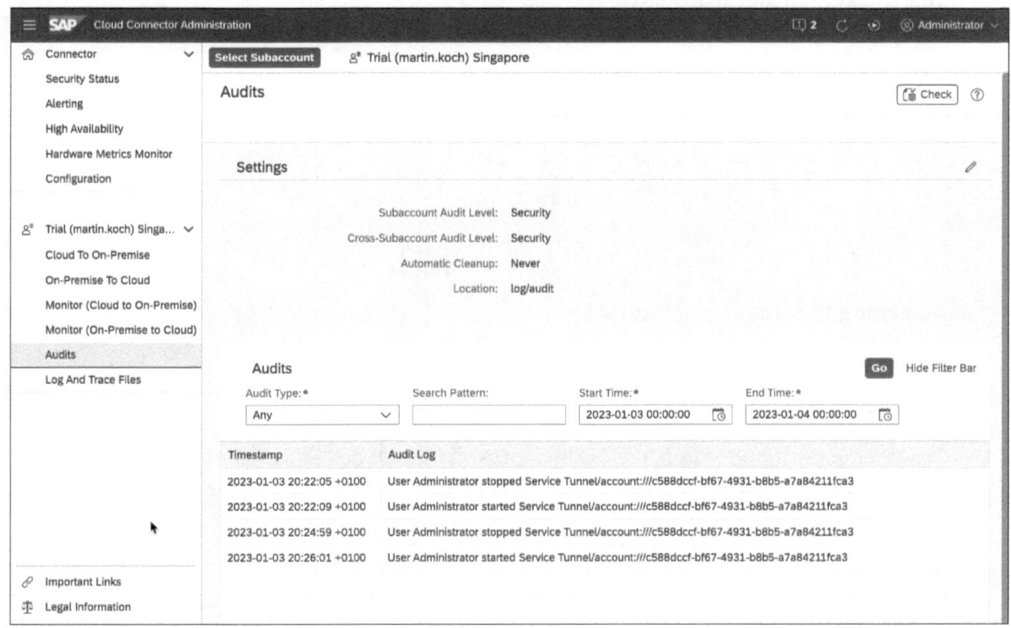

Abbildung 10.8 Audits

Daraufhin wird ein Dialogfeld angezeigt, in dem Sie die Audit-Stufe ändern können (siehe Abbildung 10.9). SAP empfiehlt, **Audit Level** unter normalen Umständen auf **Security** zu setzen. Dies ist auch der Standardkonfigurationswert. Wenn es das Gesetz oder die Unternehmensrichtlinien erfordern, setzen Sie **Audit Level** auf **All**. Auf diese Weise können Sie die Protokolldateien verwenden, um z. B. Angriffe von einer bösartigen Cloud-Anwendung zu erkennen.

Die folgenden Prüfungsstufen sind verfügbar:

- **Off**
  Es werden keine Audit-Einträge geschrieben.
- **Security**
  Dies ist der Standardwert. Der Cloud Connector schreibt für jede blockierte Anfrage einen Audit-Eintrag. Er schreibt auch Audit-Einträge, wenn ein Administrator oder eine Administratorin eine der kritischen Konfigurationseinstellungen ändert, z. B. exponierte Backend-Systeme, erlaubte Ressourcen usw.
- **All**
  Der Cloud Connector schreibt einen Audit-Eintrag für jede Anfrage, die er erhält, unabhängig davon, ob sie durchgelassen wurde oder nicht. Er schreibt auch Audit-Einträge, die sich auf den Sicherheitsmodus beziehen.

Um die automatische Bereinigung der Audit-Protokolldateien zu aktivieren, wählen Sie in der Liste im Feld **Automatic Cleanup** einen Zeitraum zwischen 14 und 365 Tagen aus. Klicken Sie dann auf **Save**.

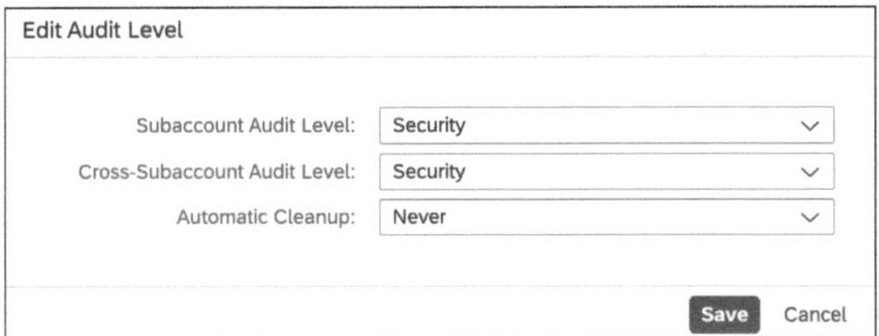

Abbildung 10.9 Audit Level ändern

Protokolle sichern

SAP empfiehlt außerdem, die Audit-Protokolldateien des Cloud Connectors regelmäßig auf einen externen, dauerhaften Speicher zu kopieren, der den lokalen Vorschriften entspricht.

Der Cloud Connector bietet auch die Möglichkeit, Log- und Trace-Dateien zu konfigurieren und abzurufen sowie einen Thread Dump zu erstellen, um SAP im Falle eines

Fehlers im Support-Prozess bestmöglich zu unterstützen. Navigieren Sie dazu im Seitenmenü zum Bereich **Log and Trace Files** im gewünschten Subaccount (siehe Abbildung 10.10).

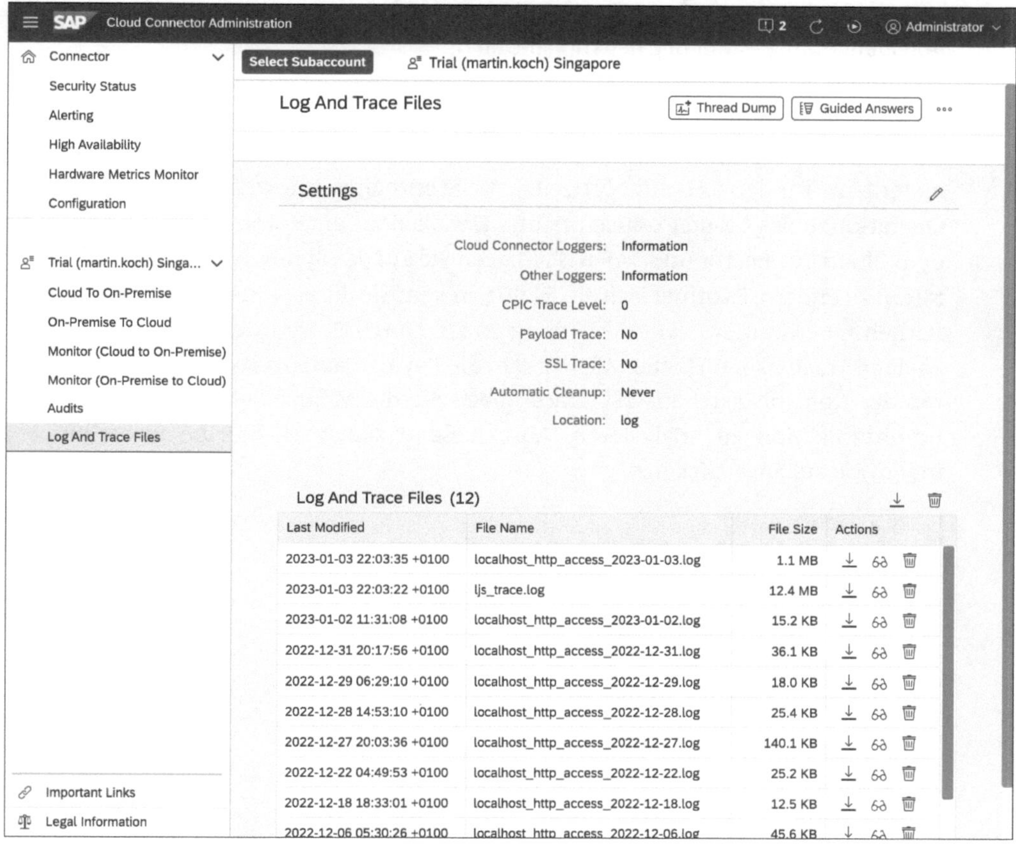

Last Modified	File Name	File Size	Actions
2023-01-03 22:03:35 +0100	localhost_http_access_2023-01-03.log	1.1 MB	
2023-01-03 22:03:22 +0100	ljs_trace.log	12.4 MB	
2023-01-02 11:31:08 +0100	localhost_http_access_2023-01-02.log	15.2 KB	
2022-12-31 20:17:56 +0100	localhost_http_access_2022-12-31.log	36.1 KB	
2022-12-29 06:29:10 +0100	localhost_http_access_2022-12-29.log	18.0 KB	
2022-12-28 14:53:10 +0100	localhost_http_access_2022-12-28.log	25.4 KB	
2022-12-27 20:03:36 +0100	localhost_http_access_2022-12-27.log	140.1 KB	
2022-12-22 04:49:53 +0100	localhost_http_access_2022-12-22.log	25.2 KB	
2022-12-18 18:33:01 +0100	localhost_http_access_2022-12-18.log	12.5 KB	
2022-12-06 05:30:26 +0100	localhost_http_access_2022-12-06.log	45.6 KB	

Abbildung 10.10 Log- und Trace-Dateien

Klicken Sie auf die Schaltfläche **Thread Dump**, um die Erstellung eines Thread Dumps anzustoßen. Danach müssen Sie die Erstellung des Thread Dumps in einem Dialog mit einem Klick auf **Thread Dump** bestätigen (siehe Abbildung 10.11).

Was ist ein Thread-Dump?

Ein *Thread Dump* ist ein Schnappschuss des Zustands aller Threads eines Java-Prozesses. Der Zustand jedes Threads wird durch einen Stack-Trace dargestellt, der den Inhalt des Stacks eines Threads zeigt. Ein Thread Dump ist nützlich für die Diagnose von Problemen, da er die Aktivität des Threads zeigt.

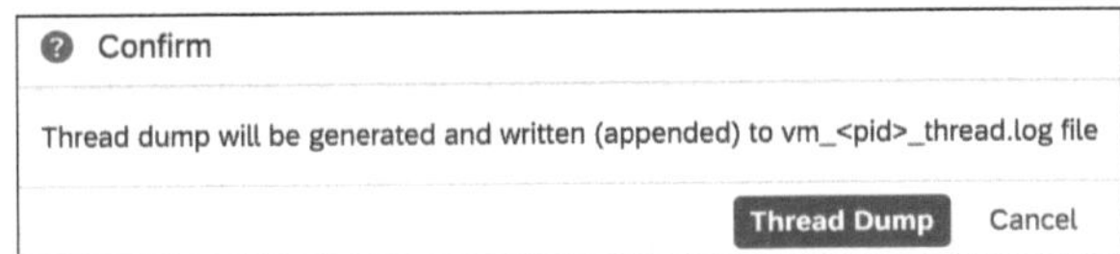

Abbildung 10.11 Bestätigung des Thread-Dumps

Sie können auch die Log- und Trace-Level im Abschnitt **Log and Trace Files** ändern (siehe Abbildung 10.10). Diese Dateien sind für die Fehlersuche nützlich. Sie sind in erster Linie für den SAP-Support gedacht. Sie enthalten Informationen über interne Operationen des Cloud Connectors und Details über die Kommunikation zwischen dem Cloud Connector und SAP BTP. Klicken Sie auf das Symbol , um die Konfiguration zu ändern. Es öffnet sich ein Dialog, in dem Sie die gewünschten Einstellungen vornehmen können (siehe Abbildung 10.12). Durch Setzen des Kontrollkästchens **Payload Trace** haben Sie die Möglichkeit, die Payload aufzuzeichnen. Durch Aktivieren des Kontrollkästchens **SSL Trace** haben Sie die Möglichkeit, Fehler in der SSL-Kommunikation zu analysieren. Abschließend speichern Sie die Einstellungen, indem Sie auf **Save** klicken.

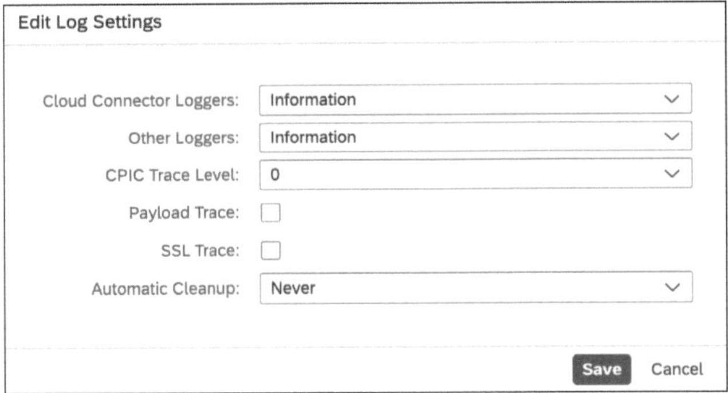

Abbildung 10.12 Log-Einstellungen bearbeiten

10.3 Sicherung und Wiederherstellung

Sie können die Konfiguration Ihres Cloud Connectors sichern und wiederherstellen. Dazu öffnen Sie im Seitenmenü die Menügruppe **Connector**, wie in Abbildung 10.13 dargestellt. In diesem Menü müssen Sie auf **Backup** klicken, um ein Backup der Cloud-Connector-Konfiguration zu erstellen.

Dabei wird ein Archiv mit einem Schnappschuss der aktuellen Cloud-Connector-Konfiguration erstellt und auf Ihren lokalen Rechner heruntergeladen. Aus Sicherheitsgründen sind einige Dateien verschlüsselt. Die Verschlüsselung ist symmetrisch, und das von Ihnen angegebene Passwort wird als Schlüssel verwendet. Sie werden in einem Dialog zur Eingabe des Passworts aufgefordert (siehe Abbildung 10.14). Nachdem Sie das Kennwort eingegeben haben, klicken Sie auf **Backup**.

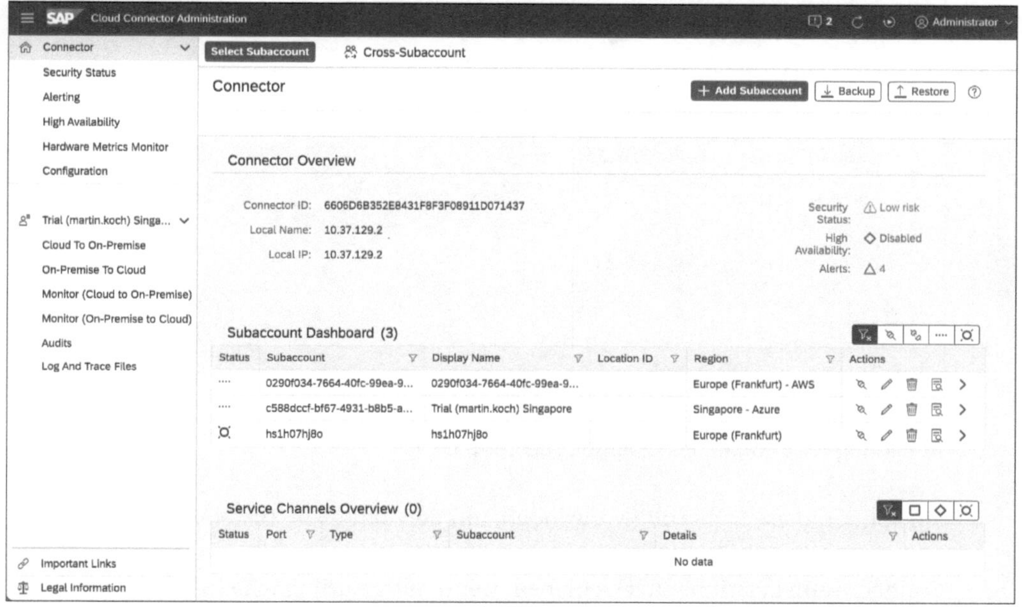

Abbildung 10.13 Cloud Connector – Übersicht

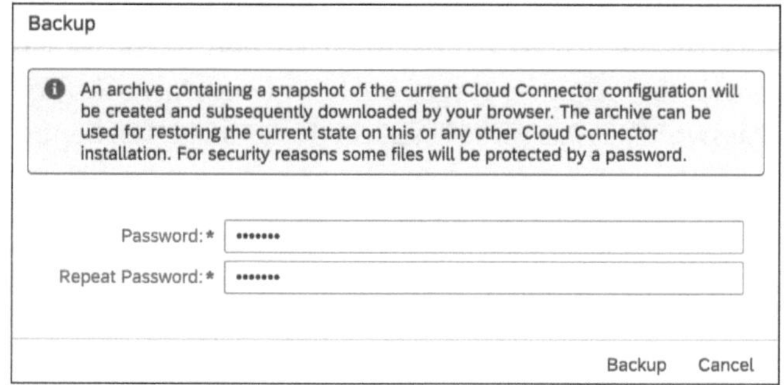

Abbildung 10.14 Backup-Passwort festlegen

Sie können die Sicherung entpacken, wenn Sie das Passwort kennen. Der Inhalt eines typischen Backups ist in Abbildung 10.15 dargestellt.

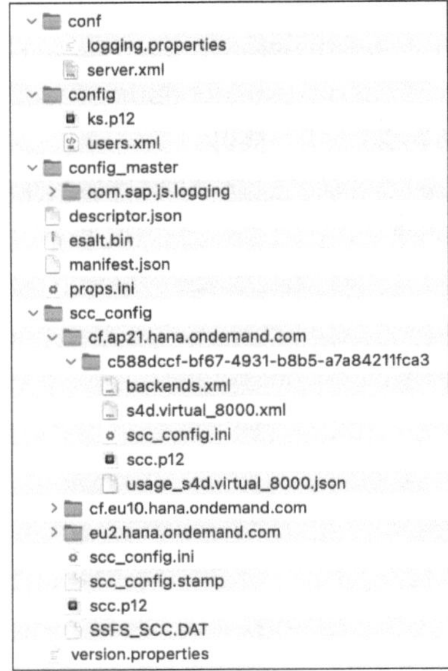

Abbildung 10.15 Inhalt des Cloud-Connector-Backups

Sie können diese Sicherung verwenden, um den aktuellen Zustand der gleichen Installation wiederherzustellen oder die aktuelle Konfiguration in eine neue Cloud-Connector-Installation zu verschieben, wenn die ursprüngliche Instanz nicht mehr verwendet werden kann. (Beachten Sie, dass Sie die Sicherung nicht auf eine ältere Cloud-Connector-Version wiederherstellen können.) Um die Sicherung wiederherzustellen, klicken Sie auf **Restore**. In dem daraufhin angezeigten Dialogfeld müssen Sie nun eine Datei für **Archive File** auswählen, wie in Abbildung 10.16 dargestellt. Geben Sie in das Feld **Archive Password** das beim Export vergebene Kennwort ein. Zusätzlich müssen Sie in das Feld **Login Password** das Passwort des aktuell angemeldeten Benutzers eingeben. Klicken Sie abschließend auf **Restore**.

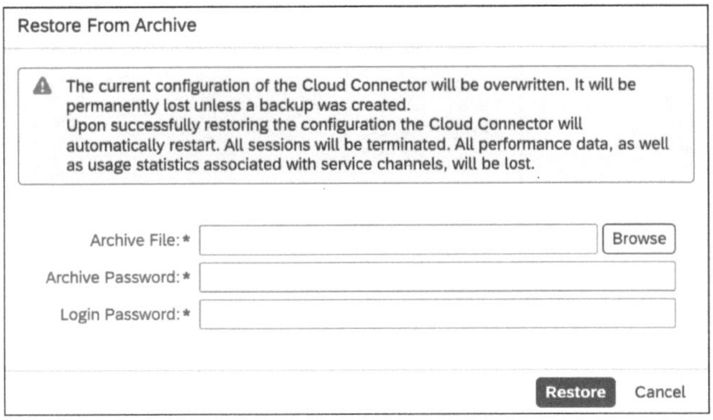

Restore From Archive

The current configuration of the Cloud Connector will be overwritten. It will be permanently lost unless a backup was created.
Upon successfully restoring the configuration the Cloud Connector will automatically restart. All sessions will be terminated. All performance data, as well as usage statistics associated with service channels, will be lost.

Archive File: * Browse
Archive Password: *
Login Password: *

Restore Cancel

Abbildung 10.16 Cloud-Connector-Backup wiederherstellen

Die Wiederherstellung überschreibt die aktuelle Konfiguration des Cloud Connectors. Sein aktueller Zustand und seine Einstellungen gehen dauerhaft verloren, es sei denn, Sie haben vor dem Wiederherstellungsvorgang eine weitere Sicherung erstellt. Nach einer erfolgreichen Wiederherstellung wird der Cloud Connector automatisch neu gestartet. Beachten Sie, dass alle aktiven Sitzungen während des Neustarts beendet werden.

[!]

Geklontes Setup wird nicht unterstützt

Betreiben Sie nicht mehrere Cloud-Connector-Instanzen mit der gleichen Konfiguration gleichzeitig. Die Funktion zum Wiederherstellen eines Backups auf einer anderen Cloud-Connector-Instanz ist nicht für das Klonen gedacht, sondern nur für den Support beim Verschieben einer Cloud-Connector-Instanz von einem Host zu einem anderen. Der Betrieb von zwei oder mehr Instanzen mit der gleichen Konfiguration führt zu Problemen.

10.4 Upgrade

Der Cloud Connector muss in regelmäßigen Abständen aktualisiert werden. Einer der Hauptgründe dafür ist die Tatsache, dass jede Version des Cloud Connectors nur 12 Monate lang von SAP supportet wird. Das bedeutet, dass die Kompatibilität der Cloud-Infrastruktur mit diesen Versionen gewährleistet ist. Nach diesem Zeitraum ist die Kompatibilität nicht mehr gewährleistet. Die Interoperabilität könnte von SAP eingestellt werden. Darüber hinaus wird ein Upgrade von der veralteten Version nach weiteren drei Monaten nicht mehr als unterstützt angesehen. (Upgrades werden nur für Installer-Versionen unterstützt, nicht für portable Versionen).

Die Vorgehensweise für ein Upgrade des Cloud Connectors hängt davon ab, ob er als hochverfügbar konfiguriert wurde oder ob er ohne Hochverfügbarkeit läuft. In Abschnitt 10.4.1, »Upgrade ohne aktive Hochverfügbarkeit«, zeigen wir Ihnen, wie Sie den Cloud Connector ohne Hochverfügbarkeit aktualisieren können. Dies gilt z. B. für Entwicklungssysteme. Für den produktiven Einsatz empfehlen wir eine Installation, die für Hochverfügbarkeit konfiguriert wurde. Auf die Upgrades für dieses Setup gehen wir in Abschnitt 10.4.2, »Upgrade mit aktiver Hochverfügbarkeit«, ein. Da der Cloud Connector in jedem Fall eine Java VM benötigt, zeigen wir Ihnen in Abschnitt 10.4.3, »Updaten der Java VM«, wie die Java VM aktualisiert werden kann.

10.4.1 Upgrade ohne aktive Hochverfügbarkeit

Wenn Sie eine Cloud-Connector-Installation mit nur einem Rechner haben, ist eine kurze Ausfallzeit während des Upgrade-Prozesses unvermeidlich. Das Verfahren hängt vom verwendeten Betriebssystem ab.

Um ein Upgrade unter Microsoft Windows durchzuführen, gehen Sie wie folgt vor:

1. Deinstallieren Sie den Cloud Connector. Stellen Sie sicher, dass Sie die bestehende Konfiguration beibehalten.
2. Installieren Sie den Cloud Connector in demselben Verzeichnis neu.
3. Löschen Sie Ihren Browser-Cache, bevor Sie auf die Benutzeroberfläche des Administrators zugreifen, um unvorhersehbares Verhalten aufgrund der modernisierten Benutzeroberfläche zu vermeiden.

Führen Sie die folgenden Schritte aus, um ein Upgrade im Linux-Betriebssystem durchzuführen:

1. Führen Sie den folgenden Befehl aus: `rpm -U com.sap.scc-ui-<Version>.rpm`.
2. Löschen Sie Ihren Browser-Cache, bevor Sie auf die Administrator-Benutzeroberfläche zugreifen. Dies hilft Ihnen, unvorhersehbares Verhalten aufgrund der modernisierten Benutzeroberfläche zu vermeiden.

10.4.2 Upgrade mit aktiver Hochverfügbarkeit

Wenn Sie ein Hochverfügbarkeits-Setup mit einer Master-Instanz und einer Shadow-Instanz haben, können Sie das Upgrade ohne Ausfallzeit durchführen. Gehen Sie dazu wie folgt vor:

1. Schalten Sie die Shadow-Instanz ab.
2. Führen Sie das Upgrade auf der Standby-Instanz durch, abhängig vom verwendeten Betriebssystem, wie in Abschnitt 10.4.1, »Upgrade ohne aktive Hochverfügbarkeit«, beschrieben.
3. Starten Sie die Standby-Instanz neu, und warten Sie, bis sie sich mit der Master-Instanz verbindet.
4. Führen Sie einen Rollenwechsel durch. Die Master-Instanz hat sich nun in eine Shadow-Instanz verwandelt.
5. Fahren Sie die neue Shadow-Instanz herunter, und führen Sie auch für sie das Upgrade-Verfahren durch, je nach verwendetem Betriebssystem, wie in Abschnitt 10.4.1 beschrieben.
6. Starten Sie die neue Shadow-Instanz neu, und warten Sie, bis sie sich mit der bereits aktualisierten aktuellen Master-Instanz verbindet.
7. Führen Sie erneut einen Rollenwechsel durch.

10.4.3 Updaten der Java VM

Gelegentlich müssen Sie die vom Cloud Connector verwendete JVM updaten. Gründe dafür sind z. B. abgelaufene SSL-Zertifikate, die in der JVM enthalten sind, Fehlerbehebungen oder veraltete JVM-Versionen. Es sind zwei Möglichkeiten zu unterscheiden: Sie können die JVM im gleichen Verzeichnis ersetzen oder das Installationsverzeichnis der JVM ändern:

- Die einfachere Option ist, die JVM im selben Verzeichnis zu ersetzen. Dazu fahren Sie den Cloud Connector herunter, aktualisieren die JVM und starten den Cloud Connector anschließend neu.
- Wenn Sie das Installationsverzeichnis der JVM ändern, hängen die erforderlichen Schritte von dem von Ihnen verwendeten Betriebssystem ab.

Um das Installationsverzeichnis der JVM unter Microsoft Windows zu ändern, stellen Sie zunächst sicher, dass der aktuelle Benutzer über Administratorrechte für das Betriebssystem verfügt. Gehen Sie dann wie folgt vor:

1. Schalten Sie die Cloud-Connector-Instanzen aus.
2. Öffnen Sie den Registrierungseditor (**regedit32.exe**), und suchen Sie den Registrierungseintrag **HKEY_LOCAL_MACHINE\SOFTWARE\SAP\Cloud Connector**.
3. Ändern Sie den Wert von JavaHome auf das Installationsverzeichnis der neuen JVM oder des JDK.
4. Schließen Sie den Registrierungseditor, und starten Sie den Cloud Connector neu.

Um das Installationsverzeichnis der JVM im Linux-Betriebssystem zu ändern, gehen Sie wie folgt vor:

1. Öffnen Sie eine Shell-Befehlszeile als Root-Benutzer.
2. Setzen Sie in dieser Shell die Umgebungsvariable `JAVA_HOME`, die auf das Installationsverzeichnis der neuen JVM oder des JDK zeigt.
3. Stoppen Sie den Cloud-Connector-Daemon.
4. Führen Sie je nach Linux-Distribution, die Sie verwenden, den Befehl `daemon.sh reinstall` oder `daemon.sh reinstallSystemd` aus.
5. Starten Sie den SAP-Cloud-Connector-Daemon.

10.5 APIs für die Verwaltung

Der Cloud Connector bietet REST-APIs (Representational State Transfer), um die Automatisierung von Konfigurations- und Monitoring-Aufgaben zu unterstützen. Die REST-APIs werden auf demselben Host und Port bereitgestellt, den Sie für den Zugriff auf den Cloud Connector verwenden. Die Payloads von Anfragen und Antworten sind überwiegend im JSON-Format kodiert.

Das Hauptmerkmal von REST-APIs ist die Zustandslosigkeit. *Zustandslosigkeit* (engl. Statelessness) bedeutet, dass die Server keine Client-Daten zwischen den Anfragen speichern. Das heißt, Anfragen an den Server werden immer unabhängig voneinander verarbeitet.

REST definiert eine Reihe von Funktionen wie *GET*, *POST*, *PUT* oder *DELETE*, mit denen Clients auf den Server zugreifen können, um Daten zu lesen oder zu bearbeiten. Clients und Server tauschen Daten über das HTTP-Protokoll aus. Das HTTP-Protokoll bietet verschiedene sogenannte Methoden. Diese sind eine besondere Art des Aufrufs an den Server. Auf der Serverseite dreht sich alles um die Ressource. Sie kann z. B. mit einer auf dem Server gespeicherten Datei oder einem in einer Datenbank auf dem Server gespeicherten Datensatz verglichen werden. Jede Ressource kann eindeutig identifiziert werden. Zu diesem Zweck werden *Uniform Resource Identifiers* (URIs) verwendet.

Der Cloud Connector unterstützt die Basic Authentication und die formularbasierte Authentifizierung. Die REST-API unterstützt verschiedene Benutzerrollen, die dem API-Benutzer zugewiesen werden müssen. Die folgenden Rollen, die in Abschnitt 10.1, »Rollen«, erläutert wurden, werden verwendet:

- **Administrator**
  Erlaubt alle Operationen.
- **Support**
  Ermöglicht die Bearbeitung der Log- und Trace-Konfiguration.
- **Display**
  Ermöglicht das Lesen der Konfiguration.
- **Monitoring**
  Ermöglicht das Auslesen der Monitoring-Informationen.

Nach der Authentifizierung des Benutzers kann der Client die Sitzung aufrechterhalten und nachfolgende Anfragen in dieser Sitzung ausführen. Eine Sitzung vermeidet den durch die Authentifizierung auf Seiten des Cloud Connectors verursachten Overhead. Die Sitzungs-ID kann dem Header-Feld der Antwort, **Set-Cookie**, entnommen werden (Abbildung 10.17 zeigt, dass es sich um **JSESSIONID** handelt) und muss normalerweise im Request-Header gesendet werden. Der Cloud Connector verwendet CSRF-Tokens, um *Cross-Site-Request-Forgery-Angriffe* zu verhindern. Ein CSRF-Token wird bei der ersten Anfrage generiert und im Response-Header im Feld **X-CSRF-Token** zurückgegeben. Die Client-Anwendung muss dieses Token aufbewahren und es als X-CSRF-Header-Feld-Token zusammen mit dem Sitzungs-Cookie für alle nachfolgenden Anfragen senden.

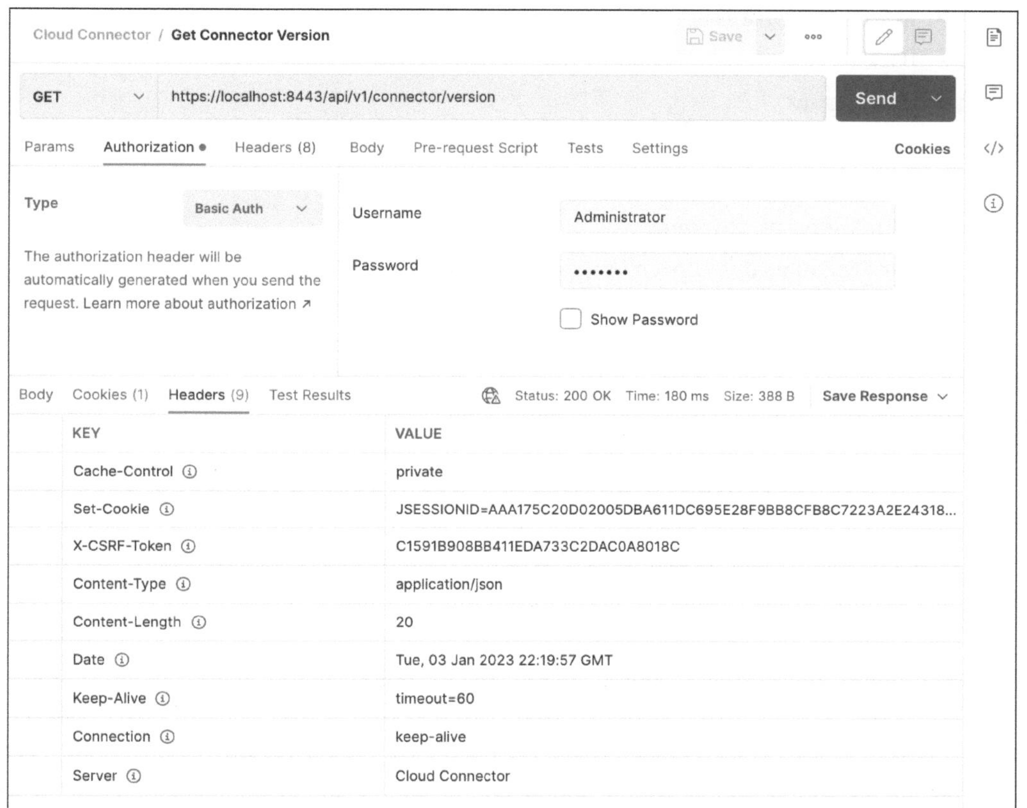

Abbildung 10.17 CSRF-Token

Mit Version 2.11 wurden die ersten REST-APIs im Cloud Connector eingeführt, mit denen Sie einen neu installierten Cloud Connector konfigurieren können. Mit diesen APIs konnten Sie die folgenden Aktivitäten durchführen:

- Erstkonfiguration
- Verwaltung von Subaccounts
- Konfiguration der Access Control

Die APIs wurden mit jeder Version des Cloud Connectors erweitert. In Version 2.15 des Cloud Connectors sind APIs in den folgenden Bereichen verfügbar:

- Allgemeine Eigenschaften
- Einstellungen für hohe Verfügbarkeit
- Proxy-Einstellungen
- Authentifizierung und UI-Einstellungen
- Zertifikatsverwaltung für die Backend-Kommunikation

- Konfiguration des Solution Managers
- Backup
- Subaccount
- System-Mappings
- System-Mapping-Ressourcen
- Domänen-Zuordnungen
- Servicekanäle des Subaccounts
- Access Control Entities

Die HTTP-Methode GET wird verwendet, um eine Ressource zu lesen. Bei der HTTP-Methode GET werden alle Parameter in der Adresszeile übertragen. Ein Beispiel für das Lesen aller Subaccounts ist in Abbildung 10.18 dargestellt.

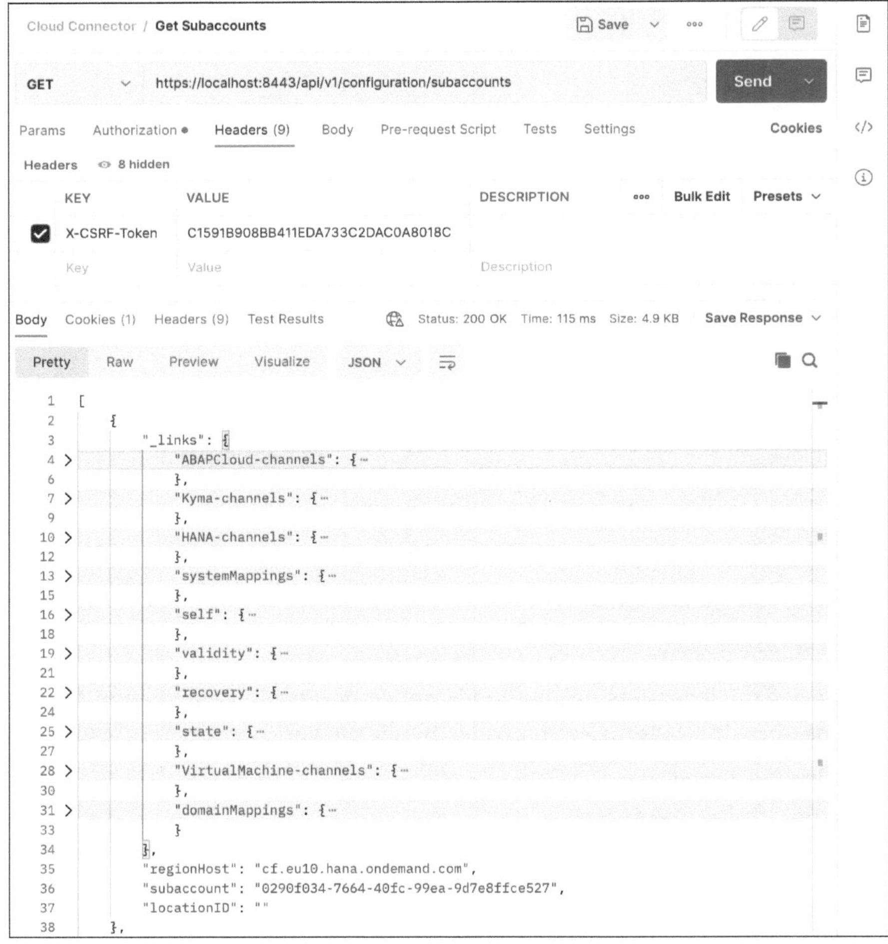

Abbildung 10.18 Alle Subaccounts abrufen

Die Antwort enthält die Basisattribute `regionHost`, `subaccount` und `locationID` sowie Navigationseigenschaften wie `systemMappings`. Verknüpfte Entitäten können über diese Navigationseigenschaften abgerufen werden.

Die Erstellung einer Ressource wird ebenfalls über HTTP abgebildet, und zwar mit der http-Methode `POST`. Zusätzlich müssen die URL, die Benutzerdaten und der HTTP-Body übertragen werden, der dem Inhalt der zu erstellenden Ressource auf dem Server entspricht. Auf diese Weise können Sie z. B. einen neuen Subaccount auf dem Server anlegen. Ein Beispiel hierfür ist in Abbildung 10.19 dargestellt.

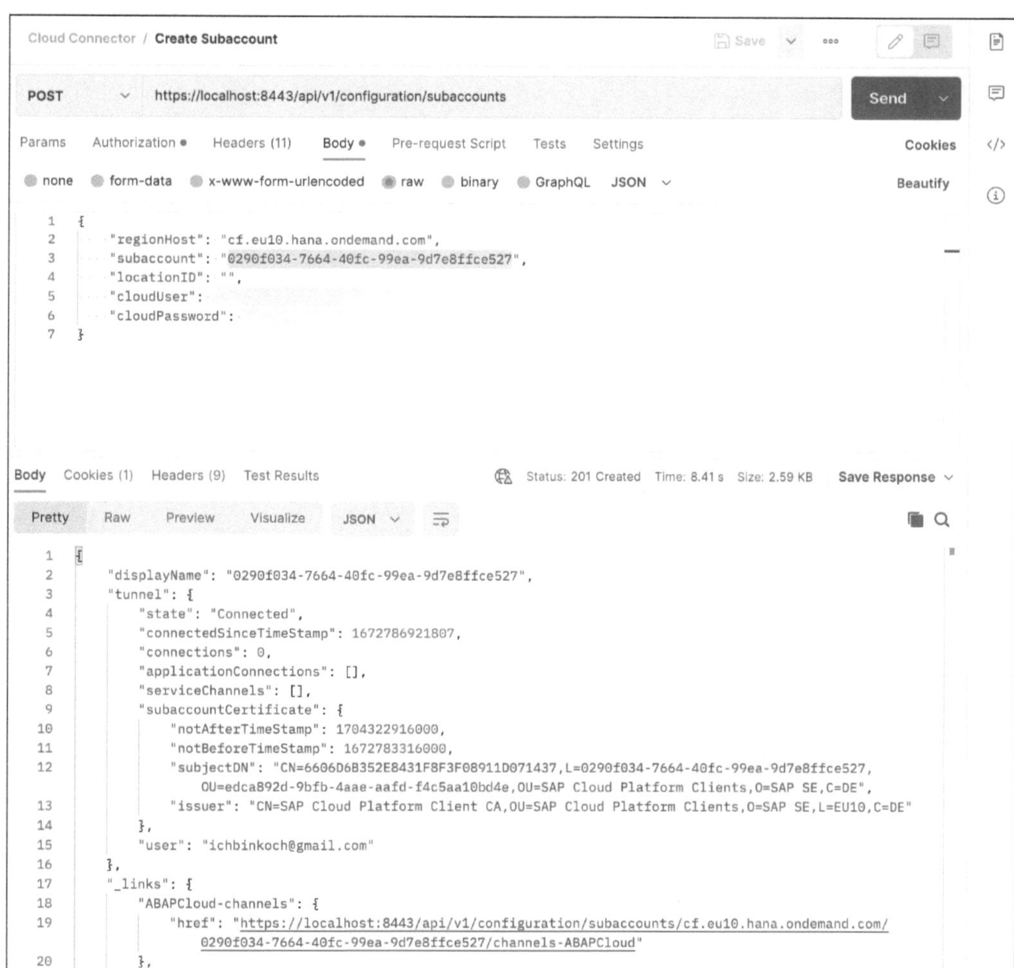

Abbildung 10.19 Subaccounts anlegen

Für die Änderung einer Ressource gibt es mehrere Methoden. Sie können die gesamte Ressource updaten oder selektiv einzelne Felder oder Attribute der Ressource updaten. Die HTTP-Methode PUT wird für das Update der gesamten Ressource verwendet. Die Benutzerdaten werden im HTTP-Body bereitgestellt. Ein Beispiel hierfür ist die Änderung des Display-Namens eines bestehenden Subaccounts (siehe Abbildung 10.20).

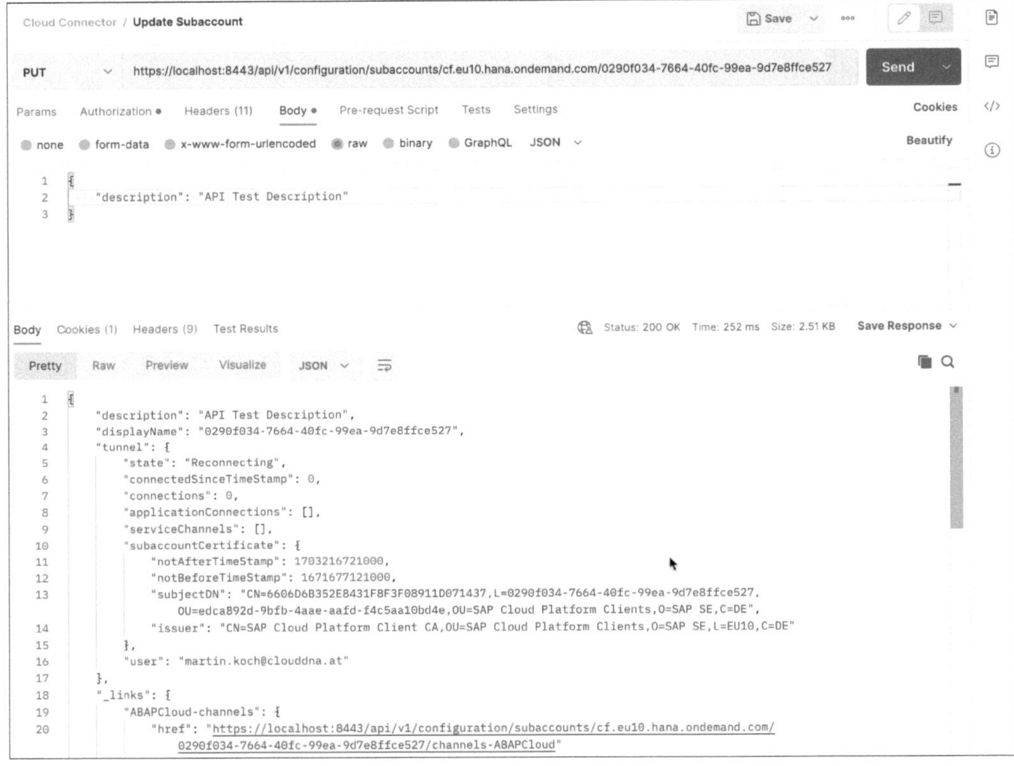

Abbildung 10.20 Display-Namen des Subaccounts aktualisieren

Das Löschen einer Ressource erfolgt mit der HTTP-Methode DELETE. Sie müssen lediglich die ID der zu löschenden Ressource in der URL übergeben. Im Erfolgsfall wird eine Antwort mit dem HTTP-Statuscode 204 gesendet. Ein Beispiel hierfür ist die Löschung eines Subaccounts (siehe Abbildung 10.21).

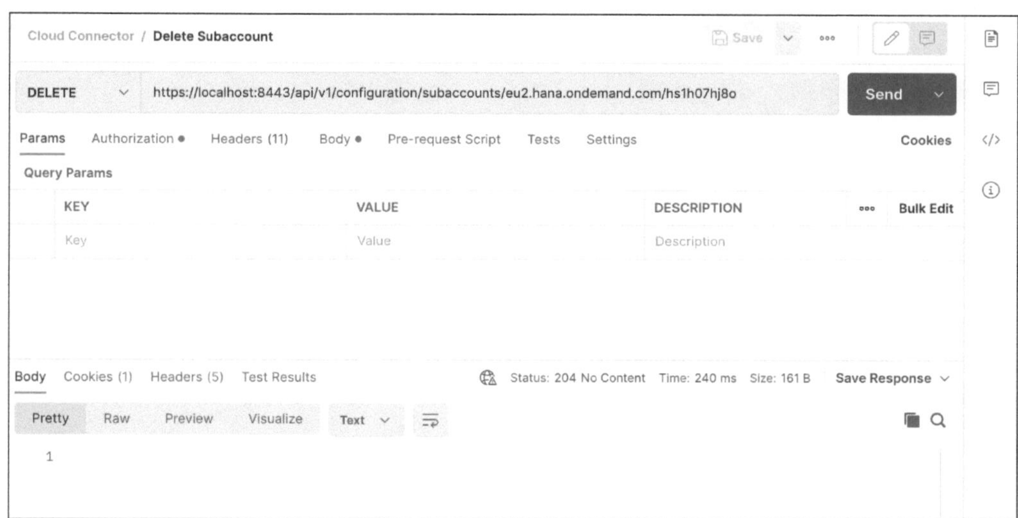

Abbildung 10.21 Subaccount löschen

10.6 Zusammenfassung

In diesem Kapitel haben Sie alle relevanten Aspekte der Administration des Cloud Connectors kennengelernt. Abschnitt 10.1, »Rollen«, begann mit einer Einführung in die für den Cloud Connector verfügbaren Rollen. Diese Rollen sind nur relevant, wenn Sie die Benutzer des Cloud Connectors gegen einen LDAP-Server authentifizieren, was die Empfehlung von SAP ist. Nur dann haben Sie die Möglichkeit, brauchbare Audit-Logs zu schreiben.

Der Cloud Connector stellt die Verbindung zu SAP BTP auf Subaccountebene her. Daher ist es aus unserer Sicht wichtig, dass Sie die wichtigsten Funktionen bei der Verwaltung der Subaccounts kennen. Diese wurden in Abschnitt 10.2, »Verwaltung der Subaccounts«, erläutert.

In Abschnitt 10.3, »Sicherung und Wiederherstellung«, haben Sie gelernt, wie Sie ein Backup Ihrer Konfiguration auf dem Cloud Connector erstellen und wiederherstellen können. Sie sollten vor jedem Upgrade des Cloud Connectors ein Backup erstellen und den Cloud Connector regelmäßig auf die neueste Version updaten. In Abschnitt 10.4, »Upgrade«, haben Sie erfahren, wie Sie bei einem Upgrade des Cloud Connectors und der zugrunde liegenden JVM vorgehen müssen. Schließlich wurde in Abschnitt 10.5, »APIs für die Verwaltung«, gezeigt, welche REST-APIs Ihnen der Cloud Connector für die Integration mit Anwendungen von Drittanbietern zur Verfügung stellt.

Kapitel 11
Monitoring

Das System ist eingerichtet. Wir haben viele Details konfiguriert. Abgesehen von den Sicherheitsfragen, die wir bereits angesprochen haben, lautet die nächste Frage nun: Wie können wir den ordnungsgemäßen Betrieb des Systems sicherstellen? Die Antwort ist einfach: durch Monitoring.

Zum ordnungsgemäßen Betrieb der Systeme gehört auch die Einrichtung eines angemessenen Monitorings für den Cloud Connector. *Monitoring* bedeutet, zu überprüfen, ob das System ordnungsgemäß funktioniert, und Warnungen zu erhalten, wenn ein bestimmter Wert unter- bzw. überschritten wird oder ein unerwartetes Systemverhalten auftritt. Überwachung kann auch bedeuten, das System zu sichern oder Debug-Anfragen zu erstellen, um die Leistung zu verbessern oder Lücken in der Konfiguration zu finden.

In diesem Kapitel führen wir Sie durch die Monitoring-Konfiguration und die Ihnen zur Verfügung stehenden Optionen. Abschnitt 11.1, »Hardware-Monitoring«, behandelt die Hardware-Überwachung für die grundlegenden Ressourcen, die der Cloud Connector verwendet. In Abschnitt 11.2, »Monitoring des Subaccounts«, werden wir tiefer gehen und prüfen, welche Monitoring-Optionen auf der Ebene des Subaccounts verfügbar sind. Abschnitt 11.3, »Monitoring-APIs«, zeigt, welche Optionen Sie haben, wenn Sie Cloud-Connector-APIs verwenden. Abschnitt 11.4, »Alerting«, zeigt dann die Warnmeldungen, die der Cloud Connector bietet. Schließlich geht es in Abschnitt 11.5, »Audit-Protokollierung«, um Audit-Protokolle im Bereich des Cloud Connectors.

Weitere Lektüre

Wir empfehlen die Lektüre des folgenden SAP-Blogs, um mehr über Monitoring-Tools im Bereich SAP BTP in einer End-to-End-Sicht zu erfahren und über den Tellerrand hinauszuschauen: *http://s-prs.de/v970710*.

11.1 Hardware-Monitoring

Für das grundlegende Hardware-Monitoring navigieren Sie zu **Hardware Metrics Monitor** in der Administration des Cloud Connectors.

Im oberen Teil des Bildschirms sehen Sie die aktuellen Werte für den verfügbaren Festplattenspeicher unter **Disk Space**, für **Java Heap** sowie für den physischen und virtuellen Speicher unter **Physical Memory** bzw. **Virtual Memory**, wie in Abbildung 11.1 dargestellt.

Festplattenspeicher und Arbeitsspeicher sind ziemlich selbsterklärend, aber wir sollten etwas Licht auf den Java-Heap werfen. *Heap-Speicher* ist der Speicherplatz, den Java normalerweise für neue Objekte verwendet. Es handelt sich um Speicher, der für die dynamische Zuweisung reserviert ist. Wenn der Heap-Speicher stark ausgelastet ist, empfiehlt es sich, den Heap zu vergrößern, da es einige Zeit dauert, bis ungenutzte Objekte, so genannter Garbage, eingesammelt werden. Wenn Sie sich eingehender mit dem Heap-Speicher beschäftigen möchten, empfehlen wir die SAP-Hinweise 2965278 und 2548152.

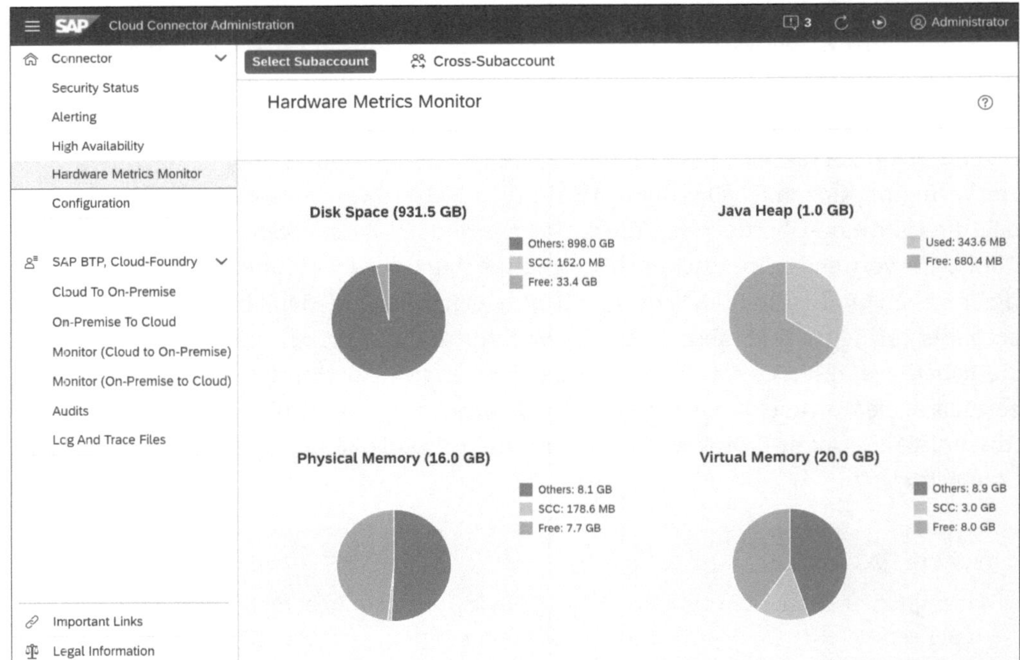

Abbildung 11.1 Aktuelle Werte für Hardware unter »Hardware Metrics Monitor«

Unterhalb dieser Diagramme sehen Sie die CPU-Auslastung (**CPU Usage**), die Auslastung des physischen Speichers (**Physical Memory Usage**; siehe Abbildung 11.2) und die Auslastung des Java-Heap (**Java Heap Usage**; siehe Abbildung 11.3).

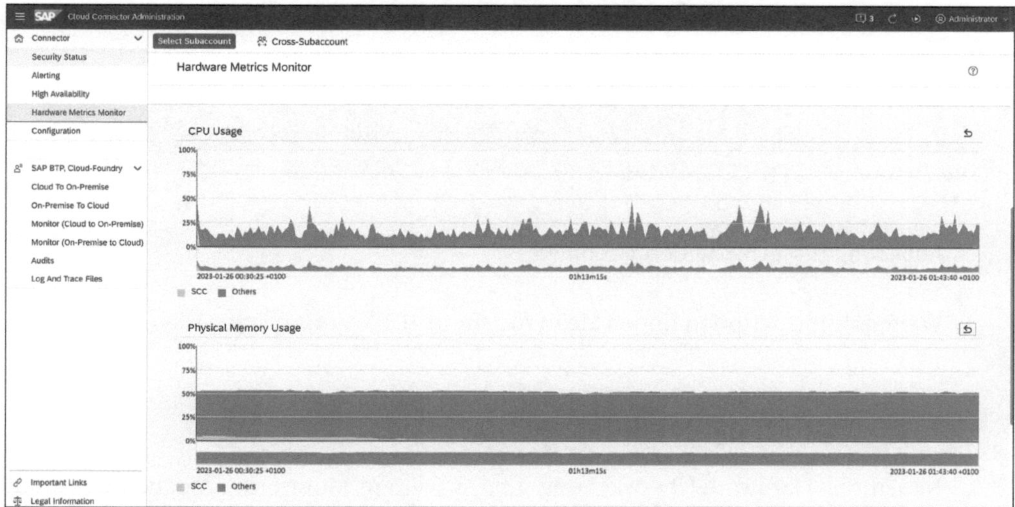

Abbildung 11.2 CPU-Nutzung und Nutzung des physischen Speichers im Cloud Connector

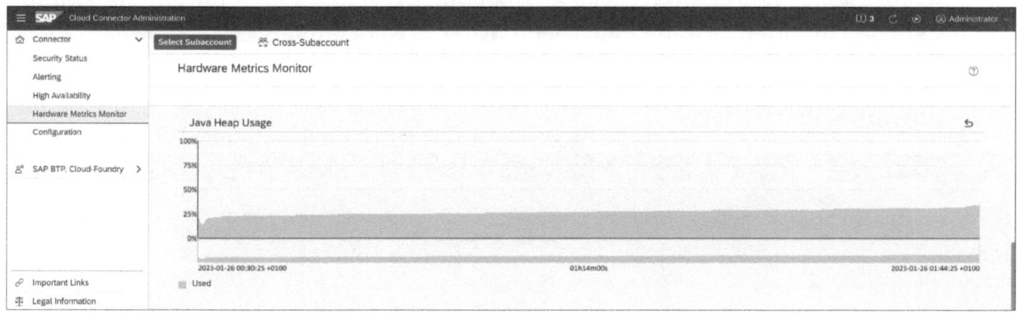

Abbildung 11.3 Java-Heap-Auslastung im Cloud Connector

Auf alle diese Werte kann auch über Monitoring-APIs zugegriffen werden. Wir werden diese im Detail in Abschnitt 11.3, »Monitoring-APIs«. Die relevante API ist in diesem Fall die *Memory-Status-API* die die Werte `{physicalKB, virtualKB, cloudConnectorHeapKB}` zurückgibt.

Beachten Sie bei den zeitbasierten Werten, dass Sie in der Zeitleiste zoomen können. Dies geschieht durch Ziehen mit der Maus innerhalb der Zeitleiste (siehe Abbildung 11.4). Sie können die Skalierung wieder auf die Standardeinstellung zurücksetzen, indem Sie auf die Schaltfläche [↶] klicken.

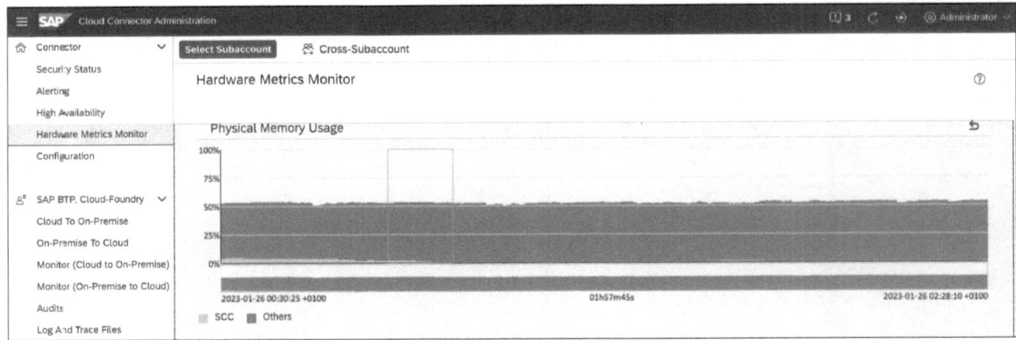

Abbildung 11.4 In die Zeitleiste zoomen

Weitere Informationen finden Sie in Abschnitt 11.3, »Monitoring-APIs«.

11.2 Monitoring des Subaccounts

Neben der Hardware-Überwachung gibt es weitere Monitoring-Möglichkeiten auf der Ebene des Subaccounts. Jeder einzelne SAP-BTP-Subaccount, der mit dem Cloud Connector verknüpft wurde, verfügt über einen Monitor für die Verbindung zwischen Cloud und on-premise (siehe Abbildung 11.5) und einen für die Verbindung zwischen on-premise und Cloud (siehe später in Abbildung 11.11).

Unter **Select Host** können Sie den Zielhost zum Filtern der Anzeige in allen Monitoring-Ansichten festlegen.

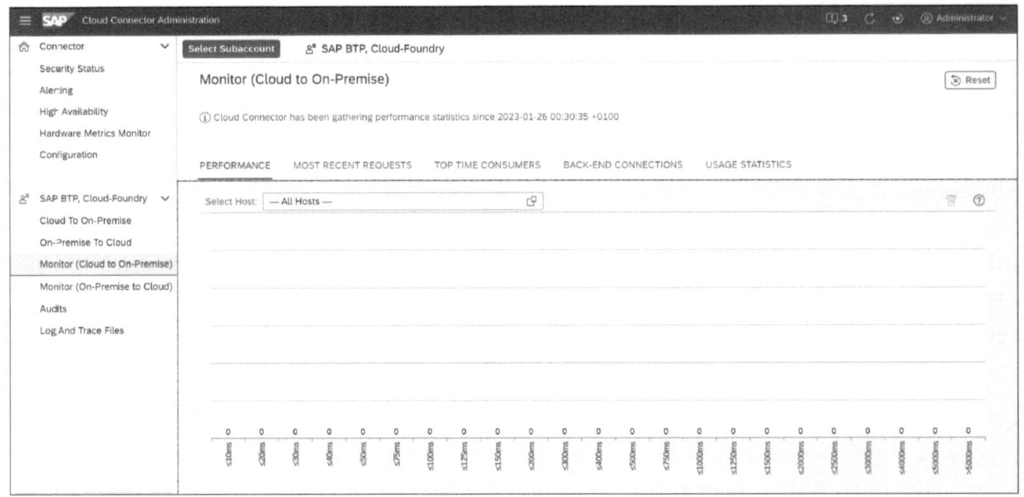

Abbildung 11.5 Monitor für Cloud-zu-on-premise

Die erste Monitoring-Seite ist in die Registerkarten **Performance** (Leistung), **Most Recent Requests** (Neueste Anfragen), **Top Time Consumers** (Top-(Zeitverbrauch), **Backend Connections** (Backend-Verbindungen) und **Usage Statistics** (Nutzungsstatistik) unterteilt. Unter **Performance** sehen Sie die Anzahl der Anfragen, gegliedert nach der Anfragedauer. Auf der linken Seite sehen Sie schnelle Anfragen, und je weiter rechts sie stehen, desto länger dauerte die Bearbeitung der Anfragen. Ein Beispiel aus der Praxis ist in Abbildung 11.6 dargestellt.

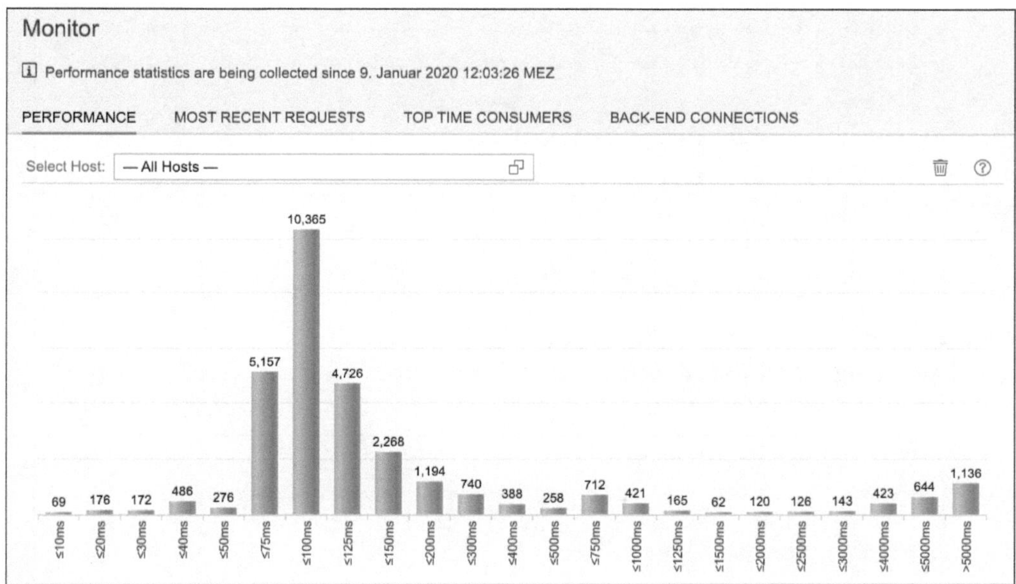

Abbildung 11.6 Monitor der produktiven Leistung

Unter **Most Recent Requests** sehen Sie die letzten Anfragen und deren Dauer (siehe Abbildung 11.7). Im oberen Teil mit den Einstellungen für **Resource Filter** können Sie die Anfragen filtern, wenn Sie nach einer bestimmten Anfrage suchen.

Der Monitor *Top Time Consumers* zeigt Ihnen die Anfragen mit der längsten Gesamtdauer, wie in Abbildung 11.8 dargestellt.

Unter **Backend Connections** (siehe Abbildung 11.9) können Sie alle offenen Verbindungen sehen. Unter **Usage Statistics** können Sie die Datenmenge sehen, die pro Verbindung übertragen wurde (siehe Abbildung 11.10).

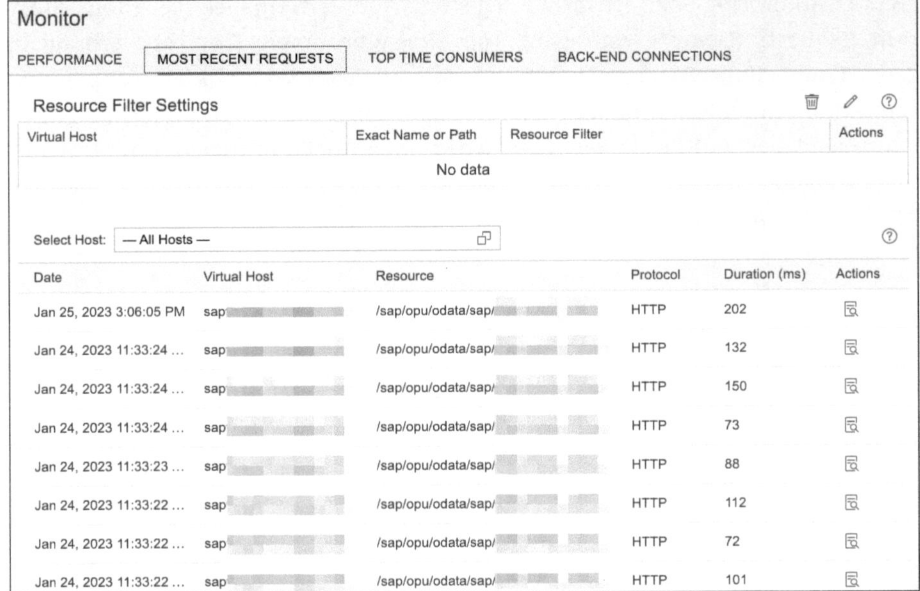

Abbildung 11.7 Neueste Anfragen

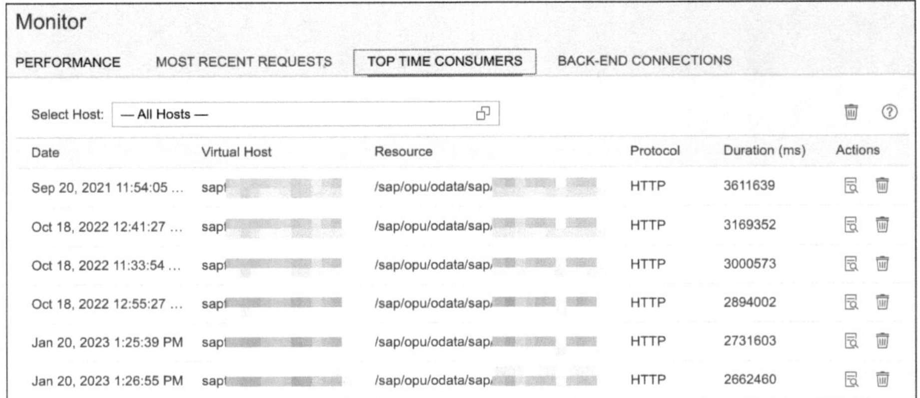

Abbildung 11.8 Top Time Consumers

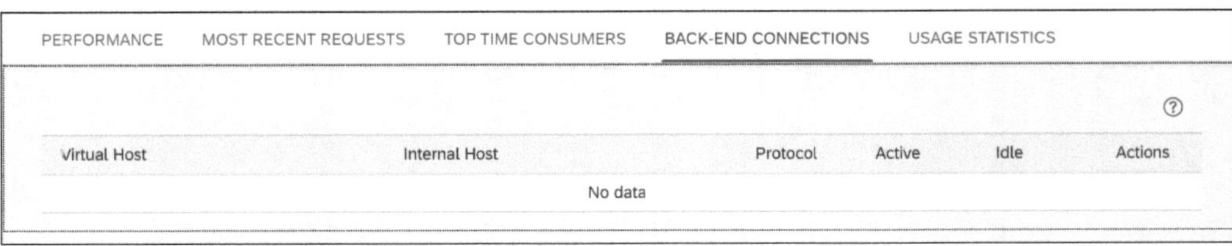

Abbildung 11.9 Aktive Verbindungen

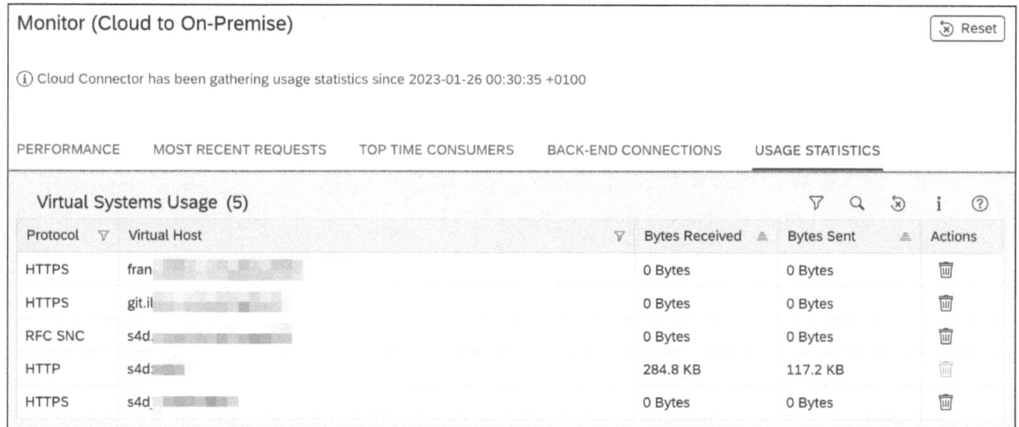

Abbildung 11.10 Verbindungsnutzungsstatistik

Der zweite Monitor, der On-Premise-to-Cloud-Monitor (siehe Abbildung 11.11), zeigt unter der Registerkarte **Connections** aktive Servicekanalverbindungen (z. B. zu einer SAP-HANA-Cloud-Datenbank) und in beide Richtungen übertragene Bytes an.

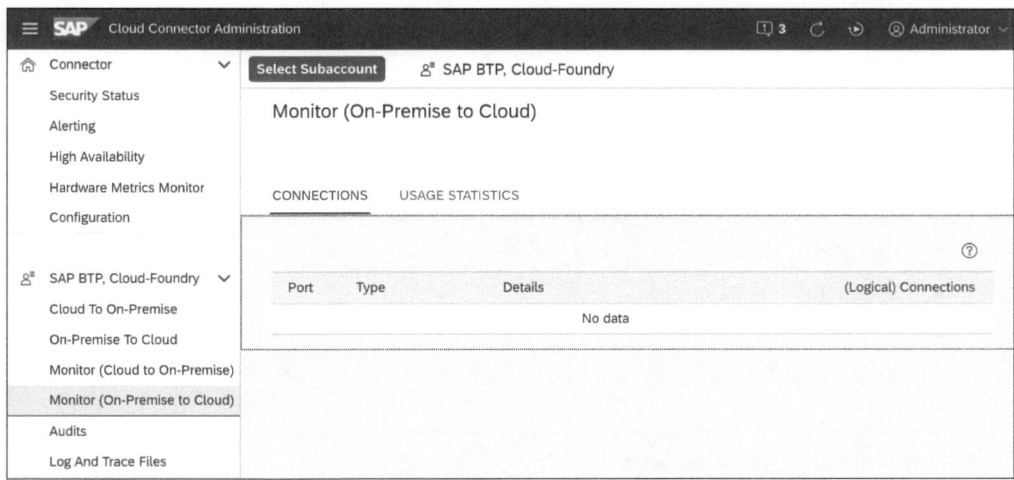

Abbildung 11.11 On-Premise-to-Cloud-Monitor

Verwenden Sie eine neue Cloud-Connector-Version

In den neuesten Versionen des Cloud Connectors gibt es viele Aktualisierungen für das Monitoring. Am wichtigsten ist, dass der Cloud Connector seit Version 2.14 die Monitoring-Daten auf der Festplatte speichert und die Daten beim Neustart nicht wegwirft. Auch der On-Premise-to-Cloud-Monitor ist ziemlich neu.

Die Reset-Taste

Seien Sie vorsichtig mit der Schaltfläche **Reset**, die in Abbildung 11.9 dargestellt ist. Wenn Sie auf **Reset** klicken, werden alle Monitoring-Statistiken gelöscht, weil das System denkt, Sie würden einen Monitoring-Fall neu starten. Wir empfehlen dringend, die Monitoring-Daten in ein anderes System zu laden, damit sie dort erhalten bleiben.

Weitere Informationen zur Überwachung und zur weiteren Nutzung des Monitors finden Sie in SAP-Hinweis 2693691.

11.3 Monitoring-APIs

Der Hauptzweck der Monitoring-APIs besteht darin, die Monitoring-Informationen in ein anderes Monitoring-Tool, wie z. B. den SAP Solution Manager, zu integrieren. Die folgenden Monitoring-APIs sind verfügbar:

- Health Check
- Subaccount Data
- Open Connections to On-Premise Backend Systems
- Open Connections to Cloud Services
- Performance Data
- Top Time Consumers
- Memory Status
- Certificate Status
- Certificate Selection List
- Usage Statistics
- Master Role Check

Monitoring der Shadow-Instanz

Derzeit gibt es keine andere Möglichkeit, die Shadow-Instanz zu überwachen, als die URL für die Shadow-Instanz abzufragen. Weitere Informationen finden Sie in SAP-Hinweis 2965918. Sie können auch die API Master Role Check ausprobieren (siehe Abschnitt 11.3.11).

In den folgenden Abschnitten stellen wir Ihnen zunächst die einzelnen Monitoring-APIs kurz vor, bevor wir auf ihre Integration in den SAP Solution Manager eingehen.

11.3.1 API »Health Check«

Die API *Health Check* kann Ihnen mitteilen, ob der Cloud Connector ordnungsgemäß funktioniert und in Betrieb ist. Die Syntax ist eine `GET`-Anforderung an `/exposed?action=ping`. Ein Beispielaufruf ist in Abbildung 11.12 dargestellt. Beachten Sie, dass dies genau wie ein Ping-Befehl in TCP/IP-Netzwerken funktioniert. Er zeigt an, dass der Cloud Connector vorhanden ist, sagt aber nichts über seinen Zustand aus.

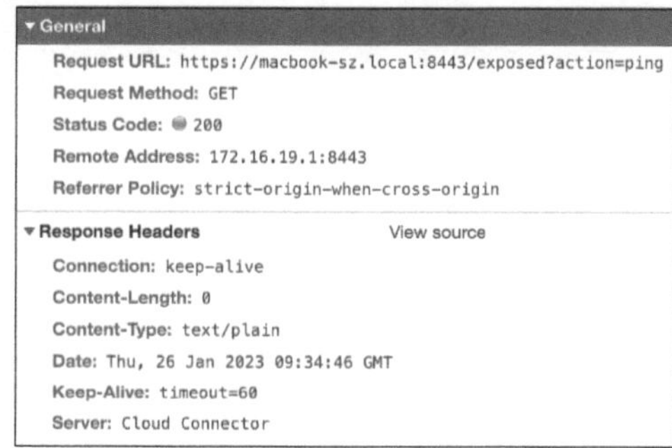

Abbildung 11.12 Beispielaufruf der Health-Check-API

11.3.2 API »Subaccount Data«

Die API *Subaccount Data* liefert Informationen über Subaccounts, die mit dem Cloud Connector verbunden sind. Sie können sie über eine `GET`-Anforderung an `/api/monitoring/subaccounts` aufrufen. Es werden alle Daten und – was am wichtigsten ist – alle Informationen über den `state` aufgelistet, der `Connected` sein sollte. Ein Beispielaufruf ist in Abbildung 11.13 dargestellt.

Not Secure | https://macbook-sz.local:8443/api/monitoring/subaccounts

Raw Parsed


```
{
  "subaccounts": [
    {
      "description": "",
      "displayName": "SAP BTP, Cloud-Foundry",
      "tunnel": {
        "state": "Connected",
        "connectedSinceTimeStamp": 1674718616989,
        "connections": 0,
        "applicationConnections": [],
        "serviceChannels": [],
        "subaccountCertificate": {
          "notAfterTimeStamp": 1705711761000,
          "notBeforeTimeStamp": 1674172161000,
          "subjectDN": "CN=                    ,L=                    ,OU=abdb65c0-5e69-44f7-8e7a-a74680707150,OU=SAP Cloud Platform Clients,O=SAP SE,C=DE",
          "issuer": "CN=SAP Cloud Platform Client CA,OU=SAP Cloud Platform Clients,O=SAP SE,L=US10,C=DE"
        },
        "user": "siegfried.zeilinger          "
      },
      "regionHost": "cf.us10.hana.ondemand.com",
      "subaccount": "          9efa-06cfee47c8d9",
      "locationID": ""
    }
  ],
  "version": 1
}
```


Abbildung 11.13 Beispielaufruf der Subaccounts-API

11.3.3 API »Open Connections to On-Premise Backend Systems«

Die API *Open Connections to On-Premise Backend Systems* zeigt offene Verbindungen zu On-Premise-Systemen an. Der Aufruf erfolgt über eine GET-Anfrage an `/api/monitoring/connections/backends`.

Abbildung 11.14 zeigt ein Beispiel. Leider hatte das System keine Backend-Verbindungen geöffnet, als dieser Screenshot aufgenommen wurde.

```
{
  "subaccounts": [
    {
      "backendConnections": [],
      "regionHost": "cf.us10.hana.ondemand.com",
      "subaccount": "[illegible]-06cfee47c8d9",
      "locationID": ""
    }
  ],
  "version": 1
}
```

Abbildung 11.14 Beispielaufruf der API »On-Premise Connections«

11.3.4 API »Open Connections to Cloud Services«

Die API *Open Connections to Cloud Services* zeigt wiederum die Kanäle an, die für Cloud-Services offen sind – z. B. für eine Online-SAP-HANA-Datenbank. Die GET-Anfrage muss an `/api/monitoring/connections/serviceChannels` gesendet werden. Ein Beispiel für die Ausgabe ist in Abbildung 11.15 dargestellt.

```
{
  "subaccounts": [
    {
      "serviceChannelConnections": [],
      "regionHost": "cf.us10.hana.ondemand.com",
      "subaccount": "[illegible]-06cfee47c8d9",
      "locationID": ""
    }
  ],
  "version": 1
}
```

Abbildung 11.15 Beispielausgabe für Servicekanäle von on-premise zu Cloud

11.3.5 API »Performance Data«

Mit der API *Performance Data* (`/api/monitoring/performance/backends`) können Sie auf die zeitbasierten Informationen zugreifen, die wir im Untermenü **Monitor (Cloud**

to On-Premise) in Abschnitt 11.2, »Monitoring des Subaccounts«, gesehen haben, jetzt aber als JSON-Daten. Eine Beispielüberschrift ist in Abbildung 11.16 dargestellt.

Der Abschnitt über die Backend-Leistung, der in Abbildung 11.16 beginnt, endet mit einem Zeitstempel, der angibt, wann die Erfassung begonnen hat.


```
{
  "subaccounts": [
    {
      "backendPerformance": [],
      "sinceTime": "2020-08-05T13:20:45.634 +0200",
      "regionHost": "eu2.hana.ondemand.com",
      "subaccount": "",
      "locationID": ""
    },
    {
      "backendPerformance": [
        {
          "virtualHost": "",
          "virtualPort": "8001",
          "protocol": "HTTP",
          "buckets": [
            {
              "numberOfCalls": 0,
              "minimumCallDurationMs": 0
            },
            {
              "numberOfCalls": 0,
              "minimumCallDurationMs": 10
            },
            {
              "numberOfCalls": 3,
              "minimumCallDurationMs": 20
            },
            {
              "numberOfCalls": 10,
              "minimumCallDurationMs": 30
            },
            {
              "numberOfCalls": 36,
              "minimumCallDurationMs": 40
            },
```


Abbildung 11.16 Beispiel für die Backend-Performance-API

11.3.6 API »Top Time Consumers«

Der API-Aufruf *Top Time Consumers* listet die Top-Zeitverbraucher auf, wie Sie sie in der Monitoring-Ansicht in der Cloud-Connector-Administration gesehen haben. Sie kann durch den Aufruf von `/api/monitoring/performance/topTimeConsumers` aufgerufen werden. Ein Beispiel für die Ausgabe ist in Abbildung 11.17 dargestellt.

```
{
  "subaccounts": [
    {
      "sinceTime": "2020-08-05T13:20:45.634 +0200",
      "requests": [],
      "regionHost": "eu2.hana.ondemand.com",
      "subaccount": "                ",
      "locationID": ""
    },
    {
      "sinceTime": "2020-11-04T11:23:28.035 +0100",
      "requests": [
        {
          "startTime": "2021-07-26T08:31:53.326 +0200",
          "id": 1563024006,
          "protocol": "HTTP",
          "virtualBackend": "s                              ",
          "internalBackend": "s                              ",
          "resource": "/sap/bc/srt/
            /                              ",
          "sentBytes": 1924,
          "receivedBytes": 265,
          "user": "        ",
          "totalTime": 9094,
          "externalTime": 9087,
          "genSsoTime": 0,
          "openRemoteTime": 2,
          "validateSsoTime": 0,
          "latencyTime": 0
        },
        {
          "startTime": "2021-08-10T14:00:00.038 +0200",
          "id": 1160973829,
          "protocol": "HTTP",
```


Abbildung 11.17 Beispiel für die API »Top Time Consumers«

11.3.7 API »Memory Status«

Die API *Memory Status* liefert Informationen über die Speichernutzung, wenn sie /api/monitoring/memory abfragt. Wie bereits in Abschnitt 11.1, »Hardware-Monitoring«, erwähnt, können Sie die Speicherwerte für physischen, virtuellen und Heap-Speicher über die API abfragen. Eine Beispielausgabe ist in Abbildung 11.18 dargestellt.


```
{
  "physicalKB": {
    "total": 16777216,
    "CloudConnector": 119756,
    "others": 8353024,
    "free": 8304436
  },
  "virtualKB": {
    "total": 16777216,
    "CloudConnector": 3171004,
    "others": 6250768,
    "free": 7355444
  },
  "cloudConnectorHeapKB": {
    "total": 1048576,
    "used": 492346,
    "free": 556230
  },
  "version": 1
}
```


Abbildung 11.18 Beispiel für die API für das Speicher-Monitoring

11.3.8 API »Certificate Status«

Einer der wichtigsten Monitoring-Aspekte ist die Vorwegnahme des Ablaufs von Zertifikaten. Die API *Certificate Status* kann unter /api/monitoring/certificates aufgerufen werden. Ein Beispiel ist in Abbildung 11.19 dargestellt.


```
{
  "expired": [],
  "expiring": [],
  "ok": [
    {
      "type": "UI",
      "subjectDN": "CN=*.ildico.consulting",
      "validTo": 1704585599000
    },
    {
      "type": "System",
      "subjectDN": "CN=cloudconnector",
      "validTo": 1705972847000
    },
    {
      "type": "CA",
      "subjectDN": "CN=clouddna",
      "validTo": 1705961791000
    },
    {
      "type": "subaccount",
      "subaccountName": "[illegible]-06cfee47c8d9",
      "subaccountRegion": "cf.us10.hana.ondemand.com",
      "validTo": 1705711761000
    }
  ]
}
```


Abbildung 11.19 Zertifikate mit Verfallszeit über API

In Abschnitt 11.3.9, »API ›Certificate Selection List‹«, wird die Einteilung der Zertifikate in die Kategorien ok, expired und expiring erläutert.

11.3.9 API »Certificate Selection List«

Die API *Certificate Selection List* ist leistungsfähiger als die Certificate-Status-API. Sie listet auch die Zertifikatsdetails auf und ermöglicht es Ihnen, im Voraus nach abgelaufenen oder auslaufenden Zertifikaten zu filtern. Der Zugriff erfolgt über /api/monitoring/certificates/{selection}, wobei {selection} für expired, expiring oder ok steht.

Der Zeitpunkt des Ablaufs wird aus der Konfiguration der Warnmeldungen übernommen. Das Thema Alerting wird in Abschnitt 11.4, »Alerting«, erläutert, aber um Ihnen einen Eindruck zu vermitteln, können Sie innerhalb der Cloud-Connector-Administration zu **Alerting** navigieren, wie in Abbildung 11.20 dargestellt. Wenn Sie zur Monitoring-Konfiguration gehen, indem Sie auf die Schaltfläche **Observation Configuration** klicken, können Sie auf dem folgenden Bildschirm den Benachrichtigungszeitraum für auslaufende Zertifikate festlegen (siehe Abbildung 11.21). Dieser Benachrichtigungszeitraum wirkt sich direkt auf die auslaufenden Zertifikate aus, die in den Monitoring-API-Aufrufen aufgeführt sind.

SAP
Cloud Connector Administration
Administrator
Connector
Security Status
Alerting
High Availability
Hardware Metrics Monitor
Configuration
SAP BTP, Cloud-Foundry
Cloud To On-Premise
On-Premise To Cloud
Monitor (Cloud to On-Premise)
Monitor (On-Premise to Cloud)
Audits
Log And Trace Files
Select Subaccount
Cross-Subaccount
Alerting
Observation Configuration
Alerts (0)
Status
Date
Alert Message
Origin
Actions
No data

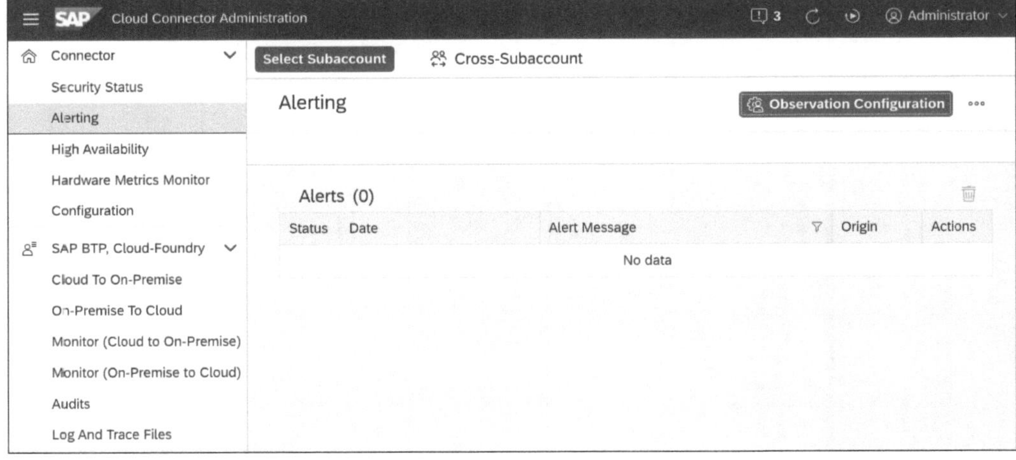

Abbildung 11.20 Bildschirm »Alerting« im Cloud Connector

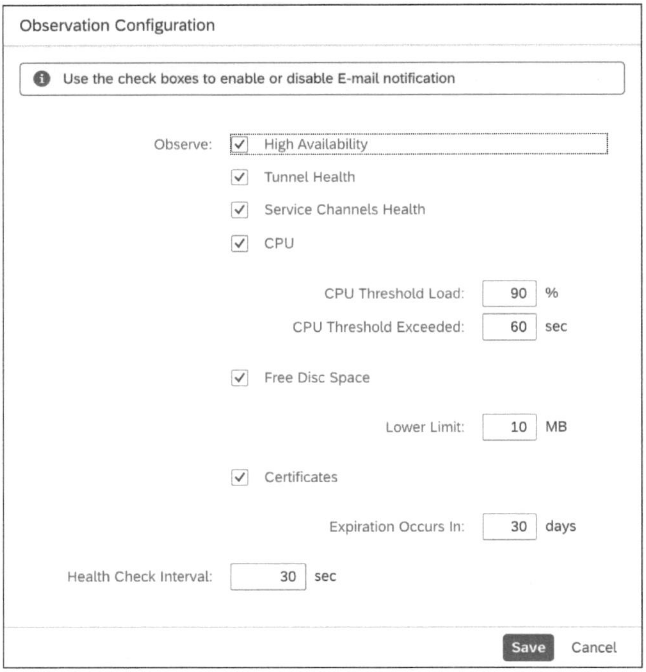

Observation Configuration
Use the check boxes to enable or disable E-mail notification
Observe:
High Availability
Tunnel Health
Service Channels Health
CPU
CPU Threshold Load:
90
%
CPU Threshold Exceeded:
60
sec
Free Disc Space
Lower Limit:
10
MB
Certificates
Expiration Occurs In:
30
days
Health Check Interval:
30
sec
Save
Cancel

Abbildung 11.21 Monitoring-Konfiguration für Zertifikate

11.3.10 API »Usage Statistics«

Die API *Usage Statistics* wird mit `/api/monitoring/usage` aufgerufen und listet die Ressourcennutzung auf, ähnlich wie Sie es von der Verwaltungsoberfläche des Cloud Connectors kennen. Die von jeder Verbindung verwendeten Bytes werden aufgelistet, wie in Abbildung 11.22 dargestellt.


```
{
  "subaccounts": [
    {
      "subaccountName": "                    06cfee47c8d9",
      "subaccountRegion": "cf.us10.hana.ondemand.com",
      "sinceTime": 1674703412224,
      "usageStatistics": [
        {
          "virtualHost": "franz.ildico.consulting",
          "virtualPort": "5002",
          "protocol": "HTTPS",
          "bytesReceived": 0,
          "bytesSent": 0,
          "calls": 0,
          "resources": []
        },
        {
          "virtualHost": "git.ildico.consulting",
          "virtualPort": "8443",
          "protocol": "HTTPS",
          "bytesReceived": 0,
          "bytesSent": 0,
          "calls": 0,
          "resources": [
            {
              "resourceName": "/",
              "enabled": true,
              "bytesReceived": 0,
              "bytesSent": 0,
              "calls": 0
            }
```


Abbildung 11.22 Nutzungsstatistiken für Cloud-Connector-Ressourcen

11.3.11 API »Master Role Check«

Die API *Master Role Check* ist eine sehr einfache API, die Ihnen sagt, ob es sich um eine Master- oder Shadow-Instanz handelt, indem sie `true` oder `false` zurückgibt. Dies ist tatsächlich die einzige Möglichkeit, dies festzustellen. Sie können die API über `/exposed?action=hasMasterRole` aufrufen (ein Beispiel ist in Abbildung 11.23 dargestellt).

Abbildung 11.23 Die Master-Rolle über die API prüfen

[»]

Gute Monitoring-Praxis

Sie haben jetzt die Cloud-Connector-APIs kennengelernt. Neben der Möglichkeit, diese Informationen direkt in der Cloud-Connector-Verwaltung anzuzeigen, können Sie die Werte auch in die Monitoring-Lösung Ihres Unternehmens integrieren.

Wir empfehlen Ihnen dringend, dies zu tun. Nach der Konfiguration des Cloud Connectors wird er in der Regel weniger beobachtet. Wenn ein Zertifikat abläuft, werden Administratorinnen und Administratoren den Wert eines guten Monitorings erkennen.

Denken Sie auch daran, dass die API mit jeder neuen Version des Cloud Connectors erweitert wird. Den aktuellen Stand finden Sie unter *http://s-prs.de/v970711*.

11.3.12 Integration in den SAP Solution Manager

Der SAP Solution Manager unterstützt das Monitoring des Cloud Connectors seit Version 7.2 SP 06. Der in diesem Abschnitt beschriebene Ansatz ist sinnvoll, wenn Sie den SAP Solution Manager auch für die anderen Teile Ihrer Systemlandschaft verwenden.

Um das Hardware-Monitoring in den SAP Solution Manager zu integrieren, müssen Sie die Host- und Diagnoseagenten wie für alle anderen Systeme installieren. Dadurch werden alle Informationen gesammelt, die für den SAP Solution Manger benötigt werden. Eine Übersicht über diese Komponenten und ihre Verknüpfungen finden Sie in Abbildung 11.24.

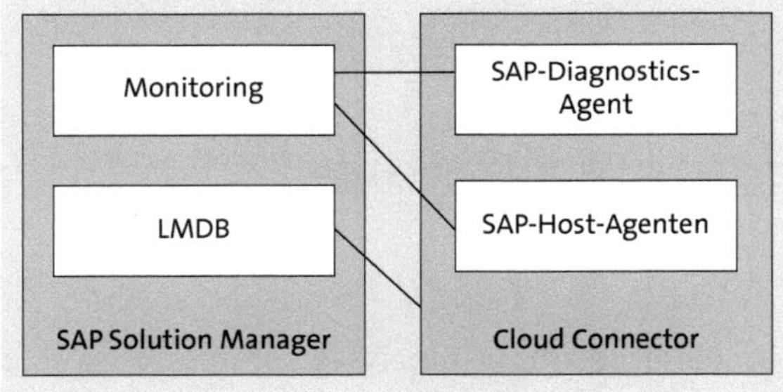

Abbildung 11.24 Komponentenübersicht

Der *SAP-Host-Agent* liefert grundlegende Informationen wie freie Betriebssystemressourcen usw. Der *SAP-Diagnostics-Agent* startet die API-Aufrufe und sendet Diagnoseinformationen an den SAP Solution Manager. Der Cloud Connector als Ganzes wird in der Lifecycle Management Database (LMDB) registriert, einer weiteren Komponente für das Monitoring auf Seiten des SAP Solution Managers, die alle Komponentenversionen in der gesamten Systemlandschaft enthält.

Die Einrichtung auf Seiten des SAP Solution Managers wird unter *http://s-prs.de/v970712* erläutert.

Wenn die Einrichtung auf der Seite des SAP Solution Managers abgeschlossen ist, navigieren Sie zu **Configuration**, und gehen Sie dann zur Registerkarte **Reporting** innerhalb der Cloud-Connector-Administration (siehe Abbildung 11.25).

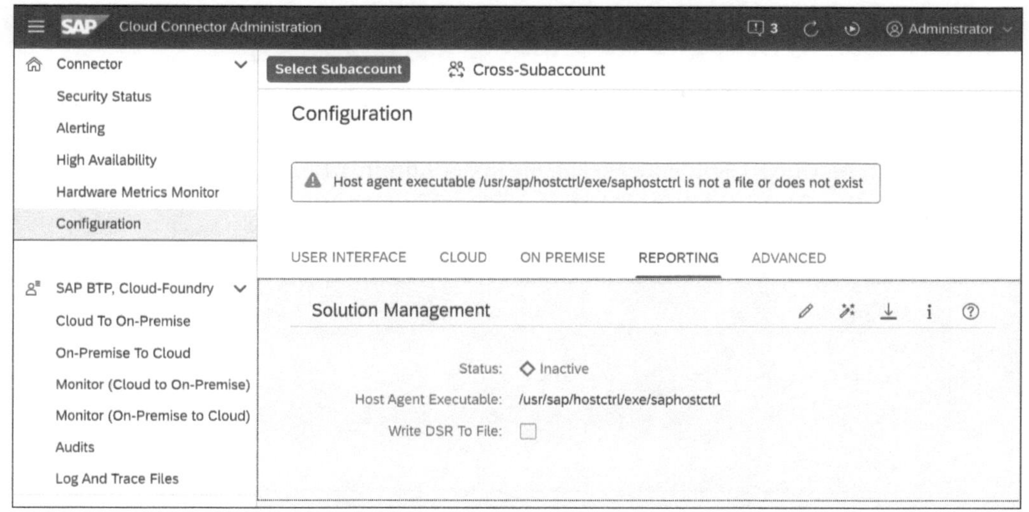

Abbildung 11.25 Berichtskonfiguration innerhalb des Cloud Connectors

Um die Berichterstattung zu aktivieren, klicken Sie auf [Stift-Symbol]. Auf dem nächsten Bildschirm können Sie das Kontrollkästchen **Active** für die Sammlung aktivieren und die Konfiguration in eine DSR-Datei (*Dynamic Statistical Records*) schreiben lassen (siehe Abbildung 11.26). Klicken Sie nun auf **Save**.

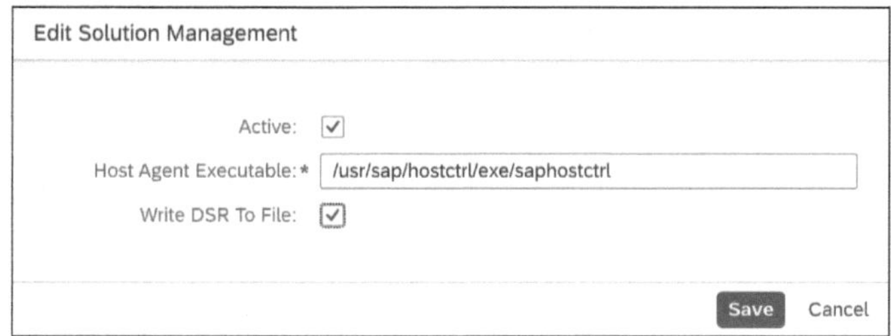

Abbildung 11.26 SAP Host Agent einschalten

Laden Sie nun die LMDB-Konfigurationsdatei herunter, indem Sie auf [Download-Symbol] klicken (siehe Abbildung 11.25).

Diese LMDB-Datei wird dann in den SAP Solution Manager hochgeladen. Anschließend können Sie die Monitoring-Vorlage für die Cloud-Integration im SAP Solution Manager verwenden, um die API-Werte dort anzuzeigen.

11

Weitere Dokumentation zur Integration in den SAP Solution Manager finden Sie in SAP-Hinweis 2607632 sowie unter *http://s-prs.de/v970713*.

11.4 Alerting

Der Cloud Connector unterstützt eine Warnfunktion (sog. *Alerting*), um Administratorinnen und Administratoren über ungewöhnliches Systemverhalten zu informieren. Um Alarme zu erstellen, klicken Sie in der Administration des Cloud Connectors auf **Alerting** (siehe Abbildung 11.27).

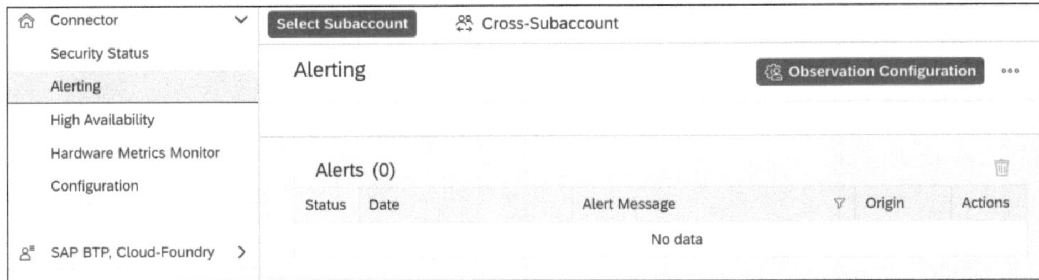

Abbildung 11.27 Alerting im Cloud Connector

Klicken Sie in der oberen rechten Ecke auf [○○○], und Sie gelangen in das Fenster **E-Mail Configuration** (siehe Abbildung 11.28). Geben Sie die Daten Ihres Mailservers ein, und klicken Sie auf **Save & Test**. Sie sollten eine Test-E-Mail erhalten.

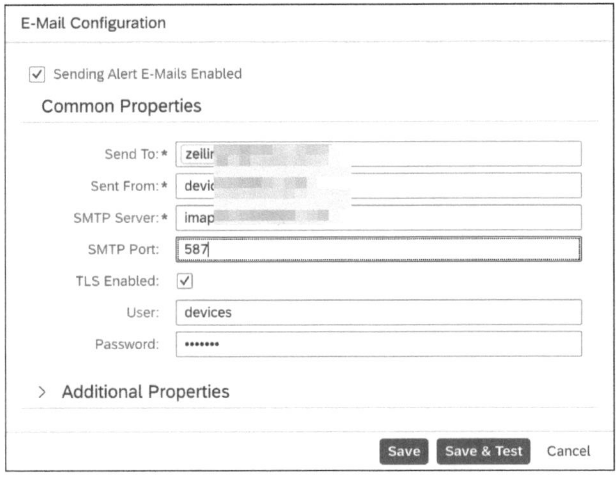

Abbildung 11.28 Konfiguration der E-Mail-Benachrichtigung

Klicken Sie nun auf der Seite **Alerting** (siehe Abbildung 11.27) in der oberen rechten Ecke auf **Observation Configuration**.

Auf dem Detailbildschirm (siehe Abbildung 11.29) können Sie die Alerting-Schwellenwerte festlegen, bei deren Überschreitung das System informiert werden soll. Sie können die Einstellungen testen, indem Sie z. B. den CPU-Schwellenwert auf 10 % ändern. Sie sollten innerhalb des im Feld **Health Check Interval** eingestellten Intervalls (in unserem Beispiel 30 Sekunden) eine E-Mail erhalten.

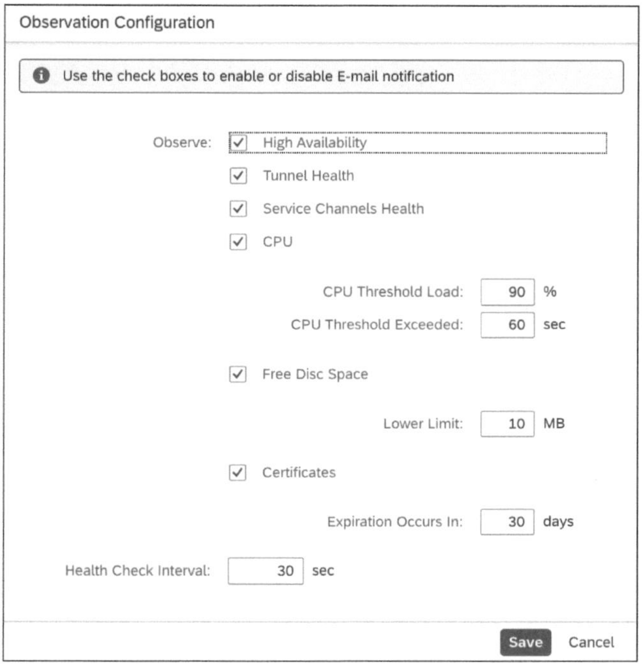

Observation Configuration

Use the check boxes to enable or disable E-mail notification

Observe: [✓] High Availability
[✓] Tunnel Health
[✓] Service Channels Health
[✓] CPU
CPU Threshold Load: 90 %
CPU Threshold Exceeded: 60 sec
[✓] Free Disc Space
Lower Limit: 10 MB
[✓] Certificates
Expiration Occurs In: 30 days
Health Check Interval: 30 sec

Save Cancel

Abbildung 11.29 Konfiguration der Beobachtung für das Alerting

Obwohl wir Ihnen empfehlen, einen zentralen Monitoring-Server zu verwenden, kann die Warnfunktion hilfreich sein, da sie sehr einfach einzurichten ist. Abbildung 11.30 zeigt ein Beispiel für eine E-Mail des Alerting-Service.

Alert of type [CPU] has been triggered by Cloud Connector

D devices@ildico.com
To: zeilinger@ildico.com

Cloud Connector triggered the following alerts:

CPU load has recovered and is now under 10 percent again
Alert has been triggered on <no description>-master at Thu Jan 26 15:51:45 CET 2023

E-Mail generated on Cloud Connector "<no description>"
running on host macbook-sz.local

Abbildung 11.30 Beispiel einer Alerting-E-Mail

11.5 Audit-Protokollierung

Das *Audit-Protokoll* oder auch Audit-Log zeichnet alle sicherheitsrelevanten Änderungen innerhalb der Cloud-Connector-Administration auf. Sie können auf das Audit-Protokoll zugreifen, indem Sie in der Cloud-Connector-Administration im jeweiligen Subaccount auf **Audits** klicken (siehe Abbildung 11.31).

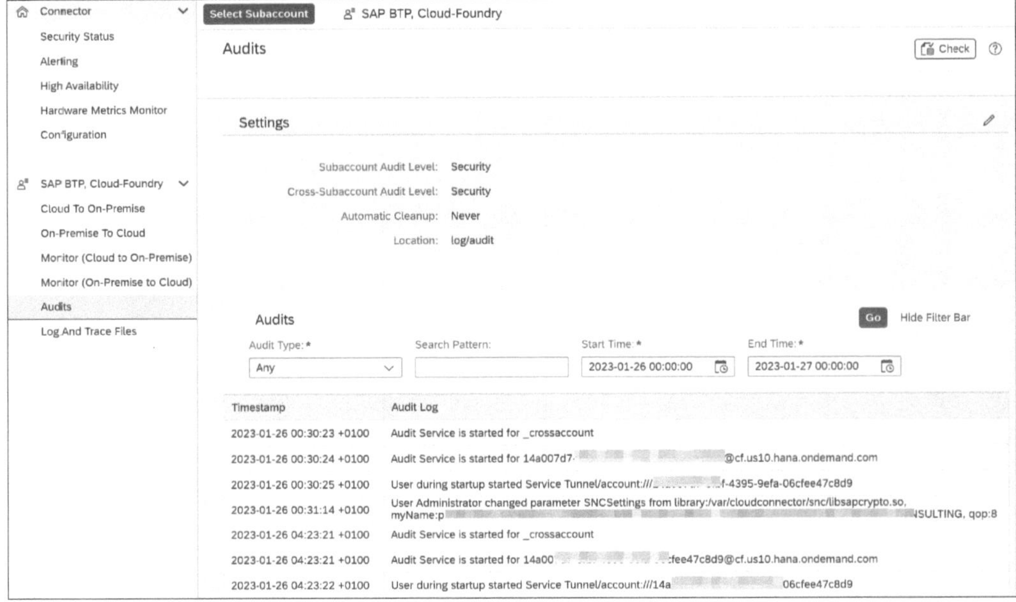

Abbildung 11.31 Audit-Log

Audit-Ereignisse können nach Art des Audits (**Audit Type**) gefiltert werden (z. B. Starten eines Dienstes, verweigerte Anmeldung) und können ein Suchmuster (**Search Pattern**) sowie Start- und Endzeiten enthalten. Sie können den Filter anwenden, indem Sie auf **Go** klicken. Sie können die Integrität des Audit-Protokolls überprüfen, indem Sie auf die Schaltfläche **Check** klicken.

Weitere Informationen zur Integrität und Verlagerung von Audit-Protokollen finden Sie unter *http://s-prs.de/v970714*.

[+]

Best Practices für Audit-Logs

Das Audit-Log sollte immer eingeschaltet sein. Für Produktions- und kritische Szenarien ist es sinnvoll, die Protokollstufe auf **All** zu setzen, je nach Kritikalität des Szenarios (z. B. je nach Vorhandensein sensibler Daten). Die meisten uns bekannten Installationen verwenden jedoch die Konfiguration **Security**.

Sie sollten die Unterverzeichnisse unterhalb von `/log/audit/` unter dem Verzeichnis des Cloud Connectors in Ihr Backup aufnehmen!

Wenn Sie die Audit-Protokollebene (den sog. Audit-Level) auf **All** ändern möchten, klicken Sie im Bildschirm **Audits** auf [✎] (siehe Abbildung 11.31). Auf dem Bildschirm **Edit Audit Level** (siehe Abbildung 11.32) können Sie die Protokollstufe von **Security** auf **All** erhöhen. Dies führt dazu, dass das System jede einzelne Anfrage verfolgt und nicht nur Sicherheitsprobleme (wie verweigerten Zugang). Dadurch erhöht sich die Anzahl der Protokolle.

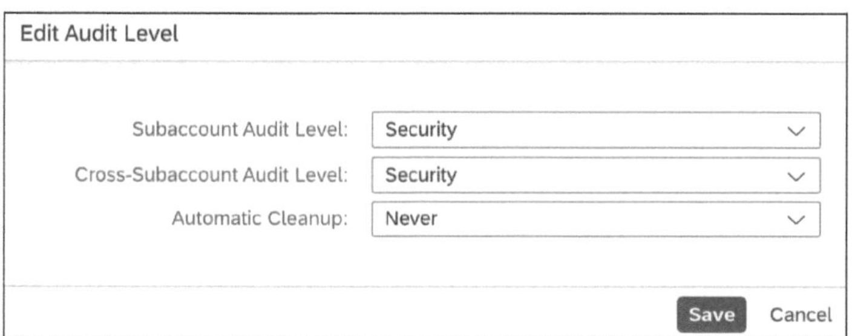

Abbildung 11.32 Konfiguration des Audit-Levels

11

[«]

Hinweis

Es wird nicht empfohlen, den Level auf **Off** zu stellen.

11.6 Zusammenfassung

Sie haben nun die verschiedenen Möglichkeiten zum Monitoring des Cloud Connectors kennengelernt. In Abschnitt 11.1, »Hardware-Monitoring«, und Abschnitt 11.2, »Monitoring des Subaccounts«, haben wir das Monitoring innerhalb der Administration des Cloud Connectors besprochen. Abschnitt 11.3, »Monitoring-APIs«, behandelte die APIs, die für die Überwachung des Cloud Connectors von externen Tools wie dem SAP Solution Manager aus zur Verfügung stehen, mit einigen Hinweisen und Empfehlungen. Abschnitt 11.4, »Alerting«, zeigte Alerting-Funktionen, und schließlich wurde in Abschnitt 11.5, »Audit-Protokollierung«, das Audit-Protokoll des Cloud Connectors vorgestellt.

Kapitel 12
Principal Propagation

Nach dem praktischen Kapitel über das Monitoring möchten wir auf ein weiteres wichtiges Thema zu sprechen kommen: Principal Propagation. Dies ist wichtig, wenn Sie sicherstellen wollen, dass die Daten, die ein Endbenutzer in der Cloud sehen kann, auf diesen spezifischen Benutzer und seine Berechtigungen zugeschnitten sind. Es ist eines der anspruchvollsten Themen und stellt nicht nur den Cloud Connector selbst, sondern auch die Anwendungsentwicklerinnen und -entwickler vor Herausforderungen.

Bei Principal Propagation geht es um die Verwendung der eigenen Anmeldeinformationen in der gesamten Anwendung, auch für den Zugriff auf Backend-Systeme. Dies ist eine praktische Lösung, wenn eine Anwendung personalisierte Informationen anbietet, die auf die Berechtigungen des Benutzers, die Organisationsebene, die Hierarchie usw. zugeschnitten sind. Da der Endbenutzer für die Backend-Systeme transparent wird, wird das Monitoring, die Protokollierung und die Verfolgung viel einfacher.

In diesem Kapitel zeigen wir Ihnen, wie Sie sich mit dem persönlichen Benutzernamen eines Benutzers in der Cloud und auch für On-Premise-Backend-Systeme authentifizieren können. In Abschnitt 12.1, »Ausgangskonfiguration für die Principal Propagation«, wird das grundlegende Konzept der Principal Propagation und seine Verwendung in der Cloud-Connector-Umgebung erläutert. Abschnitt 12.2, »SAP BTP, Neo Environment zu On-Premise-ABAP-System«, wird die speziell für die Neo-Umgebung erforderliche Konfiguration beschrieben, während Abschnitt 12.3, »SAP BTP, Cloud Foundry Environment zu On-Premise-ABAP-System«, die Cloud-Foundry-Umgebung behandelt.

12.1 Ausgangskonfiguration für die Principal Propagation

Die folgenden Abschnitte befassen sich mit dem grundlegenden Konzept der Principal Propagation und führen Sie anschließend durch die Konfigurationsschritte. Wir beginnen mit der Einrichtung einer Zertifizierungsstelle. Dann aktivieren wir das Backend-System in drei Schritten. Schließlich muss der Cloud Connector aktiviert werden, um die Principal Propagation am Zielort zu unterstützen.

12.1.1 Das Konzept der Principal Propagation

Bei der Arbeit mit On-Premise-Services haben wir bisher keine Authentifizierung oder nur unsere eigenen Benutzerdaten zur Authentifizierung auf der Seite des Cloud Connectors verwendet, wie in Abbildung 12.1 dargestellt. Beachten Sie, dass die Verwendung des SAP-Destination-Service optional ist, aber dringend empfohlen wird (siehe Kapitel 4 für weitere Details).

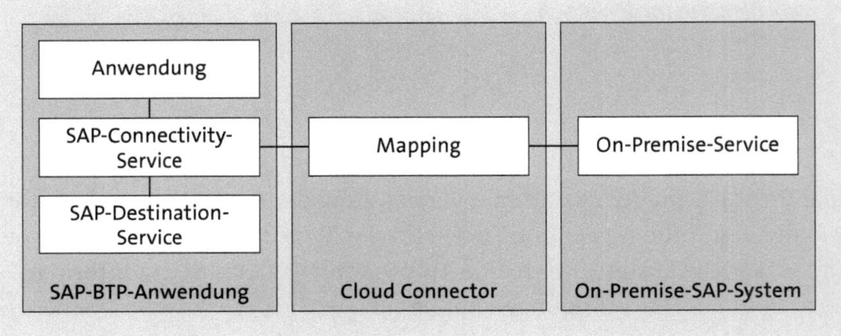

Abbildung 12.1 Zugriffsschema einer SAP-BTP-Anwendung auf einen On-Premise-Service

Bislang wurden die Informationen darüber, welcher Benutzer auf den Cloud-Service zugreift, nicht an den On-Premise-Service weitergegeben, da wir in der Konfiguration der Destination auf der SAP-BTP-Seite im Dropdown-Menü **Authentication** die Option **NoAuthentication** ausgewählt oder einen Benutzer als technischen Benutzer in den Authentifizierungsinformationen auf dem Bildschirm **Destination Configuration** eingetragen hatten (siehe Abbildung 12.2).

Diese Einstellung kann in Entwicklungsszenarien oder für schreibgeschützte Anwendungen verwendet werden. Bei den meisten Anwendungen möchten Sie jedoch wissen, welcher Benutzer den Aufruf tätigt, und werden das im Backend eingerichtete Berechtigungsmodell verwenden.

Um dies zu erreichen, können Sie natürlich Ihren eigenen Mapping-Code schreiben, aber Sie können auch die Technik der Principal Propagation verwenden. Wir empfehlen die letztere Methode, da sie standardmäßig verfügbar und relativ einfach einzurichten und zu verwenden ist.

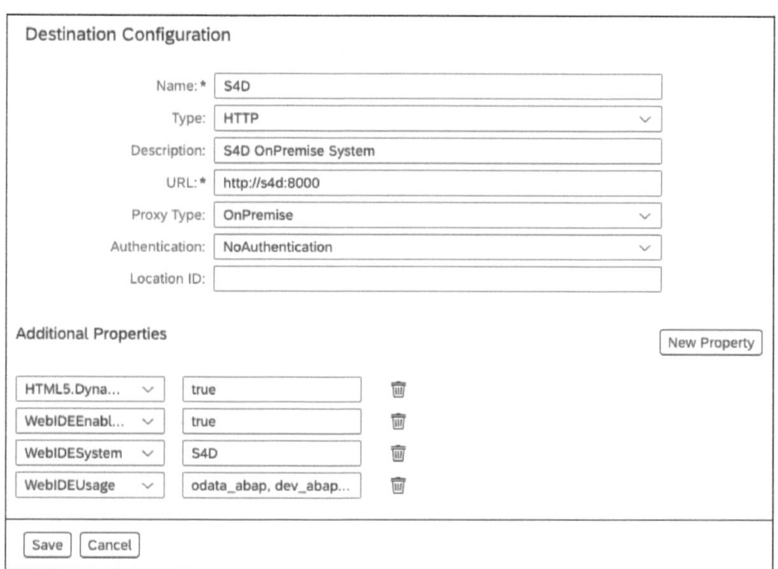

Abbildung 12.2 Destination-Konfiguration mit Einstellung »NoAuthentication« im SAP BTP, Cloud Foundry Environment

[«]

Schlüsselelemente der Principal Propagation

Die wichtigsten Aspekte der Principal Propagation sind folgende:

- Sie ermöglicht eine sichere Weiterleitung der SAP-BTP-Benutzeranmeldeinformationen von der Cloud-Anwendung an das Backend.
- Sie stellt sicher, dass der SAP-BTP-Subaccount für den Zugriff auf das On-Premise-System zugelassen ist.
- Benutzerinformationen können über einen sicheren Kanal unter Verwendung der bestehenden Cloud-Connector-Verbindung übermittelt werden.

Technisch gesehen stellt die Cloud-Anwendung ein JSON Web Token (JWT) aus, das die Informationen des angemeldeten Benutzers zusammen mit Signaturen, einer eindeutigen ID und anderen Informationen enthält. JWTs sind in RFC 7519 beschrieben und werden in der Regel in einem zustandslosen Kontext verwendet, wie er meist in Cloud-Anwendungen verwendet wird (siehe Kapitel 2, »Sicherheitsgrundlagen«). Dieses JWT wird an den Service-Proxy des SAP-Connectivity-Service gesendet. Bei einem On-Premise-Service wird das JWT vom Cloud Connector empfangen.

Der Cloud Connector muss nun in der Lage sein, das JWT zu dekodieren und zu verifizieren, und wird den Sicherheitstoken-Dienst verwenden, um ein neues Token auszustellen, um den Inhalt des JWT an das Backend-System zu senden. In diesem Schritt kann das ausgegebene Token konfiguriert werden. Zum Beispiel kann ein X.509-Zertifikat verwendet werden. Das Schema dieses Prozesses ist in Abbildung 12.3 dargestellt.

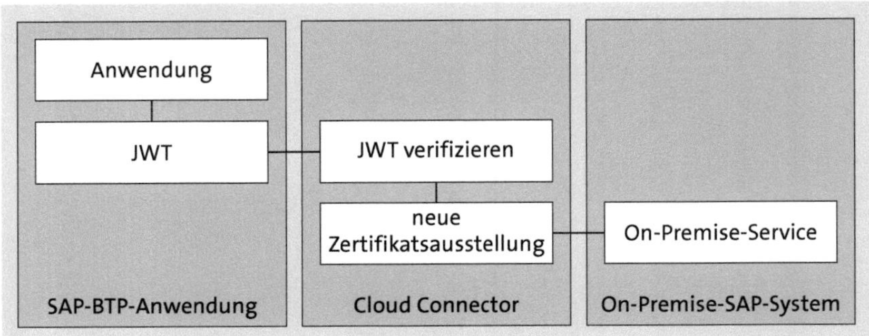

Abbildung 12.3 Schema der Principal Propagation

Die folgenden Schritte sind für die Umgebungen Neo und Cloud Foundry identisch.

12.1.2 Einrichten einer CA zum Signieren von Anfragen, die weitergeleitet werden sollen

Alles beginnt mit einer Vertrauensbeziehung (engl. Trust Relationship) im Cloud Connector. Die erforderlichen Aktivitäten werden in der Cloud-Connector-Administration unterhalb der Konfiguration Ihres Subaccounts auf der Registerkarte **Principal Propagation** im Abschnitt **Cloud To On-Premise** durchgeführt (siehe Abbildung 12.4).

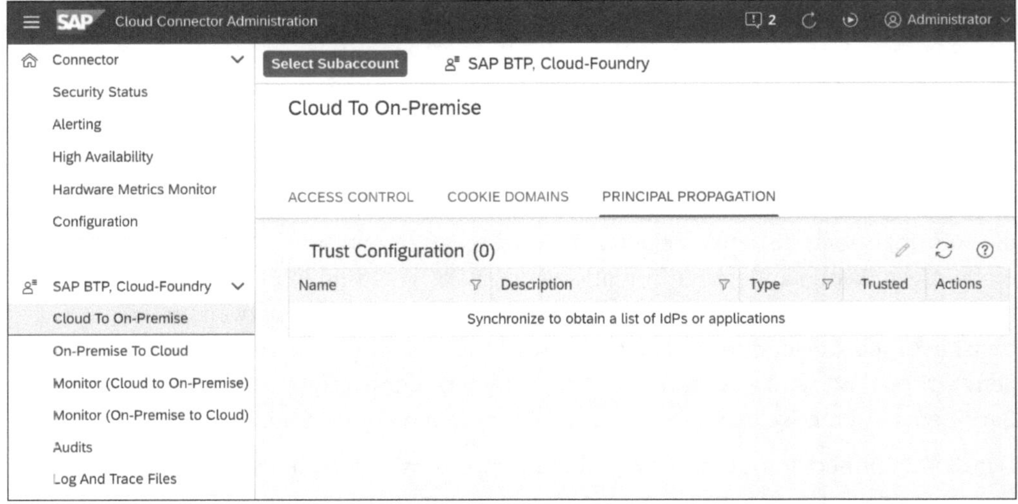

Abbildung 12.4 Registerkarte »Principal Propagation« in der Cloud-Connector-Verwaltung

Klicken Sie auf der Registerkarte **Principal Propagation** auf die Synchronisierungs-Schaltfläche [Symbol] (**Synchronize**). Der Cloud Connector zeigt Ihnen die verfügbaren Identitätsanbieter an, die lokal auf Ihrer Cloud-Connector-Instanz verfügbar sind (siehe Abbildung 12.5).

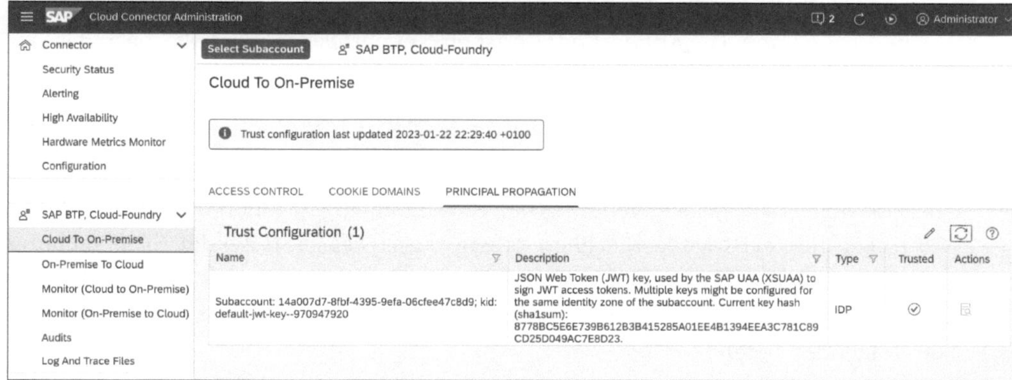

Abbildung 12.5 Synchronisierte Vertrauenskonfiguration

Synchronisierung

Beachten Sie, dass Sie beim Ändern einer Trust-Konfiguration anschließend synchronisieren müssen, um die Änderungen zu aktivieren.

Um eine Trust-Beziehung zu einem ABAP-Backend-System zu ermöglichen, muss die Kommunikation mit dem System über SSL (HTTP-Kommunikation) oder Secure Network Communication ([SNC], über Remote-Function-Call-Kommunikation [RFC]) erfolgen. In beiden Fällen muss das Zertifikat des Cloud Connectors vom ABAP-Backend-System als vertrauenswürdig eingestuft werden.

Bei der Verwendung von HTTPS verwendet der Cloud Connector ein HTTP-Header-Feld, um das Zertifikat weiterzuleiten. Bei der Verwendung von SNC wird dieses dann per RFC innerhalb des RFC-Protokolls übertragen.

Um Zertifikate auszustellen, die vom ABAP-Backend akzeptiert werden, müssen Sie eine signierende Stelle einrichten. Dies kann entweder eine lokale CA oder ein sicherer Anmeldeserver (engl. Secure Login Server, SLS) der als CA fungieren wird. Die ausgestellten Zertifikate haben eine kurze Lebensdauer und müssen vom ABAP-System als vertrauenswürdig eingestuft werden.

Für unsere Zwecke werden wir im folgenden Beispiel eine lokale CA verwenden. Für ein SLS-Szenario besuchen Sie *http://s-prs.de/v970715*.

Ab Version 2.10 des Cloud Connectors haben Sie drei Möglichkeiten, eine lokale CA einzurichten:

- Sie können eine PKCS#12-Datei hochladen, die ein Systemzertifikat, den entsprechenden öffentlichen Schlüssel, ein Zwischenzertifikat (falls erforderlich) und das Stammzertifikat, das das Zertifikat ausgestellt hat, enthält.
- Sie können die erforderlichen Details eingeben und dann eine Zertifikatsignierungsanforderung (engl. Certificate Signing Request, CSR) an eine CA senden, um sie zu signieren. Die Antwort der CA ist ein signiertes Zertifikat, das nach der Signierung in den Cloud Connector hochgeladen wird.
- Sie können ein selbstsigniertes Zertifikat erstellen. Dies ist vor allem für Demonstrations- und Testzwecke nützlich.

Beachten Sie, dass bei Verwendung der ersten beiden Optionen das hochgeladene Zertifikat die **KeyUsage keyCertSign** haben muss. Dies kann bei der Untersuchung eines Zertifikats mit einem Zertifikatsbrowser oder über die Befehlszeile überprüft werden. Abbildung 12.6 zeigt einen Ausschnitt aus der Befehlszeile nach Ausführung des folgenden Befehls:

```
openssl x509 -in <cert>.der -inform der -noout -text
```

```
                    8b:dd:0b:65:50:47:21:41:92:3e:43:9b:9a:b6:bb:
                    90:00:5a:8b:00:d8:3a:6f:11:1d:8a:58:7c:41:0b:
                    46:e0:7e:6d:38:8b:a1:fb:b3:6c:e9:e6:94:63:82:
                    d4:4e:49:db:bd:2b:74:d4:24:b1:96:f6:9b:ae:3f:
                    0e:de:83
                Exponent: 65537 (0x10001)
        X509v3 extensions:
            X509v3 Basic Constraints: critical
                CA:TRUE, pathlen:0
            X509v3 Key Usage:
                Certificate Sign, CRL Sign
    Signature Algorithm: sha256WithRSAEncryption
         2d:11:59:11:f2:4e:a7:fc:2c:74:b6:3c:92:dd:58:fa:6f:08:
         18:ac:3b:24:5f:94:4c:af:fa:f1:a3:a4:51:72:d3:94:da:f7:
         a8:eb:75:89:f6:51:03:74:9f:81:82:7d:6f:b2:ba:b3:b0:4b:
         2a:73:a8:04:da:0f:c7:06:ef:5e:79:6e:7f:f2:dd:d0:d3:fa:
         a6:56:67:8e:6d:8e:92:23:24:22:a3:27:2d:2c:d6:56:0f:10:
         4d:2c:06:79:10:a3:0f:48:87:94:85:81:88:eb:04:1e:69:72:
         4f:d2:46:c1:0c:f7:98:c2:2c:b2:57:1e:0e:57:f4:1e:e1:fd:
         dc:73:a3:cf:5b:3f:fc:f1:6a:3a:6c:2f:fc:ec:01:91:fd:74:
```

Abbildung 12.6 Ausschnitt aus der Befehlszeile für die Zertifikatsanalyse

In diesem Befehl wird **<cert>.der** Ihre Zertifikatsdatei im DER-Format sein. Sie können sehen, dass die Schlüsselverwendung (**Key Usage**) auf Zertifikatssignatur (**Certificate Sign**) eingestellt ist.

Die Zertifikatseinstellungen können unter **Configuration** auf der Registerkarte **On-Premise** im Abschnitt **CA Certificate** innerhalb der Cloud-Connector-Administration vorgenommen werden (siehe Abbildung 12.7).

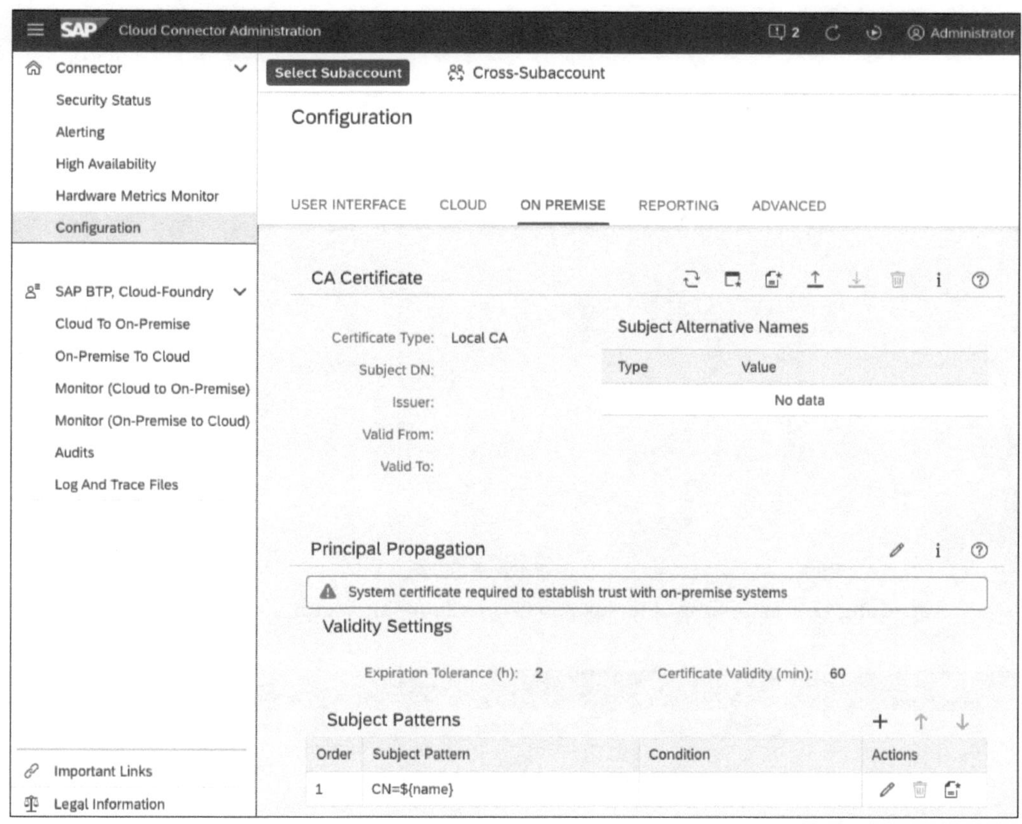

Abbildung 12.7 Konfiguration für On-Premise-CA in der Cloud-Connector-Administration

Hier können Sie auf klicken, um ein selbstsigniertes Zertifikat zu erstellen und zu installieren. Über das Symbol auf der linken Seite können Sie einen CSR erstellen; das Symbol rechts daneben können Sie die PKCS#12-Datei hochladen. Nach einem Klick auf können Sie eine Serveridentität in das Feld **Common Name (CN)** eingeben (siehe Abbildung 12.8). Klicken Sie dann auf **Create**.

Nach der Erstellung ist die CA innerhalb des Cloud Connectors verfügbar (siehe Abbildung 12.9). Klicken Sie nun auf , um das CA-Zertifikat herunterzuladen. Die Datei, in der Regel **ca-cert.der**, enthält nicht den Schlüssel, sondern das öffentliche Zertifikat. Auf diese Weise können die Zielsysteme das Zertifikat überprüfen, aber sie können keine Anfragen selbst signieren.

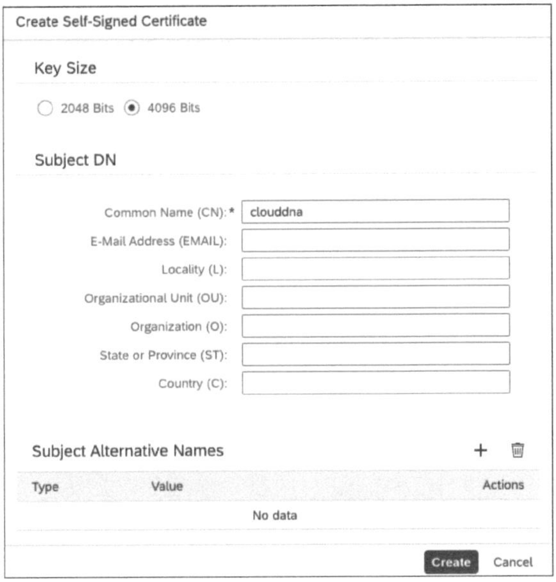

Create Self-Signed Certificate

Key Size

◯ 2048 Bits ◉ 4096 Bits

Subject DN

Common Name (CN):* clouddna

E-Mail Address (EMAIL):

Locality (L):

Organizational Unit (OU):

Organization (O):

State or Province (ST):

Country (C):

Subject Alternative Names

Type	Value	Actions
	No data	

Create Cancel

Abbildung 12.8 Erstellung einer lokalen CA im Cloud Connector

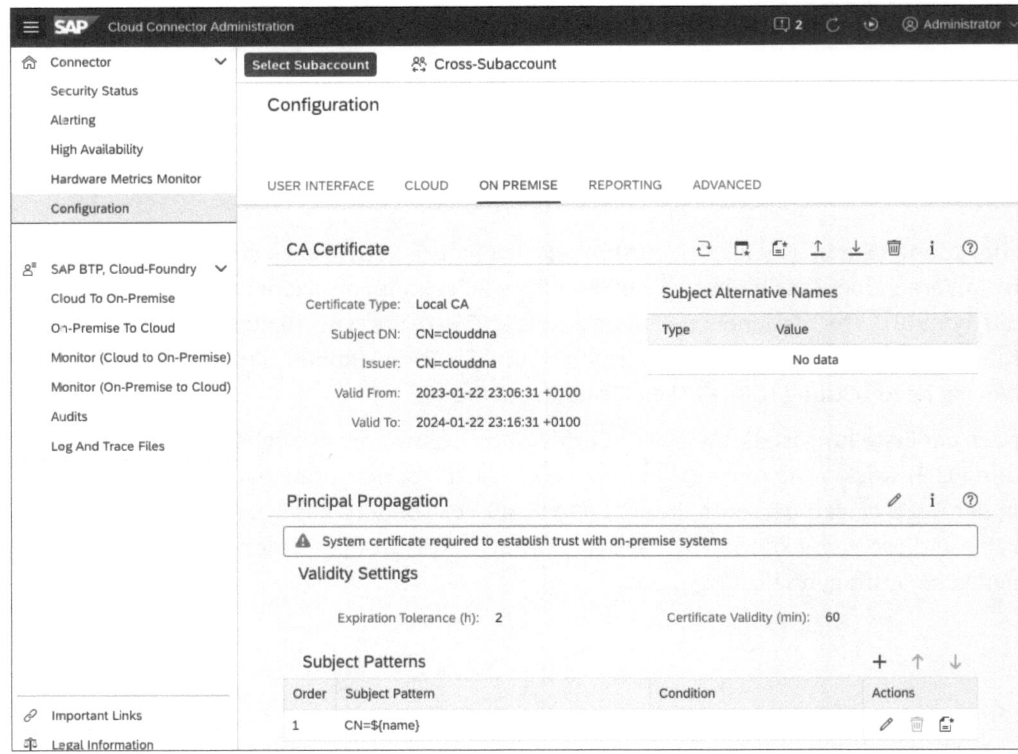

Abbildung 12.9 Selbst generiertes CA-Zertifikat im Cloud Connector

Jetzt haben Sie eine CA für die Unterzeichnung eingerichtet. Weiter unten auf der Seite können Sie einige Anpassungen vornehmen. Sie können ändern, was in den Anforderungen geltend gemacht wird (z. B., ob die E-Mail-Adresse, der Benutzername oder andere Details in den Anforderungen an das ABAP-Backend gesendet werden sollen), oder, weiter unten, den SNC-Namen ändern, der bei Verwendung des SNC-Protokolls generiert wird.

Beachten Sie, dass sich diese Einstellungen unterscheiden, je nachdem, ob Sie die Neo- oder die Cloud-Foundry-Umgebung verwenden. In der Neo-Umgebung melden Sie sich normalerweise mit Ihrer S-User-ID an, während Sie in der Cloud-Foundry-Umgebung Ihre E-Mail-Adresse verwenden. Diese Unterschiede werden in Abschnitt 12.2, »SAP BTP, Neo Environment zu On-Premise-ABAP-System«, für die Neo-Umgebung und in Abschnitt 12.3, »SAP BTP, Cloud Foundry Environment zu On-Premise-ABAP-System«, für die Cloud-Foundry-Umgebung behandelt.

12.1.3 Konfigurieren des ABAP-Backend-Systems für die Annahme des Zertifikats

Sie haben nun eine CA zum Signieren der X.509-Anfragen konfiguriert, wie in Abbildung 12.3 gezeigt. Die ABAP-Seite muss nun ebenfalls konfiguriert werden, sodass Folgendes möglich ist:

- Sie muss in der Lage sein, die vom Cloud Connector kommenden Zertifikate zu überprüfen.
- Sie muss Zertifikate für den eingehenden Internetverkehr akzeptieren.

[«]

HTTPS auf der ABAP-Seite

Beachten Sie, dass dieses Szenario nur bei Verwendung von HTTPS funktioniert. Wir werden in diesem Buch nicht auf die Einrichtung von HTTPS auf der ABAP-Seite eingehen. Der Standardport für HTTPS auf der ABAP-Seite ist 8XX1, wobei XX die Instanz-ID des ABAP-Systems ist.

Weitere Informationen zu diesem Thema finden Sie unter *http://s-prs.de/v970716*.

Um das Zertifikats als vertrauenswürdig einzustufen, öffnen Sie Transaktion STRUST auf Ihrem ABAP-Server, wie in Abbildung 12.10 gezeigt.

In dieser Transaktion werden die verschiedenen Zertifikatszwecke auf der linken Seite und die installierten Zertifikate auf der rechten Seite des Bildschirms angezeigt.

Der richtige Zweck für das Vertrauen in die CA für den Cloud Connector ist der SSL-Serverstandard, da das Vertrauen die HTTPS-Serverseite des ABAP-Systems betrifft. Navigieren Sie dorthin, indem Sie auf den Ordner **SSL Server Standard** auf der linken

Seite klicken, um die bereits unter **Certificate List** verfügbaren Vertrauensstellungen anzuzeigen (siehe Abbildung 12.11).

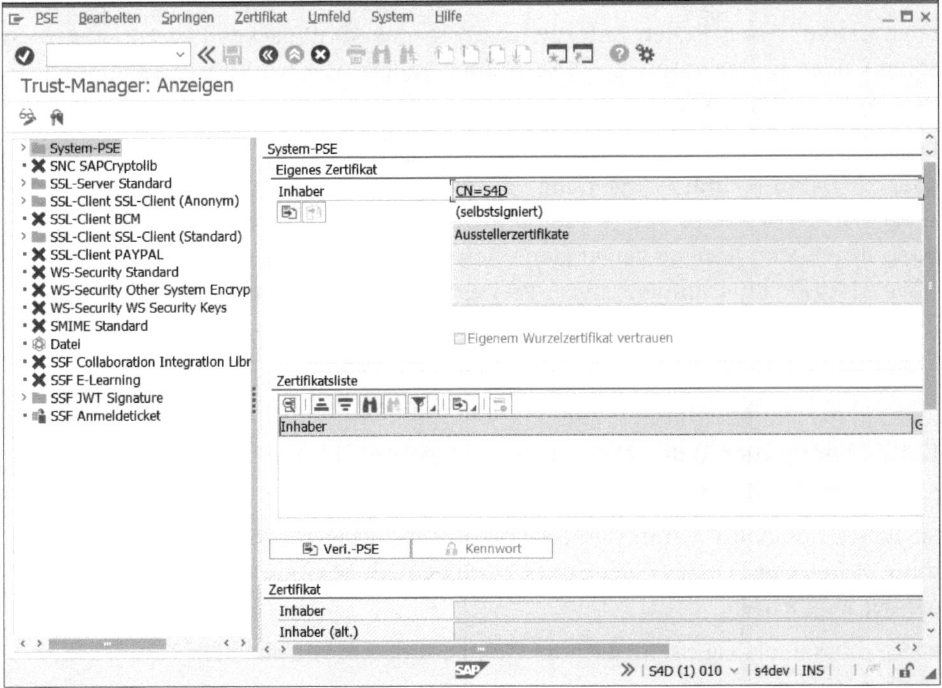

Abbildung 12.10 Transaktion STRUST auf dem ABAP-Backend

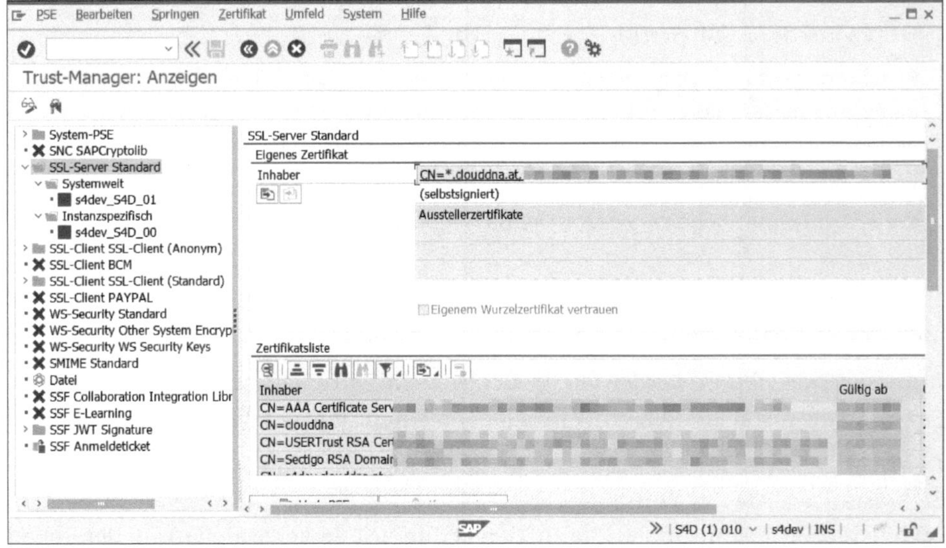

Abbildung 12.11 Zertifikatsansicht für »SSL-Server Standard«

Laden Sie nun die DER-Datei hoch, die Sie vom Cloud Connector erhalten haben, indem Sie in der Menüleiste auf **Zertifikat • Importieren** oder im unteren Bildschirmbereich auf [Symbol] klicken.

Nachdem Sie die Datei von Ihrem Client-Computer ausgewählt haben (siehe Abbildung 12.12), wird das Zertifikat im unteren Teil des Bildschirms angezeigt.

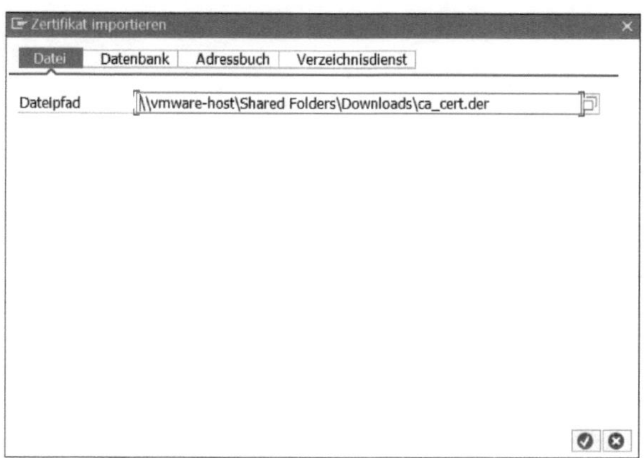

Abbildung 12.12 DER-Dateiauswahl

Vergewissern Sie sich, dass Sie sich im Bearbeitungsmodus befinden. Sie können in den Bearbeitungsmodus wechseln, indem Sie auf [Symbol] klicken. Klicken Sie im unteren Teil des Bildschirms auf **In Zert-Liste aufnehmen** (siehe Abbildung 12.13). Wenn die Schaltfläche **In Zert-Liste aufnehmen** ausgegraut ist, lesen Sie SAP-Hinweis 2706474, um das Problem zu beheben.

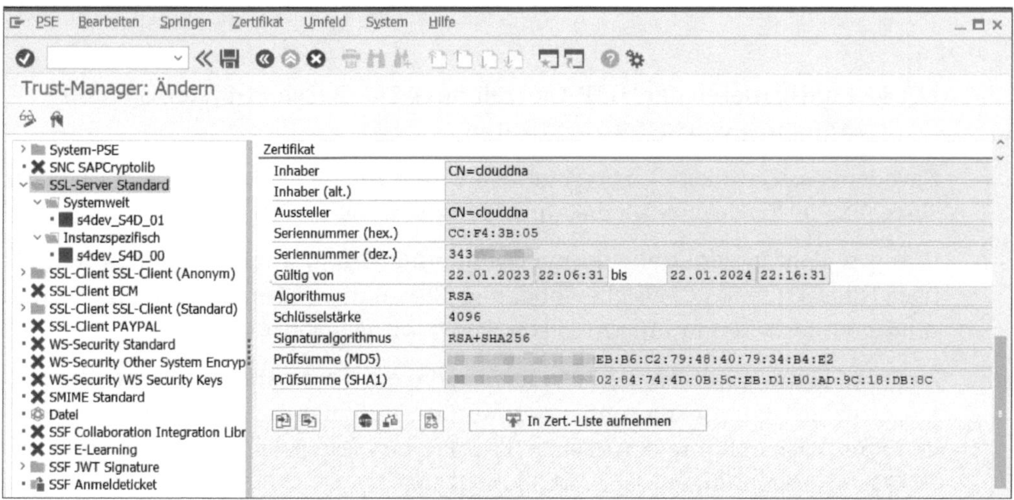

Abbildung 12.13 CA-Zertifikat wurde importiert und kann der Zertifikatsliste hinzugefügt werden

Schließlich wird das CA-Zertifikat in den Bereich **Zertifikatsliste** hinzugefügt (siehe Abbildung 12.14).

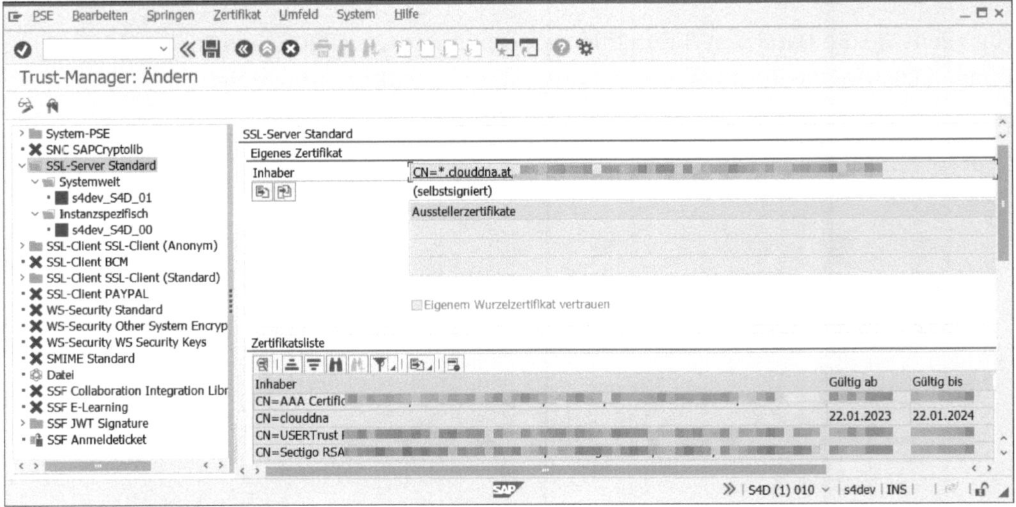

Abbildung 12.14 CA zur Zertifikatsliste hinzugefügt

Vertrauen in den Cloud Connector

Beachten Sie, dass diese Schritte für jeden Cloud Connector, den Sie betreiben, wiederholt werden müssen. Daher ist es wichtig, dass Sie diese Zertifizierungsstellen entsprechend den Namen Ihrer Cloud-Connector-Server benennen. Wir raten davon ab, dasselbe Maschinenzertifikat für mehr als einen Cloud Connector zu verwenden.

12.1.4 Konfigurieren der HTTP-Laufzeit des ABAP-Backend-Systems für die Annahme von X.509-Zertifikaten

Nachdem das Zertifikat nun bereitgestellt wurde, müssen Sie sicherstellen, dass das System X.509-Zertifikates für die Anmeldung akzeptiert.

Dies geschieht in der Konfiguration des Internet Communication Framework (ICF) über Transaktion SMICM (siehe Abbildung 12.15), die zur Überwachung und Verwaltung des Internet Communication Manager (ICM) verwendet wird.

Zunächst können Sie über den Menüpfad **Springen • Parameter • Anzeigen** überprüfen, ob der SSL-Port richtig konfiguriert wurde. Sie können die verschiedenen laufenden Protokolle und ihre Ports sehen. Es sollte mindestens eines mit der Aufschrift **HTTPS** angezeigt werden (siehe Abbildung 12.16).

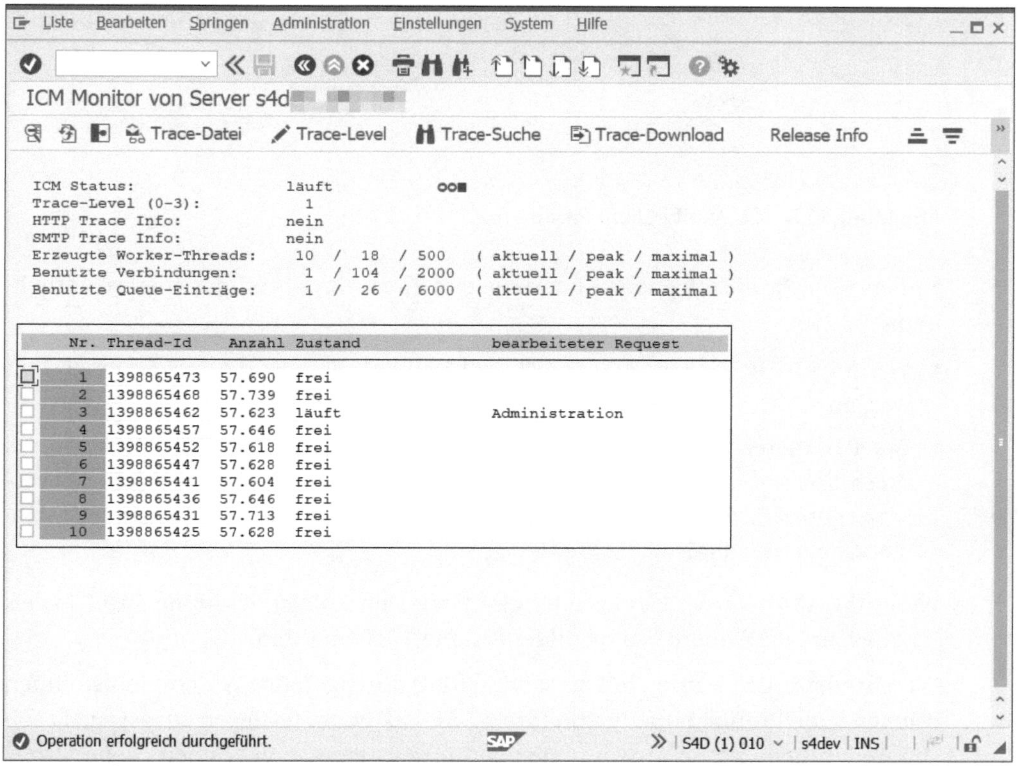

Liste Bearbeiten Springen Administration Einstellungen System Hilfe
ICM Monitor von Server s4d
Trace-Datei Trace-Level Trace-Suche Trace-Download Release Info
ICM Status: läuft
Trace-Level (0-3): 1
HTTP Trace Info: nein
SMTP Trace Info: nein
Erzeugte Worker-Threads: 10 / 18 / 500 (aktuell / peak / maximal)
Benutzte Verbindungen: 1 / 104 / 2000 (aktuell / peak / maximal)
Benutzte Queue-Einträge: 1 / 26 / 6000 (aktuell / peak / maximal)
Nr. Thread-Id Anzahl Zustand bearbeiteter Request
1 1398865473 57.690 frei
2 1398865468 57.739 frei
3 1398865462 57.623 läuft Administration
4 1398865457 57.646 frei
5 1398865452 57.618 frei
6 1398865447 57.628 frei
7 1398865441 57.604 frei
8 1398865436 57.646 frei
9 1398865431 57.713 frei
10 1398865425 57.628 frei
Operation erfolgreich durchgeführt.
S4D (1) 010 s4dev INS

Abbildung 12.15 Transaktion SMICM: ICM-Monitor

Liste Bearbeiten Springen System Hilfe
ICM Monitor von Server s4d
ICM Parameter
Services
icm/server_port[0] = PROT=HTTP,PORT=8000,TIMEOUT=600,PROCTIMEOUT=600
icm/server_port[1] = PROT=SMTP,PORT=0,TIMEOUT=120,PROCTIMEOUT=120
icm/server_port[2] = PROT=HTTPS,PORT=8001,TIMEOUT=300,PROCTIMEOUT=8200

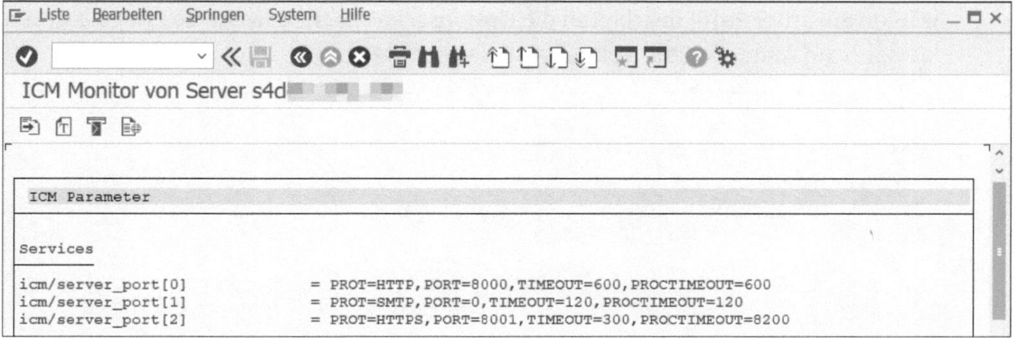

Abbildung 12.16 Server-Ports in SMICM

Scrollen Sie dann nach unten, und überprüfen Sie, ob der Profilparameter `icm/HTTPS/verify_client` auf `1` gesetzt ist, wie in Abbildung 12.17 gezeigt.

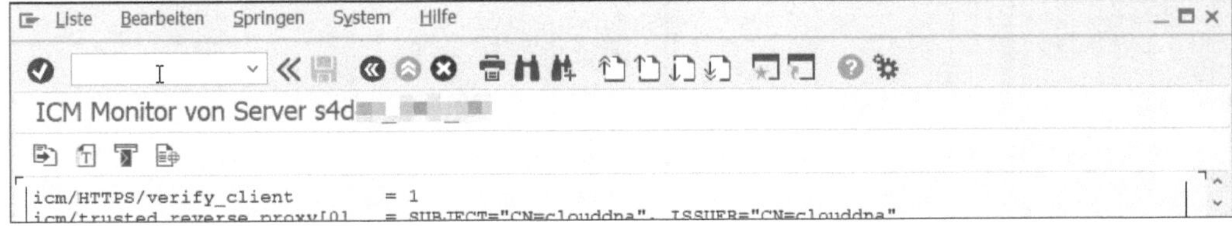

Abbildung 12.17 ICM Verify Client Parameter

Nun müssen Sie die folgenden Änderungen in Ihren ABAP-Profilparametern vornehmen:

- Wenn `icm/HTTPS/verify_client` nicht auf 1 gesetzt ist, muss dieser Wert eingestellt werden.
- Der Parameter `icm/trusted_reverse_proxy_<x>` muss auf `SUBJECT = <Subjekt des Cloud-Connector-Zertifikats>, ISSUER = <Aussteller des Cloud-Connector-Zertifikats>` gesetzt werden (siehe Abbildung 12.13), wobei `<x>` für die nächste freie Zahl steht, beginnend mit `1`.

Wenn Ihr ABAP-Kernel kleiner oder gleich Version 7.42 ist, lesen Sie SAP-Hinweis 2052899, um die frühere Syntax dieser Parameter zu erfahren.

Diese Änderungen werden in Transaktion RZ10 durchgeführt. Wir empfehlen Ihnen dringend, die Profilparameter von Ihrem SAP-Basisteam festlegen zu lassen, da solche Änderungen große Auswirkungen auf Ihr System haben können (siehe *http://s-prs.de/v970717* für weitere Informationen).

Als nächstes öffnen Sie Transaktion RZ10, setzen Sie das **Profil** auf »DEFAULT«, und wählen Sie unter **Profil bearbeiten** die Optionsschaltfläche **Erweiterte Pflege**. Klicken Sie dann auf **Ändern** (siehe Abbildung 12.18).

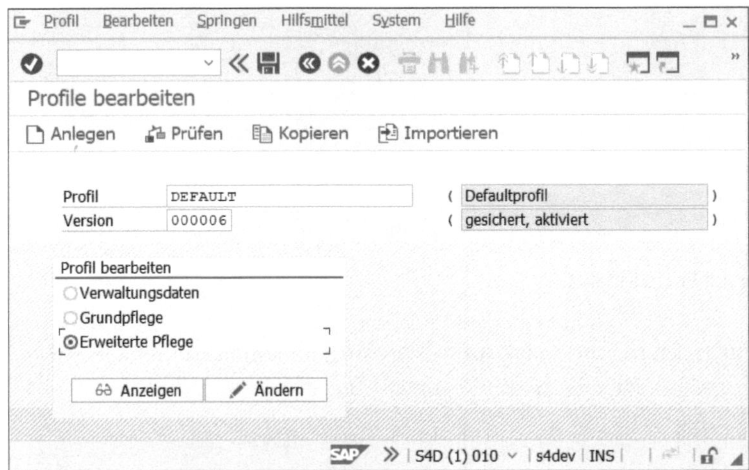

Abbildung 12.18 Profilparameter ändern

Geben Sie auf dem nächsten Bildschirm den Wert ein, den Sie berechnet haben, und klicken Sie auf **Übernehmen** (siehe Abbildung 12.19).

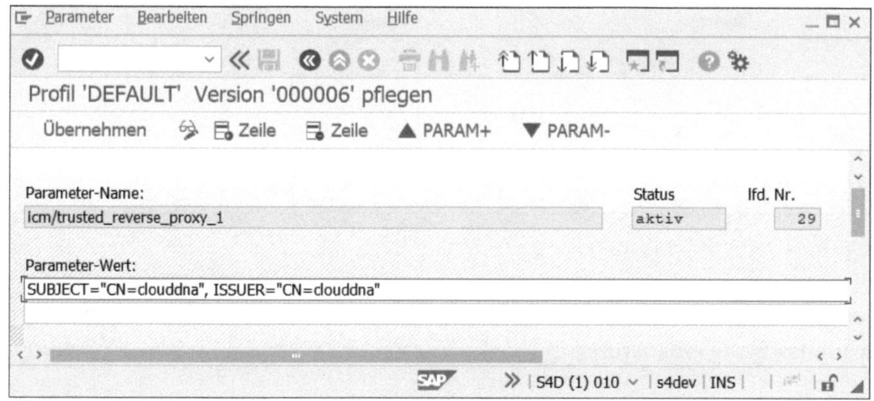

Abbildung 12.19 Profilparameterwert eingeben

Klicken Sie nun auf dem nächsten Bildschirm erneut auf **Übernehmen**. Dadurch gelangen Sie zurück zum Startbildschirm (siehe Abbildung 12.18). Wählen Sie im Menü **Profil • Speichern**. Wenn Sie nach der Aktivierung gefragt werden, wählen Sie die Option zum Aktivieren des Profils.

Um die Änderungen zu berücksichtigen, geben Sie nun Transaktion SMICM ein, und wählen Sie **Administration • ICM • Soft beenden • Global**, um den ICM neu zu starten (siehe Abbildung 12.20).

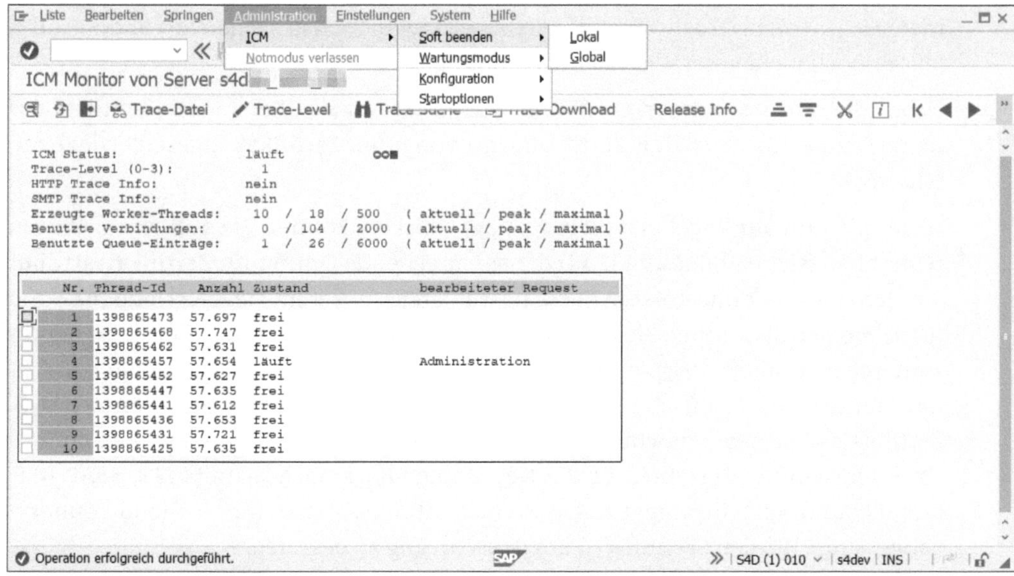

Abbildung 12.20 ICM neu starten

Wenn Sie diesmal **Springen • Parameter • Anzeigen** wählen, werden die Parameter jetzt sichtbar (siehe Abbildung 12.21).

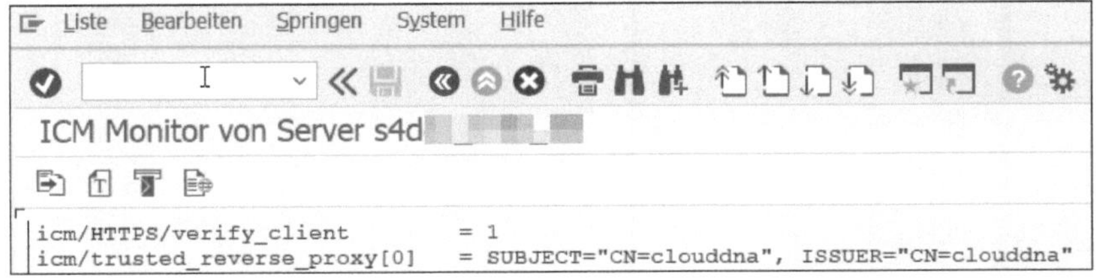

Abbildung 12.21 Parameter prüfen

Sie haben nun die Schritte abgeschlossen, um X.509-Zertifikate im Cloud Connector als vertrauenswürdig einzustufen.

12.1.5 Konfigurieren des ABAP-Backend-Systems für die Zuordnung von Zertifikaten zu Benutzern

Damit der ABAP-Server die empfangenen Zertifikate den Endbenutzern richtig zuordnen kann, muss ein Mapping eingerichtet werden. Dazu verwenden wir das regelbasierte Zertifikats-Mapping. Wenn Ihr ABAP-System älter ist als SAP NetWeaver 7.03, unterstützt es Transaktion CERTRULE nicht. In diesem Fall müssen Sie die Benutzer individuell mit Transaktion EXTID_DN. Weitere Informationen zur Unterstützung von Transaktion CERTRULE finden Sie in SAP-Hinweis 3082423.

Öffnen Sie zunächst Transaktion RZ11, und setzen Sie den dynamischen Profilparameter `login/certificate_mapping_rulebased` über die Schaltfläche **Wert ändern** auf 1, falls er noch nicht gesetzt ist (siehe Abbildung 12.22).

Geben Sie nun Transaktion CERTRULE ein, und laden Sie über [icon] das Zertifikat des Cloud Connectors hoch. Das Zertifikat wird nun unter **Zertifikat** angezeigt (siehe Abbildung 12.23).

Wenn Sie nun auf **Regel erstellen** [Regel] klicken, können Sie auf dem nächsten Bildschirm (siehe Abbildung 12.24) die entsprechende Option für **Zertifikatsattribut** aus dem Cloud-Connector-Zertifikat auswählen (in unserem Fall **CN=clouddna**), und für **Anmelden als** können Sie **Benutzername** einstellen. Beachten Sie, dass wir Benutzername hier nur als Beispiel verwenden. Wenn Sie andere Felder verwenden möchten, können Sie z. B. entscheiden, ob Sie diese in das Feld **Alias** des generierten X.509-Zertifikats übertragen möchten (siehe Abschnitt 12.2, »SAP BTP, Neo Environment zu On-Premise-ABAP-System«, für die Neo-Umgebung und Abschnitt 12.3, »SAP BTP, Cloud Foundry Environment zu On-Premise-ABAP-System«, für die Cloud-Foundry-Umgebung). Wählen Sie nun [icon], um den Vorgang zu beenden.

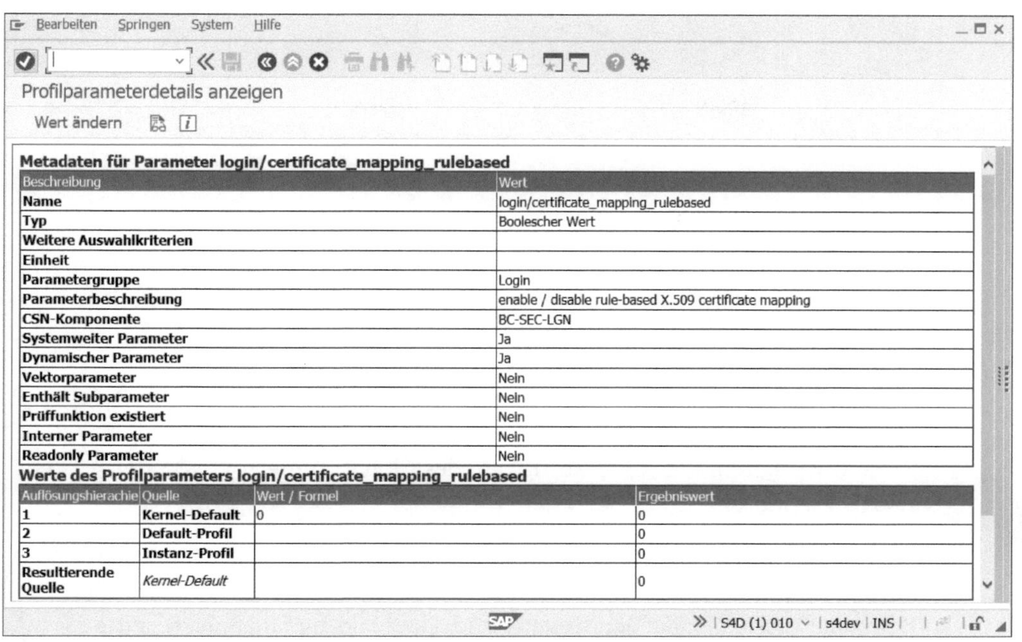

Beschreibung	Wert
Name	login/certificate_mapping_rulebased
Typ	Boolescher Wert
Weitere Auswahlkriterien	
Einheit	
Parametergruppe	Login
Parameterbeschreibung	enable / disable rule-based X.509 certificate mapping
CSN-Komponente	BC-SEC-LGN
Systemweiter Parameter	Ja
Dynamischer Parameter	Ja
Vektorparameter	Nein
Enthält Subparameter	Nein
Prüffunktion existiert	Nein
Interner Parameter	Nein
Readonly Parameter	Nein

Werte des Profilparameters login/certificate_mapping_rulebased

Auflösungshierachie	Quelle	Wert / Formel	Ergebniswert
1	Kernel-Default	0	0
2	Default-Profil		0
3	Instanz-Profil		0
Resultierende Quelle	Kernel-Default		0

Abbildung 12.22 Profilparameter login/certificate_mapping_rulebased ändern

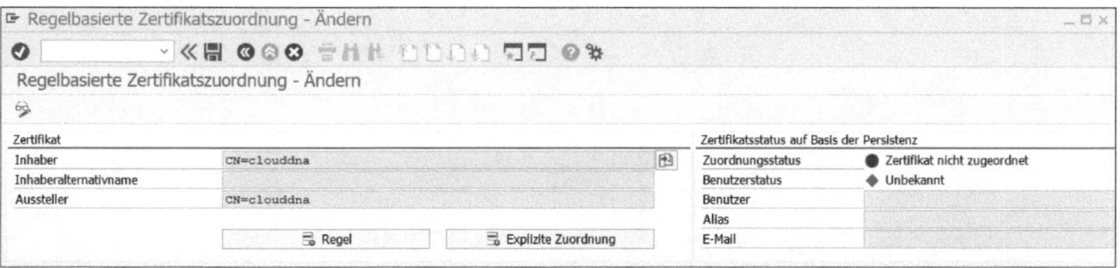

Abbildung 12.23 In regelbasierte Zertifikatszuordnungstransaktion geladenes Zertifikat

Regel anlegen

Inhaber	CN=clouddna
Inhaberalternativname	
Aussteller	CN=clouddna
Zertifikatseintrag	Subjekt
Zertifikatsattr.	CN=clouddna
Anmelden als	Benutzername
Inhaberfilter	

Abbildung 12.24 Mapping-Regel erstellen

Daraufhin wird die Regel in der Übersicht angezeigt und kann über die Schaltfläche **Speichern** gespeichert werden (siehe Abbildung 12.25).

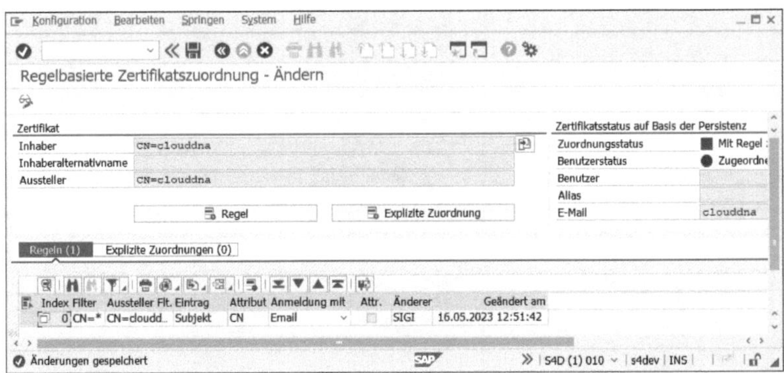

Abbildung 12.25 Im Rahmen der regelbasierten Zertifikatszuordnung erstellte Regel

Jetzt sind wir bereit, die X.509-Zertifikate des Cloud Connectors von der Backend-Seite zu akzeptieren.

[!]

Anforderungen

Damit die Zuordnung auf der Grundlage der E-Mail richtig funktioniert, muss das E-Mail-Attribut für die Benutzer gesetzt sein. Sie können dies in Transaktion SU01 unter dem Feld **E-Mail-Adresse** überprüfen, wie in Abbildung 12.26 gezeigt.

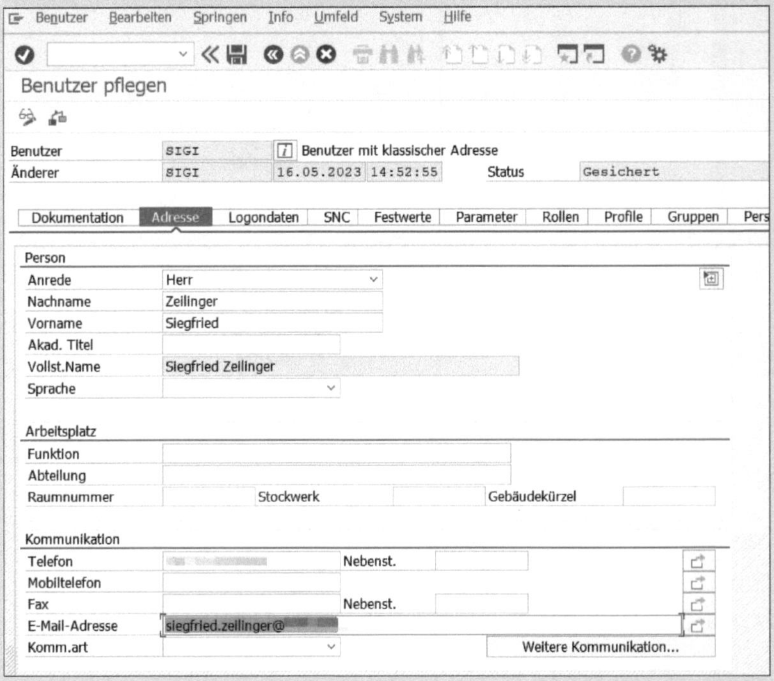

Benutzer Bearbeiten Springen Info Umfeld System Hilfe

Benutzer pflegen

Benutzer SIGI Benutzer mit klassischer Adresse
Änderer SIGI 16.05.2023 14:52:55 Status Gesichert

Dokumentation Adresse Logondaten SNC Festwerte Parameter Rollen Profile Gruppen Pers

Person
Anrede Herr
Nachname Zeilinger
Vorname Siegfried
Akad. Titel
Vollst.Name Siegfried Zeilinger
Sprache

Arbeitsplatz
Funktion
Abteilung
Raumnummer Stockwerk Gebäudekürzel

Kommunikation
Telefon Nebenst.
Mobiltelefon
Fax Nebenst.
E-Mail-Adresse siegfried.zeilinger@
Komm.art Weitere Kommunikation...

Abbildung 12.26 E-Mail-Adresse im Benutzerstamm

Mehr Informationen

Weitere Informationen zu den Mapping-Optionen finden Sie unter *http://s-prs.de/v970718.*

12.1.6 Anpassen des Cloud Connectors für die Arbeit mit Principal Propagation

Auf der Seite des Cloud Connectors gibt es noch eine Sache zu tun: Die Konfiguration und das Ziel müssen so angepasst werden, dass sie mit der Principal Propagation funktionieren.

Rufen Sie die Administration des Cloud Connectors auf, und klicken Sie auf **Configuration**, wechseln Sie zur Registerkarte **On-Premise**, und blättern Sie dann nach unten zum Abschnitt **Subject Patterns.** Je nachdem, was Sie für die regelbasierte Zertifikatszuordnung (Abschnitt 12.1.5, »Konfigurieren des ABAP-Backend-Systems für die Zuordnung von Zertifikaten zu Benutzern«) eingestellt haben, müssen Sie möglicherweise das Subject Pattern – wie in unserem Beispiel – an E-Mail anpassen (siehe Abbildung 12.27). Klicken Sie auf [✎], um den Dialog zur Änderung des Subject Patterns zu öffnen.

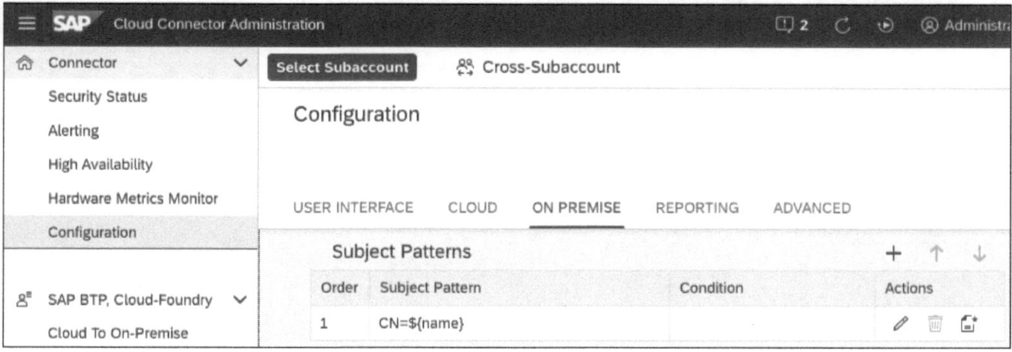

Abbildung 12.27 Subject Pattern

Ändern Sie in dem Dialog den Wert, den Sie zuvor ausgewählt haben. In unserem Fall wäre dies das E-Mail-Attribut und nichts anderes (siehe Abbildung 12.28). Wenn Ihr X.509-Zertifikat mehr Attribute enthält (abhängig von Ihrer Zertifikatskonfiguration), müssen Sie möglicherweise auch die anderen Felder ausfüllen. Klicken Sie auf **Save**, um die Bearbeitung abzuschließen.

Um schließlich ein ordnungsgemäßes Vertrauen zwischen dem Cloud Connector und den Backend-Systemen zu ermöglichen, können Sie entweder die Root-Zertifizierungsstelle hochladen, die die Serverzertifikate Ihrer On-Premise-Backend-Systeme ausgestellt haben, oder Sie können die Trust-Store-Prüfungen in Ihrer Cloud-Connector-Administration im Abschnitt **Trust Store** unter der Registerkarte **On Premise** im Bereich **Configuration** ausschalten, wie in Abbildung 12.29 dargestellt.

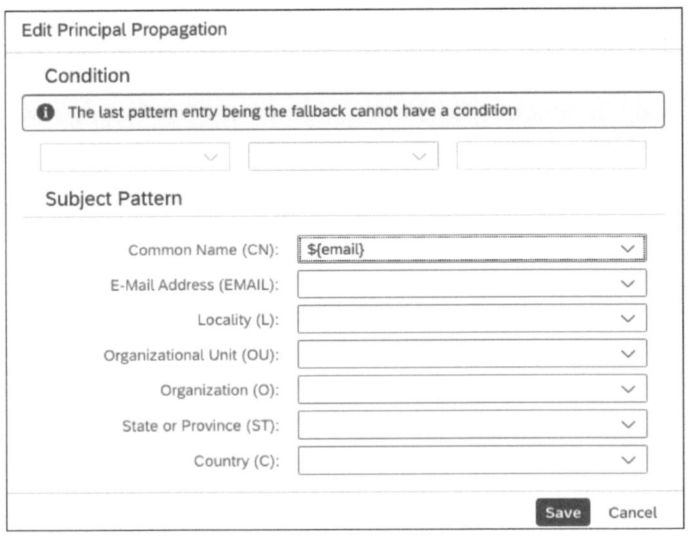

Abbildung 12.28 Einstellungen für die Principal Propagation bearbeiten

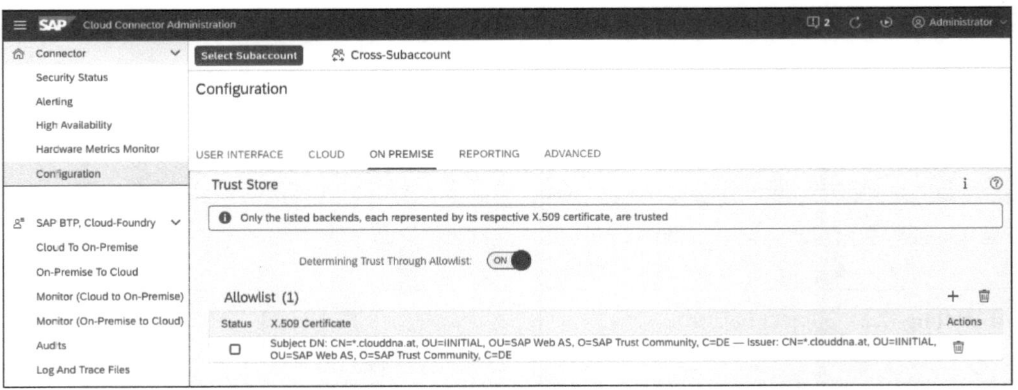

Abbildung 12.29 Trust Store für sichere On-Premise-Kommunikation

Die nächsten Schritte sind abhängig von der von Ihnen verwendeten Umgebung. Fahren Sie fort mit Abschnitt 12.2 für die Neo-Umgebung und Abschnitt 12.3 für die Cloud-Foundry-Umgebung.

12.2 SAP BTP, Neo Environment zu On-Premise-ABAP-System

Wenn Sie im SAP BTP, Neo Environment arbeiten, klicken Sie in der Cloud-Connector-Administration auf den Namen Ihres Subaccounts, wählen Sie **Cloud To On-Premise**, und erstellen Sie eine neue ABAP-Destination wie in Abschnitt 5.2.2, »Einen OData-Service konsumieren«.

Stellen Sie diesmal sicher, dass Sie als Backend-Typ **ABAP System** und als Protokoll **HTTPS** auswählen. Konfigurieren Sie außerdem die Zugriffsrichtlinie für die Ressourcen so, dass der Zugriff auf mindestens ein Verzeichnis oder einen Dienst erlaubt ist. Das Ergebnis sollte wie in Abbildung 12.30 dargestellt aussehen.

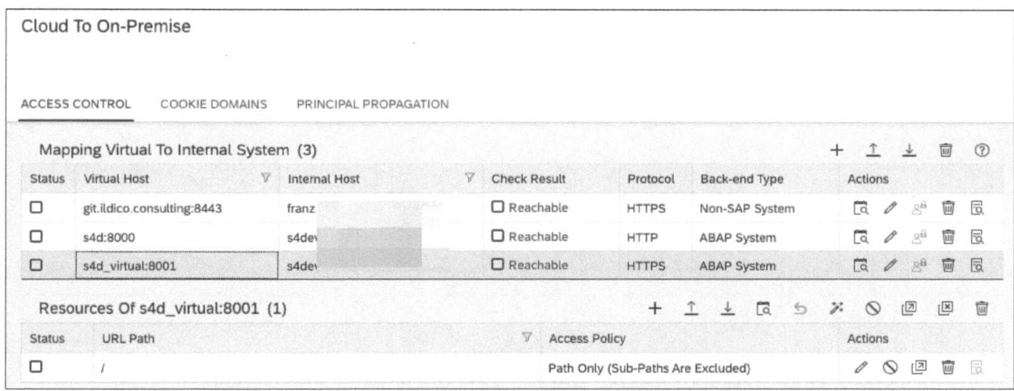

Abbildung 12.30 HTTPS-Destination zum ABAP-Backend-System im Cloud Connector

Um nun auf diese Cloud-Connector-Destination aus der Neo-Umgebung zuzugreifen, können Sie Destinationen erstellen, wie in Abschnitt 4.1, »SAP-Destination-Service im SAP BTP, Neo Environment«, beschrieben. Der Hauptunterschied besteht darin, dass Sie einige zusätzliche Eigenschaften benötigen, wie in Abbildung 12.31 dargestellt: Fügen Sie **usage** mit dem Wert »Backend«, **PropagateAccount** mit dem Wert »True« und **sap-client** mit dem Wert des ABAP-Mandanten für die Propagation hinzu.

Außerdem muss das Systemzertifikat des Cloud Connectors heruntergeladen und auf der Registerkarte **Certificates** hinzugefügt werden, wenn das Zertifikat von einer internen Zertifizierungsstelle stammt oder selbst signiert ist.

Rufen Sie dazu die Cloud-Connector-Administration auf, und klicken Sie auf **Configuration**, gehen Sie zur Registerkarte **On-Premise** und dann zum Abschnitt **System Certificate**. Wenn kein Zertifikat vorhanden ist, können Sie ein selbstsigniertes Zertifikat erstellen. Laden Sie das Zertifikat über die Schaltfläche [↓] (**Download**) herunter, wie in Abbildung 12.32 dargestellt.

Destination Configuration

Name:* S4D_HTTPS_PRINCIPALPROPAGATION
Type: HTTP
Description:
URL:* https://s4d:8001
Proxy Type: OnPremise
Authentication: PrincipalPropagation

Additional Properties

New Property

usage	Backend
PropagateAcc...	True
sap-client	010
WebIDEEnabl...	true
WebIDESystem	S4D
WebIDEUsage	odata_abap

Save Cancel

Abbildung 12.31 Destination-Konfiguration im SAP BTP Cockpit, Neo Environment

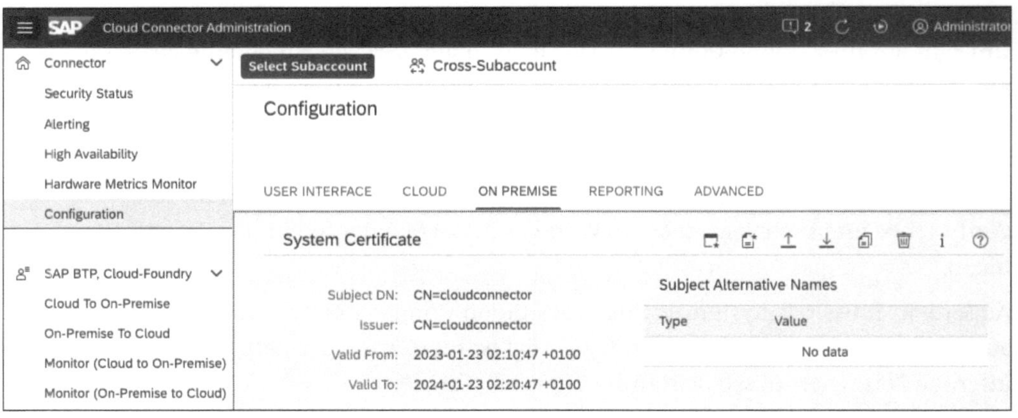

Abbildung 12.32 Cloud-Connector-Zertifikat

Fügen Sie dieses Zertifikat im SAP BTP Cockpit für die Neo-Umgebung im Abschnitt **Destinations** hinzu, wie in Abschnitt 4.1, »SAP-Destination-Service im SAP BTP, Neo Environment«, erläutert.

12.3 SAP BTP, Cloud Foundry Environment zu On-Premise-ABAP-System

Wenn Sie im SAP BTP, Cloud Foundry Environment arbeiten, klicken Sie in der Cloud-Connector-Administration auf den Namen Ihres Subaccounts, wählen **Cloud To On-Premise** und erstellen Sie eine neue ABAP-Destination, wie in Abschnitt 6.2.2, »Einen OData-Service konsumieren«, beschrieben.

Stellen Sie sicher, dass Sie als Backend-Typ **ABAP System** und als Protokoll **HTTPS** auswählen (siehe Abbildung 12.33).

Abbildung 12.33 Beispielverbindung für die Principal Propagation

Hinweis

Wenn Sie möchten, dass das System auf das Standardsystemzertifikat zurückgreift, wenn keine Benutzerinformationen geltend gemacht werden, können Sie das Kontrollkästchen **System Certificate for Logon** aktivieren.

Das Ergebnis sehen Sie in Abbildung 12.34.

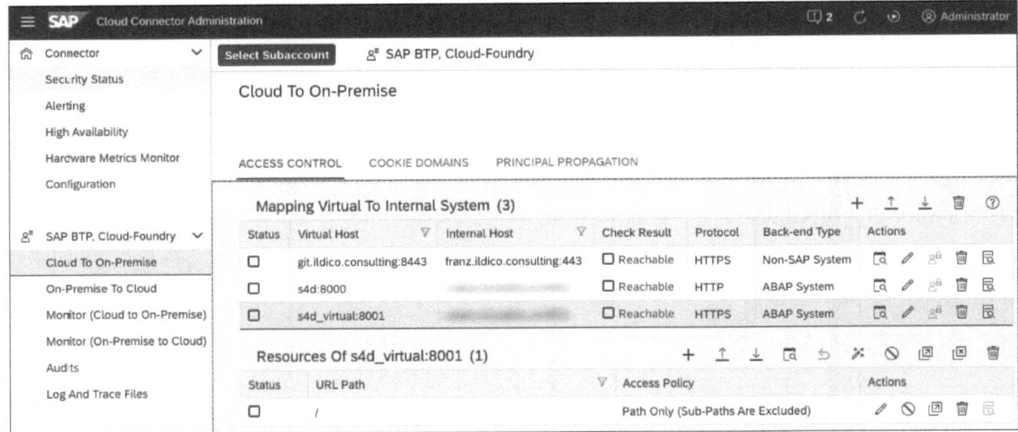

Abbildung 12.34 Cloud-to-Premise-Ansicht in der Cloud-Foundry-Umgebung

Wenn Sie ein selbstsigniertes Zertifikat für Ihren Cloud Connector haben oder wenn die signierende Zertifizierungsstelle nicht in SAP BTP verfügbar ist, müssen Sie das Cloud-Connector-Zertifikat aus der Cloud-Connector-Administration herunterladen, indem Sie im linken Bereich **Configuration** wählen, zur Registerkarte **On-Premise** gehen und zum Abschnitt **System Certificate** blättern. Wenn dort kein Zertifikat vorhanden ist, können Sie eines erstellen, indem Sie auf klicken (siehe Abbildung 12.35).

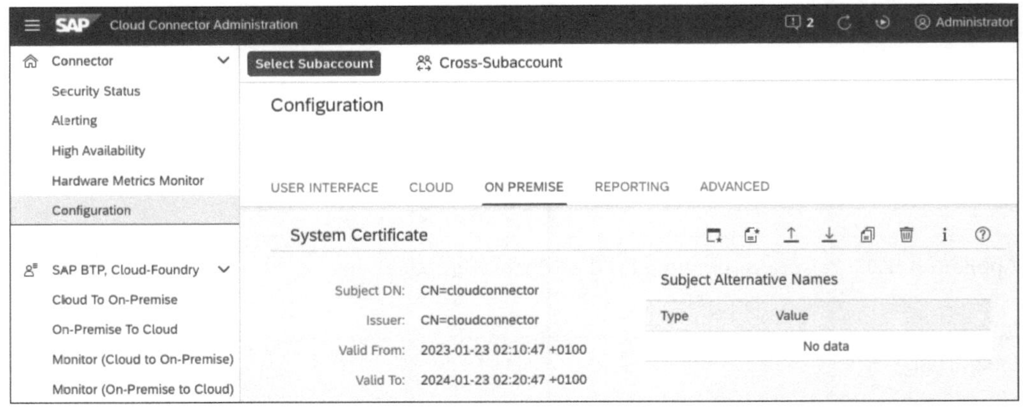

Abbildung 12.35 Abschnitt »System Certificate« in der Cloud-Connector-Administration

Im nächsten Schritt müssen Sie im SAP BTP Cockpit unter **Destinations** die im Bereich **Destination Configuration** im Feld **Authentication** »PrincipalPropagation« eingeben und dieselben Zusatzeigenschaften (**Additional Properties**) ergänzen, die Sie in Abschnitt 6.2.2, »Einen OData-Service konsumieren«, verwendet haben (siehe Abbildung 12.36).

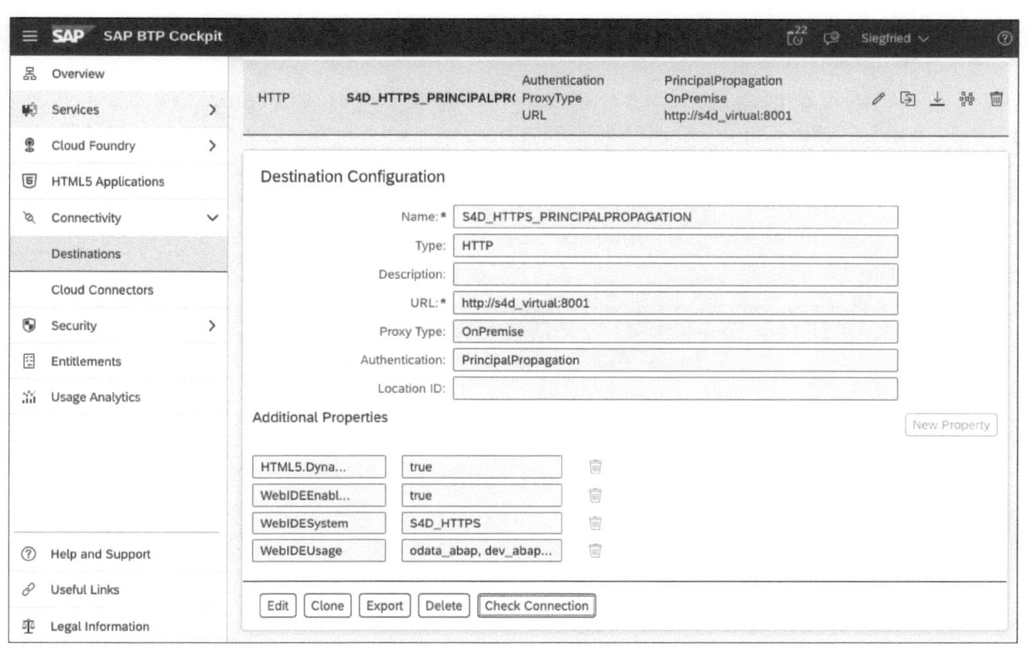

Abbildung 12.36 Destination-Konfiguration für die Principal Propagation

Klicken Sie nun auf **Check Connection**, um die Verbindung zu prüfen. Wenn Sie keine Erfolgsmeldung wie in Abbildung 12.37 erhalten, gehen Sie im SAP BTP Cockpit unter **Destinations** auf die Registerkarte **Certificates**, und laden Sie dort das Cloud-Connector-Zertifikat hoch. Ein Beispiel sehen Sie in Abbildung 12.38.

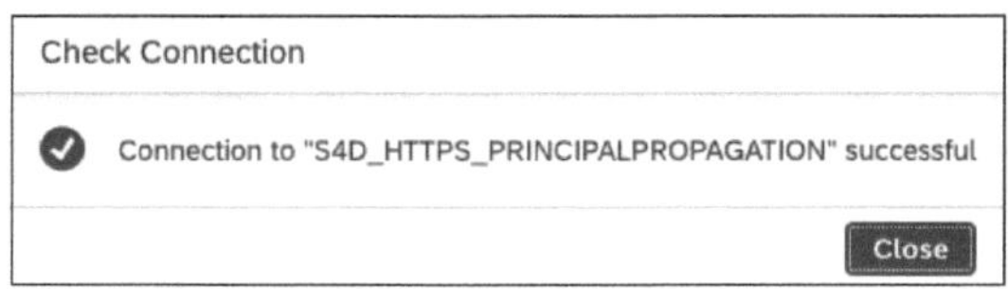

Abbildung 12.37 Verbindungsprüfung

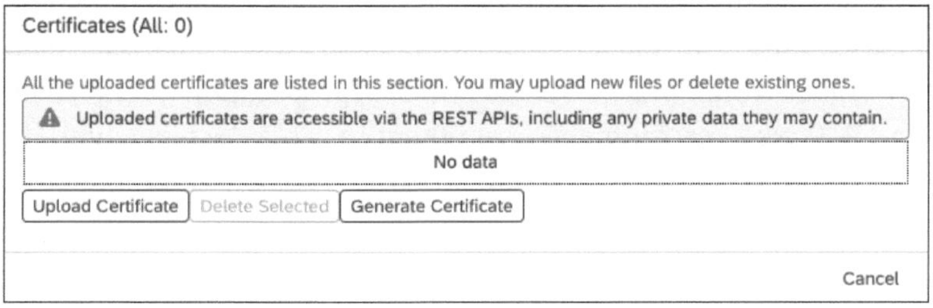

Certificates (All: 0)

All the uploaded certificates are listed in this section. You may upload new files or delete existing ones.

Uploaded certificates are accessible via the REST APIs, including any private data they may contain.

No data

Upload Certificate | Delete Selected | Generate Certificate

Cancel

Abbildung 12.38 Hochladen von Zertifikaten

[+]

Fehlersuche

Wenn Sie danach weiterhin eine Fehlermeldung erhalten, haben wir noch ein Hinweis: Sie können ein Beispielzertifikat herunterladen in der Cloud-Connector-Administration unter **Configuration**, dann auf der Registerkarte **On-Premise** und dann im Abschnitt **Principal Propagation**, indem Sie auf [icon] klicken (siehe Abbildung 12.39). Sie werden dann nach einer Beispiel-E-Mail-Adresse gefragt. Laden Sie das Zertifikat herunter.

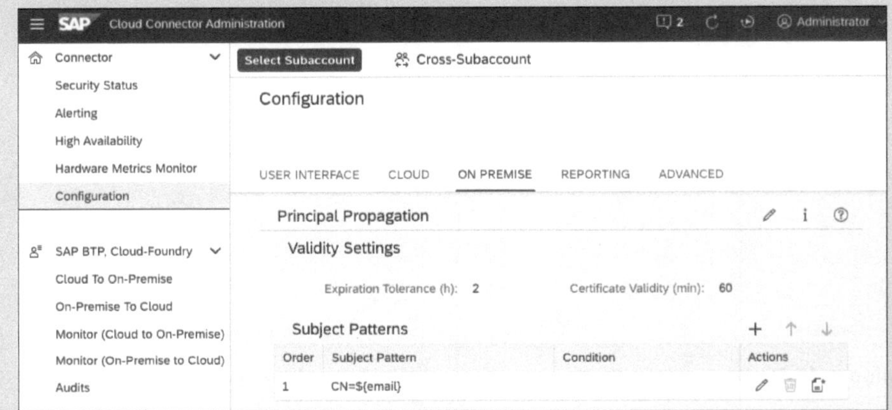

Abbildung 12.39 Beispielzertifikat herunterladen

Sie können sich nun an Ihrem Backend-System anmelden und Transaktion CERTRULE. Klicken Sie im Menü auf **Configuration** und dann auf die Schaltfläche **Upload Certificate**, um das Zertifikat hochzuladen (siehe Abbildung 12.23).

Das Zertifikat sollte zu der Meldung **Mapped User Exits** führen, die neben **User Status** mit einem grünen Block angezeigt wird.

12.4 Zusammenfassung

Das Grundkonzept der Principal Propagation, einschließlich der erforderlichen Einstellungen im ABAP-Backend, im Cloud Connector und in SAP BTP, haben wir Ihnen in Abschnitt 12.1, »Ausgangskonfiguration für die Principal Propagation«, vorgestellt. Abschnitt 12.2, »SAP BTP, Neo Environment zu On-Premise-ABAP-System«, und Abschnitt 12.3, »SAP BTP, Cloud Foundry Environment zu On-Premise-ABAP-System«, behandelten speziell die Umgebungen Neo und Cloud Foundry.

Allgemein empfehlen wir Ihnen, intern und extern die gleichen CAs zu verwenden. Wenn Sie SSL-Zertifikate auf transparente Weise verwenden und selbst signieren, müssen Sie Ihre eigene Stammzertifizierungsstelle an externe Kunden weitergeben.

Wenn Sie mit einer öffentlichen CA signieren, verwenden Sie keine Wildcard-Zertifikate. Wenn jemand Ihr Wildcard-Zertifikat und Ihren Schlüssel stiehlt, kann dies zu einer globalen Sperrung des Zertifikats führen. Außerdem sollten Sie aus Sicherheitsgründen keine Zertifikate wählen, die länger als drei Jahre gültig sind.

Mit diesem recht fortgeschrittenen Thema beenden wir unsere Reise durch verschiedene Aspekte des Cloud Connectors. Wie im Abschnitt über die Installation erwähnt, sollten Sie Ihren Cloud Connector immer auf dem neuesten Stand halten. Der Support gilt nur für ein Jahr ab dem Download. Wie Sie gelernt haben, werden regelmäßig neue Teile hinzugefügt. Aber dies ist nicht das einzige Argument für ein Upgrade: Die Sicherheit ist ein weiterer wichtiger Aspekt.

Weitere Lektüre

Wir möchten mit zwei zusätzlichen Links schließen. Erstens: Die FAQs zum Cloud Connector werden regelmäßig aktualisiert und enthalten Tipps und Tricks: *http://s-prs.de/v970719*.

Die aktuellen Informationen finden Sie auch auf der Seite mit den neuesten Updates unter *http://s-prs.de/v970720*.

Die Autoren

Martin Koch ist Managing Director der CloudDNA GmbH, einem SAP-Partner in Österreich. Er und sein Team führen für SAP sehr erfolgreich Trainings durch und haben vier eigene Trainings zu den Themen SAPUI5, SAP Fiori, Cloud-Integration und Cloud Security entwickelt, die im SAP-Trainingskatalog gelistet sind. Neben seiner Tätigkeit als Trainer ist Martin Koch als Architekt, Berater und Entwickler bei internationalen SAP-Kunden aller Unternehmensgrößen im Einsatz. Er ist ursprünglich ausgebildeter Linienpilot und Fluglotse und über Umwege 2007 in einem Trainee-Programm bei SAP Österreich gelandet. Dort beschäftigte er sich zunächst mit den Themen Integration und SAP NetWeaver Application Server Java. Ab 2010 rückten mobile Applikationen im SAP-Umfeld in seinen Fokus. Nach einigen Projekten zur Architektur, Sicherheit und Entwicklung mobiler Lösungen widmete sich Martin Koch ab 2012 schwerpunktmäßig SAP HANA, SAPUI5, SAP Fiori und der SAP Business Technology Platform.

Siegfried Zeilinger ist Freiberufler und Geschäftsführer einer kleinen Unternehmensberatung. Seine Schwerpunkte liegen in der Beratung und dem Sicherheitsaudit von IT-Systemen sowie im Berechtigungs- und Identitätsmanagement für SAP. Seine Beratungspalette erstreckt sich von der SAP-Architektur über Entwicklungsstrategien für ABAP, Java und Cloud bis hin zu SAP Identity Management. Im Jahr 2016 erhielt er die Zertifizierung zum IT-Auditor (CISA). Zuletzt war Siegfried Zeilinger vor allem in der pharmazeutischen Industrie und dem öffentlichen Sektor tätig. Bevor er sich 2011 selbstständig machte, arbeitete er bei SAP Österreich als SAP-NetWeaver- und Portal-Berater und führte internationale Großprojekte durch. Heute leitet er für SAP regelmäßig Trainings zu den Themen Berechtigungen, SAP Cloud und SAP NetWeaver. Von 2003 bis 2019 betreute er an der Technischen Universität Wien und der Fachhochschule Wiener Neustadt Abschlussarbeiten und hielt verschiedene Lehrveranstaltungen im Bereich SAP ab.

Index

D

E

F

G

H

I

J